操作系统原理与实例分析

李　睿　王旭阳　编著

清华大学出版社
北　京

内 容 简 介

本书主要介绍计算机操作系统的设计思想和基本原理，全书共分 8 章，包括操作系统概论、进程管理、处理机调度、存储管理、设备管理、文件管理、操作系统的安全性、Windows 2003 操作系统等内容。本书在浓缩传统理论精华的基础上，注重反映当代操作系统发展的最新成果和动向，着眼于操作系统学科知识体系的系统性、先进性和实用性，选择具有代表性的 Windows 主流操作系统为例全面分析操作系统原理的实现技术。

本书可作为高等学校本科、专科的操作系统相关课程的教材或参考书，也可供计算机等级考试、成人自学考试的考生和广大从事操作系统原理研究与系统开发的工程技术人员参考。

图书在版编目(CIP)数据

操作系统原理与实例分析/李睿，王旭阳编著. —北京：清华大学出版社，2021.6
ISBN 978-7-302-58033-1

Ⅰ. ①操… Ⅱ. ①李… ②王… Ⅲ. ①操作系统 Ⅳ. ①TP316

中国版本图书馆 CIP 数据核字(2021)第 078600 号

责任编辑：石 伟
封面设计：杨玉兰
责任校对：吴春华
责任印制：刘海龙
出版发行：清华大学出版社
网 址：http://www.tup.com.cn, http://www.wqbook.com
地 址：北京清华大学学研大厦 A 座 邮 编：100084
社 总 机：010-62770175 邮 购：010-62786544
投稿与读者服务：010-62776969, c-service@tup.tsinghua.edu.cn
质量反馈：010-62772015, zhiliang@tup.tsinghua.edu.cn
课件下载：http://www.tup.com.cn, 010-62791865
印 刷 者：北京富博印刷有限公司
装 订 者：北京市密云县京文制本装订厂
经 销：全国新华书店
开 本：185mm×260mm 印 张：22 字 数：535 千字
版 次：2021 年 7 月第 1 版 印 次：2021 年 7 月第 1 次印刷
定 价：59.00 元

产品编号：087163-01

前　言

操作系统是连接计算机系统硬件和用户的桥梁，是计算机系统的重要组成部分。操作系统课程是计算机教育的必修课，作为计算机专业的核心课，不但高等院校计算机相关专业学生必须学习，而且从事计算机行业的人员也需要深入了解。

20 世纪 90 年代以来，特别是进入 21 世纪之后，计算机科学技术突飞猛进，操作系统作为计算机领域最活跃的分支之一，其新概念、新技术和新方法层出不穷，许多新的设计要素被引入新的操作系统中，使操作系统发生了巨大的变化。为了适应这种发展趋势，我们在多年教学工作的基础上，结合国内外最新的资料和教材编写了本书，以适应信息社会计算机科学技术飞速发展的形势和计算机教学内容改革的迫切要求。

本书的特点之一是在浓缩传统理论精华，保持教学内容相对稳定的基础上，注重反映当代操作系统发展的最新成果和动向，着眼于操作系统学科知识体系的系统性、先进性和实用性；特点之二是把操作系统成熟的基本原理与当代具有代表性的具体实例、操作系统的设计原理与操作系统的实现技术紧密结合起来，选择具有代表性的 Windows 主流操作系统为例全面分析操作系统原理的实现技术，这非常有益于学生深入理解操作系统的整体概念并牢固掌握操作系统设计与实现的精髓。

全书共分 8 章。第 1 章为操作系统概论，主要介绍了操作系统的基本概念、操作系统的形成和发展、操作系统的特征和功能、操作系统的基本服务和用户接口以及操作系统的体系结构。第 2 章为进程管理，主要介绍了进程及其状态转换模型、进程的描述和控制、线程及其实现方式、进程并发控制、进程通信方式、死锁问题。第 3 章为处理机调度，首先介绍了处理机调度的层次及其调度模型、批处理系统中的作业管理，重点介绍了作业/进程调度常用算法，包括实时系统和多处理机系统中常用的进程调度算法。第 4 章为存储管理，主要介绍了连续存储管理技术、分页/分段存储管理技术和虚拟存储管理技术的实现原理。第 5 章为设备管理，主要介绍了 I/O 硬件/软件原理、I/O 控制方式、缓冲技术、设备分配技术、磁盘工作原理及驱动调度技术。第 6 章为文件管理，主要介绍了文件系统的概念、文件逻辑/物理结构、文件目录、文件共享与保护、文件存储空间管理。第 7 章为操作系统的安全性，主要讨论了计算机安全性问题、用户身份验证、访问控制、数据加密、计算机病毒等方面的相关知识和技术。第 8 章为 Windows 2003 操作系统，详细分析了 Windows 2003 系统的处理机管理、虚拟存储管理、设备管理和文件系统的实现思想。

本书是一本关于操作系统的基本概念、基本方法、设计原理和实现技术的教材，可作为高等学校本科、专科的操作系统相关课程的教材或参考书，也可供计算机等级考试、成人自学考试的考生和广大从事操作系统原理研究与系统开发的工程技术人员参考。

本书由李睿和王旭阳主编。李睿编写了第 2、3 章，王旭阳编写了第 1、4、5、6、7、8 章。本书的编写参阅了大量的国内外相关文献，已在本书参考文献中列出，在此对所有原作者致以衷心的感谢和深深的敬意！

读者在学习本书的过程中若遇到疑问或有好的建议和要求，请及时与我们联系，我们将不胜感激。由于水平所限，错误与不足之处在所难免，衷心希望广大读者指正及赐教。

编　者

目录

第 1 章

操作系统概论

操作系统是位于计算机硬件和软件之间的系统程序，其目的是为用户提供方便有效的计算机使用方法。操作系统完成这些任务的方式多种多样，如大型机操作系统设计的目的是充分优化硬件的利用率，而个人计算机操作系统是为了能支持复杂游戏、商业应用或位于两者之间的事务，等等。在所有的系统软件中，操作系统是一种首要的、最基本的、最重要的系统，也是最庞大、最复杂的系统软件。几十年来，软件界花费了大量的时间和金钱来研究、开发、扩展和完善计算机操作系统，使其获得了飞速的发展。

本章主要讲述什么是操作系统及其发展与研究现状。首先跟踪计算机系统的发展过程，介绍操作系统的形成与进一步发展；然后详细介绍操作系统的特征及其功能，并详细介绍操作系统提供给用户的两种接口形式；最后讨论目前比较典型的几种操作系统的体系结构。

1.1 操作系统的概念

操作系统是计算机系统的指挥中心，是控制应用程序执行的程序，并充当着应用程序和计算机硬件之间的接口。下面从几个方面介绍操作系统以帮助读者深刻理解操作系统的基本概念和运行机理。

1.1.1 操作系统的目标和定义

操作系统(Operating System, OS)的出现、使用和发展是五十余年来计算机软件的一个重大进展。计算机发展到现在，从个人机到巨型机，无一例外都配置一种或多种操作系统。操作系统已经成为现代计算机系统不可分割的重要组成部分，它为人们建立各种各样的应用环境奠定了重要基础。配置操作系统的主要目标可归结为以下方面。

- 方便用户使用。通过提供用户与计算机之间的友好接口来方便用户使用。
- 扩大机器功能。通过扩充改造硬件设施和提供新的服务来扩大机器功能。
- 管理系统资源。有效管理好系统中所有硬件和软件资源使之得到充分利用。
- 提高系统效率。合理组织好计算机的工作流程以改进系统效能和提高系统效率。
- 构筑开放环境。遵循有关国际标准来设计和构造以构建出一个开放环境。其含义主要是指：遵循有关国际标准(如开放的通信标准、开放的用户接口标准、开放的线程库标准等)；支持体系结构的可伸缩性和可扩展性；支持应用程序在不同平台上的可移植性和互操作性。

尽管“操作系统”这个名称诞生至今已有几十年的时间，计算机使用人员也都知道它，但要对其下一个精确的定义并非轻而易举的事。很多论述操作系统的书籍从不同的角度对操作系统下了不同的定义，综合起来，通常把操作系统定义为用来控制和管理计算机系统资源，方便用户使用的程序和数据结构的集合。

1.1.2 操作系统的地位

计算机系统可以粗分为四个部分：硬件、操作系统、应用程序和用户，图 1-1 给出了计算机系统的组成结构。

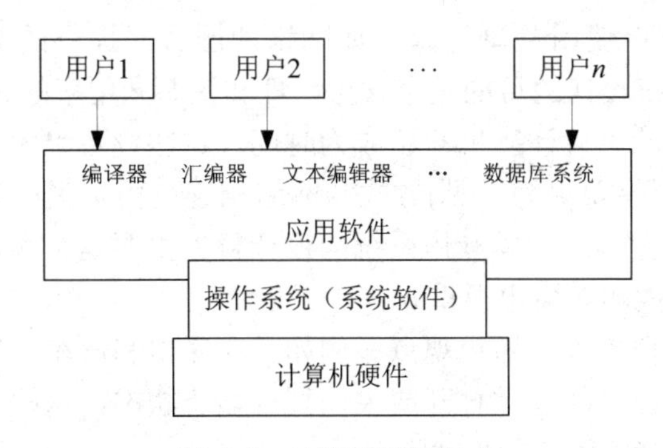

图 1-1　计算机系统组成

系统最底层是硬件，其提供了基本的可计算性资源，包括处理器、寄存器、存储器以及各种 I/O 设备。在很多情形下，硬件可以分成两层或更多层，最底层是物理设备，包括集成芯片、连线、电源、阴极射线管以及类似的设备等。接着是微体系结构，这一层中有 CPU 的专用内部寄存器以及包含算术逻辑单元的数据通道。再往上是由相关硬件和对汇编程序员可见的指令构成的指令集体系结构(Instruction Set Architecture, ISA)层，这一层通常被称为机器语言。

应用程序，如字处理程序、电子制表软件、编译器、网络浏览器等，规定了按何种方式使用这些资源来解决用户的计算机问题。

操作系统的作用类似于政府，用来控制和协调各用户的应用程序对硬件的使用。与政府一样，操作系统本身并不能实现任何有用的功能，只不过提供了一个方便其他程序做有用工作的环境。因此，操作系统性能的高低决定着计算机的潜在硬件性能能否发挥出来，操作系统本身的安全可靠程度决定了整个计算机系统的安全性和可靠性。操作系统是软件技术含量最大、附加值最高的部分，是软件技术的核心，是软件的基础运行平台。

1.1.3　操作系统的作用

操作系统在计算机系统中的作用可以从三个角度来理解。从一般用户的角度，可把 OS 看成是用户与计算机硬件之间的接口；从系统的角度，可把 OS 看成是计算机的资源管理者；从软件的角度看，OS 就像一台虚拟计算机，实现了对计算机资源的抽象。

1. 用户观点

用户观点根据所使用界面的不同而异。绝大多数计算机用户坐在个人计算机前，个人计算机有显示器、键盘、鼠标和主机。这类系统设计是为了让单个用户独立使用其资源，优化用户所进行的工作(或游戏)，设计目的主要是用户使用方便，性能是次要的，而且不在乎资源利用率。

有些用户坐在与大型机或小型机相连的终端前，所有用户通过其终端访问同一计算机。这些用户共享资源并可交换信息。这类系统设计的目的是使资源利用率最大化，确保所有的 CPU 时间、内存和 I/O 设备都能得到充分利用，并且确保没有用户使用超过其限额以外的资源。

另一些用户坐在工作站前，工作站与其他工作站和服务器相连。这些用户不但可以使用专用的资源，而且可以使用共享资源，如网络和服务器提供的文件、计算和打印服务等。因此，这类操作系统设计的目的是个人可用性和资源利用率的折中。

近年来，许多类型的手持计算机开始成为时尚。这些设备绝大多数为单个用户独立使用，有的也通过有线或无线(更为常见)方式与网络相连。由于受电源和接口所限，它们只能执行相对较少的远程操作。这类操作系统的设计目的主要是个人可用性，当然如何在有限的电池容量中发挥最大的效用也很重要。

有的计算机几乎或根本没有用户观点。例如，在家电和汽车中所使用的嵌入式计算机可能只有一个数值键盘，只能通过打开或关闭灯来显示状态，这些设备及其操作系统通常都设计成无须用户干预就能执行的模式。

操作系统改造和扩充过的计算机不但功能更强，使用也更为方便，用户可直接调用系统提供的各种功能，而无须了解软硬件本身的细节，因此，从用户的角度看，操作系统是用户与计算机硬件之间的接口。

2. 系统观点

从计算机的角度来看，操作系统是与硬件最为密切的程序，可以将操作系统看作资源分配器。计算机系统有许多资源：处理器(CPU)、存储器(内存和外存)、外部设备和文件。现代计算机系统都支持多个用户、多道程序共享。那么，面对众多的程序争夺处理器、存储器、设备和共享软件资源，如何协调，从而有条不紊地进行分配呢？操作系统就负责登记谁在使用什么样的资源，系统中还有哪些资源空闲以及当前要响应谁的资源请求，应该收回哪些不再使用的资源等。面对许多甚至冲突的资源请求，操作系统要提供一些机制去协调程序间的竞争与同步，提供机制决定如何为各个程序和用户分配资源，以便使计算机系统能有效而公平地运行。

现代计算机硬件设备种类越来越多，功能越来越强，控制和操作起来也越来越复杂。如果一个程序员要直接与打印机、磁盘等 I/O 设备打交道，那么就要对每一种设备编制几千、几万条机器指令，这不仅是用户所不及的，对系统存储的信息来说也是极其不安全的。因此，操作系统向用户提供了高级而调用简单的服务，掩盖了绝大部分硬件设备复杂的特性和差异，使用户可以免除大量的令人乏味的杂务，而把精力集中在自己所要处理的任务上。

因而，从计算机系统的角度看，操作系统的重要任务之一就是对资源进行抽象研究，找出各种资源的共性和个性，有序地管理计算机中的硬件、软件资源，跟踪资源使用情况，监视资源的状态，从而满足用户对资源的需求，协调各程序对资源的使用冲突；研究使用资源的统一方法，让用户简单、有效地使用资源，最大限度地实现各类资源的共享，提高资源利用率，使得计算机系统的效率不断提高。

3. 软件观点

许多年以前，人们就认识到必须找到某种方法把硬件复杂性与用户隔离开来，经过不断的探索和研究，目前采用的方法是在计算机裸机上加上一层又一层的软件来组成整个计算机系统，同时为用户提供一个容易理解和便于程序设计的接口。每当在计算机上覆盖一层软件，提供了一种抽象，系统的功能便增加一点，使用就更方便一点，用户可用的运行环境就更好一点。操作系统是紧靠硬件的第一层软件，计算机上覆盖操作系统后，可以扩展基本功能，为用户提供一台功能显著增强、使用更加方便、安全可靠性好、效率明显提高的机器，称为虚拟计算机，或称操作系统虚拟机(Virtual Machine)。

从软件的观点来看，操作系统有其作为软件的外在特性和内在特性。

所谓外在特性，是指操作系统是一种软件，它的外部表现形式，即它的操作命令定义集和界面，完全确定了操作系统这个软件的使用方式。比如，操作系统的各种命令、各种系统调用及其语法定义等。用户需要从操作系统的使用界面上去学习和研究，才能从外部特性上把握住每一个操作系统的性能。

所谓内在特性，是指操作系统作为一个软件，它具有一般软件的结构特点，然而这种软件又不是一般的应用软件，它还具有一般软件所不具备的特殊结构。因此，学习和研究操作系统时就需要探讨其特殊性，从而更好地把握其结构上的特点。比如，操作系统是直接同硬件打交道的，那么同硬件交互的软件是怎么组成的？每个组成部分的功能和各部分之间的关系是什么？等等，即要研究其内部算法。

1.2　操作系统的形成和发展

操作系统是随着计算机硬件技术的发展和应用需求的增长而不断发展的。如同其他任何事物一样，操作系统也有诞生、成长和发展的过程。了解操作系统的发展过程，有助于我们更深刻地认识操作系统基本概念的内在含义。

计算机的发展经历了第一代电子管时代(1946—1957 年)、第二代晶体管时代(1958—1964 年)、第三代集成电路时代(1965—1970 年)以及第四代大规模/超大规模集成电路时代(1971 年至今)等阶段。本节将沿着这个线索介绍操作系统的发展历史。

1.2.1　手工操作阶段

由于第二次世界大战对武器装备设计的需要，美国、英国和德国等国家陆续开始了电子数字计算机的研究工作。20 世纪 40 年代中期，哈佛大学的 Howard Aiken、普林斯顿高等研究院的 John Neumann(冯·诺依曼)、宾夕法尼亚大学的 J. Presper Eckert 和 William Mauchley、德国电话公司的 Konraad Zuse 以及其他一些人，都使用真空管成功地建造了运算机器。这些巨大的机器，使用了数万个真空管，占据了几个房间，然而其运算速度却比现在最便宜的家用计算机还要慢得多。

在这个阶段，程序设计全部采用机器语言，通过在一些插板上的硬连线来控制其基本功能，没有程序设计语言(甚至没有汇编语言)，更谈不上操作系统。使用机器的方式是程序员提前在墙上的计时表上预约一段时间，然后到机房将他的插件板插到计算机里，在接下来的几小时里计算自己的题目，并期盼着在这段时间中几万个真空管不会有烧断的。这时实际上所有的题目都是数值计算问题。

到了 20 世纪 50 年代早期，出现了穿孔卡片，可以将程序写在卡片上然后读入计算机，此时不再用插板了，计算过程如下。

(1) 人工把源程序用穿孔机穿制在卡片或纸带上。

(2) 将准备好的汇编解释程序或编译系统装入计算机。

(3) 汇编程序或编译系统读入人工装在输入机上的穿孔卡或穿孔带。

(4) 执行汇编过程或编译过程，产生目标程序，并输出目标卡片迭或纸带。

(5) 通过引导程序把装在输入机上的目标程序读入计算机。

(6) 启动目标程序执行，从输入机上读入人工装好的数据卡或数据带。

(7) 产生计算结果，执行结果从打印机上或卡片机上输出。

在一个程序员上机期间，整台计算机连同附属设备全部被其占用。程序员实际上兼职操作员，效率低下。其特点是手工操作，独占方式。后来人们开发了汇编语言及其汇编编译程序以及其他一些控制外设的程序等，但工作方式仍属于这一阶段。

1.2.2 监控程序阶段

20 世纪 50 年代晶体管的发明改变了现状，晶体管时代的计算机比较可靠，厂商可以成批地生产并将其销售给用户，用户可以指望计算机长时间运行来完成一些有用的工作。FORTRAN 高级语言于 1954 年被提出，1956 年正式设计完成。ALGOL 高级语言于 1958 年引入，COBOL 高级语言于 1959 年引入。此时，设计人员、生产人员、操作人员、程序人员和维护人员之间第一次有了明确的分工。

计算机安装在专门的空调房间里，有专业人员操作。要运行一个作业(job)，程序员首先将程序写在纸上(用高级语言或汇编语言)，然后穿孔成卡片，再将卡片盒带到输入室交给操作员。当计算机运行完当前任务后，将结果从打印机输出，操作员到打印机上撕下运算结果并送到输出室，程序员稍后就能取到结果。然后，操作员从已经送到输入室的卡片盒中读入另一个任务，计算机就开始运行下一个任务。如果需要 FORTRAN 编译器，操作员还要从文件柜把它取来读入计算机。

处理器速度的提高，使得手工操作设备进行输入/输出与计算机的计算速度不匹配，因而人们设计了监督程序(也称管理程序)来实现作业的自动转换处理。这期间每道作业由程序提供一组在某种介质上准备好的作业信息(文件)，包括用作业控制语言书写的作业说明书、相应的程序和数据。作业控制语言被穿孔成一叠作业卡片，由程序员提交给系统操作员，而操作员将作业成批地输入计算机中，由监督程序识别一个作业进行处理后再取下一个作业。这种自动定序的处理方式称为“批处理”方式，由于是串行执行作业，因此这种早期的批处理方式又被称为单道批处理，也被认为是操作系统的雏形。

1.2.3 多道批处理阶段

在第二代计算机后期，特别是进入第三代以后，系统软件有了很大发展，其作用也日益显著。同时，硬件也有了很大发展，主存容量增大，出现了大容量的辅助存储器——磁盘以及代理 CPU 来管理设备的通道，使得计算机体系结构发生了很大变化。由以中央处理器为中心的结构改变为以主存为中心，通道的产生使得输入/输出操作与 CPU 之间的并行工作成为可能。软件系统也随之相应变化，实现了在硬件提供并行处理之上的多道程序设计。

所谓多道程序设计，是指允许多个程序同时存在于主存之间，由中央处理器以切换方式为之服务，使得多个程序可以同时执行。如图 1-2 所示，主存中多个相互独立的程序均处于开始和结束之间，从宏观上看是并行的，多道程序都处于运行而未运行结束的过程中；从微观上看是串行的，各道程序轮流占用 CPU 交替地执行。

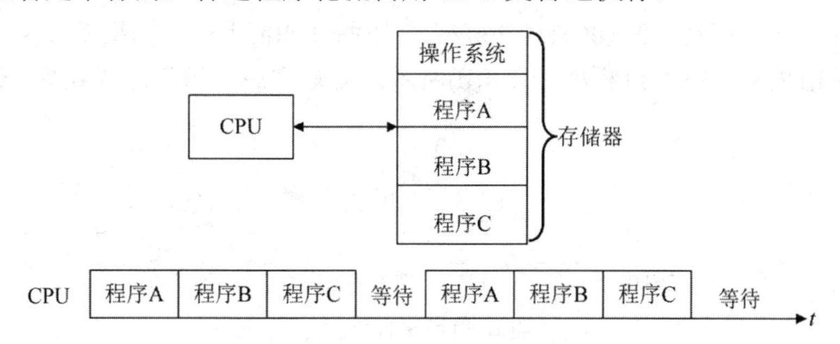

图 1-2　多道程序设计

引入多道程序设计技术有以下优点：一是提高 CPU、主存和设备的利用率；二是提高系统的吞吐率，使单位时间内完成的作业数增加；三是充分发挥计算机硬部件的并行性，设备与设备之间、CPU 与设备之间均可并行工作。其主要缺点是延长了作业的周转时间。这个阶段的计算机资源不再是“串行”地被一个个用户独占，而是同时被几个用户共享，从而极大地提高了系统在单位时间内处理作业的能力。下面用两个例子来分别讨论多道程序设计的优缺点。

【例 1-1】 求解某个数据处理问题，要求从输入机(运转速度为 6400 个字符/s)输入 500 个字符，经处理(花费 52 ms)之后，将结果(假定为 2000 个字符)存储到磁带上(磁带的运转速度为 10^5 个字符/s)，然后读取 500 个字符进行处理，直至所有数据处理完毕为止。如果 CPU 不具备同设备并行工作的能力，那么 CPU 的利用率为：52/(78+52+20)≈35%。如果计算机在接收上述任务时还接收另一道计算题：从另一台磁带机上输入 2000 个字符，经 42 ms 的处理之后，从行式打印机(运转速度为 1350 行/min)上输出两行。当两道程序同时进入主存时，计算过程如图 1-3 所示。不难算出，此时 CPU 的利用率为：(52+42)/150 =63%。

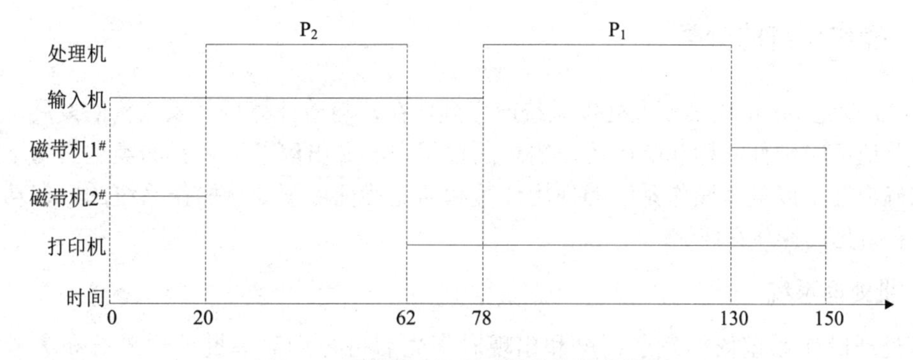

图 1-3　两道程序运行时并发执行的过程

【例 1-2】 设内存中有 A、B、C 三道程序，三者的优先权顺序为 A、B、C，假设三道程序使用相同的设备进行 I/O 操作，程序 A 的运行轨迹为：计算 30 ms，输入 40 ms，再计算 10 ms，结束。程序 B 的运行轨迹为计算 60 ms，输入 30ms，再计算 10 ms，结束。程序 C 的运行轨迹为：计算 20 ms，输入 40 ms，再计算 20 ms，结束。假设调度和启动 I/O 的时间忽略不计，同时假设每道程序请求的外设不冲突。如果是单处理机系统，三道程序顺序执行完成需花费 80+100+80=260 ms，如图 1-4(a)所示。如果是多道程序系统，三道程序同时驻留内存，执行过程如图 1-4(b)所示，可知完成三道程序需花费 190 ms。

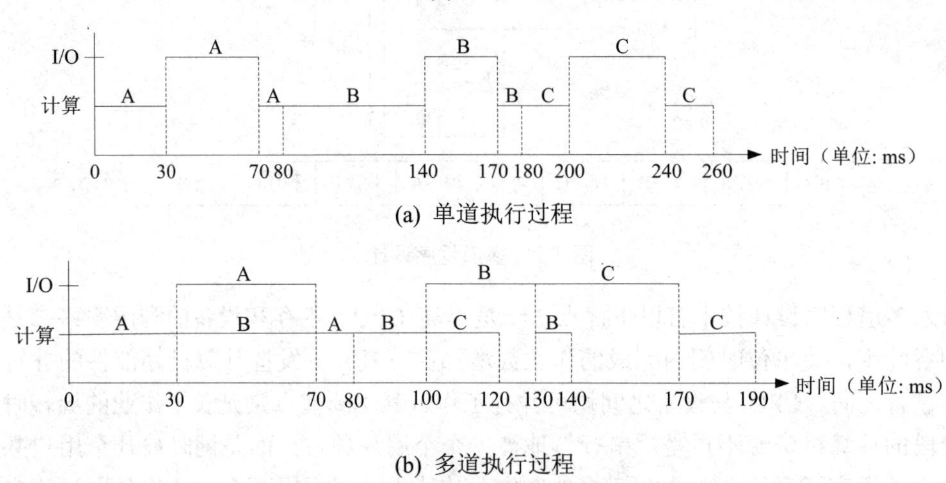

(a) 单道执行过程

(b) 多道执行过程

图 1-4　三道程序运行时执行的过程

引入多道程序设计技术有以下优点：一是提高 CPU、主存和设备的利用率；二是提高系统的吞吐率，使单位时间内完成的作业数增加；三是充分发挥计算机硬部件的并行性，设备与设备之间、CPU 与设备之间均可并行工作。其主要缺点是延长了作业的周转时间。这个阶段的计算机资源不再是“串行”地被一个个用户独占，而是可以同时被几个用户共享，从而极大地提高了系统在单位时间内处理作业的能力。

为了提高硬件资源的利用率，人们在监控程序中引入了缓冲技术和多道程序设计的概念，将监控程序迅速地发展成为一个重要的软件分支——操作系统，称为多道批处理系统，标志着操作系统的正式形成。

1.2.4　操作系统的分类

从 20 世纪 60 年代早期批处理系统产生到现在，随着计算机体系结构的发展，操作系统在不断地适应硬件结构和响应用户需求的过程中，又出现了许多新的类型。为了更进一步地准确把握不同类型操作系统的使用环境和功能特征，下面从操作系统的内在功能角度描述各种常见的操作系统。

1. 批处理系统

批处理操作系统依据复杂程度和出现时间先后可分为简单批处理系统和多道批处理系统。

简单批处理系统因为出现的时间很早，有时又被称为早期批处理系统，它的设计思想是：编写一个常驻内存的监控程序，操作员有选择地把若干作业合成为一批，安装在输入设备上并启动监控程序，监控程序将自动控制这批作业的执行。监控程序首先把第一个作业调入主存启动，等这一个作业运行结束后再把下一个作业调入主存并运行，如此反复，直到这一批所有的作业都处理完，操作员就把运行的结果一起交给用户。按照这种方式处理作业，作业的运行以及作业之间的衔接都由监控程序自动控制，有效缩短了作业运行的准备时间。在简单批处理系统中作业的运行步骤是由作业控制说明书来传递给监控程序的。作业控制说明书是由作业控制语言编写的一段程序，通常放在被处理作业的前面，监控程序解释作业控制说明书中的语句以控制各个作业步骤的执行。此时的监控程序犹如一个系统操作员，负责批处理作业的输入输出，自动根据作业说明书以串行方式运行各个作业，并且提供一些最基本的系统功能。但是，它并不具有并发能力。真正引入并发机制的是多道批处理系统。

这一代计算机典型的操作系统是 FMS(FORTRAN Monitor System, FORTRAN 监控系统)和 IBM 为 7094 机配备的操作系统 IBSYS。这些操作系统由监控程序、特权指令、存储保护和简单的批处理构成，如图 1-5 所示。

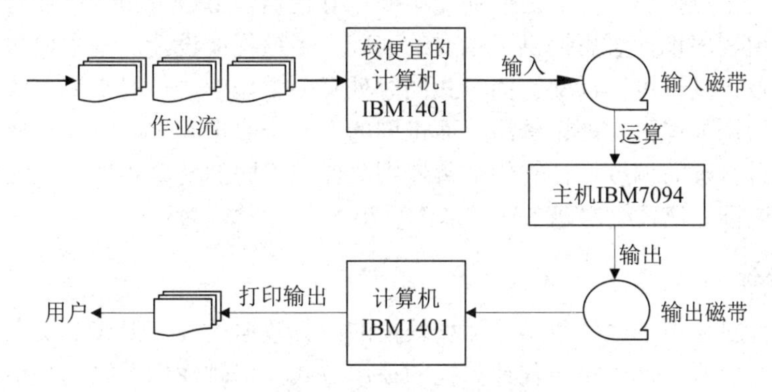

图 1-5　批处理操作系统示意图

为了提高硬件资源的利用率，人们在监控程序中引入了缓冲技术和多道程序设计的概念，批处理系统发展为更高级的多道批处理系统，其中关键技术就是多道程序设计和假脱机 SPOOLing 技术等。

在简单批处理系统中，作业是串行执行的，执行作业的速度受到各种慢速设备的制约，系统有很多时候(尤其是在操纵慢速设备时)只能等待，处理机利用率难以提高。为了解决这个问题，出现了脱机输入输出技术。为主机配备相对高速的磁带设备，主机的所有输入输出操作在磁带机上完成，另外配备若干台卫星机负责将用户作业从卡片传输到磁带上，执行时，由操作员负责把成卷记录了若干用户作业的磁带装到主机上去处理。这种技术通过输入输出与计算在不同的设备上并行操作来有效地提高处理机的利用率。不过这种技术并没有从根本上解决输入输出缓慢的问题，于是出现了 SPOOLing 技术，借助硬件通道技术，实现了输入输出操作和处理机动作的自动并行处理。通道是指专门用来控制输入输出的硬件设备，可以看作是专门的 I/O 处理机，基本上是自主控制外设，可以与 CPU 并行工作。SPOOLing 技术的基本思想是用磁盘设备作为主机的直接输入输出设备，主机直接从磁盘上选取作业运行，作业的执行结果也存在磁盘上。相应地，通道则负责将用户作业从卡片机上动态写入磁盘，而这一操作与主机并行，类似的操作也用于打印输出用户作业的运行结果，如图 1-6 所示。

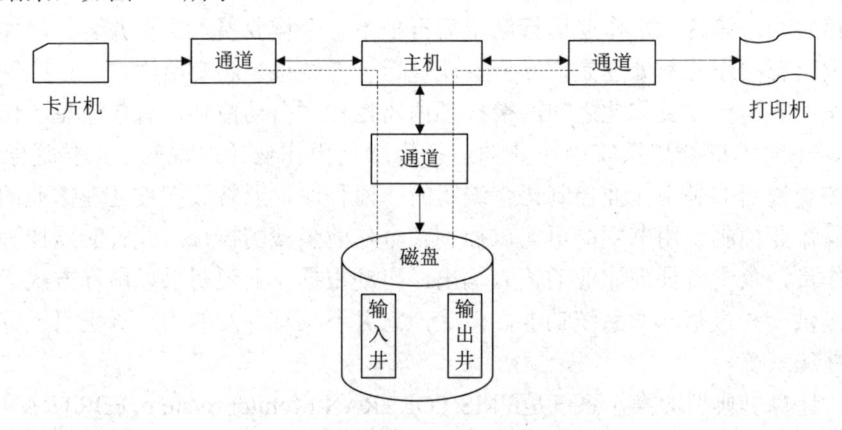

图 1-6 SPOOLing 技术示意图

通道直接受主机控制，它们之间通过中断相互通信。SPOOLing 技术为实现多道批处理系统中的多道程序设计思想提供了重要的基础。多道程序设计的基本思想是在内存中同时保持多个作业，主机可以以交替的方式同时处理多个作业。一般来说，任何一道作业的运行总是交替使用处理机和外设资源，而不同的作业一般也不会同时要求使用外设或者处理机，如果通过合理的调度，让它们交替地同时使用不同的资源将能够大大提高各种设备的利用率。多道批处理系统实现了这一基本思想。

2. 分时系统

第三代计算机适用于大型科学计算和繁忙的商务数据处理，但其实质上仍旧是批处理系统。许多程序员开始怀念第一代计算机的使用方式，那时他们可以几个小时独占一台机器，可以及时地调试他们的程序。而对于第三代计算机，从一个作业提交到运算结果取回往往长达数小时，更有甚者，一个逗号的误用就会导致编译失败，从而可能浪费程序员半天的时间。

程序员们的希望很快得到了响应，这种需求导致了分时系统(Time-Sharing System)的出现。所谓分时系统，是指多个用户通过终端设备与计算机交互作用来运行自己的作业，共享一个计算机系统而互不干扰，就好像自己有一台计算机一样。它实际上是多道程序设计的变种。在分时系统中，假设有 20 个用户登录，其中 17 个在思考、谈论或喝咖啡，则 CPU 可分配给其他三个需要服务的作业轮流执行。由于调试程序的用户常常只发出简短的命令(如编译一个 5 页的源程序)，而很少有长的费时命令(如上百万条记录的文件排序)，所以计算机能够为许多用户提供高速的交互式服务，同时在 CPU 空闲时后台还可能运行一大批作业。

分时系统的思想于 1959 年在麻省理工学院提出，第一个真正的分时系统 CTSS (Compatible Time-Sharing System，兼容分时系统)是麻省理工学院的 Fernando Corbato 等人于 1961 年在一台改装过的 IBM 7094 机上开发成功的，当时有 32 个交互式用户。但直到第三代计算机广泛采用了必需的保护硬件之后，分时系统才逐渐流行开来。这个时候人们认为操作系统逐渐步入了成熟阶段。

分时(Time-Sharing)操作系统的工作方式是一台主机连接了多个终端，每个终端有一个用户在使用。用户交互式地向系统提出命令请求，系统接受每个用户的命令，采用时间片轮转方式处理服务请求，并通过交互方式在终端上向用户显示处理结果。用户根据上一步的结果发出下一道命令。

分时操作系统将 CPU 的时间划分成若干片段，称为时间片。操作系统以时间片为单位轮流为每个终端用户服务，每个用户轮流使用一个时间片而不会感到有别的用户存在。假如某分时系统中有 n 个在线用户，时间片为 Q，每个用户在 nQ 的时间内至少能得到 Q 的处理时间，因为这些时间片轮回的速度远远比用户敲击键盘的速度快，所以用户感觉系统是被他独占的。

分时系统具有多路性、交互性、独占性和及时性的特征。

- “多路性”是指同时有多个用户使用一台计算机，宏观上看是多个人同时使用一个 CPU，微观上看是多个人在不同时刻轮流使用 CPU。
- “交互性”是指用户可以根据系统响应结果进一步提出新请求并且能够直接干预每一步程序的运行。
- “独占性”是指用户感觉不到计算机为其他人服务，就好像整个系统被他所独占。
- “及时性”是指系统对用户所提出的请求能够及时响应。

分时操作系统追求的目标是及时响应，衡量及时响应的指标是响应时间，即系统对一个输入的反应时间。在一个交互式系统中，可定义为从终端发出命令到系统给予回答所经历的时间，显然，响应时间越短越好。

常见的通用操作系统是分时系统与批处理系统相结合的系统。其原则是：分时优先，批处理在后。“前台”响应需频繁交互的作业，如终端的要求，“后台”处理时间性要求不强的作业，如图 1-7 所示。

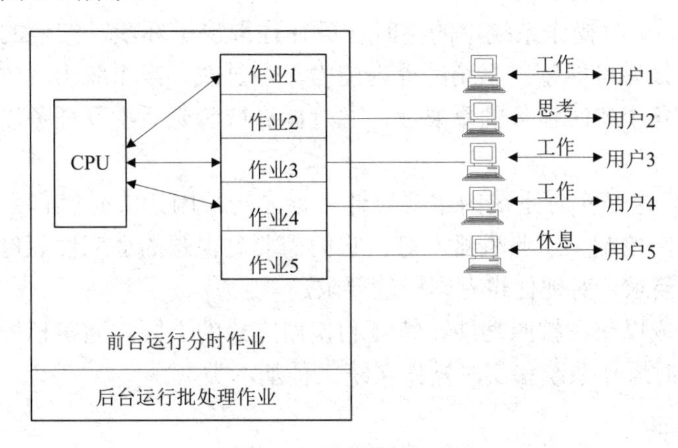

图 1-7　通用操作系统

3. 实时系统

当对处理器操作或数据流动有严格时间要求时，就需要使用实时操作系统(Real time Operating System，RTOS)。实时操作系统是指使计算机能及时响应外部事件的请求，在严格规定的时间内完成对该事件的处理，并控制所有实时设备和实时任务协调一致地工作的操作系统。实时系统有明确和固定的时间约束，处理必须在确定的时间约束内完成，否则系统会失败。例如，如果机器人臂在猛撞进所造的汽车之后才得到停止指令就不行。实时操作系统主要追求的目标是：对外在请求在严格时间范围内做出反应，即有高可靠性和完整性。

依据对系统响应时间性能的不同要求，实时操作系统可以划分为**硬实时系统**和**软实时系统**两类。硬实时系统保证关键任务按时完成，对系统内所有延迟都有限制，包括从获取存储数据到要求操作系统完成任何操作的请求。用在工业生产和武器装备领域中的实时过程控制通常是硬实时系统。例如，飞机上的防碰撞系统就必须在严格规定的时间间隔内发生作用，否则就可能发生飞机相撞的惨剧。再如，汽车在装配线上移动时，焊接机器人必须在限定的时间内完成规定的操作，如果焊接得太早或太迟都会毁坏汽车，造成事故。

另一种限制较弱的实时系统是软实时系统。软实时系统中出现偶尔违反最终时限的情况是可以接受的。常见的数字视频、音频处理系统就是软实时系统。一个网络视频会议系统将视频信息定期地(如每秒每个用户 15 帧图像)传送给多个用户，对一帧图像处理的延迟只会使观众在视觉上感到屏幕有点跳动，而绝对不会出现危害安全的事件。当然，如果经常出现图像的延迟造成屏幕画面的连续抖动，那么这个系统的实时性能也是不可接受的。

实时操作系统通常具有以下几个方面的能力。

(1) 实时时钟管理。实时任务根据时间要求可以分为两类：第一类是定时任务，它依据用户的定时启动并按照严格的时间间隔重复运行；第二类是延时任务，它非周期地运行，允许被延后执行，但是往往有一个严格的时间界限。依据任务功能还可以分为主动式任务和从动式任务：前者依据时间间隔主动运行，多用于实时监控；后者的运行依赖于外部事件的发生，当外部事件出现时(如中断)，这种实时任务应尽可能快地进行处理，并且尽量保证不丢失事件。绝大多数实时任务均与时间有关，因此，良好的实时时钟管理能力就成为实时系统的一个关键能力。

(2) 过载防护。实时操作系统中的实时任务往往取决于环境，它们的启动时间和数量的随机性非常大，极有可能超出系统的处理能力，即过载。当系统出现过载现象时，实时系统要有能力判断各个实时任务的重要性，通过抛弃或者延后次要任务以保证重要任务成功地执行。

(3) 高可靠性。这是实时系统的主要设计目标之一，因为实时操作系统往往用在一些关键应用上，如航空控制、工业机器人等，它们需要有很强的适应性和健壮性。当然这不仅是对软件系统的要求，对硬件也有同样的要求。

从操作系统形成以来，按照功能、特点和使用方式的不同，通常把操作系统区分为批处理操作系统、分时操作系统和实时操作系统三种基本类型。

4. 微机操作系统

随着大规模和超大规模集成电路技术的飞速发展，面向个人使用的微型计算机得到了极大的发展和普及。早期的微机主要采用 8 位 CPU 及外围芯片，所谓的操作系统只不过是常驻在只读存储器 ROM 中的设备驱动程序。后来出现了 16 位、32 位、64 位微机，相应地，16 位、32 位、64 位微机操作系统也应运而生。可见，微机操作系统可按微机的字长来分，也可将它按运行方式分为如下几类。

(1) 单用户单任务操作系统。这是最简单的微机操作系统，主要配置在 8 位和 16 位微机上，具有代表性的系统是 CP/M 和 MS-DOS。早期最著名的支持软盘的 8 位微机操作系统是 1975 年推出的 CP/M(Control Program/Monitor)。1981 年 IBM 推出 IBM-PC 系列个人计算机(16 位微机)后，采用了 Microsoft 公司开发的 MS-DOS 1.0 版的微机操作系统，CP/M 操作系统就逐步为 MS-DOS 所取代。

(2) 单用户多任务操作系统。只允许一个用户使用计算机，但允许用户启动多个任务在计算机上并发运行，从而有效提高系统的性能。目前微机上配置的操作系统大多是单用户多任务操作系统，如微软公司的 Windows 操作系统。

(3) 多用户多任务操作系统。允许多个用户分别通过终端与计算机相连，用户共享主机系统的资源，每个用户还可以启动多个任务在计算机系统上并发执行，从而进一步提高资源利用率和性能。微机上配置的多用户多任务操作系统的典型代表有 UNIX 和 Linux。

5. 网络操作系统

为计算机网络配置的操作系统称为网络操作系统(Netware Operating System)。网络操作系统是基于计算机网络的，是在各种操作系统之上按网络体系结构协议标准开发的软件。网络操作系统是网络用户和计算机网络之间的一个接口，它除了应该具备通常操作系统所应具备的基本功能之外，还应该具有联网功能，支持网络体系结构和各种网络通信协议，提供网络互连能力，支持有效可靠安全的数据传输，能够处理包括网络管理、通信、安全、资源共享和各种网络应用方面的问题。

网络操作系统把计算机网络中的各个计算机有机地连接起来，其目的是相互通信及资源共享。用户可以使用网络中其他计算机的资源，实现计算机间的信息交换，从而扩大计算机的应用范围。

一个典型的网络操作系统有以下特征。

(1) 硬件独立性。网络操作系统可以运行在不同的网络硬件上，可以通过网桥或路由器与别的网络连接。

(2) 多用户支持。网络操作系统能同时支持多个用户对网络的访问，应对信息资源提供完全的安全和保护功能。

(3) 支持网络实用程序及其管理功能。如系统备份、安全管理、容错和性能控制。

(4) 多种客户端支持。如微软的 Windows NT 可以支持包括 MS-DOS、OS/2、Windows 95/98、Windows for workgroup、UNIX 等多种客户端，极大地方便了网络用户的使用。

(5) 提供目录服务。以单一逻辑的方式让用户访问可能位于全世界范围内的所有网络服务和资源的技术。

(6) 支持多种增值服务。如文件服务、打印服务、通信服务、数据库服务、WWW (World Wide Web)服务等。

(7) 可操作性。这是网络工业的一种趋势，允许多种操作系统和厂商的产品共享相同的网络电缆系统，且彼此可以连通访问。

网络操作系统可以分成三种类型。

(1) 集中模式。集中式网络操作系统是由分时系统加上网络功能演变而来的，系统的基本单元由一台主机和若干台与主机相连的终端构成，把多台主机连接起来就形成了网络，而信息的处理和控制都集中在中央计算机里管理，终端仅作为输入/输出设备使用，UNIX 系统是这类系统的典型例子。

(2) 客户/服务器模式。这种模式是现代网络的流行模式，网络中连接多台计算机，通过网络交换数据并共享资源和服务，其中的一部分计算机称为服务器，提供文件、打印、通信、数据库访问等功能，提供集中的资源管理和安全控制。另外一些计算机称为客户机，它向服务器请求服务，如文件下载和信息打印等。它们之间的协同式计算使得在网络环境中的计算机不仅能共享数据、资源及服务，还能够共享运算处理能力。服务器通常配置高，运算能力强，有时还需要专职网络管理员维护。客户机与集中式网络中的终端不同，客户机有独立处理和计算能力，仅在需要某种服务时才向服务器发出请求。这一模式的特点是信息的处理和控制都是分布的，因而又可叫分布式处理系统，Netware 和 Windows NT 是这类操作系统的代表。

(3) 对等模式。让网络中的每台计算机同时具有客户和服务器两种功能，既可以向其他机器提供服务，又可以向其他机器请求服务，而网络中没有中央控制手段。对等模式适用于工作组内几台计算机之间仅需提供简单的通信和资源共享的场合，也适用于把处理和控制分布到每台计算机的分布式计算模式。对等模式的主要优点是：平等性、可靠性和可扩展性能较好。Netware Lite 和 Windows for workgroup 是这类操作系统的代表。

6. 分布式操作系统

大量的计算机通过网络连接在一起，可以获得极高的运算能力及广泛的数据共享，这种系统称为分布式系统(Distributed System)，为分布式系统配置的操作系统称为分布式操作系统(Distributed Operating System)。可以说，分布式操作系统是网络操作系统的更高级形式，它保持了网络操作系统的各种功能，并具备如下特征。

(1) 它是一个统一的操作系统，所有主机使用的是同一个操作系统。

(2) 资源的进一步共享。在网络操作系统中，由于各个主机使用不同的操作系统，一个计算机任务不能随意从一台主机迁移到另一台主机执行；而在分布式系统中，由于使用的是统一的操作系统，计算任务可以从一台主机迁移到另一台主机上执行，实现了计算机资源的共享和处理。

(3) 透明性。即用户不知道分布式系统是运行在多台计算机上，在用户眼里整个分布式系统像是一台计算机。主机独立位置的差异对用户来讲是透明的，因为分布式操作系统屏蔽了这种差异，而在网络操作系统中，用户能感觉到本地主机与非本地主机的区别。

(4) 自治性。即处于分布式系统的各个主机都处于平等地位，没有主从关系，一个主机的失效一般不会影响整个系统。

分布式系统中，所有计算机构成一个完整的、功能更强大的计算机系统。分布式操作系统可以使系统中若干台计算机相互协作，共同完成一个计算任务，即把一个计算任务分解成若干可以并行执行的子任务，让每个子任务分别在不同的计算机上执行，充分利用各种资源，从而使计算机系统的处理能力增强，速度加快，可靠性增强。

分布式系统的优点在于它的分布性，分布式系统可以以较低的成本获得较高的运算性能。分布式系统的另一个优势是它的可靠性。由于有多个 CPU 系统，当一个 CPU 系统发生故障时，整个系统仍旧能够工作。对于高可靠的环境，如核电站等，就非常适用分布式系统。

网络操作系统与分布式操作系统主要的不同之处在于网络操作系统可以构架于不同的操作系统之上，也就是说，它可以在不同的本机操作系统上通过网络协议实现网络资源的统一配置。在网络操作系统中需要显式地指明资源位置与类型，对本地资源访问和异地资源访问区别对待。分布式比较强调单一性，它是由一种本地操作系统构架的，在这种操作系统中网络的概念在应用层被淡化了，所有资源(本地的和异地的)都用统一的方式管理与访问，而不必关心它在哪里，怎样存储。

1.3　操作系统的特征与功能

从系统观点来看，操作系统是一种资源管理程序，是计算机资源的管理和控制中心，是与其他软件系统不一样的程序，它具备资源管理的特殊性和相应的功能。本节我们就专门介绍它的主要特征和基本功能。

1.3.1　操作系统的特征

操作系统作为一种系统软件，有着与其他一些软件所不同的特征。

1. 并发性(Concurrence)

并发是指在某一时间间隔内计算机系统中运行着多个程序。并发与并行是有区别的，并行是指在同一时刻计算机内有多个程序都在运行，这只有在多 CPU 系统中才能实现。在单 CPU 系统中，程序的并发性具体体现在不同的用户程序之间以及用户程序与操作系统程序之间的并发执行两个方面。

在单 CPU 环境下，从宏观上看，这些程序是同时向前推进的；从微观上看，这些并发执行的程序交替地在这个 CPU 上运行。而在多 CPU 系统中，多个程序的并发特性表现为不仅在宏观上是并行的，而且在微观上程序也是并发执行。在分布式系统中，多个计算机的并存使程序的并发特征得到了更充分的体现。

2. 共享性(sharing)

共享是指多个用户或程序共享系统的软、硬件资源。共享首先出于经济方面的考虑，因为向每一个用户分别提供所有的资源是非常浪费的。共享可以提高各种系统设备和系统软件的使用效率。在合作开发某一项目时，同组用户共享软件和数据库就可以大大提高开发效率和速度。

共享一般有两种方式：互斥共享和同时共享。

(1) 互斥共享。系统中的有些资源比如打印机、磁带机、扫描仪等，虽然可以供多个用户程序同时使用，但在一段特定的时间内只能由某一个用户程序使用。当这类资源中的一个正在被使用的时候，其他请求该资源的程序必须等待，并且在这个资源被使用完了以后才由操作系统根据一定的策略再选择一个用户程序占有该资源。通常把这样的资源称为临界资源。许多操作系统维护的重要系统数据都是临界资源，它们都要求被互斥共享。

(2) 同时共享。系统中的有些快速设备如磁盘，尽管也只能允许多个作业串行地访问，但由于作业访问和释放该资源的时间极短，在宏观上可看作允许多个程序同时访问，这类设备的访问方式被认为是同时访问。

软件的共享方式也可分为互斥共享和同时共享。一般来说，只读的数据、数据结构、文件以及纯粹的可执行文件可同时共享，而可写的数据、数据结构和文件只能互斥共享。

3. 异步性(asynchronism)

操作系统的第三个特性是异步性，也称随机性。在多道程序环境中，允许多个进程并发执行，由于资源有限而进程众多，多数情况下，进程的执行不是“一气呵成”，而是“走走停停”。例如，一个进程在 CPU 上运行一段时间后，由于等待资源不足或等待事件发生，它将被系统暂停执行，CPU 转让给另一个进程使用。系统中的进程何时执行？何时暂停？以什么样的速度向前推进？进程总共要花多少时间才能完成？这些问题都是不可预知的，或者说进程是以异步方式运行的，其导致的直接后果是程序执行结果可能不唯一。异步性给系统带来了潜在的危险，有可能导致进程产生与时间有关的错误。但只要运行环境相同，操作系统必须保证多次运行进程都会获得完全相同的结果。

操作系统中的随机性处处可见。例如，作业到达系统的类型和时间是随机的；操作员发出命令或操作按钮的时间是随机的；运行程序发生错误或异常的时间是随机的；各种各样硬件和软件中断事件发生的时间是随机的；等等。随机性并不意味着操作系统就无法控制使用资源的程序的执行，操作系统内部产生的事件序列有许许多多可能，而操作系统的一个重要任务是必须确保捕捉任何一种随机事件，正确处理可能发生的随机事件，正确处理已经产生的随机事件序列，否则将会导致严重的后果。

4. 虚拟性(virtual)

操作系统向用户提供了比直接使用裸机简单方便的高级服务，从而对程序员隐藏了对硬件操作的复杂性，相当于在原先的物理计算机上覆盖了一至多层系统软件，将其改造成一台功能更强大且易于使用的扩展机或虚拟机。例如，在多道程序系统中，物理 CPU 可以只有一个，每次也仅能执行一道程序，但通过多道程序和分时使用 CPU 技术，宏观上有多个程序在执行，就好像有多个 CPU 在为各道程序工作一样，物理上的一个 CPU 变成了逻辑上的多台虚拟设备；窗口技术可把一个物理屏幕变成逻辑上的多个虚拟屏幕；通过时分或频分多路复用技术可以把一个物理信道变成多个逻辑信道；IBM 的虚拟计算机技术把物理上的一台计算机变成逻辑上的多台计算机。虚拟存储器则是把物理上的多个存储器(主存和辅存)变成逻辑上的一个存储器(虚存)的例子。

从另一方面来说，操作系统是一个极其庞大、复杂的软件系统，它不是十全十美的。在某些特殊的情况下，一些较为隐蔽的问题可能会暴露出来，这种错误同样也不易复现和难以测试。就像一个城市的交通问题，由于受到很多不可预测因素的影响，交通事故也不可能复现。一个大型的操作系统在经过测试和交付用户使用后，还可能隐含有成百上千个潜在的缺陷(bug)，而这种缺陷往往需要几年、几十年的时间来修复，并且难以彻底消除。

1.3.2　操作系统的功能

操作系统有两个基本的任务。

(1) 创建一个多自治抽象组件的虚拟机环境，其中的大多数组件可以并发运行。例如，操作系统使用多道程序设计来为每个进程创建一个虚拟机。

(2) 根据计算机管理员的策略来协调各个组件的使用。例如，调度器决定什么时机、选择什么进程为它分配处理器。

操作系统的创建部分提供了程序员使用的各种抽象资源(如进程、线程和资源)。协调部分管理这些资源的并发使用，并使得一组进程可以协同工作。

资源管理是操作系统的一项主要任务，而控制程序执行、扩充机器功能、提供各种服务、方便用户使用、组织工作流程、改善人机界面等都可以从资源管理的角度去理解。从资源管理的观点来看，操作系统应具备六类功能：处理机管理、存储管理、设备管理、文件管理、网络与通信管理和用户接口。

1. 处理机管理

处理机是整个计算机系统的核心硬件资源，它的性能和使用情况对整个计算机系统的性能有着关键的影响。处理机也是计算机系统最昂贵的资源，它的速度一般比其他硬件设备的工作速度要快得多，其他设备的正常运行往往离不开 CPU。因此，有效地管理 CPU，充分利用 CPU 资源是操作系统最重要的管理任务。

为了提高处理机的利用率，现代操作系统都采用了多道程序技术。如果一个程序因等待某一条件而不能运行下去时，就把处理机占用权转交给另外一个可运行程序，或者当出现了一个比当前运行程序更重要的可运行程序时，后者可能强占 CPU，为了描述多道程序的并发运行，操作系统引入了进程的概念。所以，处理机管理也可以认为就是进程管理和作业管理，主要包括以下几个方面。

(1) 进程控制。

在多道程序环境下，进程是系统进行资源分配的单位。进程控制的主要任务是创建进程、撤销结束的进程以及控制进程运行过程中的各种状态转换。

(2) 进程同步。

进程同步的主要任务是协调各并发进程的运行过程，保证各进程可以安全、有效地访问系统资源或者实现它们之间的相互合作。因此，操作系统一般提供两种进程同步机制来协调进程的执行：同步和互斥。互斥指多个进程对临界资源访问时采用互斥的形式；同步则是在相互协作共同完成任务的进程之间协调其执行顺序。

(3) 进程通信。

在多道程序环境下，系统为一个应用程序建立多个进程，在这些进程相互合作去完成一个共同任务的过程中，往往需要交换信息，如何实现和保证这些交换就是进程通信的任务。

(4) 死锁问题。

多个并发进程在执行过程中由于竞争资源或者彼此通信，计算机进行资源调度时会造成一种阻塞现象，若无外力作用，它们都将无法推进下去，这时系统就发生了死锁现象，并发进程异步推进过程中处理机管理程序必须解决死锁问题，保证进程在有限的时间内都能结束运行。

(5) 处理机调度。

调度通常包括进程(线程)调度和作业调度等。调度的任务是采用适当的调度策略(算法)来调度作业进入内存或者调度进程(线程)获得 CPU 开始执行。不同类型的操作系统所需的环节会有所差异。

2. 存储管理

存储器可以说是操作系统中最重要的系统资源，存储器对作业的重要程度就如同土地对于人类。存储管理主要是指管理内存资源，虽然内存芯片的集成度不断提高，价格不断下降，但是由于计算机对于内存的需求量大，所以相对来看内存整体的价格仍然较昂贵而且受到 CPU 寻址能力的限制，内存的容量也是有限的。因此，当多个程序共享有限的内存资源时就需要考虑如何为它们分配内存空间，同时，既要使用户存放在内存中的程序和数据彼此隔离、互不干扰，又要能保证在一定条件下共享。尤其是当内存不够用时要解决内存扩充问题，即将内存和外存结合起来管理，为用户提供一个容量比实际内存大得多的虚拟存储器。操作系统这一部分的功能与存储器的硬件组织结构密切相关。

存储管理主要提供以下功能。

(1) 内存的分配与回收。

一个有效的存储分配机制，能够以每个存储单元的状态作为依据，在用户提出需求时予以快速响应并为之分配相应的存储区域；在用户进程不再需要它时要及时回收以供其他用户使用。内存分配的主要任务是为每个进程分配一定的存储空间并尽可能地提高内存资源利用率。内存分配有静态分配和动态分配两种方式。内存分配机制具有以下结构和功能。

- 内存管理数据结构：用于记录内存空间的使用情况，是内存分配的依据。
- 内存分配功能：按照一定的内存分配算法为用户程序分配内存空间。
- 内存回收功能：对用户不再需要的内存根据释放请求进行回收。

(2) 存储保护和共享。

存储保护是指通过设置内存保护机制来确保每道用户程序都在自己的内存空间中运行，不能访问操作系统存放在系统区中的程序和数据，也不允许访问非共享的其他用户程序内存区。在现代计算机系统中，存储保护的基本机制一般由硬件实现，操作系统则利用这一机制实现进程的地址保护。存储保护主要包括两方面的内容。

- 防止地址越界。每个进程在内存中都有相对独立的存储区域，它只能访问自己的空间。如果在运行过程中所产生的地址超过其空间地址，这时就发生了地址越界。这种错误的出现不仅会导致自己的进程出现错误，还会影响其他进程的正常运行，如果越界的地址是在系统区，甚至将会致使整个计算机系统发生瘫痪。
- 防止操作越权。在多道程序系统中，势必会出现多个进程共享存储区域的情况，对该共享区每个进程都有其访问的权限(读写操作)。如果一个进程对共享区的访问违反了权限规定，则称操作越权。因此，对每一个进程不仅要防止出现地址越界的情况，还要预防对共享区的越权操作。

共享和保护看似矛盾，实际上正是由于有了存储保护，才使存储共享可以实现。所谓存储共享是指两个或多个进程共用内存中的相同区域，这样不仅能使多道程序动态地共享内存，提高内存利用率，而且还能共享内存中某个区域的信息。共享的内容包括代码共享和数据共享，其中代码共享要求代码必须是“纯代码”，即运行过程中不修改自身。

(3) 地址转换。

地址转换是指可装入程序所形成的逻辑单元编号(即逻辑地址)与装入内存后具体的内存存储单元编号(即物理地址)之间的转换。为了保证程序的正确执行，必须根据分配给程序的内存区域对程序中指令和数据的存放地址进行重新定位，即要把程序地址空间中的逻辑地址转换成内存空间中对应的物理地址，这个工作称“地址转换”或“地址重定位”，又称“地址映射”。它的实现需借助于相应的地址转换硬件机构，以保证程序在执行的过程中可以在正确的内存单元访问所需的指令或数据。

(4) 内存扩充。

物理内存总是比较有限的，有的时候会难以满足需求，内存扩充功能就是借助虚拟存储管理技术在逻辑上增加进程空间的大小，这个大小往往比实际的物理内存要大得多。虚拟存储管理系统利用外存容量大的特点，将内存空间与外存空间结合起来，形成一个具有外存容量和内存速度的虚拟存储系统。这样就从逻辑上增加了内存的容量。

3. 设备管理

设备管理是操作系统提供的又一项基本管理功能，指计算机系统中除了 CPU 和内存以外的所有输入、输出设备的管理。设备管理具体包括以下内容。

(1) 缓冲管理。

缓冲技术是用来在两种不同速度的设备之间传输信息时平滑传输过程的常用手段，一种经济的缓冲实现方法是在内存中划出一块存储区，专门用来临时存放输入输出数据，这个区域称为缓冲区。缓冲管理的基本任务是管理好各种类型的缓冲区，以缓和 CPU 和 I/O 速度不匹配的矛盾，最终达到提高 CPU 和 I/O 设备利用率，进而提高系统吞吐量的目的。

(2) 设备分配。

设备分配的基本任务是根据用户的 I/O 请求，按照设备类型和相应的分配算法决定将 I/O 设备分配给特定进程；如果在设备和 CPU 之间存在控制器和通道，还要进行相应控制器和通道的分配。

(3) 设备处理。

设备处理程序也称为设备驱动程序，其基本任务是实现 CPU 和设备控制器之间的通信，由 CPU 向设备控制器发出 I/O 指令，要求其完成指定的 I/O 操作，并能接收由设备控制器发来的中断请求，给予及时的响应和相应的处理。

(4) 设备独立性和虚拟设备。

设备独立性是指应用程序独立于物理设备，即用户在编制程序时所使用的设备与实际使用的设备无关。这种独立性不仅能提高用户程序的可适应性，使程序不局限于具体的物理设备，而且易于实现输入输出的重定向。为此，要求用户程序对 I/O 设备的请求采用逻辑设备名，而在程序实际执行时使用物理设备名，它们之间的关系类似于存储管理中的逻辑地址和物理地址。

虚拟设备功能是把同一时刻仅允许一个进程使用的独占型物理设备，通过 SPOOLing

技术改造成能同时供多个进程共享的设备。SPOOLing(Simultaneous Peripheral Operating On Line)的意思是外围设备同时联机操作，又称假脱机输入输出操作，是操作系统中采用的一项将独占设备改造成共享设备的技术。这样，不仅提高了设备的利用率，而且还加速了程序的运行，使每个用户都感觉到自己在独占该设备。

以上前三项是设备管理的基本功能，最后一项是为了进一步提高系统效率而设置的，往往在规模较大操作中才提供，每一种功能对不同的系统、不同的外围设备配置也有强有弱。

为了方便用户使用各种外围设备，设备管理要达到提供统一界面、方便使用、发挥系统并行性和均衡性，提高 I/O 设备的独立性以及使用效率等的目标。

4. 文件管理

系统中的信息资源(如程序和数据)以文件的形式存放在外存储器上，需要时再把它们装入内存。文件管理的任务就是有效地支持文件的存储、检索和修改等操作，解决文件的共享、保密和保护问题，以使用户方便、安全地访问文件。操作系统一般都提供很强的文件管理功能，主要包括以下几个方面。

(1) 提供文件的组织方法。

文件组织是指文件中信息的配置和构造方式，应该从文件的逻辑结构组织和文件的物理结构组织两方面来考虑。文件的逻辑结构组织是从用户观点出发，研究用户概念中的信息组织方式，这是用户能观察到，并可加以处理的数据集合。文件的物理结构组织是指逻辑文件在物理存储空间中的存放方法和组织关系。

(2) 提供文件的存取和使用方法。

存取方法是操作系统为用户程序提供的使用文件的技术和手段，不同的存取方法和文件存储介质以及物理结构有关。用户通过两类接口与文件系统相联系，获得文件系统的服务：第一类是与文件有关的操作命令或作业控制语言中与文件有关的语句，构成文件系统人—机接口；第二类是提供给用户程序使用的文件类系统调用。

(3) 实现文件存储空间的管理。

文件系统的一个很重要的任务就是为每个文件分配一定的辅存空间并尽可能提高辅存空间的利用率和文件访问的效率。

(4) 实现文件的目录管理。

目录管理的主要任务是给出文件组织的方法，为每个文件建立目录项，并把众多的目录项有效地组织起来以方便实现文件系统的按名存取。

(5) 实现文件的共享和安全性控制。

文件共享是指不同的进程共同使用同一个文件，文件共享不仅是不同进程实现不同任务所必需的，而且还能节省大量的辅存空间，从而减少因文件复制而增加的 I/O 操作次数。安全性包括文件的读写权限管理及存取控制，用来防止未经核准的用户越权存取文件。

5. 网络与通信管理

计算机网络源于计算机技术与通信技术的结合，近年来，从单机与终端之间的远程通信到全世界成千上万台计算机联网工作，网络的应用范围已经十分广泛。操作系统至少应具有与网络有关的以下几项功能。

(1) 网上资源管理。

实现网上资源共享，管理用户对资源的访问，保证信息资源的安全性和完整性。

(2) 数据通信管理。

计算机联网后，节点之间可以互相传送数据，通过通信软件，按照通信协议的规定，完成网络上计算机之间的信息传送。

(3) 网络管理。

网络管理包括故障管理、安全管理、性能管理、日志管理和配置管理等。

6. 用户接口

计算机配置操作系统的一个很重要的目的就是方便用户使用计算机。操作系统通过命令级接口向用户提供了几百条命令程序，使用户方便地与系统交互。这些程序有的通过系统调用或系统调用的组合完成更复杂的功能，有的不必与系统的核心交互，它们极大地丰富了操作系统的软件功能，方便了交互式用户操作文件和设备以及控制作业运行。此外，操作系统内核通过系统调用向应用程序提供了非常友好的接口，方便用户程序对文件和目录的操作、申请和释放内存、对各类设备进行 I/O 操作以及对进程进行控制，等等。

1.4　操作系统的基本服务和用户接口

操作系统应该具有一些基本功能以保证它自身高效率、高质量地工作，从而使多个用户程序能够有效地共享系统资源，提高系统效率，这些功能包括资源分配、资源使用情况统计、存取保护等，另外用户程序对各种资源的需求也会经常发生冲突，为此操作系统也必须做出合理的调度。这些功能也就是操作系统提供给用户的基本服务，用户使用这些服务的方式即为用户接口。

1.4.1　操作系统的基本服务

操作系统要为用户程序的执行提供一个良好的运行环境，要为程序及用户提供各种服务，不同的操作系统提供的服务不完全相同，但有许多共同点。操作系统提供共性服务为程序员带来了方便，使编程任务变得更加容易。操作系统给程序和用户提供的共性服务主要有以下几个方面。

(1) 创建程序和执行程序。提供程序的编辑工具和调试工具，帮助用户编程并生成高质量的源程序等；将用户程序和数据装入主存，为其运行做好一切准备工作并启动和执行程序。当程序编译或运行出现异常时应能报告发生的情况，终止程序执行或进行相应处理。

(2) 数据 I/O 和信息存取。程序运行过程中需要处理来自 I/O 设备提供的数据时，可以通过 I/O 命令或 I/O 指令请求操作系统的服务，操作系统允许用户不直接控制 I/O 设备，而能让用户以简单方式实现 I/O 控制和读写数据；文件系统让用户按文件名来建立、读写、修改以及删除文件，使用方便，安全可靠。当涉及多用户访问或共享文件时，操作系统应提供信息保护机制。

(3) 通信服务。许多情况下，一个进程要与另外的进程交换信息，这种通信方式一般分为两种情况：一种是在同一台计算机上执行的进程之间的通信；另一种是在网络中不同计算机上执行的进程之间的通信。

(4) 错误检测和处理。操作系统能捕捉和处理各种硬件和软件造成的差错或异常，并让这些差错或异常造成的影响缩小在最小范围，必要时及时报告给操作员或用户。

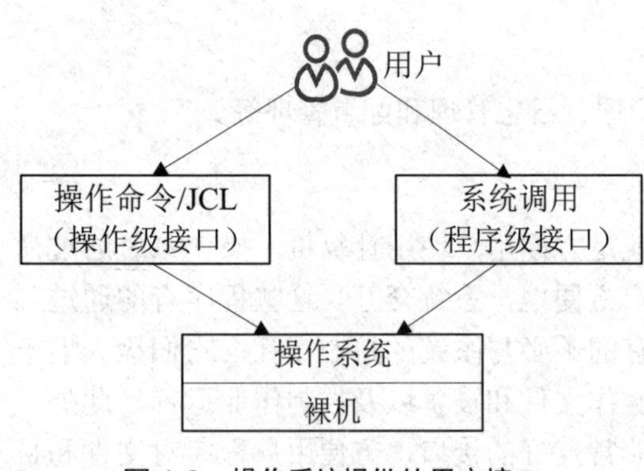

图 1-8　操作系统提供的用户接口

为了方便用户能灵活、方便地使用计算机系统提供的服务，操作系统向用户提供了一组友好的使用操作系统的手段，称为用户接口，它包括操作接口和程序接口两大类，如图 1-8 所示。用户通过这些接口能方便地调用操作系统功能，有效地组织作业及其工作和处理流程，使整个系统能高效地运行。它也为不同层次、不同水平的用户提供了访问计算机的手段，对计算机的普及与发展起到了非常重要的促进作用。

1.4.2　操作级接口

用户如何向系统提交作业和说明运行意图呢？通常是通过操作系统提供的操作接口来实现。操作接口又称作业级接口，是操作系统为控制计算机工作并提供服务的手段的集合，通常可借助操作控制命令、图形操作界面和作业控制语言来实现。操作系统一般都提供了联机作业控制方式和脱机作业控制方式两个作业级的接口，这两个接口使用的手段为：操作控制命令和作业控制语言。

1. 联机用户接口——操作控制命令

这是为联机用户提供的调用操作系统功能、请求操作系统为其服务的手段，由一组命令和命令解释程序组成，所以也称为命令接口。用户可通过终端设备输入操作命令，向系统提出各种要求。当用户输入一条命令后控制就转入系统命令解释程序对其解释、执行，完成要求的功能之后控制就转回控制台或终端，用户又可继续输入命令提出下一要求。

不同操作系统的命令接口有所不同，这不仅体现在命令的种类、数量及功能方面，也可能体现在命令的形式、用法等方面。不同的形式和用法组成了不同的用户界面，常用的用户界面可分成字符显示式和图形化用户界面两种形式。

(1) 字符显示式用户界面。

字符显示式用户界面主要通过操作命令来实现，可分为命令行方式和批命令方式。命令行方式中的每个命令以命令行的形式输入并提交给系统，一个命令行由命令动词和一组参数构成，它指示操作系统完成规定的功能。对新手来说，命令行方式十分烦琐，难以记忆；但对有经验的用户而言，命令行方式用起来快捷便利、十分灵活，所以至今许多操作员仍喜欢使用这种命令形式。

在使用操作命令的过程中，有时需要连续使用多条命令，有时需要多次重复使用若干条命令，有时需要有选择地使用不同命令，用户每次都将这一条条命令从键盘输入，既浪费时间又容易出错。现代操作系统都支持一种特别的命令称为批命令，其实现思想如下：规定一种特别的文件称为批命令文件，通常该文件有特殊的文件扩展名。例如，MS-DOS 约定为 BAT，用户可预先把一系列命令组织在该 BAT 文件中，一次建立，多次执行，从而减少输入次数，方便用户操作，节省时间，减少出错。操作系统还支持命令文件使用一套控制子命令，从而可以写出带形式参数的批命令文件。当带形式参数的批命令文件执行时，可用不同的实际参数去替换，这样，一个带形式参数的批命令文件就可以执行不同的命令序列，大大增强了命令接口的处理能力。

(2) 图形化用户界面。

用户虽然可以通过命令行方式和批命令方式来获得操作系统的服务并控制自己的作业运行，但却要牢记各种命令的动词和参数，必须严格按规定的格式输入命令，这样既不方便又浪费时间。于是，图形化用户接口(Graphics User Interface，GUI)便应运而生，成为近年来最为流行的联机用户接口形式。

GUI 采用了图形化的操作界面，使用 WIMP(即窗口 Windows、图标 Icon、菜单 Menu 和鼠标 Pointing device)技术，引入形象的各种图标将系统的各项功能、各种应用程序和文件直观、逼真地表示出来。用户可以通过选择窗口、菜单、对话框和滚动条完成对他们的作业和文件的各种控制和操作。用户不必死记硬背操作命令就能轻松自如地完成各项工作，使计算机系统成为一种非常有效且生动有趣的工具。

20 世纪 90 年代推出的主流操作系统都提供了 GUI，GUI 的鼻祖首推 Xerox 公司的 Palo Aito Research Center 于 1981 年在 Star 8010 工作站操作系统中使用的图形用户接口；1983 年 Apple 公司又在 Apple Lisa 和 Macintosh 机上的操作系统中成功使用 GUI；之后，还有 Microsoft 公司的 Windows，IBM 公司的 OS/2，UNIX 和 Linux 使用的 X-Window。为了促进 GUI 的发展，目前已经制定了国际 GUI 标准，该标准规定了 GUI 由以下部件构成：窗口、菜单、列表框、消息框、对话框、按钮、滚动条等，最早由 MIT 开发的 X-Window 已成为事实上的工业标准。许多系统软件如 Windows NT、Visual C++、Visual Basic 等，均可按用户程序的要求自动生成应用程序的 GUI，从而大大缩短了应用程序的开发周期。

图形化操作界面又称为多窗口系统，采用事件驱动的控制方式，用户通过动作来产生事件以驱动程序开始工作，事件实质上是发送给应用程序的一个消息。用户按键或点击鼠标等动作都会产生一个事件，该事件驱动并控制程序开始工作，其任务是：接收事件、分析和处理事件，最后，还要清除处理过的事件。系统和用户都可以把各个命令定义为一个菜单、一个按钮或一个图标，当用户用键盘或鼠标进行选择后系统就会自动执行该命令。

随着个人计算机的广泛流行，缺乏计算机专业知识的用户随之增多，如何不断更新技术，为用户提供形象直观、功能强大、使用简便、掌握容易的用户接口便成为操作系统领域的一个热门研究课题。近年来图形用户界面发展得很快，如 X-Window、Windows 3.x、Windows NT、Windows 95/98、Windows 2000/XP/2003、Windows Vista、Windows 7/8/10 等，这种以图形和菜单作为主要的显示界面以及鼠标作为主要的输入方式受到了广大计算机用户的欢迎。另外，目前多感知通道用户接口、自然化用户接口，甚至智能化用户接口的研究也都取得了一定的进展。

2. 脱机用户接口——作业控制语言

脱机用户接口源于早期批处理系统，是专为批处理作业的用户提供的，所以也称批处理用户接口。操作系统为脱机用户提供的作业控制语言(Job Control Language, JCL)由一组作业控制卡，或作业控制语句，或作业控制操作命令组成。用户利用此语言将事先考虑到的对作业的各种可能要求写成作业操作说明书连同作业一起交给系统。系统运行时，一边解释作业控制命令，一边执行该命令，直到完成该组作业。

脱机用户接口的主要特征是用户事先使用作业控制语言描述对作业的控制步骤，由计算机上运行的内存驻留程序(包括执行程序、管理程序、作业控制程序、命令解释程序)根据用户的预设要求自动控制作业的执行。

批处理命令的一些应用方式有时也被认为是联机控制方式下对脱机用户接口的一种模拟。批处理作业的用户不能直接与他们的作业交互，只能委托操作系统来对作业进行控制和干预，作业控制语言便是提供给用户为实现作业控制功能委托系统代为控制的一种语言。用户使用 JCL 语句把他的运行意图，即需要对作业进行的控制和干预事先写在作业说明书上，然后将作业连同作业说明书一起提交给系统。当调度到该批处理作业时，系统调用 JCL 语句处理程序或命令解释程序，对作业说明书上的语句或命令逐条地解释执行。如果作业在执行过程中出现异常情况，系统会根据用户在作业说明书上的指示进行干预。这样，作业一直在作业说明书的控制下运行，直到作业运行结束。所以说，JCL 为用户的批处理作业提供了一种作业级的接口。

1.4.3 程序级接口

程序级接口又称为应用编程接口(Application Programming Interface，API)，程序中使用这个接口可以调用操作系统的服务功能。许多操作系统的程序接口由一组系统调用(System Call)组成，因此，用户在编写的程序中使用“系统调用”就可以获得操作系统的底层服务，使用或访问系统管理的各种软硬件资源。

所谓系统调用，就是用户在程序中调用操作系统所提供的一些子功能，是一种特殊的过程调用，通常由特殊的机器指令实现。除了提供对操作系统子程序的调用外，这条指令还将系统转入特权方式。因此，系统调用程序被看成是一个低级过程，通常只能由汇编语言直接访问。系统调用是操作系统提供给编程人员的唯一接口。编程人员利用系统调用动态请求和释放系统资源，调用系统中已有的功能来完成与计算机硬件部分相关的工作以及控制程序的执行速度等。因此，系统调用像一个黑箱子那样，对用户屏蔽了操作系统的具体动作而只提供相关功能。

由于操作系统的特殊性，应用程序不能采用一般的过程调用方式来调用这些功能过程，而只能利用系统调用语句去调用所需的操作系统功能过程。因此，系统调用在本质上是应用程序请求操作系统核心完成某一特定功能的一种过程调用，是一种特殊的过程调用。

1. 系统调用的分类

通常，一个操作系统的功能分为两大部分：一部分功能是系统自身需要的；另一部分功能是作为服务提供给用户的，这部分功能可以从操作系统所提供的系统调用上体现出来。对于一般通用的操作系统而言，可将其所提供的系统调用分为以下几个方面。

(1) 进程控制类。这类系统调用主要用于对进程进行控制，如创建和终止进程的系统调用、获得和设置属性的系统调用等。

(2) 进程通信类。用于在进程之间传递消息和信号。

(3) 设备管理类。用于请求和释放有关设备以及启动设备操作等。

(4) 文件操作类。对文件进行操作的系统调用数量较多，有创建文件、打开文件、关闭文件、读/写文件、创建目录、改变文件属性等。

(5) 信息维护类。用来获得当前时间和日期，设置文件访问和修改时间，了解系统当前的用户数、操作系统版本号、空闲内存和磁盘空间的大小等。

系统调用命令是作为扩充机器指令，为增强系统功能、方便用户使用而提供的。因此，在一些计算机系统中把系统调用命令称为“广义指令”。但“广义指令”和机器指令在性质上是不同的。机器指令是由硬件线路直接实现的，而“广义指令”则是由操作系统所提供的一个或多个子程序模块，即软件实现的。从用户角度来看，操作系统提供了这些“广义指令”，也就是系统调用，就好像扩大了机器的指令系统，增强了处理机的功能。用户不仅可以使用硬件提供的机器指令，也可以直接使用软件，即系统调用，就如同为用户提供了一台功能更强、使用更方便的处理机，即实现了处理机性能上的扩充。为了区别于真实的物理处理机，我们称它为“虚拟处理机”。

2. 系统调用的实现过程

在操作系统中为控制系统调用服务的机构称为陷入(Trap)机构或异常处理机构。与此相对应，把系统调用引起处理机中断的指令称为陷入指令或异常指令(或称访管指令)。在操作系统中，每个系统调用都对应一个事先给定的功能号。在陷入指令中必须包括对应系统调用的功能号，在有些陷入指令中还带有传给陷入处理机机构和内部处理程序的有关参数。

为了实现系统调用，系统设计人员必须为实现各种系统调用功能的子程序编造入口地址表，每个入口地址都与相应的系统程序名对应起来。然后，陷入处理程序把陷入指令中所包含的功能号与该入口地址表中的有关项对应起来，从而由系统调用功能号驱动有关子程序执行。由于在系统调用结束之后，用户程序还需利用系统调用的返回结果继续执行，因此，在进入系统调用处理之前，陷入处理机构还需保存处理机现场。再者，在系统调用处理结束之后，还要恢复处理机现场。在操作系统中，处理机的现场一般被保存在特定的内存区或寄存器中，系统调用的一般处理过程如图 1-9 所示。

可见，系统调用实现的关键一是编写系统调用处理程序；二是设计一张系统调用入口地址表，每个入口地址都指向一个系统调用的处理程序，有的系统还包含系统调用自带参数的个数；三是陷入处理机制需开辟现场保护区，以保存发生系统调用时的处理机现场。

有关系统调用的另一个问题是参数传递问题。不同的系统调用需要传递给系统子程序不同的参数，系统调用的执行结果也要以参数形式返回给用户程序。那么，怎样实现用户程序和系统程序之间的参数传递呢？下面介绍两种常用的实现方法。一种方法是由陷入指令自带参数。一般来说，一条陷入指令的长度总是有限的，而且该指令还要携带一个系统调用的功能号，从而陷入指令只能自带极有限的几个参数进入系统内部。另一种方法是通过有关寄存器来传递参数。显然，这些寄存器是系统程序和用户程序都能访问的。由于寄存器长度也较短，无法传递较多的参数，因此，较多系统中采用的方法是：在内存中开辟专用堆栈区来传递参数。

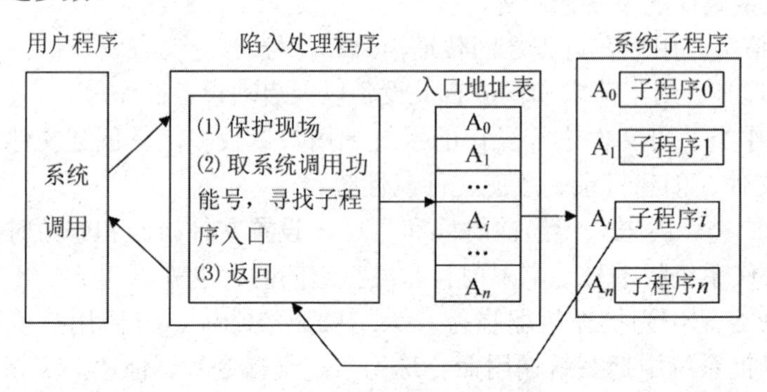

图 1-9　系统调用的处理过程

另外，在系统发生访管中断或陷入中断时，不让用户程序直接访问系统程序，反映在处理机硬件状态的处理机状态字 PSW 中的相应位要从用户执行模式转换为系统执行模式。这一转换发生在访管中断时由硬件自动实现。一般我们把处理机在用户程序中执行称为用户态(或目态)，而把处理机在系统程序中执行称为系统态(或管态)。

3. 系统调用与过程(函数)调用的区别

程序中执行系统调用或过程(函数)调用，虽然都是对某种功能或服务的需求，但两者从调用形式到具体实现都有很大区别。

(1) 调用形式不同。过程(函数)使用一般调用指令，其转向地址是固定不变的，包含在跳转语句中，但系统调用中不包含处理程序入口地址，而仅提供功能号，按功能号调用。

(2) 被调用代码的位置不同。过程(函数)调用是一种静态调用，调用程序和被调用代码在同一程序内，经过链接编译后作为目标代码的一部分。当过程(函数)升级或修改时，必须重新编译链接。而系统调用是一种动态调用，系统调用的处理代码在调用程序之外(操作系统中)，所以，系统调用程序代码进行升级或修改时与调用程序无关，而且，调用程序的长度也大大缩短，减少了调用程序占用的存储空间。

(3) 提供方式不同。过程(函数)往往由编译系统提供，不同的编译系统提供的过程(函数)可以不同；系统调用由操作系统提供，一旦操作系统设计好，系统调用的功能、种类与数量便固定不变了。

(4) 调用的实现不同。程序使用一般机器指令(跳转指令)来调用过程(函数)，是在用户态运行；而程序执行系统调用是通过中断机构来实现的，需要从用户态转变到核心态，在管理状态执行。因此程序执行系统调用安全性好。

1.5　操作系统的体系结构

操作系统是一个特殊、复杂、功能强大的软件系统，在设计中要充分考虑系统结构的建设问题，从设计人员的角度看，操作系统是一大堆模块和它们之间的相互联系，这便是操作系统的体系结构。本节将介绍几种操作系统的体系结构。

1.5.1　无结构系统

在操作系统设计的初期，由于人们对大型软件认识不足，掌握的编程技术也比较有限，因此沿用和其他软件一样的无结构方式进行设计。所谓无结构方式，就是在设计过程中不考虑系统的整体结构，按图 1-10 所示的方式进行构建，整个系统以过程为主体堆砌而成，各过程之间不存在相互依存的结构。

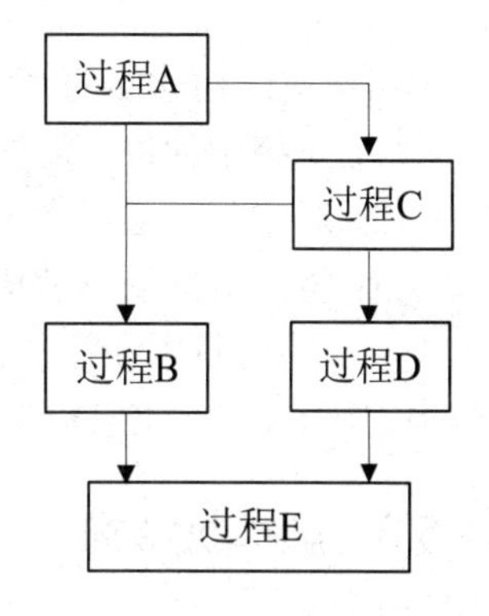

图 1-10　无结构系统的构成

采用无结构方式建立的软件系统存在以下几个弱点。

(1) 系统中包含的主体是过程，管理也主要是针对过程进行的。

(2) 过程之间相互调用密集，存在比较高的耦合度。

(3) 在过程中使用的数据基本上是全局量。

(4) 系统内部的并发性、可移植性很差。

以过程为主体建立的软件系统对于小规模问题还可以应付，对稍微大一些的系统就会出问题，因为过程之间的调用复杂，没有规律可循。在实际应用中，对这种结构加以改造，就形成了单体结构，如图 1-11 所示。这种结构从层次上看已经分出了层次关系。例如，系统中包含一个主过程程序，并且由此程序调用服务过程的程序；在系统的一批服务过程程序中完成各种服务请求，一批实用过程程序完成服务过程的辅助功能。但这种系统结构对主过程的依赖性很高，在管理中也还是以过程为主体进行的。

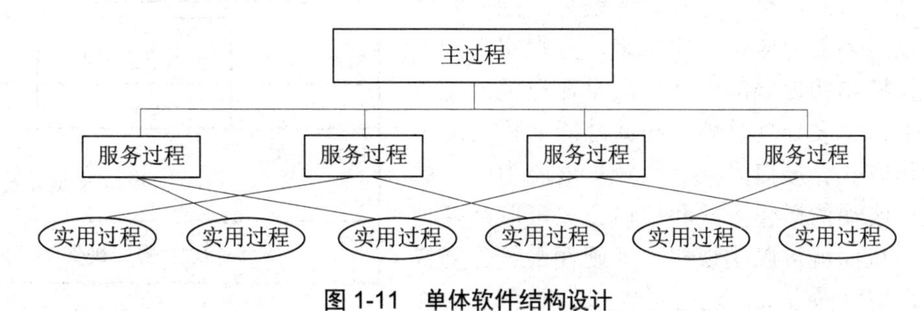

图 1-11　单体软件结构设计

1.5.2　层次结构

层次结构是在总结了无结构系统建设中的问题后，提出的一种新型软件设计结构。层次结构的主要思想是将复杂系统的功能逐层分解，每一层的复杂度控制在一个范畴之内，从而使问题逐层可解。虽然整个系统比较复杂，但是一个设计层中的问题相对简单，也容易设计。一个典型的层次结构操作系统如图 1-12 所示。

6 层	用户命令管理
5 层	用户程序管理
4 层	I/O 管理
3 层	进程通信管理
2 层	主存储器分配及磁盘管理
1 层	处理机分配管理

图 1-12　一个典型的层次结构

用层次结构建立的系统具有以下几个特点。

(1) 系统中的每一层执行整体任务的一个子任务集。

(2) 通常每一层可完成的功能依赖于其底层功能的支持。

(3) 将系统问题分解成多个子问题，然后分别解决。

层次结构技术在操作系统设计中应用得比较成功，许多典型的商用系统都是基于这种结构实现的，如 MS-DOS、早期的 Windows 及传统的 UNIX 等。

1.5.3　虚拟机结构

虽然层次结构在操作系统设计中得到了推广，但是随着计算机硬件更新速度的加快，计算机的应用范围也在快速扩展。毋庸置疑，硬件能力的提升为软件的发展提供了新的空间，今天的计算机系统设计无论是在处理能力上，还是在适应性方面都有了新的指标，因此原来的层次结构已经不能适应新的设计需求，操作系统应具有大型机的设计思路才能满足新的要求，这时就提出了一种新的系统设计结构，即虚拟机结构。

虚拟机结构的主体思想是：操作系统应该具有多道程序的处理能力，同时还应具有比裸机更方便的操作方式、接口方式、系统扩展能力等性能，而这两种能力应该独立出来，分别实现。因此，虚拟机结构提倡的设计方法是在裸机上配备完善的多道并发处理功能，在此功能上再实现不同的操作方式、接口方式及系统扩展能力等。这些在上层实现的操作方式和接口方式可以是多种类型的，从而就可以实现在一套硬件系统上支持多种用户交互的方式，这就是虚拟机的含义，其组成结构如图 1-13 所示。

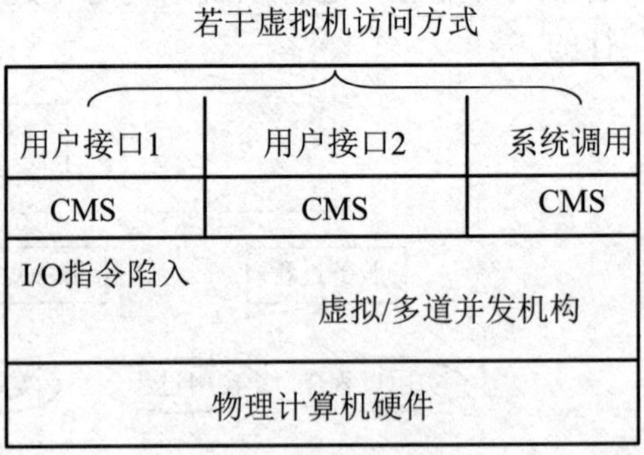

若干虚拟机访问方式

用户接口1	用户接口2	系统调用
CMS	CMS	CMS
I/O指令陷入　虚拟/多道并发机构		
物理计算机硬件		

图 1-13　虚拟机组成结构

虚拟机结构可以看成是在一个物理硬件上建立起一套完善的并发处理机构，该机构相当于一个虚拟的硬件环境，然后在该机构上构建出多个虚拟机系统，每个虚拟机系统为用户提供一种接口方式，用户的程序或指令通过 CMS(指令管理系统)转换成虚拟系统可识别的信息后提交给物理硬件去执行。采用虚拟机结构设计出的系统具有以下特点。

(1) 可以实现硬件的完全保护。经验表明，让用户直接操作计算机硬件是一种不安全的做法，通过虚拟机的方式可以实现比较完善的保护机制。

(2) 硬件功能是通过软件方式逐层展现扩展出来的。用软件展现硬件功能可以使系统层次划分更加合理，而且把多道程序并发功能与机器扩充功能完全分开来实现，可以使每一部分的工作都比较简单，实现也比较容易，同时维护起来也方便。

在虚拟机环境中可以运行特定的操作系统，这些操作系统之间可以做到互不干扰。用户可以在虚拟环境下安装“新”的操作系统，使用时虚拟机可以拥有自己独立的 CMS、硬盘和操作系统，可以像使用普通机器一样对虚拟机的硬盘进行分区、格式化，安装系统或安装应用软件。虚拟机的操作与实际机器很相似，并且这些都是在上层完成的，一旦虚拟系统出现问题或崩溃，可直接将其删除，而不会影响源系统的正常运行。

1.5.4　微内核结构

微内核结构是一种支持客户/服务器模型的新型操作系统设计结构。新的应用对操作系统的体系结构提出了新的要求，必须对原有的结构做大的调整，微内核结构正是在这种情况下提出的。微内核结构可以适应新型操作系统的以下几个特点。

(1) 具备高性能的并发处理能力，包括多进程/多线程管理机制。

(2) 要求操作系统可支持对称式多处理器体系结构，即对处理器多核体系有支持能力。

(3) 系统本身应具有分布式操作能力，可以适应新的应用需求，不断扩展系统功能。

(4) 操作系统本身具有面向对象的设计特性，可以采用面向对象技术使分布式操作系统及其设计工具实现起来更加规范、更加容易。

多年来操作系统设计都是延续单体内核的设计方法进行的。所谓单体内核是指操作系统的核心处理部分是一个整体，不支持分离存储和分布控制。这样做的优点是系统结构简单，内部处理间的管理比较直接，系统整体上的划分比较规整。但是这种结构存在的一个重大不足是系统内部模块分工不清楚，相互之间的调用关系混乱，带来的不良后果就是系统修改困难，可适应性差。微内核结构打破了这种传承，它的设计思想是将原来内核模块中的内容精简，将一些原来属于核心模块的功能提到外部去完成，只将操作系统最重要的功能包含在内核中，使内核尽量简单，从而形成微内核结构。

那么，采用微内核结构时哪些内容是必须保留在内核中的呢？通常地址空间分配、内部进程通信(IPC)和基本调度管理可以放在内核中，其他与操作系统结构管理关系不密切的功能模块(如文件管理、I/O 控制)都可以放在核心层以外的部分进行处理。

采用微内核结构，一方面可以保证核心模块设计的正确性提高，另一方面这种结构也更适合网络和分布式处理的计算环境，使操作系统的适应性增强。微内核系统体系结构的模型如图 1-14 所示。由图中描述我们可以看出，在用户模式下除了包含用户进程外，还包含一些系统的服务进程，如进程服务、文件服务、存储服务等。用户进程需要系统进程服务时，通过微内核中的模块向系统服务进程发出请求信息，然后才会得到服务，完成系统管理的服务进程是在用户态下运行的，这一点与用户进程是一样的。

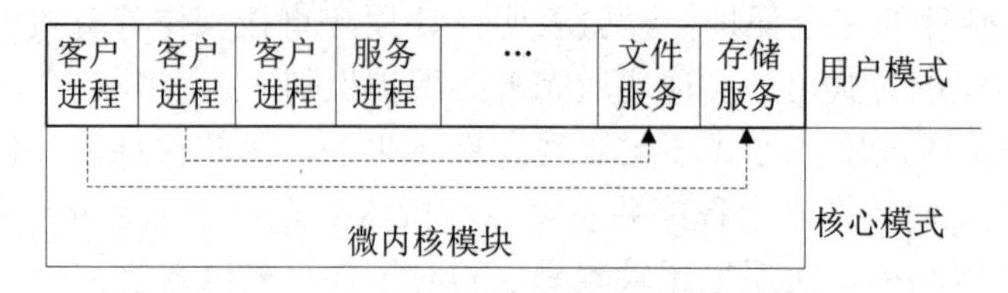

图 1-14　微内核体系结构

分析微内核结构，我们发现它比较适合现代操作系统的需要，尤其是对于客户/服务器模型有着很好的支撑基础，主要体现在以下几个方面。

(1) 实现了系统机制与策略比较彻底的分离。在微内核结构中实现了将操作系统中的结构部件与功能部件进行分离，使得在需要增加系统功能部件时比较容易完成，降低了系统实现和功能扩充的成本。

(2) 提升了系统的可靠性。在微内核结构中由于减少了内核部分的代码量，自然也就提升了系统设计的可靠性，而内核部分的可靠性提升必然会提升整个系统单元的可靠性。

(3) 增强了系统的可适应性。因为在微内核结构中只将系统管理的主要内容放在了核心部分，大部分管理模块放在了核心层以外实现，因此，当系统需要适应新的硬件结构或I/O 部件改变时，核心层可能几乎不用修改即可适应。

(4) 更加适合分布式计算的要求。微内核结构可以更好地构建分布式系统中的客户和服务器模块，很好地利用网络环境和客户与服务器之间的消息交换机制实现远程过程调用，实现分布式计算的设计。

微内核结构的可适应性提高了很多，但是采用这种结构的系统执行效率会有所下降。由于微内核结构中只包含操作系统处理中的核心功能模块，在系统管理中通常需要在核心层和用户层之间切换，这种切换会耗费系统资源和系统时间，因此系统执行效率不如单一整体结构好。

习　题　一

1. 简述现代计算机系统的组成及其层次结构。
2. 计算机系统的资源可分成哪几类？试举例说明。
3. 什么是操作系统？计算机系统配置操作系统的主要目标是什么？
4. 什么是多道程序设计？多道程序设计技术有什么优点？
5. 什么是并行和并发？在单处理器系统中，下述并行和并发现象哪些可能发生？哪些不会发生？

(1) 程序与程序之间的并行；
(2) 进程与进程之间的并发；
(3) 处理器与设备之间的并行；
(4) 处理器与通道之间的并行；
(5) 通道与通道之间的并行；
(6) 设备与设备之间的并行。

6. 操作系统的基本功能有哪些？

7. 现代操作系统具有哪些基本特征？请简单叙述之。

8. 试述操作系统为用户提供的各种接口。

9. 什么是系统调用？简述系统调用的实现过程。

10. 试比较批处理操作系统与分时操作系统的不同点。

11. 什么是实时操作系统？试述实时操作系统的分类。

12. 试比较分时操作系统与实时操作系统的不同点。

13. 试比较网络操作系统和 I/O 分布式操作系统的特点，并指出两者之间的差异。

14. 判断以下叙述的正确性。

(1) 操作系统提供用户与计算机的接口。

(2) 操作系统是计算机专家为提高计算机精度而研制的。

(3) 操作系统都是多用户单任务系统。

(4) 操作系统是最底层的系统软件。

(5) 操作系统的存储管理是指对磁盘存储器的管理。

(6) 分时操作系统允许两个以上的用户共享一个计算机系统。

(7) 实时操作系统只能用于控制系统，不能用于信息管理系统。

(8) 通常将 CPU 模式分为内核态和用户态，这样做的目的是提高运行速度。

(9) 当 CPU 处于用户态时可以执行所有的指令。

(10) 系统调用与程序级的子程序调用是一致的。

(11) 执行系统调用时会产生中断。

(12) 各中断处理程序是操作系统的核心，所以对中断的处理是在用户态下进行的。

15. 简述层次结构和单一内核结构的异同。

16. 简述微内核操作系统的主要特点。

17. 假设某计算机系统有一台输入机和一台打印机。现有两道程序同时投入运行，且程序 A 先开始运行，程序 B 后运行。程序 A 的运行轨迹为：计算 50 ms，打印信息 100 ms，再计算 50 ms，打印信息 100 ms，结束。程序 B 的运行轨迹为：计算 50 ms，输入数据 80 ms，再计算 100 ms，结束。请回答以下问题：

(1) 两道程序运行时，CPU 有无空闲等待？若有，在哪段时间内等待？为什么会等待？

(2) 程序 A、B 运行时有无等待现象？若有，在什么时候会发生等待现象？

18. 在单 CPU 系统和两台 I/O 设备(I_1、I_2)的多道程序设计环境下，同时投入 3 个作业 J_1、J_2、J_3 运行。这 3 个作业对 CPU 和 I/O 设备的使用顺序和时间如下：

J_1：I_2(30 ms)、CPU(10 ms)、I_1(30 ms)、CPU(10 ms)、I_2(20 ms)

J_2：I_1(20 ms)、CPU(20 ms)、I_2(40 ms)

J_3：CPU(30 ms)、I_1(20 ms)、CPU(10 ms)、I_1(10 ms)

假定 CPU 和 I/O 设备之间、两台 I/O 设备之间都能并行工作，J_1 优先级最高，J_2 次之，J_3 优先级最低，高优先级的作业可以抢占低优先级作业的 CPU，但不抢占 I_1 和 I_2。试求：

(1) 每个作业从投入到完成分别需要的时间。

(2) 从作业的投入到完成，CPU 的利用率。

(3) I/O 设备的利用率。

19. 若主存中有三道程序 A、B、C，它们按照 A、B、C 的优先次序运行。各程序的运行轨迹为：

A：计算 20 ms，输入 30 ms，计算 10 ms

B：计算 40 ms，输入 20 ms，计算 10 ms

C：计算 10 ms，输入 30 ms，计算 20 ms

如果三道程序都使用相同的设备输入(即程序以串行方式使用设备，调度开销忽略不计)，试分别画出单道和多道运行的时间关系图。在两种情况下，CPU 的利用率各为多少？

第2章

进 程 管 理

在早期的操作系统中一次只允许执行一个程序。这种执行方式使得程序对系统有完全的控制，每个程序能访问系统中的所有资源。随着多道批处理系统和分时系统的出现，程序在计算机系统中的运行不再是独立的，而是以进程作为资源分配和独立运行的基本单位，所以应从进程的观点来研究操作系统，操作系统的基本特征也是基于进程而形成的。随着操作系统的进一步发展，许多现代的操作系统为了提高并发的力度和降低并发的开销，又引进了线程的概念。

在本章中，首先讨论进程和线程的基本概念、描述及控制实现；然后详细介绍了进程的同步与通信的概念及其解决方法；最后全面研究了死锁的相关内容。

2.1 进程概述

进程的概念是操作系统中最基本、最重要的概念。它是多道程序系统出现以后，为了刻画系统内部出现的动态情况，描述系统内部各道程序的活动规律而引进的一个新概念，所有多道程序设计的操作系统都建立在进程的基础上。操作系统中引进进程的概念，从理论角度来讲，是对正在运行的程序活动规律的抽象；从实现角度来讲，则是一种数据结构，目的在于清楚地刻画动态系统的内在规律，有效管理计算机系统中程序的运行过程。

2.1.1 程序的顺序执行与并发执行

1. 程序的顺序执行

程序是实现算法的指令序列，一个较大的程序通常是由若干程序段组成的。程序的顺序执行是指必须严格按照某种次序逐个执行，即只有当一个操作结束后，才能开始后继操作。例如，在进行计算时，首先是输入程序和数据，然后再计算，计算结束后再将结果打印输出。如果，用 I 表示输入操作，C 表示计算操作，P 表示打印操作，则上述程序段的执行过程可用图 2-1 来描述。这种顺序执行的特性称为程序外部的顺序性。

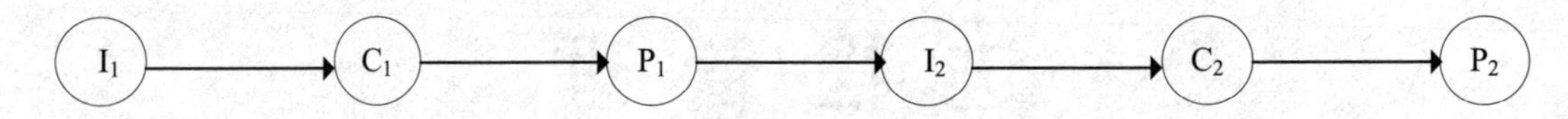

图 2-1 程序段的顺序执行

对于一个程序段中的多条语句，也有一个执行顺序问题，如下述三条语句组成的程序段：

```
S1: c=a-b;
S2: d=c+2;
S3: e=d+2;
```

语句 S_2 必须在语句 S_1 执行后才能执行；同样，语句 S_3 必须在语句 S_2 执行后才能执行。这种顺序执行的特性称为程序内部的顺序性。

程序的顺序执行具有如下特征。

(1) 顺序性。严格按照程序所规定的顺序执行，即每个操作必须在下一个操作开始之前结束。

(2) 封闭性。程序是在封闭的环境下运行的。即程序在运行时独占系统全部资源，除初始状态之外，计算机内各种资源的状态都是由程序决定的，只有程序本身的动作才能改变其环境，不受任何其他程序和外界因素的干扰。

(3) 确定性。程序执行过程中允许外在因素的干扰(如中断等)，但程序一旦开始运行，其执行结果与其他因素无关。

(4) 可再现性。只要程序执行时的环境和初始条件相同，当程序多次执行时不论它是从头到尾不停顿地执行，还是“停停走走”地执行，都将获得相同的结果，即重复执行程序的结果相同。

程序顺序执行的特征表明了程序与程序的执行是一一对应的，给程序的编制、检测和校正错误带来很大的方便，其缺点是计算机的资源利用率较低。

2. 程序的并发执行

操作系统中引入并发程序设计技术后，程序的执行不再是顺序的，一个程序未执行完而另一个程序已投入运行，程序外部的顺序特性消失，程序与程序的执行不再一一对应。如图 2-1 中的程序段的输入、计算和打印三者之间虽然存在程序外部的顺序性关系，即 $I_i \rightarrow C_i \rightarrow P_i$ 必须顺序执行，但 $P_i \rightarrow I_{i+1}$ 之间并没有执行次序的要求，因此可使它们并发执行。即执行 I_i 输入程序后，在执行 C_i 计算程序的同时，可继续执行 I_{i+1} 输入程序，从而使 C_i 和 I_{i+1} 并发执行。一般来说，当输入程序在执行第 i+1 个程序时，计算程序可能正在对第 i 个程序进行计算，而打印程序正在打印第 i−1 个程序的计算结果。图 2-2 表示出了各个程序段的并发执行过程。

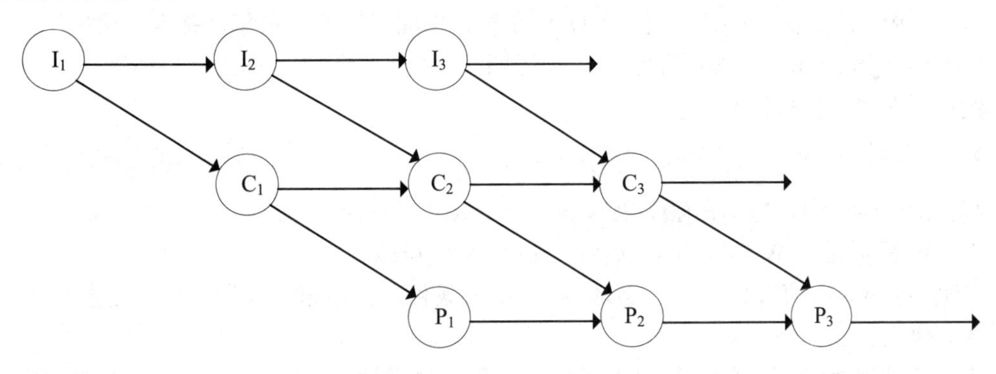

图 2-2　程序段的并发执行

当然，对于一个程序段中的多条语句，也可以并发执行，如：

```
S1: b=a+1;
S2: d=c+1;
```

语句 S_1 和 S_2 可并发执行，因为它们彼此不互相依赖。

并发执行的一组程序在执行时间上是重叠的。从宏观上看，并发性反映一个时间段中几个程序都在同一处理器上，处于运行还未结束的状态；从微观上看，任一时刻仅有一个程序在处理器上运行。并发的实质是一个处理器在几个程序之间的多路复用，并发是对有限的物理资源强制行使多用户共享，消除计算机部件之间的相互等待现象，以提高系统资源的利用率。

程序的并发执行具有如下特征。

(1) 间断性。程序在并发执行时，由于要共享资源，在并发程序之间形成了相互制约的关系。如图 2-2 所示的程序段并发执行过程，I、C、P 是三个相互影响的程序段，如果 I_i 未完成输入处理，则 C_i 无法进行计算。一旦制约因素消失后，计算程序便可恢复处理。也就是说，相互制约将导致并发程序具有“执行—暂停执行—执行”这种间断性的执行特征。

(2) 失去封闭性。程序在并发执行时，是多个程序共享系统资源，因此系统资源的状态是由多个程序共同决定的，也就是说，某程序的执行必然受到其他程序的影响，即程序的运行失去了封闭性。

(3) 不可再现性。程序在并发执行时，由于失去了封闭性，将导致程序的执行具有不可再现性。例如，程序段 A 和 B 如下：

A：
```
while(1)
  a=a+1;
```

B：
```
while(1)
  printf(a);
```

即 A 程序段对 a 进行计数，B 程序段输出 a。很显然，A、B 并发执行时，执行的次序不同，输出的值也不相同，即程序失去了可再现性。

3. 程序并发执行的条件

程序并发执行虽然能有效提高资源利用率和系统吞吐量，但必须采取某种措施以使并发程序能保持其“可再现性”。若两个程序能满足下述条件便能并发执行，该条件在 1966 年首先由 Bernstein 提出，所以又称为 Bernstein 条件。

$R(P_1)\cap W(P_2)\cup R(P_2)\cap W(P_1)\cup W(P_1)\cap W(P_2)=\{\ \}$

其中，$R(P_i)=\{a_1,a_2,\cdots,a_n\}$，表示程序 P_i 在执行期间引用的变量集，称为“读集”；$W(P_i)=\{b_1,b_2,\cdots,b_m\}$，表示程序 P_i 在执行期间改变的变量集，称为“写集”。

例如，有如下四条语句：

```
S1: a:= x+y; S2: b:= z+1; S3: c:=a-b; S4: w:=c+1
```

则：$R(S_1)=\{x,y\}$，$R(S_2)=\{z\}$，$R(S_3)=\{a,b\}$，$R(S_4)=\{c\}$；
$W(S_1)=\{a\}$，$W(S_2)=\{b\}$，$W(S_3)=\{c\}$，$W(S_4)=\{w\}$。

可见，S_1 和 S_2 可并发执行，满足 Bernstein 条件。其他语句并发执行可能会产生与时间有关的错误。

程序的并发性使程序的执行失去了封闭性和可再现性，所以操作系统中引进进程的概念来描述这种变化。

2.1.2 进程的概念

1. 进程的定义

在多道程序环境下，程序的执行属于并发执行，此时它们将失去其封闭性，并具有间断性及不可再现性的特征，因此，人们引入了“进程”的概念。

“进程”这一术语起源于 20 世纪 60 年代初，是在美国麻省理工学院的 MULTICS 系统和 IBM 公司的 CTSS/360 系统中引入的，得到了普遍的重视。目前，进程已成为操作系统中一个非常重要的概念。不过，进程的定义多种多样，具有多种解释，其中较能反映进

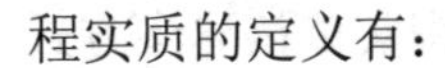

程实质的定义有：

- ➢ 是程序的一次执行。
- ➢ 计算机中正在运行的程序的一个实例。
- ➢ 可以分配给处理机并由处理机执行的一个实体。
- ➢ 是一个可并发执行的具有独立功能的程序关于某个数据集合的一次执行过程，也是操作系统进行资源分配和保护的基本单位。这是目前国内学术界较为统一的理解。

上述关于进程的定义虽各有侧重，但其本质相近，即都强调了程序的执行，即进程的动态特性，这是进程与程序之间的本质区别。尽管关于进程至今尚无公认的和严格的定义，但它已被成功地用于操作系统的构造和并发程序设计中。

2．进程的类型

从操作系统角度，可将进程分为系统进程和用户进程两大类。

(1) 系统进程。

系统进程属于操作系统的一部分，它们运行操作系统程序，完成操作系统的某些功能，也被称作守护(daemon)进程。一个系统进程所完成的任务一般是相对独立的和具体的，而且在进程的生存期内不变，因此它们一般对应一个无限循环程序，在系统启动后便一直存在，直到系统关闭。现代操作系统内设置有很多系统进程，完成不同的系统管理功能。系统进程运行于管态，包括特权指令在内的所有机器指令。由于系统进程负责系统管理和维护任务，它们的优先级通常高于一般用户进程的优先级。

(2) 用户进程。

用户进程运行用户程序，直接为用户服务。在此所谓“用户程序”，不一定是用户自己编写的程序。如用户在编译一个 C 程序时，需要运行 C 语言的编译程序，该编译程序是在目态运行，但并不是用户自己编写的。即在操作系统之上运行的所有应用程序都被称作用户进程。

3．进程的特征

无论是系统进程还是用户进程，都具有动态性、共享性、独立性、并发性、异步性、结构性等特征。

(1) 动态性。进程是可并发执行的具有独立功能的程序关于某个数据集合的一次执行过程，是一个动态的概念。同时，它还有生命周期，由创建而产生，由调度而执行，由撤销而消亡。

(2) 共享性。同一程序同时运行于不同数据集合上时，构成不同的进程。或者说，多个不同的进程可以共享相同的程序，所以进程和程序不是一一对应的。

(3) 独立性。进程是操作系统进行资源分配和保护的基本单位，也是系统调度的独立单位。凡是未建立进程的程序，都不能作为独立单位参与运行。通常，每个进程都可以以各自独立的速度在处理机上运行。

(4) 并发性。指各个进程是同时独立运行。这是进程的另一个重要特性，也是现代操作系统的重要特性，是指不同进程的动作在时间上可以重叠。

(5) 异步性。进程由于共享资源和协同合作时产生了相互制约关系，造成进程执行的间断性，即进程以各自独立的、不可预知的速度向前推进，或者说，进程实体按异步方式执行。

(6) 结构性。为了描述和记录进程的动态变化过程，使其能正确运行，还需要一个进程控制块。

4．进程和程序的关系

进程用来描述程序的执行过程，所以进程和程序是两个密切相关的概念，但又是两个不同的概念，它们具有以下几个方面的区别。

(1) 进程是动态的，程序是静态的。程序是代码的集合，进程是程序的执行。

(2) 进程是暂时的，程序是永久的。进程是一个状态变化的过程，程序可长久保存。

(3) 进程与程序的组成不同。进程包括程序段、数据集合和进程控制块。

(4) 一个程序可以对应多个进程，但一个进程只能对应一个程序段。如一个程序的多次执行就对应不同的进程。

程序和相应进程之间，有点像乐谱和相应演奏之间的关系，乐谱可以长期保存，而演奏是个动态的过程，同一个乐谱可以多次演奏。

2.1.3 进程的状态和转换

进程从创建到撤销一直处于一个不断变化的动态过程，为了刻画这个过程，操作系统又把进程分成若干不同的状态，约定各状态间的转换条件。下面讨论进程的状态模型。

1．三态模型

一个进程从产生到消亡的整个生命周期，有时占有处理机而执行，有时虽然可以运行但分不到处理机，有时虽有空闲处理机但因等待某个事件的发生而无法执行。为了便于管理进程，一般来说，按进程在执行过程中的不同情况至少要定义三种状态，三态模型是最简单的进程状态转换模型。

(1) 运行态：进程占有处理机资源，正在其上运行。处于此状态的进程数目小于等于处理机的数目。即在单处理机系统中，只能有一个进程处于运行状态；在多处理机系统中，可能有多个进程处于运行状态。如果没有其他进程可以执行，通常会自动执行系统进程中的空闲进程。

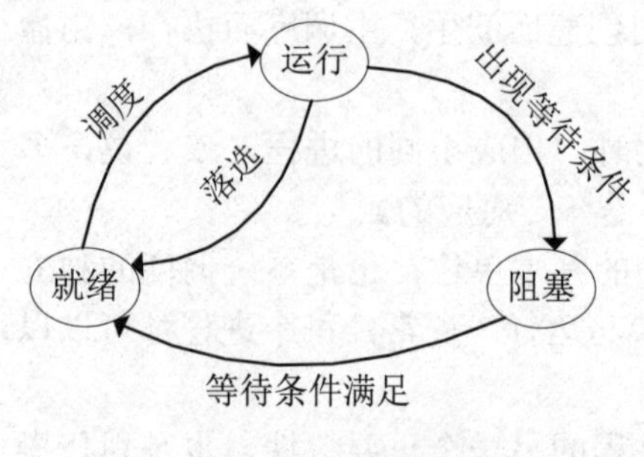

图 2-3 三态模型

(2) 就绪态：进程已获得除处理机以外的其他所有资源，等待分配处理机资源，只要分到处理机就可执行。

(3) 阻塞态：又称为等待态或睡眠态，指进程等待 I/O 操作或进程同步等条件，在条件满足之前，即使把处理机分配给该进程，进程也无法运行。

进程的三态模型如图 2-3 所示。

从图 2-3 可以看出，进程随着自身的推进和外界条件的变化，其状态也发生变化。

(4) 就绪→运行：需要选择一个新进程运行时，操作系统选择一个就绪状态的进程，这是处理机的工作。进程的选择问题(进程调度)将在第 3 章中讨论。

(5) 运行→就绪：分配给进程的 CPU 时间片用完而强迫进程让出 CPU 时间片，这是最常见的原因。当然，进程从运行态到就绪态还有很多其他原因，如操作系统给不同的进程分配不同的优先级，就会迫使正在运行的进程让出 CPU。最后一种情况是，进程自愿释放处理机，比如一个周期性地进行审计和维护的后台进程。所有的多道程序操作系统都实现了时间片的限定，而后两种原因并不是在所有的操作系统中都实现了。

(6) 运行→阻塞：如果进程请求它必须等待的某些事件，如在运行中启动外部设备，等待外设进行 I/O 操作；或申请系统资源得不到满足；或在运行中出错等原因都可使进程进入阻塞状态。

(7) 阻塞→就绪：当所等待的事件发生，处于阻塞状态的进程就转化为就绪态。

进程的三个基本状态及其转换可以对照生活中顾客在餐厅用餐过程的这个例子来理解。用餐的顾客可分为三种情形：第一种人正坐在饭桌旁吃饭(“执行态”)；第二种人已买好饭但没有位子可坐(“就绪态”)，他们只要找到座位就可以吃饭；第三种人正在买饭菜(“阻塞态”)，即使马上给他们座位，也无饭菜可吃。这三种人是不断转换的：当有空座位时，第二种人中就有人转变为第一种人(“就绪变执行”)；当第三种人中有人点好饭菜时，他就转变为第二种人(“阻塞变就绪”)；当第一种人中有人再去加点饭菜时，他就转变为第三种人(“执行变阻塞”)；当第一种人中有人看见自己的长辈或领导端着饭碗在找座位而起身让座时，他就转变为第二种人(“执行变就绪”)。

2. 五态模型

在很多系统中，增加两种进程状态：新建态和终止态，如图 2-4 所示。

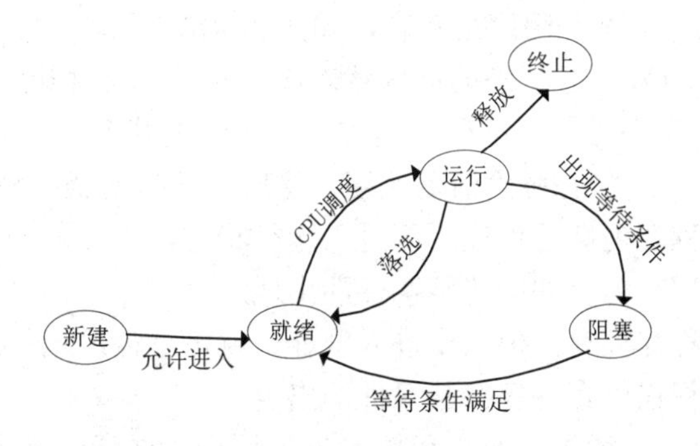

图 2-4　五态模型

引入新建态和终止态是非常有用的。新建态是一个进程刚刚建立，但还未送入就绪态时的状态。例如，如果一位新用户试图登录到分时系统中，或者一个新的批处理作业被提交执行，那么操作系统可以分两步定义新进程。首先，操作系统执行一些必需的辅助工作，创建一些信息(如管理进程所需要的表)，然后将操作系统所需要的关于该进程的信息保存在主存中，但进程自身还未进入主存，也就是即将执行的程序代码还不在主存。所以，当进程处于新建态时，程序保留在辅存中(在支持虚拟内存的系统中，程序保留在虚拟内存中)，通常是在磁盘中。

终止态是一个进程已经结束(正常结束或异常结束)，释放了除进程控制块之外的其他资源，但尚未撤销时的状态。也就是说，当进程达到一个自然结束点时，由于出现了不可恢复的错误而被取消；或当具有相应权限的另一个进程取消该进程时，进程被终止，此时进程转化到终止态，进程不再被执行了，但与作业相关的信息临时被操作系统保留起来，为辅助程序或支持程序提供了提取所需信息的时间。

图 2-4 中进程状态由新建到就绪及由运行到终止的变化如下。

(1) 新建→就绪：操作系统准备好再接纳一个新进程，如当前系统的性能和内存容量均允许，此时将一个进程由新建态转换到就绪态。

(2) 运行→终止：一个进程达到了自然结束点，或是出现了无法克服的错误，或是被操作系统所终止，或是被其他有终止权的进程所终止。

3. 具有挂起功能的模型

五态模型没有区分进程是处于内存还是外存，但我们总是假设进程处于内存中。事实上，可能出现这样一些情况，由于进程的不断创建，系统的资源特别如内存资源已经不能满足进程运行的需要，这时必须把某些进程换出内存，存放在磁盘中，即进程被挂起。此时被挂起的进程释放它所占有的资源，暂时不申请处理机资源，起到平滑系统操作负荷的目的。另外，也有可能系统出现故障，需要暂时挂起一些进程，以便故障消除后，再解除挂起恢复这些进程运行。为了解决这些问题，在进程状态模型中增加另一个状态——挂起态，如图 2-5(a)所示。

增加一个挂起态之后，操作系统可以有两种方法选择一个进程到主存中：一是接纳一个新创建的进程；二是调入一个以前被挂起的进程。显然，通常比较倾向于调入一个以前被挂起的进程，以便不增加系统中的负载总数。但是，如果所有挂起的进程在挂起时都处于阻塞态，此时被阻塞的进程换回主存意义不大，因为它仍然没有准备好执行。故可以考虑双挂起模型——就绪挂起态和阻塞挂起态，如图 2-5(b)所示。

图 2-5(b)给出了具有双挂起状态的进程状态图。与图 2-4 相比，在具有挂起状态的进程图中，对就绪态和阻塞态进行了细分，增加了两个新的状态：挂起就绪和挂起阻塞。为了易于区分，将原来的就绪状态称为活动就绪，将原来的阻塞状态称为活动阻塞。

(1) 活动就绪：进程在内存且调度后可进入运行状态。

(2) 活动阻塞：进程在内存并等待某事件的出现。

(3) 挂起就绪：进程在外存，但只要进入内存，就可被调度运行。

(4) 挂起阻塞：进程在外存并等待某事件的出现。

从图 2-5(b)可以看出，如果一个进程原来处于执行态或活动就绪态，此时可因挂起命令而由原来状态变为挂起就绪态，处于挂起就绪态的进程不能参与争夺处理机，即进程调度程序不会把处于挂起就绪态的进程挑选来运行；当处于挂起就绪态的进程接到激活命令后，它就由原状态变为活动就绪态；如果一个进程原来处于活动阻塞态，它可因挂起命令而变为挂起阻塞态，只有激活命令才能把它重新变为活动阻塞态；处于挂起阻塞态的进程，其所等待的事件发生后，该进程就由原来的挂起阻塞态变为挂起就绪态。

这里讨论的进程状态模型是对实际操作系统中所使用的进程状态定义的抽象和简化，我们将在实例中给出实际操作系统中进程状态间的关系。

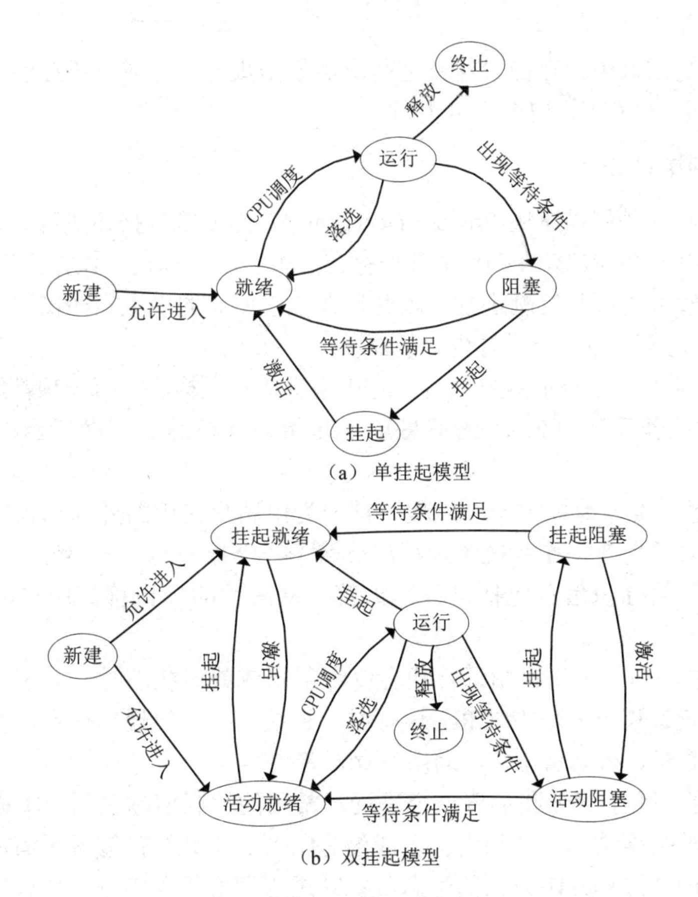

图 2-5　具有挂起功能的模型

2.1.4　进程的描述

进程是一个动态的概念，程序及相关的数据集合是进程存在的实体，它们均为静态文本。那么如何描述一个进程？又如何知道进程的存在？在操作系统中，描述一个进程除了需要程序和数据之外，最主要的是需要一个与动态过程相联系的数据结构，即进程的外部特性(名字、状态等)以及与其他进程的联系(通信关系)。因此，系统中需要有描述进程存在和能够反映其变化的物理实体，即进程的静态描述。进程的静态描述由三部分组成：进程控制块(Process Control Block，PCB)、有关程序段和与该程序段相关的数据结构集合。

进程的程序部分描述进程所要完成的功能。它是进程运行所对应的执行代码，一个进程可以对应一个完整的程序，也可以只对应一个程序中的一部分。多个进程也可以同时对应一个程序，我们称这个程序被多个进程所共享，可共享的程序代码被称为可重入代码或者纯代码，在运行过程中不能被改变。

数据结构集合是程序在执行时必不可少的工作区和操作对象。它包括对处理机的占用、存储器、堆栈、缓冲区 I/O 通道和 I/O 设备等的需求信息。

上述两部分是进程完成所需功能的物质基础。由于与控制进程的执行及完成进程功能直接相关，因而，在大部分多道程序操作系统中，这两部分内容放在外存中，直到该进程执行时再调入内存。

进程控制块是记录进程存在、保持进程所需数据集合、完成进程控制的重要结构，不同操作系统中采用的PCB结构不一定相同。

1．进程控制块PCB

PCB有时也称为进程描述块(Process Descriptor)，是系统为描述进程设计的一种数据结构。一个进程只有一个PCB，PCB是进程存在与否的唯一标记，操作系统只有依据PCB才能感知进程、管理进程与控制进程，因此，在几乎所有的多道程序操作系统中，一个进程的PCB结构都是全部或部分常驻内存的。

PCB是操作系统最重要的数据结构，它由很多信息项构成，每一项都经过设计者的精心考虑。不同的操作系统，PCB的信息项不尽相同。但是，下面所示的基本内容是必需的。

(1) 标识信息。唯一地标识一个进程，常分为由用户使用的外部标识符和被系统使用的内部标识号。几乎所有操作系统中进程都被赋予一个唯一的、内部使用的数值型的标识号(进程号)。常用的标识信息包括进程标识符、父进程的标识符、用户进程名、用户组名等。

(2) 现场信息。当一个进程由运行状态变为阻塞或就绪状态时，系统必须为其保存现场信息，以便当该进程再度获得CPU运行时，系统为其恢复现场信息，继续运行。现场信息包括程序计数器、机器状态字、通用寄存器等内容。

(3) 控制信息。用于管理和调度一个进程。常用的控制信息包括：①通信信息，用于进程间通信所需的数据结构，如指向信箱或消息队列的指针等；②资源清单，如进程所需资源、已分配到的资源和控制方面的信息等；③进程调度相关信息，如进程状态、等待事件和等待原因、进程优先级等；④进程在辅存中的地址；⑤进程特权信息，如内存访问权限和处理机状态方面的特权等。

综上所述，进程的主要作用有：①标识进程的存在。系统创建进程时，就为之创建一个PCB；进程结束时，系统又回收其PCB，进程便随之消亡。②为系统控制和管理进程提供所需的一切信息。

2．PCB的组织方式

在一个系统中，通常可拥有数十个、数百个甚至上千个PCB。为了有效地进行进程管理，系统必须对进程进行合理的组织。对进程的组织实际上就是对PCB的组织，常用的PCB组织方式有顺序表、链表和索引表结构。

(1) 顺序表。

最简单的PCB组织是采用顺序表，即定义一个PCB结构数组。这种方式不区分进程状态，将所有PCB连续地存放在内存区中，如图2-6(a)所示。该方式的优点是不需要复杂的存储空间动态申请和释放操作，也不需额外的指针，但是要经常扫描整个表。

(2) 链表。

系统根据PCB的状态，把相同状态的PCB链接成一个PCB链表队列，这样，可形成就绪进程队列、阻塞进程队列等。对就绪进程队列，可根据其优先级的不同，将优先级高的PCB排在前面。此外，系统也可以根据阻塞原因的不同，形成各种外设的等待I/O操作完成的队列、等待各种事件发生的队列，如图 2-6(b)所示。

(3) 索引表。

为了提高 PCB 线性表的查找效率，系统根据进程的状态，分别为具有相同状态的 PCB 建立一张索引表。例如，就绪进程索引表、运行进程索引表(仅用于多处理机系统)和各种等待事件的阻塞进程索引表。通常，PCB 表采用静态存储分配方案，定义为 PCB 结构数组；各种索引表采用动态存储分配方案，索引表中存入相应 PCB 数组元素的下标值，如图 2-6(c)所示。系统设立一些指针变量，以记录索引表的首地址。

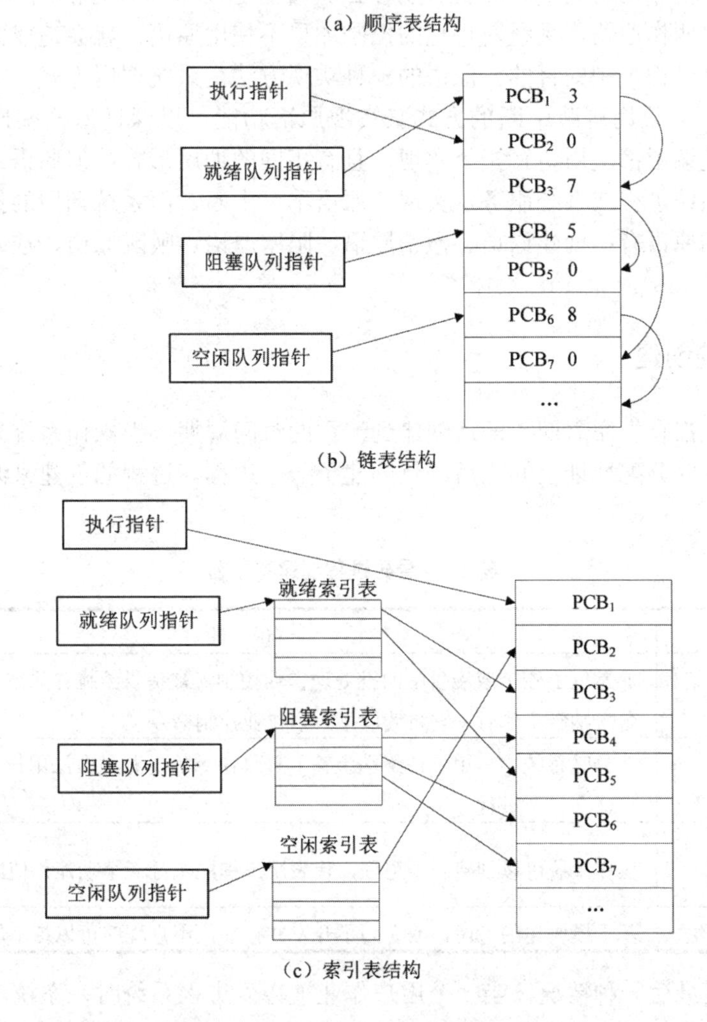

图 2-6　PCB 的组织方式

在单处理机的计算机系统中，任何时候只有一个进程处于运行状态。为此，在索引表结构和链表结构中，系统专门设置一个指针——执行指针，用以指向当前运行进程的 PCB。

2.2 进程控制

从进程的定义和它的动态特征可知，进程是在系统运行过程中不断产生和消亡的。或者说，大多数进程并不是永远存在于系统中的，而是经历由创建而产生、进程状态的转换、由消亡而最终撤离系统。整个过程是由进程控制实现的。所谓进程控制，是指系统使用一些具有特定功能的程序段来创建进程、撤销进程以及完成进程各状态间的转换。这些程序段是机器指令的延伸，由若干条机器指令构成，用以完成特定功能，且在管态下执行，执行过程中是不可分割的，不允许被中断，并且它是顺序执行的(不允许并发)，我们把这样的程序段叫作原语。系统对进程的控制如果不使用原语，就会造成其状态的不确定性，从而达不到进程控制的目的。原语的一种实现方法是系统调用方式，即通过系统调用提供原语接口，且采用屏蔽中断的方式来实现原语功能，以保证原语操作不被打断的特性。原语和系统调用都采用访管指令实现，且有相同的调用形式，但原语由内核来实现，而系统调用由系统进程或系统服务器实现；原语不可中断，而系统调用的执行允许中断。用于进程控制的原语有：创建原语、撤销原语、阻塞原语、唤醒原语、挂起原语和激活原语等。

2.2.1 进程的创建

每一个进程都有生命周期，即从创建到消亡的时间周期。当操作系统为一个进程构造一个进程控制块并分配地址空间之后，就创建了一个进程。进程的创建来源于以下事件，如表 2-1 所示。

表 2-1　导致进程创建的原因

导致原因	说　明
新的批处理作业	通常位于磁带或磁盘中的批处理作业控制流被提供给操作系统。当操作系统准备接纳新工作时，它将读取下一个作业控制命令
交互式登录	在分时系统中，用户在终端上输入登录命令后，若是合法用户，系统便为该用户建立一个进程
操作系统提供一项服务而创建	操作系统可以创建一个进程，代表用户程序执行一个功能，使用户无须等待
由现有的进程派生	基于模块化的考虑，或者为了开发并行性，用户程序可以指示创建多个进程

下面来讨论最后一种情况，当一个用户作业被接受进入系统时，系统需要创建一个用户进程来完成作业；一个用户进程在请求某种服务时，也可能要创建一个或多个进程来为之服务。在此，我们将被建立的进程称为子进程(Progeny Process)，而创建进程称为父进程(Parent Process)。

创建原语的操作过程如下。

(1) 向 PCB 表中索取一个空白 PCB，并获得该 PCB 的内部标识符——进程号。

(2) 为进程分配地址空间，倘若该进程的程序不在内存，应将其调入内存并为进程分配相应资源。

(3) 将创建者提供的 PCB 参数以及父进程的内部标识符填入 PCB，并设置记账信息。

(4) 置该进程状态为活动就绪态，并将其加入某一就绪队列，或直接投入运行。

系统中的进程除了由创建原语动态建立之外，还有一些进程是在系统生成时产生的系统进程。

2.2.2　进程的撤销

当一个进程完成了其规定的任务或出现了严重的异常后，则应予以撤销，即它所占有的地址空间和 PCB 将被操作系统回收。进程的撤销可分为正常和非正常两种，前者如批处理系统中的撤离作业步，后者如运行进程过程中出现的错误与异常。

撤销原语的具体操作是：以调用者提供的进程标识名为索引，到 PCB 表中寻找相应的 PCB，获得该进程的内部标识符和状态。若该进程处于运行状态，则中断处理机，保护 CPU 现场，停止执行该进程，并设置重新调度标志；否则根据状态指出该进程所在的队列，将其从队列中销去。凡属于该进程的所有子进程也一律撤销。对于被撤销者所占有的资源，若它们是属于撤销者或其父进程的，都应归还；凡是属于被撤销者自己的，则销去它的资源描述块，最后销去被撤销者的 PCB，若重新调度标志已置位，则处理机重新调度。

2.2.3　进程的阻塞与唤醒

正在执行的进程，当进程所期待的某一事件(如等待输入输出操作或请求系统服务等)尚未出现时，该进程调用阻塞原语把自己阻塞起来。

阻塞原语的具体操作是：由于进程正处于运行态，故应中断处理机，把 CPU 状态保存到 PCB 中，停止运行该进程；然后把“活动阻塞”赋予该进程，并把它插入该事件的等待队列中，再从活动就绪队列中按一定算法选取一进程投入运行。

当某进程所期待的事件出现时，由“发现者”进程调用唤醒原语。发现者进程可能与被唤醒进程不直接相干，但通常与被唤醒进程是合作的并发进程。

唤醒原语的具体操作是：将被唤醒的进程从相应的阻塞队列中摘除，如果为挂起阻塞则改为挂起就绪；如果为活动阻塞，则改为活动就绪并插入相应的就绪队列中；如果为活动就绪，还须引起处理机调度程序的重新调度。

阻塞原语和唤醒原语是一对作用刚好相反的原语。因此，如果在某进程中调用了阻塞原语，则必须在与之相合作的另一进程或其他相关进程中，调用唤醒原语来唤醒阻塞进程；否则，被阻塞进程将会因不能被唤醒而长久地处于阻塞状态，从而再无机会运行。

2.2.4　进程的挂起与激活

当需要把某个进程挂起时可调用挂起原语。可有多种挂起方式：把发出本原语的进程自身挂起、挂起具有指定标识名的进程、把某进程及其全部或部分“子进程”(如具有指定优先数进程的子进程)挂起。现以挂起具有指定标识名的进程为例，说明挂起原语的操作步骤。

挂起原语的具体操作是：以被挂起的进程标识名为索引，到 PCB 表中查找该进程的PCB，得到该进程的内部标识号，并检查该进程的状态。若状态为“运行”，则中断处理机，把 CPU 状态保存在 PCB 中，停止运行该进程，并从活动就绪队列中按某种算法调度另一进程投入运行；若状态为活动阻塞，则修改为挂起阻塞；若状态为活动就绪，则修改为挂起就绪。

在挂起原语的作用下，进程的状态由活动转为挂起(静止)，激活原语则使处于挂起状态的进程变成活动状态。激活原语先将进程从外存调入内存，检查该进程的状态，若为“挂起就绪”则将其修改为“活动就绪”，若为“挂起阻塞”则将其修改为“活动阻塞”。一旦被激活的进程处于“活动就绪”时，便引起处理机的重新调度。激活原语只能激活进程自己的子进程。

同样，挂起原语和激活原语也是一对作用相反的原语。因此，若在某进程中调用了挂起原语，则必须在与之相合作的另一进程或其他相关进程中，调用解挂原语来激活被挂起的进程；否则，被挂起进程将会因不能被激活而长久地处于挂起状态，从而再无机会运行。

2.3 线　　程

2.3.1 线程的概念

在操作系统中引入进程的目的在于提高系统效率，提高资源利用率。自从引入了进程的概念之后，操作系统便以进程为单位在处理机上并发执行。进程不仅作为系统调度的基本单位，同时也是资源分配的基本单位。进程因创建而产生，因撤销而消亡，中间又经过一系列的状态变换。也就是说，进程在整个生存期内，在不断地改变其运行环境。在进程调度过程中，进程切换更是频繁。在进程切换时，不但要保留现运行进程的运行环境，而且还要设置新选中进程的运行环境，为此需要花费不少的处理机时间。因此，把进程作为系统调度的基本单位要付出较大的时空开销，从而也限制了系统中进程的数量和进程切换的频率。为了提高系统的并行能力，把并行粒度进一步减小，在进程内部又引入了线程(Thread)的概念。

线程是 20 世纪 80 年代中期在操作系统领域出现的一个非常重要的机制和技术，它能有效地提高系统的性能。目前，不仅在操作系统中，而且在数据库管理系统和其他应用软件中，都普遍引入了线程的概念。

在引入线程的操作系统中，线程是系统调度的基本单位，而进程是系统分配资源的基本单位。因此，线程的引入是为了以小的开销来提高进程内的并发程度。下面讨论线程的概念及它与进程的差异。

1. 线程的定义

线程的定义情况与进程类似，存在多种不同的提法。

(1) 线程是进程内的一个执行单元。

(2) 线程是进程内的一个可调度实体。

(3) 线程是程序(或进程)中相对独立的一个控制流序列。

综上所述，我们不妨将线程定义为：线程是进程内一个相对独立的、可调度的执行单元，是一个动态的对象。线程自己基本上不拥有资源，只拥有一点在运行时必不可少的资源(如程序计数器、一组寄存器和栈)，但它可以与同属一个进程的其他线程共享进程拥有的全部资源。

2．多线程

多线程是指操作系统支持的在一个进程中执行多个线程的能力，这些线程共享该进程资源，这些线程驻留在相同的地址空间中，共享进程的数据和文件。

MS-DOS 是一个支持单用户进程、单线程操作系统的例子。其他一些操作系统，如 UNIX 等，支持多用户进程，但每个进程也只支持一个线程。这些设计方法称为单线程方法。但在 Java 虚拟运行机中的一个进程拥有多个线程。本节讨论的就是多进程且每个进程支持一个以上线程的多线程方法，如在 Windows NT、Solaris、OS/2 及一些其他新的操作系统中都采用了这种方法。

图 2-7 说明了单线程和多线程进程模型。在单线程的进程模型中(这里没有明显的线程概念)，进程的表示包括进程控制块、用户地址空间(包括程序和数据)及进程执行时处理调用函数和从函数返回时所用的用户栈和核心栈。当进程执行时，处理器中的寄存器由该进程控制，当进程不处于执行状态时，这些寄存器的内容就被保护在进程控制块中。在多线程的环境中，仍然有单个进程控制块和与进程相关联的用户地址空间，但是每个线程有各自的用户栈、核心栈和控制块，在控制块中包含有寄存器数据、优先级和其他与线程有关的状态信息。

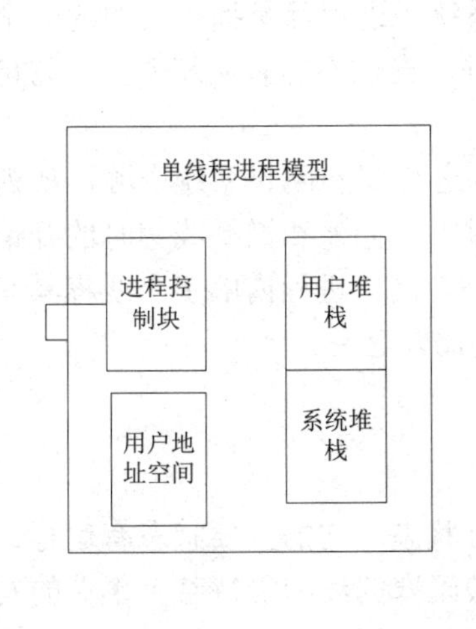

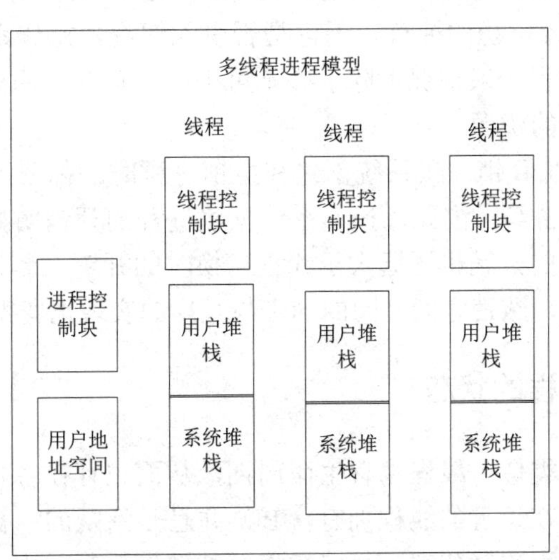

图 2-7　单线程和多线程进程模型

这样，一个进程中的所有线程共享进程的状态和资源，它们驻留在相同的地址空间且访问相同的数据。如一个线程修改了存储空间中的一项数据，其他线程访问该数据项时将获得改变了的结果。如一个进程以读方式打开了一个文件，同一进程中的其他线程也能从该文件中读数据。

3. 进程与线程的比较

线程具有许多传统进程所具有的特征，故又称为轻型进程(Light-Weight Process)或进程元；而传统的进程称为重型进程(Heavy-Weight Process)，它相当于只有一个线程的任务。在引入线程的操作系统中，通常一个进程都有若干线程，至少需要一个线程。可以从以下几个角度来比较进程和线程。

(1) 调度切换。在传统的操作系统中，拥有资源的基本单位和独立调度的基本单位都是进程；在引入线程的操作系统中，则把线程作为调度的基本单位，而把进程作为资源分配的基本单位。进程可由一个或多个线程组成。在同一个进程中，线程的切换不会引起进程的切换；而由一个进程中的线程切换到另一个进程中的线程时，将会引起进程切换。

(2) 并发性。在引入线程的操作系统中，不仅进程之间可以并发执行，而且在一个进程的多个线程之间也可并发执行，因而使操作系统具有更好的并发性，从而能更有效地使用系统资源和提高系统吞吐量。例如，在一个未引入线程的单 CPU 操作系统中，若仅设置一个文件服务进程，当它由于某种原因被阻塞时，便没有其他文件服务进程来提供服务。在引入线程的操作系统中，可以在一个文件服务进程中设置多个服务线程，当第一个线程等待时，文件服务进程中的第二个线程可以继续运行；当第二个线程阻塞时，第三个线程可以继续执行，从而显著地提高了文件服务的质量以及系统吞吐量。

(3) 地址空间资源。不同进程间的地址空间是相对独立的，而同一进程的各线程共享同一地址空间。一个进程中的线程在另一个进程中是不可见的。

(4) 通信关系。进程间通信必须使用操作系统提供的进程通信机制，而同一进程中的各线程间可以通过直接访问进程数据段(如全局变量)来实现通信。

(5) 系统资源的拥有。无论是否引入线程，操作系统中进程都是拥有资源的一个独立单位，而线程一般情况下除了必不可少的一点儿资源外，自己不拥有系统资源，它可访问其隶属进程的资源。

(6) 系统开销。在系统创建和撤销进程时，都要为之分配和回收系统资源，如内存空间、I/O 设备等，因此，操作系统创建进程的开销明显大于创建和撤销线程时的开销。进程调度切换的开销也远远大于线程切换时的开销。另外，同一进程内的多个线程具有相同的地址空间，致使它们之间的同步与互斥的实现也变得比较容易。

2.3.2 线程的状态

与进程类似，线程也有生命周期，从而也存在各种状态。它的主要状态有运行、就绪和阻塞。正在运行的线程拥有 CPU 并且是活跃的；被阻塞的线程等待某个事件的发生或等待其他线程来释放它；就绪线程可被调度执行。由于线程不是资源的拥有单位，挂起状态对线程没有意义。另外，线程的状态转换类似于进程，如图 2-3 所示。与线程级状态变化有关的基本操作主要有四个，分别由下面的线程控制原语来实现。

(1) 创建：当新进程创建时，也创建了那个进程内的线程。随后进程内的一个线程可以在本进程内创建另外的线程，同时为新线程设定指令指针和参数。创建新线程时还要给它提供寄存器上下文和栈空间，最后将其放入就绪队列中。

(2) 阻塞：当一个线程需要等待一个事件，它将被阻塞。在保护了自己的寄存器、程序计数器和栈指针后，处理机就可以转去执行其他就绪线程。

(3) 解除阻塞：当线程等待的一个事件发生后，就可解除原先的阻塞状态，将其移到就绪队列中。

(4) 终止：当线程完成了任务后，就释放它所占用的寄存器上下文和栈空间，撤销线程控制块。当一个线程运行出现异常时，允许强行终止一个线程。

值得注意的问题是，一个线程的阻塞是否会导致整个进程的阻塞。换句话说，就是进程中的一个线程被阻塞，是否会阻止进程中其他处于就绪状态线程的运行？很明显，如果一个线程的阻塞导致整个进程的阻塞，线程就失去了一些灵活性和能力。这个问题将在后面的用户级线程和核心级线程及第 3 章线程调度中加以讨论。目前只考虑线程的阻塞不会阻塞整个进程的情况。

在多线程机制中，由于进程不是 CPU 的调度单位，不必划分成过细的状态，如 Windows 操作系统中仅把进程划分成可运行和不可运行状态，挂起状态属于不可运行状态。

2.3.3　线程的描述与控制

1．线程的描述

线程是进程中的多个可以并发执行的程序控制流。那么，支持线程的操作系统中也要为线程设计一种数据结构——线程控制块(Thread Control Block，TCB)来标志线程的存在，即每当创建一个新线程时，便要为该线程分配一个 TCB。

不同操作系统，线程控制块的结构不尽相同，但其中一般包含系统对于线程进行管理所需要的信息。一般 TCB 的内容较少，因为有关资源分配等多数信息已经包含在所属进程的 PCB 中。TCB 中的主要信息有：线程标识、程序计数器及状态寄存器等寄存器组、若干堆栈、私用存储器等。TCB 可能属于操作系统空间，也可能属于用户进程空间，是由线程的实现方式决定的。

2．线程的控制

在支持线程的操作系统中，除了提供进程控制机制外，还需提供线程的控制机制。类似于进程控制，线程也具有线程控制模块、同步协调机构以及时钟控制等。线程控制包括了对线程执行环境的控制和状态转换的控制，也具有线程创建、调度、阻塞、唤醒及撤销。进程内各线程的并发执行由同步协调机制完成，并可直接在进程局部空间内实现线程通信。

线程的存在与消亡也通过线程控制块 TCB 体现出来，不过，正如前所述，与进程控制块 PCB 相比，TCB 中的表项很少，仅仅具有最关键的执行项，如线程状态、优先级、标识号、超时值、寄存器及链接项等，从而，可在最小执行环境下完成并发执行，提高系统性能，降低系统开销。

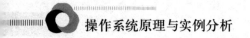

2.3.4　线程的并发执行

图 2-8 显示了执行两个对不同主机的远程过程调用(RPC)获得的组合结果。在单线程环境中，这两个结果是顺序获得的，程序要依次等待每一个服务器的响应。如用各自的线程执行 RPC 以获得调用结果的方法重写程序，性能就获得实质性的提高。当然，如果这个程序是在单处理机的环境下执行，调用请求是串行地发出的，结果的处理也是串行地进行的。

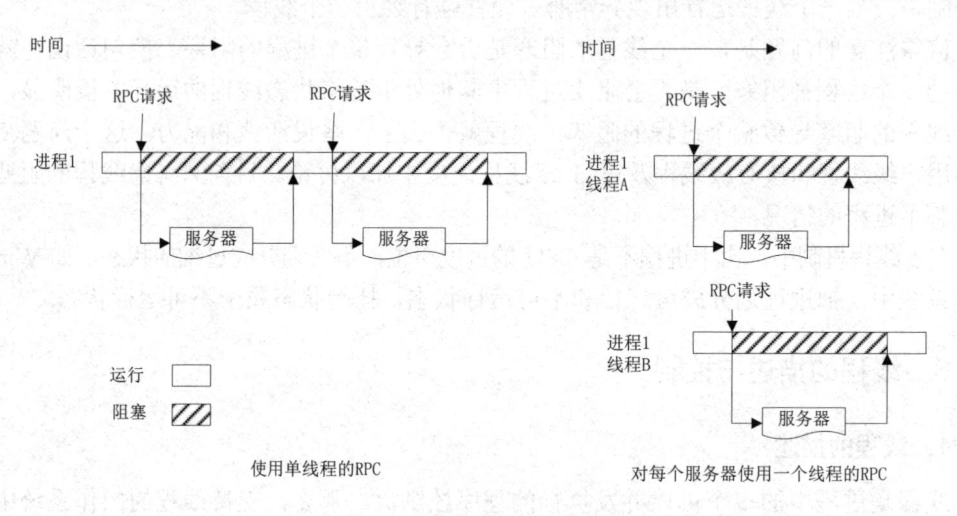

图 2-8　使用线程的远程过程调用

2.3.5　线程的实现

线程已经在许多操作系统中实现，但实现的方式并不完全相同。在有的系统中，特别是一些数据库管理系统如 Informix，实现的是用户级线程(ULT，User-Level-Threads)，这种线程不依赖于内核。而另一些系统，如 C-thread 和 OS/2 操作系统，实现的则是内核级线程(Kernel-Level-Threads，KLT)，这种线程依赖于内核。也有一些系统如 Solaris 操作系统，则提供了混合式线程，同时支持这两种类型的线程。

1. 内核级线程

在纯 KLT 机构中，所有的线程管理工作是由内核完成的。内核专门提供了一个 KLT 应用程序设计接口(API)，供开发者使用。Windows 2003/XP 采用这种方法。图 2-9(a)描述了纯 KLT 方法。

比起下面所述的 ULT 方法，KLT 方法的主要优点是内核能同时调度一个进程中的多个线程在多处理机上运行。同时，如果进程中的一个线程被阻塞，内核能调度同一进程中的其他线程，也可以运行其他进程中的线程。KLT 方法的另一优点是内核本身也用多线程技术实现，从而能提高系统的执行效率和速度。

KLT 方法的主要缺点是应用程序的线程在用户态运行，而线程调度和管理又在内核实现，所以在同一进程内将控制从一个线程转换到另一个线程时需要用户态—内核态—用户态的切换。

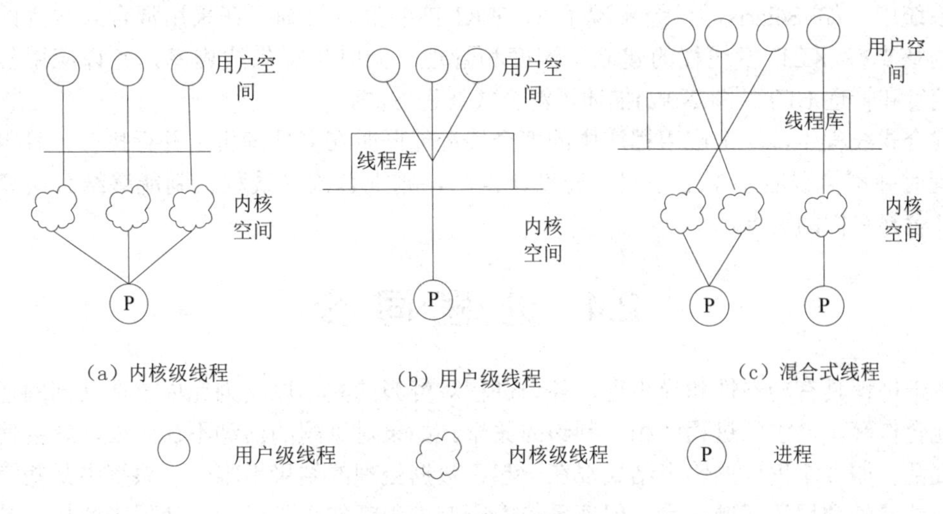

图 2-9　线程的实现方法

2. 用户级线程

在纯 ULT 机构中，管理线程的所有工作是由应用程序来完成的，系统内核并不能感觉到这类线程的存在，所以从内核角度考虑，就是按正常的方式管理，即单线程进程，这种方法的一个明显的优点是，用户级线程库可以在不支持线程的操作系统上实现。图 2-9(b)描述了纯 ULT 方法。任何应用程序都能使用线程库进行多线程程序设计，线程库是一个用于 ULT 管理的子程序包，它包括了创建和销毁线程、在线程之间传送信息和数据、调度线程的执行和保存、恢复上下文等代码。

当一个应用程序提交给系统后，系统为它建立一个由内核管理的进程，该进程在线程库环境下开始运行时，只有一个线程库为进程建立线程。首先运行这个线程时，它能创建新的线程并在同一进程中运行。调用后线程库为新线程生成一些有关的数据结构，然后使用某一调度算法，控制转入进程内的一个就绪态线程。当控制转向线程库时，当前的线程上下文环境被保存，当控制由线程库转回线程时，就恢复线程原先的上下文环境。

比起 KLT 来，ULT 有以下特点。

(1) 线程间的切换不需要核心态特权，这是因为管理线程的数据结构都是处于同一进程的用户地址空间，因此，进程就不必切换到核心态来完成线程管理任务，这就节省了用户态与核心态两种模式之间的切换开销。

(2) 调度程序是面向特定的应用系统的。例如，一种应用系统采用简单的循环调度算法效率最佳，而另一种应用系统采用基于优先级的调度算法可能最合适，调度算法就能根据应用程序来裁剪，而不必干扰下层操作系统的调度程序。

(3) ULT 能在任何操作系统上运行。不需要对操作系统的内核进行修改就可以支持 ULT。线程库是一组应用程序级的实用程序，能被所有的应用程序共享。

(4) 进程中的一个线程被阻塞时，进程内的所有线程会被阻塞。

3. 混合式线程

人们已经研究了各种试图把用户级线程和内核级线程的优点结合起来的方法。在某些操作系统中，如 Solaris，已经实现了 ULT/KLT 的混合机制。在采用混合式线程的系统中，内核支持 KLT 多线程的建立、调度和管理。同时也提供线程库，允许应用程序建立、调度和管理 ULT。图 2-9(c)描述了混合式线程方法。

混合式线程中，一个应用程序中的多个线程能同时在多处理机上并行执行，且阻塞一个线程时并不需要阻塞整个进程，若设计得当，则混合式多线程机制能够结合两者的优点，并舍弃它们的缺点。

2.4 进 程 同 步

由于进程具有动态性和异步性，各个进程对资源的共享以及为完成一项共同的任务需要彼此合作等，产生了进程间相互制约的关系。如果对进程的活动不加约束，就会使系统出现混乱，如多个进程的输出结果混在一起、数据处理的结果不唯一、系统中某些空闲的资源无法得到利用等问题。为了保证系统中所有进程都能正常活动，使程序的执行具有可再现性，就必须提供进程同步机制。

2.4.1 进程同步的基本概念

在多道程序环境中，同一时刻可能有多个进程在计算机中运行。它们之间存在着两种关系：竞争和合作。

1. 竞争关系

对于系统中彼此无关的进程并不知道相互的存在，也不受其他进程执行的影响。如批处理系统中建立的多个用户进程，分时系统中建立的多个终端进程。由于这些进程共用了相同的计算机系统资源，因此，必然要出现多个进程竞争资源的问题。当多个进程竞争共享硬件设备、存储器、处理机和文件等资源时，操作系统必须协调好进程对于资源的争用。

虽然相互竞争资源的进程间并不交换信息，但是一个进程的执行可能影响到同其竞争资源的其他进程。如果两个进程要访问同一资源，那么，一个进程通过操作系统分配得到该资源，另一个将不得不等待。在极端的情况下，被阻塞进程永远得不到访问权，从而，不能成功地终止。所以，资源竞争出现了两个控制问题：一个是饥饿(Starvation)问题，即一个进程由于其他进程总是优先于它而被无限期拖延；一个是死锁(Deadlock)问题，将在 2.7 节详细介绍。

【例 2-1】 有两个进程 P1、P2，它们都要使用打印机，如果让它们随意使用，那么就有可能出现这种情况，P1 打印几行接着 P2 再打印几行，打印结果混在一起，很难区分，即使能够区分，也要将各自输出结果从打印纸上剪下来，再用糨糊黏结起来。解决这一问题的办法是，不允许一台打印机让两个进程同时使用，应在一个进程用完后再让另一进程使用。

进程的互斥(Mutual Exclusion)是解决进程间资源竞争关系(间接制约关系)的手段。进程互斥是指若干共享某一资源的进程并发执行时，任何时刻只允许一个进程去使用，其他要使用该资源的进程必须等待，直到占有资源的进程释放该资源。

2. 合作关系

某些进程为了完成同一任务分工合作，由于合作的每一个进程都是独立地以不可预知的速度推进，这就需要相互合作的进程在某些合作点上协调各自的工作。当合作进程中的一个到达合作点后，在尚未得到其他合作进程发来的消息或信号之前应阻塞自己，直到其他合作进程发来协调信号或消息后才能被唤醒。这种合作进程之间相互等待对方消息或信号的合作关系称为进程同步。

【例 2-2】 在一辆公共汽车上，司机和售票员各司其职，独立工作。司机负责开车和到站停车，售票员负责售票和开、关车门，但两者需要密切配合、协调一致。即当司机驾驶的车辆到站并把车辆停稳后，售票员才能打开车门，让乘客上、下车，然后关好车门，这时司机继续开车行驶。由此例可以看出，司机和售票员之间是同步关系，如图 2-10 所示。

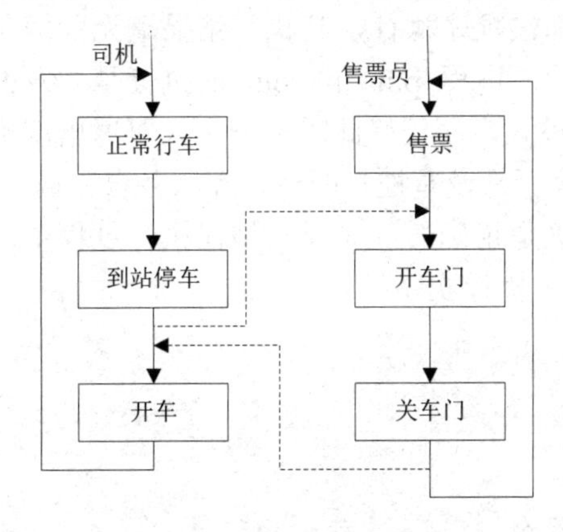

图 2-10　司机和售票员的同步

进程的同步(Synchronization)是解决进程间合作关系(直接制约关系)的手段。进程同步是指两个或两个以上进程基于某个条件来协调它们的活动。一个进程的执行依赖于另一个合作进程的消息或信号，当一个进程没有得到来自另一个进程的消息或信号时则需等待，直到消息或信号到达才被唤醒。

不难看出，进程互斥关系是一种特殊的进程同步关系，即逐次使用互斥共享资源，也是对进程使用资源次序上的一种协调。但是，进程的互斥与同步是有差别的，进程互斥是进程间竞争共享资源的使用权，这种竞争没有固定的必然关系，只要有共享资源没有被占用，就允许进程去使用它；而进程同步使涉及共享资源的并发进程之间有一种必然的、直接的依赖关系，即使没有进程在使用共享资源，尚未得到同步消息的进程也不能去使用这个资源。

2.4.2　临界区管理

1. 互斥和临界区

一次只能允许一个进程访问的共享资源称为临界资源(Critical Resource)。临界资源的含义是广义的，它既包括物理实体资源，如打印机、磁带机等，也包括软件资源，如程序中的数据结构、表格和变量等。

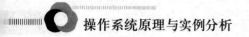

每个进程访问临界资源的那段程序称为临界区(Critical Section，CS)。只有让使用临界资源的进程互斥地进入临界区，才能保证某一进程单独地使用临界资源。也就是说，不允许两个及以上共享资源的并发进程同时进入临界区。

【例 2-3】 某游艺场设置了一个自动计数系统，用一个计数器 count 指示在场的人数。当有一个人进入时，由进程 pin 实现计数器加 1；当有一个人退出时，由进程 pout 实现计数器减 1。两个进程的程序段如下：

```
void pin(int count){                void pout(int count){
  int R1;                            int R2;
     R1=count;                       R2=count;
     R1++;                           R2--;
     count =R1;}                     count =R2;}
```

如果这两个进程各自都按顺序执行，其执行结果毫无疑问是正确的。但是，游艺场内顾客的入场与退场是随机的，进程 pin 和 pout 的执行是并发的。假定某一时刻的计数值 count=n，这时有一个人要进入，而正好此时另一个人要退出，于是进程 pin 和 pout 都要执行。如果 pin 和 pout 的执行都没有被打断过，那么各自完成了 count+1 和 count-1 的工作，使计数值保持为 n，这是正确的。如果它们在执行过程中，由于某种原因被打断，且共享 count，有可能出现如下执行次序：

```
pin: R1=count;
pout: R2=count;
pin: R1++;
pout: R2--;
pin: count =R1;
pout: count =R2;
```

此时执行完后，count=n-1；造成在场人数的错误。不仅如此，如果我们试着改变进程被打断和被调度的情况，还会得到多种不同的错误结果。显然，产生错误的根本原因是它们使用了一个公共变量 count，且对于 count 操作的两个并发进程的执行在时间上推进时出现了错误。

此例中，count 变量就是临界资源，pin 和 pout 进程中的临界区分别是：

```
pin: R1=count;                    pout: R2=count;
     R1++;                              R2--;
     count =R1;                         count =R2;
```

那么，怎样才能保证相互制约的进程 pin 和 pout 运行结果的正确性呢？这就要求进程 pin 和 pout 在临界区内必须互斥访问共享资源 count。

临界区的概念由 Dijkstra 于 1965 年首先提出。为了正确而有效地使用临界区资源，共享变量的并发进程应遵循如下三个准则。

(1) 一次至多只允许一个进程进入临界区内执行。

(2) 如果已有进程在临界区执行，试图进入此临界区的其他进程应等待。

(3) 进入临界区的进程应在有限时间内退出，以便让等待队列中的一个进程进入。

可把临界区的管理原则总结成三句话：互斥使用、空闲让进，忙则等待、有限等待，择一而入、算法可行。算法可行是指不能因为所选的调度策略造成进程饥饿甚至死锁。

2. 加锁机制

操作系统软件中又是如何实现并发进程之间的互斥关系的呢？

加锁方法是一种解决进程互斥的方法。设想有一个共享变量(锁变量)W，锁有两种状态：W=0 表示锁已打开，此时临界区内没有进程；W=1 表示锁被关闭，此时已有某个进程进入临界区。

当一个进程想进入临界区时，首先测试锁变量的值，若其值为 0，则该进程将其设置为 1 并进入临界区。若这把锁的值已经为 1，则该进程将被阻塞，直到值为 0。

上面的操作用原语来实现，其中加锁原语用 LOCK(W)表示，可描述为：

测试 W，若 W=1，表示资源正在使用，继续反复测试；若 W=0，置 W=1(加锁)。

开锁原语用 UNLOCK(W)表示，可描述为：W=0；

于是，两个进程 P_1，P_2 使用如下程序实现进程的互斥：

进程 P_1：　　　　　　　　　　进程 P_2：

```
LOCK(W)              LOCK(W)
 S1                   S2
UNLOCK(W)            UNLOCK(W)
```

其中 S_1 和 S_2 分别为进程 P_1 和 P_2 的临界区。

例如，对于并发进程 pin 和 pout 中 count 的操作用加锁原语、开锁原语可描述如下：

```
pin: { LOCK(W)                 pout: {  LOCK(W)
       R1=count;                        R2=count;
       R1++;                            R2--;
       count=R1;                        count=R2;
       UNLOCK(W)                        UNLOCK(W)
     }                                }
```

用加锁和开锁的方法实现临界区互斥，其效率很低。因为只要有一个进程进入临界区后，其他企图进入临界区的进程，在执行 LOCK(W)时，因不断测试 W 造成处理机时间的浪费。因为此时 CPU 一直处于忙碌状态，等待 W 为 0，即处理机处于“忙等待”状态。因而这种方法在目前已很少采用，为此，荷兰科学家 E.W.Dijkstra 于 1965 年提出了一种卓有成效的解决进程同步与互斥的更一般的方法，这就是信号量(Semaphore)和 P、V 操作。

2.4.3　信号量机制

信号量取自交通管理中的信号灯的概念，它是控制交通的机构，在操作系统中信号量是一种控制进程互斥和同步的变量。从物理意义上理解，信号量的值对应着相应资源的使用情况，当它的值大于 0 时，表示当前可用资源的数量；当它的值小于 0 时，表示已无可用资源，其绝对值表示等待使用该资源的进程个数，即在该信号量队列上排队的进程数，也就是说，每一个信号量有一个等待队列。

对信号量的操作，只允许初始化和执行两个标准的原语——P、V 原语，或者称为 P、V 操作，没有任何其他方法可以检查和操作信号量。即 P、V 操作都应作为一个整体实施，不允许分割或相互穿插执行(P 和 V 分别取自荷兰语的“测试(Proberen)”和“等待

(Verhogen)”两词的首字母)。利用信号量和 P、V 操作既可以解决并发进程的竞争问题，又可以解决并发进程的合作问题。

信号量按其用途可分为两种。

(1) 公用信号量，联系一组并发进程，相关的进程均可在此信号量上执行 P 和 V 操作。初值常常为 1，常用于实现进程互斥。

(2) 私有信号量，联系一组并发进程，仅允许此信号量的拥有进程执行 P 操作，而其他相关进程可在其上执行 V 操作。初值常常为 0 或正整数，多用于并发进程同步。

信号量按其取值可分为两种。

(1) 二元信号量，仅允许取值为 0 和 1，主要用于解决进程互斥问题。

(2) 一般信号量，允许取值为非负整数，主要用于解决进程同步问题。

1. 二元信号量

设 S 为一个记录型数据结构，其中一个分量为整型量 value，它仅能取值 0 和 1，另一个分量为信号量队列 queue。这时信号量上的 P、V 操作如记为 BP 和 BV，其定义如下：

```
BP(semaphore S){             //P 原语
  if(S.value==1)  --S.value;
  else {
  调用进程进入等待队列 S.queue; //进程等待信号量 S
  阻塞调用进程;
    }
  }
BV(semaphore S){             //V 原语
   if(S.queue==NULL)  S.value=1;
     else {
        从阻塞队列 S.queue 中取出一个进程 P;    //释放一个等待信号量 S 的进程
        进程 P 进入就绪队列;
        }
      }
```

2. 一般信号量

设 S 为一个记录型数据结构，其中一个分量为整型量 value，另一个分量为信号量队列 queue。value 通常是一个具有非负初值的整型变量，queue 是一个初始状态为空的进程队列。一般信号量和 P、V 操作原语可描述为如下数据结构和不可中断函数：

```
typedef struct {
            int value;
            link of process queue;        //信号量队列指针
           }semaphore;
P(semaphore S){                           //P 原语
   --S.value;                             //申请一个资源
     if(S.value <0)                       //没有资源
       { 调用进程进入等待队列 S.queue;      //进程等待信号量 S
         阻塞调用进程; }
   }
V(semaphore S){                           //V 原语
     ++S.value;                           //释放一个资源
```

```
    if(S.value <0)                           //有进程处于阻塞状态
     {  从阻塞队列 S.queue 中取出一个进程 P; //释放一个等待信号量 S 的进程
     进程 P 进入就绪队列并引起进程调度; }
  }
```

从信号量和 P、V 操作的定义可以获得如下推论。

推论 1：若信号量 S 为正值，则该值等于在阻塞进程之前对信号量 S 可执行的 P 操作数，也就是说，该值等于 S 所代表的实际还可以使用的物理资源数。

推论 2：若信号量 S 为负值，则其绝对值等于排列在等待该信号量 S 的队列之中的进程个数，恰好等于对信号量 S 执行 P 操作而被阻塞并进入信号量 S 等待队列的进程数。

推论 3：通常，P 操作意味着申请资源；V 操作相当于释放资源。

3. 信号量实现进程互斥

为了正确地解决一组进程对临界资源的互斥使用，我们可以引入一个公用信号量 mutex，它被称为互斥信号量，其初值为 1，表示无进程进入临界区。任何欲进入临界区执行的进程，必须先对互斥信号量 mutex 执行 P 操作，即使 mutex 值减 1，若减 1 后 mutex 值为 0，表示临界资源空闲，执行 P 操作进程可以进入临界区执行；若 mutex 减 1 后的值为负，说明已有进程占有临界资源，执行 P 操作进程必须等待，直到临界资源空闲为止。正在临界区执行的进程，完成临界区操作后，通过执行 V 操作，使 mutex 值加 1，表示释放临界资源，供等待使用临界资源的进程使用。这样，利用信号量方便地解决了临界区的互斥。其算法描述如下：

```
semaphore mutex=1;
  {
   P(mutex);
   临界区操作;
   V(mutex);
   其余操作;
  }
```

由算法可知，用信号量可以方便地解决 n 个进程互斥地使用临界区的问题。信号量的取值范围是+1～-(n-1)。信号量的值为负时，说明有一个进程正在临界区执行，其他进程正排在信号量等待队列中等待，等待的进程数等于信号量的绝对值。

例如，对于并发进程 pin 和 pout 中 count 的操作用 P、V 原语可描述如下：

```
semaphore mutex=1;
pin: {  P(mutex);                        pout: {  P(mutex);
        R1=count;                                 R2=count;
        R1++;                                     R2--;
        count=R1;                                 count=R2;
        V(mutex);                                 V(mutex);
     }                                          }
```

用 P、V 操作实现进程互斥时应注意以下两点。

(1)　在每个程序中用于实现互斥的 P(mutex)和 V(mutex)必须成对出现，即先执行 P 操作进入临界区，后执行 V 操作退出临界区。

(2) 互斥信号量 mutex 的初值一般为1。

【例 2-4】 设一民航航班售票系统有 n 个售票处。每个售票处通过终端访问系统中的公用数据区，假定公共数据区中一些单元 A[k](k=1，2，…)分别存放某月某日某次航班的现存票数。设 P_1，P_2，…，P_n 表示各售票处的处理进程，R_1，R_2，…，R_n 表示各进程执行时所用的工作单元。

分析：为了能正确地售票，各处理进程必须互斥地访问公共数据区。实际上，当多个进程只有同时买一个航班的机票时才会发生错误，因此，临界区应该与 A[k]有关。所以，可以引入一组信号量 S[k]，其初值为 1，相应的程序段如下：

```
int A[n];
semaphore S[n]={1,1,…};     //定义信号量 S[k]
进程 Pi
do{
    int Ri;                  //定义工作单元
    按旅客订票要求找到 A[k];
    P(S[k]);
    Ri=A[k];
    if (Ri>1)  {
     Ri--;   A[k]=Ri;
     V(S[k]);  输出一张票; }
    else {  V(S[k]);  输出票已售完; }
  } While(1);
```

需要注意的是：任何粗心地使用 P、V 操作都会导致不可预期的结果发生。如上例中，忽略了 else 部分的 V 操作，将致使进程在临界区中判断到条件不成立时，无法退出临界区，从而违反了对临界区的使用原则。

4. 信号量实现进程同步

为了解决进程的同步问题，同样也可以引入信号量机制。若用信号量实现两进程同步，通常设立与进程有关的私用信号量。

【例 2-5】 两进程对一个单缓冲区 buf 进行操作，其过程是：只要单缓冲区空，A 进程就向其中送数，若单缓冲区满则等待。只要单缓冲区不空，B 进程就从中取数，若单缓冲区空则等待。A 进程和 B 进程对单缓冲区的使用关系如图 2-11 所示。

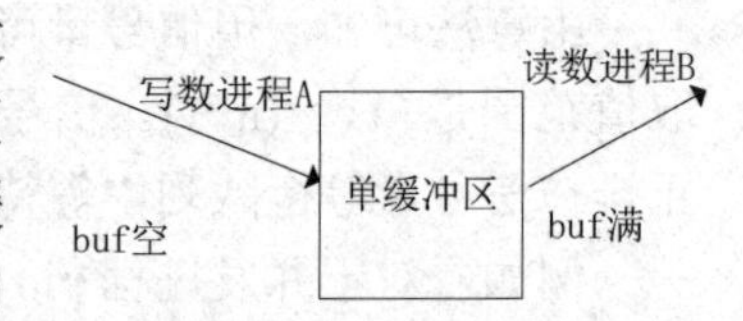

图 2-11 单缓冲区的操作

分析：设置两个私用信号量：sa，sb。其中 sa 表示 buf 是否可送数，初值 sa=0，表示 buf 空，可以送数；sb 表示 buf 是否可取数，初值 sb=0，表示 buf 空，不能取数。

由于 sb 初值为 0，A 进程将计算结果送入 buf 后，执行 V(sb)操作使 sb=1，表示 buf 中已有数可取，唤醒 B 进程取数。B 进程在取数前执行 P(sb)操作，若 sb＜0，B 进程阻塞，否则从 buf 中取走数。由于 sa 初值也为 0，A 进程可以送数，并且送数后执行 P(sa)操作，阻塞自己，等待 B 进程取走数并执行 V(sa)操作时将 A 进程唤醒。该同步关系可用下面的 C 程序段描述，两个进程的执行是循环交替的，要结束进程，可以在其中加一个计数值，计数值到达时撤销送数进程，取走最后一个数据后撤销取数进程。

```
semaphore sa=0, sb=0;        //设置两个私用同步信号量
pa ( )                       //A 进程向 buf 中送数
 do { 准备一个数据;
     while(sa==0)  {         //sa=0 表示 buf 空，可以送数
     (送数到缓冲区)           //送数
     V(sb);                  //执行 V(sb)唤醒 B 进程取数
     P(sa); }                //执行 P(sa)阻塞自己等待
   } while(1);
pb ( )                       //B 进程从 buf 中取数
 do {
    while(sb)  {             //sb=1 表示 buf 不空，可以取数
     P(sb);                  //执行 P(sb)，若 sb<0 阻塞自己等待

     (从缓冲区取数)           //否则，取数
     V(sa);                  //执行 V(sa)唤醒 A 进程送数
    处理数据 }
  }while(1);
```

例如，用信号量实现司机和售票员的同步。

设 S_1 和 S_2 分别为司机和售票员的私用信号量，初值均为 0，则司机和售票员的同步过程描述如下：

```
semaphore S1=0;  S2=0;
司机进程:                          售票员进程:
  do{                                do{
      正常行车;                          售票;
      到站停车;                          P(S2)
      V(S2);                            开车门;
      P(S1);                            关车门;
      开车;                              V(S1);
    }while(1);                         }while(1);
```

【例 2-6】 桌上有一个空盘子，只允许放一个水果。爸爸可以向盘中放苹果，也可以向盘中放橘子，儿子专等吃盘中的橘子，女儿专等吃盘中的苹果。规定当盘空时，一次只能放一个水果，请用 P、V 操作实现爸爸、儿子、女儿三个“并发进程”的同步。

分析：这是一个明显的同步问题，爸爸可以向盘子中放入两类水果：橘子、苹果；然后儿子、女儿每人可以消费其中的一种水果。也就是说，只有爸爸放入水果，子女才能吃水果；只有子女吃完水果，爸爸才能再次放入水果。

设 empty、orange 和 apple 分别为爸爸、儿子和女儿的私用信号量。empty 表示盘子是否为空，其含义是爸爸是否可以开始放入水果，初值为 1，表示可以放；orange 表示盘中是否有橘子，其含义是儿子是否可以开始取橘子，其初值为 0，表示不能取橘子；apple 表示盘中是否有苹果，其含义是女儿是否可以开始取苹果，其初值为 0，表示不能取苹果。爸爸、儿子和女儿的同步过程描述如下：

```
semaphore empty=1, orange=apple=0;
父亲进程：                    儿子进程：                  女儿进程：
do{                          do{                         do{
    P(empty);                    P(orange);                  P(apple);
    将水果放入盘中;               从盘中取出橘子;              从盘中取出苹果;
    if(放入的是橘子)              V(empty);                   V(empty);
    V(orange);                   吃橘子;                     吃苹果;
    else  V(apple);          }while(1);                  }while(1);
  }while(1);
```

用 P、V 操作实现同步时应注意以下方面。

- 分析进程间的制约关系，确定信号量种类。在保持进程间有正确的同步关系情况下，考虑哪个进程应先执行，哪些进程后执行，彼此间通过什么资源(信号量)进行协调，从而明确要设置哪些信号量。
- 信号量的初值与相应资源的数量有关，也与 P、V 操作在程序代码中出现的位置有关。
- 同一信号量的 P、V 操作要“成对”出现，但它们分别在不同的进程代码中。例如，P(sa)在 pb 进程中，而 V(sa)在 pa 进程中。若供者进程因执行 P(sa)而阻塞，以后将在用者进程执行 V(sa)时把它唤醒。

5. 信号量集

当利用信号量机制解决了单个资源的访问后，下面将讨论如何控制同时需要多个资源的互斥访问。信号量集是指同时需要多个资源时的信号量操作。

(1) AND 型信号量集。

AND 型信号量集是指同时需要多种资源且每种资源都需占用一个时的信号量操作。当一段处理代码需要同时获取两个或多个临界资源时，就可能出现各进程分别获得部分临界资源并等待其余临界资源的局面。各进程都会“互不相让”，从而出现死锁状态。为了解决这个问题，可以在一个原语中申请整段代码需要的多个临界资源，要么全部分配给它，要么一个都不分配。这就是 AND 型信号量集的基本思想。我们称 AND 型信号量集 P 原语为 Swait(Simultaneous Wait)，V 原语为 Ssignal(Simultaneous Signal)。在 Swait 中，各个信号量的次序并不重要，虽然这会对进程归入哪个阻塞队列产生影响，但由于是对资源全部分配或不分配，所以总有进程获得全部资源并在推进之后释放资源，因此不会出现死锁。Swait 和 Ssignal 函数可以描述如下：

```
Swait(s1,s2,…, sn)                     //P 原语，申请 n 个资源
  {
    while(1)
    {
      if(s1>=1 && s2>=1…&& sn>=1)
       for(i=1;i<=n;i++)  --si;    //申请每个资源
      else                         //某些资源不够时
        { 调用进程进入第一个小于 1 信号量的等待队列;
         阻塞调用进程; }
    }
```

```
  }
Ssignal(s1,s2,…, sn)                    //V原语，释放n个资源
  {
    for(i=1;i<=n;i++)
      {  ++si;  //释放每个资源
       对每种资源等待队列的所有进程
       {
         从等待队列中取出进程p;
         if (进程p通过Swait中的测试)
         进程p进入就绪队列;               //资源够用
         else   进程p进入某等待队列;      //资源不够用
       }
     }
   }
```

(2) 一般信号量集。

一般信号量集是指同时需要多种资源，每种资源被占用的数目不同，而且可分配的资源还存在一个临界值时的信号量处理。由于一次需要 n 个某类临界资源，如果通过 n 次 P 原语操作申请这 n 个临界资源，那么操作效率很低，而且可能出现死锁。一般信号量集的基本思路就是在 AND 型信号量集的基础上进行扩充，在一次原语操作中完成所有的资源申请。进程多信号量 s_i 的测试值为 t_i(表示信号量的判断条件，要求 $s_i \geq t_i$，即当资源数量低于 t_i 时，便不予分配)，申请第 i 类资源数为 d_i，对应的 P、V 原语格式为：

```
Swait(s1,t1,d1,…, sn, tn,dn);
Ssignal(s1,t1,d1,…, sn, tn,dn);
```

一般信号量集可以用作各种情况的资源分配和释放。下面是几种特殊的情况。

i) Swait(s,d,d)表示每次申请 d 个资源，当资源数量少于 d 时，便不予分配。

ii) Swait(s,1,1)表示互斥信号量。

iii) Swait(s,1,0)可作为一个可控开关(当 s≥1 时，允许多个进程进入临界区；当 s=0 时，禁止任何进程进入临界区)。

由于一般信号量集在使用时比较灵活，所以不经常成对使用 Swait 和 Ssignal。为了避免死锁，可一起申请所有需要的资源，但不一起释放。

2.4.4　管程

1. 管程及其结构

由于共享资源很多，操作系统要处理各类同步问题，因此，定义和设计了多种同步操作原语，这些原语的使用不当可能会导致系统错误甚至死锁，也使系统开销增加，结构复杂性增加。为了解决这类问题，Brinch Hansen 和 Hoare 在 20 世纪 70 年代中期提出管程(Monitor)的概念，作为另一种同步机制。

管程的基本思想是把信号量及其操作原语封装在一个对象内部。也就是说，将共享资源及能够对共享资源进行的所有操作集中在一个模块中。即可把“管程”定义为关于共享资源的数据结构和能为并发进程在该数据结构上执行的一组操作，这组操作能使进程同步

并改变管程中的数据。

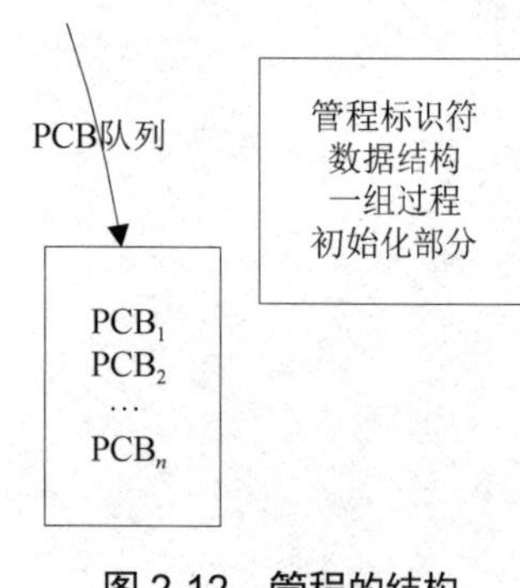

图 2-12　管程的结构

管程的结构如图 2-12 所示。一个管程由管程标识符、局部于管程的共享数据的说明、对数据进行操作的一组过程和对该共享数据赋初值的语句四部分组成。

管程具有以下特性。

(1) 局部于管程内的数据结构只能被管程内的过程所访问；反之，局部于管程内的过程只能访问该管程内的数据结构。因此管程就如同一堵围墙把关于某个共享资源的抽象数据结构以及对这些数据施加特定操作的若干过程圈了起来。任一进程要访问某个共享资源，就必须通过相应的管程才能进入。

(2) 进程要想进入管程，必须调用管程内的某个过程。

(3) 一次只能有一个进程在管程内执行，而其余调用该管程的进程都被挂起，等待该管程可用，即管程能有效地实现互斥。

2. 管程的形式

管程要实现进程同步时，需增加支持同步的设施，即引入若干条件变量 c_i 及相关的两个操作原语：Wait 和 Signal。条件变量包含在管程内，且只能在管程内对它进行访问。

Wait(c_i)：若请求服务没有满足，则将进程阻塞在 c_i 的等待队列上。

Signal(c_i)：恢复执行前因在条件 c_i 上执行 Wait 而阻塞的那个进程。如果存在几个这样的进程，则从中挑选一个(由调度算法决定，第 3 章再详细介绍)；如果没有这种进程，则什么也不做。

每个管理都有一个名字来标识，其一般的形式表示为：

```
TYPE <管程名> = MONITOR
  <管程变量说明>;
   define <(能被其他模块引用的)过程名列表>;
   use <(要引用的模块外定义的)过程名列表>;
   procedure <过程名>(<形式参数表>);
    begin
      <过程体>;
    end;
  …
  procedure <过程名>(<形式参数表>);
    begin
      <过程体>;
    end;
  begin
    <管程的局部数据初始化语句>;
  end;
```

应当注意，Wait 和 Signal 与 P、V 操作是有区别的。管程中的条件变量不是计数器，不能像信号量那样积累信号，供以后使用。如果一个在管程内活动的进程执行 Signal(c_i)，而在 c_i 上没有等待进程，那么它所发送的信号将丢失。也就是说，Wait 操作必须在 Signal 操作之前。这条规则使实现更加简单。

管程能自动实现对临界区的互斥，用它进行并发设计比用信号量更容易保证正确性，但它也有缺点。由于管程是一个程序设计语言的概念，所以要求编译程序必须能够识别管程，并用某种方式实现互斥。然而，C 等多数高级语言都不支持管程，同时编译程序如何知道哪些过程属于管程内部、哪些过程属于管程外部，也是个问题。

例如，学校的教务处就相当于管程。学校的各教学部门需要安排什么课程，学生对教学有什么要求都向教务处提出申请，由教务处统一协调各类教学资源的使用。这里各教学部门、学生相当于进程，教务处相当于管程。

最后，我们需要说明管程与进程的区别。在操作系统中设置进程是为了描述程序的动态执行过程，设置管程是为了进程的同步，协调进程的相互关系和对共享资源的访问。操作系统维护的进程数据结构是进程控制块，而与管程相关的数据结构是等待队列。管程可被进程调用。管程与操作系统中的共享资源相关，没有创建和撤销。

2.5　经典进程同步问题

在多道程序环境下，进程同步是一个十分重要而又令人感兴趣的问题。作为示例，下面介绍几个不同的进程同步问题，它们代表着几大类并发控制问题。

2.5.1　生产者—消费者问题

生产者—消费者问题是用于解决一群生产者和消费者之间的进程互斥和进程同步问题。生产者进程可以是计算进程、发送进程等，而消费者进程可以是打印进程、接收进程等。解决好了生产者—消费者问题就解决了一类并发进程的同步问题。

生产者—消费者问题可以描述为：一个拥有有限长度缓冲区的生产者和消费者系统是由一些不确定数目的生产者和消费者进程及一个有限的共享缓冲区构成。假设生产者进程不断地向共享缓冲区写入数据(即生产数据)，而消费者进程从共享缓冲区中读出数据(即消费数据)。所有生产者和消费者之间要协调工作，要求：①生产者不应覆盖一个满的缓冲区；②消费者不应使用一个空的缓冲区；③生产者、消费者必须按一种互斥的方式访问缓冲区，如图 2-13 所示。

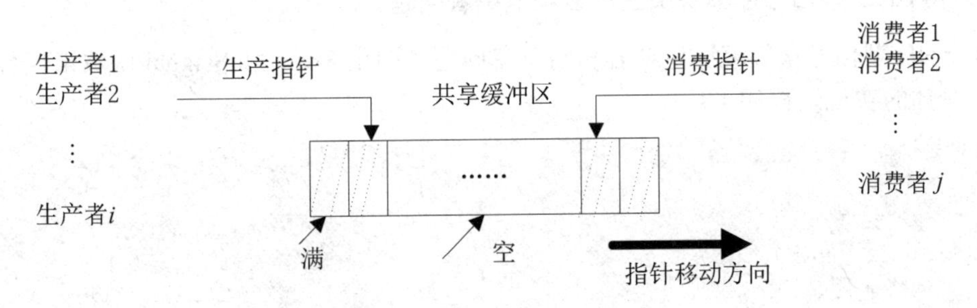

图 2-13　生产者与消费者问题

可以看出，缓冲区是共享资源，生产者写入数据的缓冲块成为消费者的可用资源，而消费者读出数据后的缓冲块成为生产者的可用资源。根据要求，缓冲区必须互斥访问。

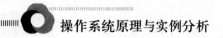

生产者和消费者问题的解决方案很多，下面给出几种解决方法。

1. 用一般信号量解决生产者和消费者问题

用信号量解决生产者和消费者问题，可设置三个信号量：full 和 empty 为两个同步信号量，其中 full 表示有数据的缓冲块数目，初值为 0；empty 表示空的缓冲块数目，初值为 N；mutex 用于访问缓冲区时的互斥，初值为 1。实际上，full 和 empty 之间存在如下关系：full+empty=N。有：semaphore full=0, empty=N, mutex=1。

生产者和消费者进程如下：

```
生产者进程 producer i(i=1,2,…)
  do {
     生产数据;
     P(empty);
     P(mutex);  //进入缓冲区
     向共享缓冲区写入数据;
     V(mutex);
     V(full);  //退出缓冲区
  } while(1);

消费者进程 consumer j(j=1,2,…)
  do {
     P(full);
     P(mutex);  //进入缓冲区
     从共享缓冲区读出数据;
     V(mutex);
     V(empty);  //退出缓冲区
     消费数据;
  } while(1);
```

在此，P 操作的次序是很重要的，如果把生产者进程中的两个 P 操作交换次序，即变为：

```
P(mutex);
P(empty);
```

那么，当缓冲区中存放了 N 个数据时(此时，empty=0，mutex=0，full=N)，生产者又生产了一个数据，它预向缓冲区存放时将阻塞在 P(empty)上(此时，empty=−1)，但它拥有了使用缓冲区的权利即 P(mutex)。这时消费者想从共享缓冲区读出数据时被阻塞在 P(mutex)上。因此导致了生产者等待消费者取走产品，而消费者却在等待生产者释放使用缓冲区的权利，这种相互等待永远也结束不了(此为 2.7 节的进程死锁)。所以，在使用信号量和 P、V 操作实现进程同步时，特别要注意 P 操作的次序，而 V 操作的次序倒是无关紧要的。一般来说，用于互斥的信号量上的 P 操作，总是在后面执行。

2. 用 AND 型信号量集解决生产者和消费者问题

用 AND 型信号量集解决生产者和消费者问题，即用 Swait 和 Ssignal 函数来代替 P、V 操作。具体的实现过程如下：

```
生产者进程 producer i(i=1,2,…)
do {
     生产数据;
     Swait(empty,mutex);
     向共享缓冲区写入数据;
     Ssignal(mutex,full);
  }while(1);

消费者进程 consumer j(j=1,2,…)
 do {
     Swait(empty,mutex);
     从共享缓冲区读出数据;
     Ssignal(mutex,full);
     消费数据;
  }while(1);
```

3. 用管程解决生产者和消费者问题

用管程解决生产者和消费者问题时，首先要建立管程，设命名为 Producer_

Consumer。其中包含两个过程。

(1) put(item)过程。

生产者利用该过程，将自己生产的数据存放到共享缓冲区中，并用整型变量 count 来表示在缓冲区中已有的数据数量。当 count≥N 时，表示缓冲区已满，生产者进程将被阻塞。

(2) get(item)过程。

消费者利用该过程从共享缓冲区读出数据，当 count≤0 时，表示缓冲区已没有可用数据，消费者进程将被阻塞。

nonempty 和 nonfull 定义为两个条件变量，对应于缓冲区不空和缓冲区不满条件等待队列。Producer_Consumer 管程可描述如下，其中 count 初值为 0：

```
put(item){                          //put(item)过程
  if (count≥N)  wait(nonempty);  //缓冲区不空，生产者等待
  else{
    向共享缓冲区写入数据;
    count=count+1;                  //数据增加
    Signal(nonfull); }              //唤醒取产品的等待者
  }
get(item){                          //get(item)过程
  if (count≤0)  wait(nonfull);   //缓冲池已空，消费者等待
  else{
    从共享缓冲区读出数据;
    count=count-1;                  //数据减少
    Signal(nonempty); }             //唤醒等待送产品的生产者
  }
```

任一进程都必须通过调用管程 Producer_Consumer 来使用缓冲区，生产者进程调用其中的 put 过程，消费者进程调用 get 过程。利用管程解决生产者和消费者问题时，生产者进程和消费者进程可描述如下：

```
生产者进程 producer i(i=1,2,…)          消费者进程 consumer j(j=1,2,…)
do {                                      do {
    生产数据 item;                             Producer_Consumer. get(item);
    Producer_Consumer. put(item);              消费数据 item;
  }while(1);                                }while(1);
```

2.5.2　哲学家用餐问题

哲学家用餐问题也是一个典型的同步问题，是由 Dijkstra 提出并解决。五位哲学家围坐在一个圆桌旁，每位就餐者需要两把叉子，但桌上只提供了 5 把，在每个相邻座位间都放有一把。为了吃到东西，每位哲学家只能拿起他左、右两侧的叉子。如图 2-14 所示。他们的活动规律都是一样的，即思考、吃饭、思考……

在这道经典题目中，首先分析一下所涉及的资源：当哲学家思考时，他只需要自己的大脑，与其他哲学家无关，因而可以认为哲学家思考时所用到的资源是非竞争性的，不需要特别处理；当哲学家用餐时，涉及所吃的食物，但由于食物是无限多的，因而也可以视

为非竞争性资源，不需要特别处理；不过，当哲学家准备用餐时，需要使用叉子，而且只能拿起他左、右两侧的叉子，因而叉子是这个问题中的临界资源，在一段时间内只允许一位哲学家使用，即每把叉子都必须互斥使用。设 5 位哲学家对应 5 个进程 P_0，P_1，…，P_4，5 把叉子对应 5 个资源 R_0，R_1，…，R_4。进程 P_i 左边的叉子为 R_i，右边的叉子为 R_{i+1}，而进程 P_4 左边的叉子为 R_4，右边的叉子为 R_0。

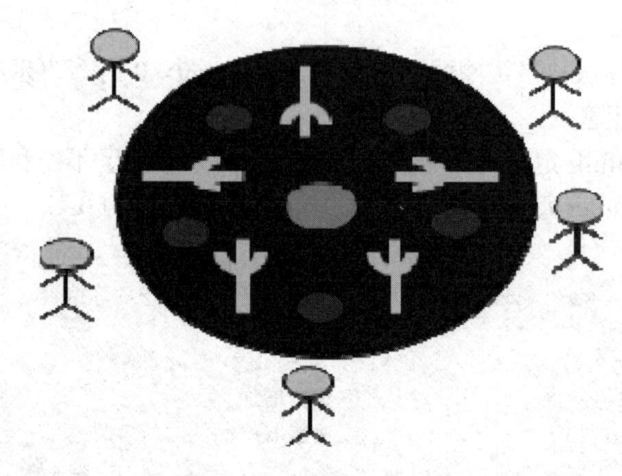

图 2-14　哲学家用餐问题

1. 用一般信号量解决哲学家用餐问题

用信号量解决哲学家用餐问题，可设置五个信号量 fork[i](i=0,…,4)，其中每个信号量表示一把叉子，初值为 1。即有：

```
semaphore fork[4]={1,1,1,1,1};
```

则每个哲学家的进程可描述如下：

```
进程 Pi(i=0,…,4)
do{
  思考;
  P(fork[i]);  //取左边的叉子
  P(fork[i+1] mod 5);  //取右边的叉子
  用餐;
  V(fork[i]);  //放左边的叉子
  V(fork[i+1] mod 5);  //放右边的叉子
}while(1);
```

在上述进程的描述中，哲学家饥饿时，总是先去拿他左边的叉子，即执行 P(fork[i])；成功后，再去拿他右边的叉子，即执行 P(fork[i+1] mod 5)，成功后便可用餐。进餐完后，先放下他左边的叉子，再放下他右边的叉子。显然，上述的解法能保证不会有两位相邻的哲学家同时用餐，但有可能出现下述情况：如果每位哲学家先拿起左边的叉子，再要申请右边的叉子时，都将永远等待相邻哲学家手中的叉子，即出现死锁的情况。对于这种情况，可采取以下几种解决方法。

(1) 至多允许四位哲学家同时进餐，以保证至少有一位哲学家能够进餐，最终会释放出他所拥有的叉子，从而可使更多的哲学家进餐。

(2) 规定奇数号哲学家先拿起他左边的叉子，只有拿到左边的叉子后才能再去拿他右边的叉子；而偶数号哲学家则相反，先拿右边的叉子，同样只有拿到右边的叉子后才能再拿左边的叉子。这样总会有某位哲学家能够获得两把叉子而进餐。

(3) 只有当哲学家左右两边的叉子均可用时，才可拿起叉子进餐，否则，一把叉子也不取。

2. 用 AND 型信号量集解决哲学家用餐问题

在哲学家用餐问题中，由于每位哲学家要申请两个临界资源(两把叉子)，故可用 AND 型信号量集来解决，具体的实现过程如下：

```
进程 Pi(i=0,…,4)
do{
  思考;
  Swait(fork[i] ,fork[i+1] mod 5);
  用餐;
  Ssignal(fork[i],fork[i+1] mod 5);
  }while(1);
```

3. 用管程解决哲学家用餐问题

用管程解决哲学家用餐问题时，首先引入枚举类型来表示哲学家的状态：

```
enum{thinking,hungry,eating} state[4];
```

第 i 位哲学家要建立状态 state[i]=eating，只有在他的两个邻居不在 eating 状态时，即 state[(i-1) mod 5]≠eating 且 state[(i+1) mod 5]≠eating。另外，还要为每一位哲学家设置一个条件变量 self[i]，每当哲学家饥饿但又不能获得进餐所需的叉子时，他执行 wait(self[i]) 来推迟自己进餐。条件变量可描述为：

```
condition self[4];
```

建立管程命名为 dining_philosophers，其中包含三个过程。

(1) pickup(i)(i=0,…,4)过程。

该过程表示哲学家处于饥饿状态，且他的左、右两位哲学家均未进餐时，便允许这位哲学家进餐，因为他此时可以拿到左、右两把叉子；但只要其左、右两位哲学家中有一位正在进餐，便不允许该哲学家进餐，此时，该哲学家进程将被阻塞。

(2) putdown(i)(i=0,…,4)过程。

该过程表示当某哲学家进餐完毕时，他去看他左、右两边的哲学家，如果他们都处于饥饿状态，便可让他们进餐，即唤醒相应进程。

(3) test(i)(i=0,…,4)过程。

该过程为测试过程，用它去测试哲学家是否已具备用餐条件，即 state[(i-1) mod 5]≠eating 且 state[i]=hungry 且 state[(i+1) mod 5]≠eating。若条件为真，才允许该哲学家用餐。该过程将被 pickup 和 putdown 过程调用。

dining_philosophers 管程可描述如下：

```
pickup(i){  //pickup(i) 过程，i=0,…,4
```

```
  state[i]=hungry;
  test(i);
  if(state[i]!=eating)
    wait(self[i]);
}
putdown(i){  //putdown(i) 过程，(i=0,…,4)
  state[i]=thinking;
  test(i-1 mod 5);
  test(i+1 mod 5);
}
test(i){  //test(i) 过程，(i=0,…,4)
  if(state[(i-1) mod 5]!=eating && state[i]==hungry && state[(i+1) mod
5]!=eating){
    state[i]=eating;
    signal(self[i]);  }
}
```

任一哲学家进餐时调用过程 pickup，进餐完后调用过程 putdown，所以哲学家进程可描述如下：

```
进程 Pi(i=0,…,4)
do{
  state[i]=thinking;
      dining_philosophers.pickup(i);
  Swait(fork[i+1] mod 5,fork[i]);
  用餐;
  dining_philosophers. putdown(i);
  Ssignal(fork[i+1] mod 5,fork[i]);
}while(1);
```

2.5.3 读者—写者问题

读者与写者问题(reader-writer problem)也是一个经典的并发程序设计问题。一个数据对象(比如一个文件或记录)若被多个并发进程所共享，且其中一些进程只要求读该数据对象的内容，而另一些进程则要求修改它，对此，可把那些只想读的进程称为“读者”，而把要求修改的进程称为“写者”。显然，所有读者和写者共享一个文件(或一组数据)时要协调工作，要求：①读者进程只要求读该对象的内容，且多个读者可同时对文件执行读操作；②而写者进程则要求修改它，某一时刻只允许一个写者进程往文件中写信息；③任一写者进程在完成写操作之前不允许其他读者或写者工作；④写者进程执行写操作前，应让所有的写者和读者进程退出。

1. 用一般信号量解决读者与写者问题

用信号量解决读者与写者问题，可设置两个信号量：rwmutex 用于实现一个写者与其他读者/写者互斥地访问共享数据；由于多个读者可同时对共享数据或文件执行读操作，所以需设置 read_count 计数器，用以记录正在读共享数据时的读者数，因 read_count 是所有读者的共享变量，对它的修改操作必须互斥进行，设 r 信号量用于读者互斥地访问

read_count。rwmutex、r 的初值均为 1，read_count 的初值为 0，即有：

```
semaphore rwmutex=1,r=1;
int read_count=0;
```

读者和写者进程如下：

```
读者进程 read i(i=1,2,…)
  do{
    P(r);
    read_count=read_count+1;
    if(read_count==1)  P(rwmutex);
    V(r);
    读数据;
    P(r);
    read_count=read_count-1;
    if(read_count==0)  V(rwmutex);
    V(r);
  }while(1);
写者进程 write j(j=1,2,…)
  do{
    P(rwmutex);
    写文件;
    V(rwmutex);
  }while(1);
```

在上面的进程描述中，读者是优先的。即当有进程在读而使一个请求写的进程阻塞时，如果仍有进程不断地请求读则写进程将被长期地推迟运行。但在实际的系统中往往希望让写者优先。即当有进程在读文件时，如果有进程请求写，那么新的读者被拒绝，待现有读者完成读操作后立即让写者运行，只当无写者工作时才让读者工作。下面是写者优先的程序。其中信号量 rwmutex 用于实现一个写者与其他读者/写者互斥地访问共享数据，初值为 1，另一信号量 rn，初值为 n，表示系统中最多有 n 个进程可同时进行读操作。

```
semaphore rwmutex=1;
semaphore rn=n;
```

则写者优先时，读者和写者进程如下：

```
读者进程 read i(i=1,2,…,n)
  do{
    P(rwmutex);
    P(rn);
    V(rwmutex);
    读数据;
    V(rn);
  }while(1);
```

```
写者进程 write j(j=1,2,…)
  do{
    P(rwmutex);
    for(k=1;k<=n;k++)  P(rn);
    写文件;
    for(k=1;k<=n;k++)  V(rn);
    V(rwmutex);
  }while(1);
```

其中读者进程中的 P(rwmutex)，V(rwmutex)保证了当有写者要工作时，不让新的读者去读。写者进程中的第一个循环语句保证让正在工作的读者完成读后再执行写，完成写操作后由第二个循环语句恢复 rn 的初值，最后的 V(rwmutex)用于唤醒被阻塞的读、写进程。

2. 用信号量集解决读者与写者问题

用信号量集解决读者与写者问题时，同样要限制最多只允许 n 个读者同时读。为此，再引入一个信号量 S，其初值为 n，通过执行 Swait(S,1,1)操作，来控制读者的数目，每当有一个读者进入时，都要先执行 Swait(S,1,1)操作，使 S 的值减 1。当有 n 个读者进入后，S 变为 0，第 n+1 个读者要进入读时，会因 Swait(S,1,1)操作失败而被阻塞。

用信号量集解决读者与写者问题时，读者和写者进程如下：

```
读者进程 read i(i=1,2,…,n)
  do{
    Swait(S,1,1);
    Swait(mx,1,0);
    读数据;
    Ssignal(S,1);
  }while(1);
```

```
写者进程 write j(j=1,2,…)
  do{
      Swait(mx,1,1,S,n,0);
      写数据;
      Ssignal(mx, 1);
  }while(1);
```

其中，Swait(mx,1,0)语句起着开关的作用。只要无写进程进入时 mx=1，则读进程都可以进入读。但只要有写进程进行写时 mx=0，则任何读进程都无法进入。Swait(mx,1,1,S,n,0)语句表示当无写进程(mx=1)、无读进程时，写进程才能进入临界区。

3. 用管程解决读者与写者问题

用管程解决读者与写者问题时，建立的管程命名为 reader_writer。其中包含四个过程：

(1) start_read()过程。

读者利用该过程，从共享对象中读取数据，并用整型变量 read_count 来表示读者的数目、write_count 来表示写者的数目。当 write_count>0 时，表示有写者进程正在写数据，读者进程将被阻塞。

(2) end_read()过程。

该过程表示一个读数据结束。当 read_count==0 时，表示无读者进程正在读数据，若有等待的写者进程，则将被唤醒。

(3) start_write()过程。

写者利用该过程，将数据存放到共享对象中。当 read_count>0 或 write_count>1 时，表示还有读者进程及其他的写者进程，这个进程将被阻塞。

(4) end_write()过程。

该过程表示一个写数据结束。当 write_count>0 时，应将被阻塞的其他写者进程唤醒，否则等待的读者进程将被唤醒。

R 和 W 定义为两个条件变量，对应于不满足读和写条件等待队列，reader_writer 管程可描述如下，其中 read_count、write_count 初值均为 0：

```
start_read(){                    // start_read()过程
  if(write_count>0)  wait(R);    //有读进程
  read_count=read_count+1;       //读者数增加
  Signal(R);
}
end_read(){                      // end_read()过程
  read_count=read_count-1;       //读者数减少
```

```
  if(read_count==0)  Signal(W);          //唤醒等待着
}
start_write(){                           // start_write()过程
  write_count=write_count+1;             //写者数增加
  if(read_count>0 || write_count>1)  wait(W);
}
end_write(){                             // end_write()过程
  write_count=write_count-1;             //写者数减少
  if(write_count>0)  Signal(W);
  else Signal(R);
}
```

任何一进程读(写)文件前，首先调用 start_read(start_write)过程，执行完读(写)操作后，调用 end_read(end_write)过程。利用管程解决读者和写者问题时，读者进程和写者进程可描述如下：

```
读者进程 read i(i=1,2,…,n)                写者进程 write j(j=1,2,…)
  do{                                       do{
    …                                         …
    reader_writer. start_read();              reader_writer. start_write();
    读数据;                                    写数据;
    reader_writer. end_read();                reader_writer. end_write();
    …                                         …
  }while(1);                                }while(1);
```

2.6 进 程 通 信

并发进程由于运行中要共享资源或合作完成指定任务需通过信号量及有关操作实现进程的互斥和同步。但是信号量及有关操作只能传递信号，没有传递数据的能力。虽然在有些情况下进程之间交换的信息量很少，但很多情况下进程之间需要交换大批数据(如传送一批信息或整个文件)，这可以通过一种新的通信机制来完成，即通信 IPC(Inter Process Communication)机制。进程间交换信息的方式很多，根据通信实施的方式和数据存取的方式，进程通信方式可归结为信号通信方式、共享存储器方式、消息传递方式和共享文件方式。

其中前两种通信方式由于交换的信息量少且效率低下，故称为低级通信机制，相应地可把发/收信号及 P、V 操作等称为低级通信原语，仅适用于集中式操作系统。消息传递方式属于高级通信机制，共享文件方式是消息传递方式的变种，这两种通信机制既适用于集中式操作系统，也适用于分布式操作系统。

2.6.1 信号通信机制

信号(signal)机制又称软中断，是一种进程之间进行通信的简单通信机制，通过发送一个特定信号来通知进程某个异常事件发生，并进行适当处理。进程运行时不时地检查有无软中断信号到达，如果有，则中断原来正在执行的程序，转向该信号的处理程序来对该事件进行处理，处理结束后便可返回原程序的断点继续执行。一般可以分成操作系统标准信号和用户进程自定义信号，这种机制类似于硬件中断，不分优先级，简单有效，但不能传送数据。软中断与硬中断的差别在于：软中断运行在目态，往往延时较长，而硬中断运行在管态，由于是硬件实现，故都能及时响应。当系统正在运行一个耗时的前台程序时，如果发现有错误，并断定该程序要失败，为了节省时间，用户可以按软中断键停止程序的运行，这一过程中就用到了信号。系统具体的操作为相应键盘输入的中断处理程序向发来中断信号的终端进程发一信号，进程收到信号后，完成相关处理，然后执行终止。

信号不但能从一个内核发给一个进程，也能由一个进程发给同组的另一个进程或多个进程，一个信号的发送是指把它送到指定进程的 PCB 的软中断域的某一位，由于每个信号都被看作是一个单位，给定类型的信号不能排队，只是在进程被唤醒继续运行时，或者在进程准备从系统调用请求返回时，才处理信号。进程可以执行默认操作、执行一个处理函数或忽略该信号，来对信号做出响应。

2.6.2 共享主存通信机制

共享主存通信机制的基础是共享数据结构或共享存储区。共享数据结构是系统为保证进程正常运行而设置的专门机制，利用某个专门数据结构存放进程间需要交换的数据，它可以指定为一个寄存器、一组寄存器、一个数组、一个链表、一个记录等。例如，可以在每个进程的 PCB 表中增加一个表项来存放通信信息，进程从通信表项中取得交换数据。共享存储区是在内存中分配一片专门的空间作为共享区域，需要进行通信的各个进程把共享存储区附加到自己的地址空间中，然后就像正常操作一样对共享区中的数据进行读或写。如果用户不需要某个共享存储区，可以把它取消。通过对共享存储区的访问，相关进程间就可以传输大量数据。共享存储器通信机制如图 2-15 所示。

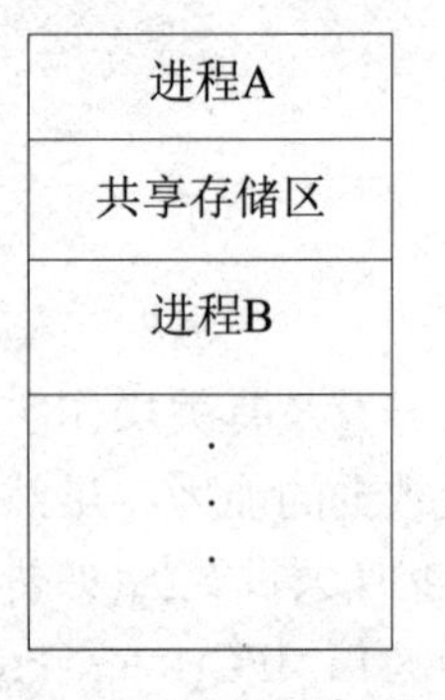

图 2-15 共享存储器通信机制

共享存储器通信机制中，当并发进程间需要互斥访问一共享内存段时，用户进程可使用互斥信号量，以实现进程间对共享内存段互斥的读写操作。

2.6.3 共享文件通信机制

共享文件方式是基于文件系统的，它利用一个打开的共享文件连接两个相互通信的进程。在操作系统中，这种共享文件方式也被称为管道通信。

管道通信是发送进程和接收进程之间通过一个管道交流信息。管道是单向的，发送进程视管道为输出文件，即向管道写入数据；接收进程视管道为输入文件，即从中读取数据。先写入的必定先读出，即管道通信的工作是单向的，以先进先出为顺序，如图 2-16 所示。

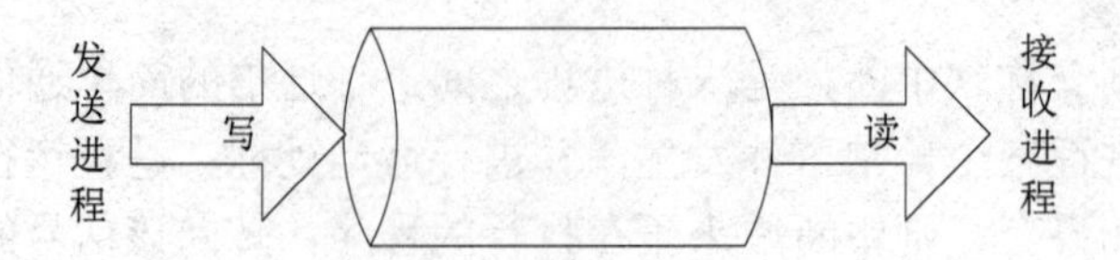

图 2-16 管道通信机制

管道的实质是一个共享文件，数据以自然字符流的方式写入和读出，是无界的，不以消息为单位，可进行大批量数据交换，利用外存来进行数据通信。因此，管道通信基本上可以借助于文件系统原有的机制来实现，包括管道文件的建立、打开、关闭、读写等。但是发送进程和接收进程之间相互合作单靠文件系统机制是解决不了的，发送进程和接收进程之间相互合作时，必须做到以下几点.

(1) 一个进程正在使用某个管道写入或读出数据时，另一个进程必须等待，即管道文件是一个临界资源，双方必须互斥访问。

(2) 发送进程和接收进程必须能够知道对方是否存在，如果对方已经不存在，就没有必要再发送和接收信息。这时会发出 SIGPIPE 信号通知进程。

(3) 发送进程和接收进程之间，必须实现同步。即发送进程执行一次写操作，且管道有足够空间，那么，发送进程把数据写入管道后唤醒因管道空而被阻塞的进程；如写操作会引起管道溢出，则本次写操作必须暂停，直到其他进程从管道中读出数据，使管道有空间为止，这叫写阻塞。解决此问题的办法是把数据进行切分，每次最多小于管道限制的字节数，写完后该进程被阻塞，直到读进程把管道中的数据读走，并判断有进程等待时应唤醒对方，以便继续写下一批数据。反之，当接收进程读空管道时，要出现读阻塞，直到写进程唤醒它。

(4) 进程在关闭管道的读出或写入端时，应唤醒等待写或读此管道的进程。

虽然管道是一种功能很强的通信机制，但是它仅能用于连接具有共同祖先的进程；管道也不是常设的，需临时建立，难以提供全局服务。为了克服这些缺点，UNIX 中又推出了管道的一个变种，称为有名管道或 FIFO 通信机制。这是一种永久性通信机制，具有 UNIX 文件名、访问权限，能像一般文件一样被打开、关闭、删除，但在读和写时，其性能与管道相同。

由于这种通信方式方便有效，且能在进程间交换大量的信息，所以目前已在许多操作系统中得到了应用，不仅适用于集中式系统中进程的一对一通信，而且也适用于网络上多进程(如 AT&T UNIX 新版操作系统)之间的通信。

2.6.4　消息传递通信机制

1．消息的概念

两个并发进程可以通过互相发送消息进行合作。所谓消息，是指进程之间以不连续的成组方式发送的信息，由消息头和消息体组成。在操作系统中，为了能高效率地实现进程通信，研究设计了多种高级通信原语。在消息传递通信机制中，至少需要提供两条高级通信原语 send 和 receive，前者向一个给定的目标发送一条信息，后者则从一个给定的源接收一条信息。如果没有信息可用，则接收者可能阻塞直到一条消息到达，或者也可以立即返回，带回一个错误码。

2．直接通信

直接通信方式通过消息缓冲区实现通信，企图发送或接收消息的每个进程必须指出消息发给谁或从谁那里接收消息，可用 send 原语和 receive 原语来实现进程之间的直接通信。

(1) send(发送消息)原语。

send(P，消息)：发送消息原语是把消息发送到接收进程 P 存放消息的缓冲区。其工作原理是：首先调用“寻找目标进程的 PCB”的程序查找接收进程 P 的 PCB，如果接收进程存在，申请一个存放消息的缓冲区，消息缓冲区为空时，接收此消息的进程因等待此消息的到来而处于阻塞状态，则唤醒此进程，并把消息的内容、发送原语的进程名和消息等复制到预先申请的存放消息的缓冲区，且将存放消息的缓冲区连接到接收进程的 PCB 上；如果接收进程不存在，则由系统给出一个“哑”回答；最后控制返回到发送消息的进程继续执行，或转入进程调度程序重新分配处理机。如果消息缓冲区已满，则返回到非同步错误处理程序入口进行特殊处理。

(2) receive(接收消息)原语。

receive(Q，消息)：接收消息原语用来读取进程 Q 的消息，接收进程读取消息之前，在自己的空间中确定一个接收区。把消息缓冲区中的消息内容、消息长度以及发送进程的名字都读取到接收区并释放消息缓冲区，如果没有消息可读取，则阻塞接收进程，直至消息发送来为止。至此，接收消息的工作结束，返回到接收进程，接收进程继续执行。

发送进程 Q 和接收进程 P 通过这两个原语自动建立了一种联系，并且这一联系仅仅发生在这一对进程之间。消息既可以是固定长度，也可以是可变长度。固定长度便于物理实现，但是程序设计增加困难；而可变长度使程序设计变得简单，但是消息传递机制的实现复杂化。

3. 间接通信

间接通信方式通过信箱(mailbox)来实现通信。信箱是一种公共的存储区，作为通信的一种中间实体。在逻辑上信箱由信箱头和信箱体组成，每个信箱有自己唯一的标识符。其中信箱头指出信箱容量、信箱格式、存放信件位置的指针等；信箱体用来存放信件，包含若干信格，每个格可容纳一封信。

间接通信方式解决了发送进程和接收进程之间的联系，在消息的使用上灵活性很大。通信时用户可以不指定接收进程，即可向不知名进程发送消息；消息也可以安全地保存在信箱中，目标用户可以随时读取。一个进程可以分别与多个进程共享信箱，因此，一个进程可以和多个进程进行通信。一对一的关系允许在两个进程间建立不受干扰的专用通信链接；多对一的关系对客户机/服务器间的交互非常有用；一个进程给许多别的进程提供服务，这时的信箱又称作一个端口(port)，端口通常归接收进程所有并由接收进程创建，当一个进程被撤销时，它的端口也随之被毁灭；一对多的关系是用于一个发送者和多个接收者，它对于在一组进程间广播一条消息的应用程序非常有用。

(1) send(发送消息)原语。

send(A，信件)：发送消息原语是把一封信件(消息)传送到信箱 A。如果指定的信箱未满，则将信件送入信箱中，并唤醒等待该信箱中信件的进程；否则，发送信件者被置成等待信箱的阻塞状态。

(2) receive(接收消息)原语。

receive(A，信件)：接收消息原语用来从信箱 A 接收一封信件(消息)。如果指定信箱中有信，则取出一封信，并唤醒等待信箱的进程；否则，接收信件者被置成等待信箱中信件的阻塞状态。

4．消息传递实现的若干问题

消息传递实现中应注意的问题如下。

(1) 信箱容量问题。一个极限的情况是信箱的容量为 0，那么，当 send 在 receive 之前执行的话，则发送进程被阻塞，直到 receive 做完。执行 receive 时信件可以从发送者直接复制到接收者，不用任何中间缓冲。类似地，如果 receive 先被执行，接收者将被阻塞直到 send 发生。上述方法称为回合(rendezvous)原则。这种方案实现较为简单，但却降低了灵活性，发送者和接收者必须以步步紧接的方式运行。

(2) 关于多进程与信箱相连的信件接收问题。采用间接通信时，有时会出现如下问题，假设进程 P_1、P_2、P_3 都共享信箱 A，进程 P_1 是发送者，进程 P_2、P_3 都是接收者，即 P_2 和 P_3 都企图从信箱取信件，那么，究竟由谁来取 P_1 发送的信件呢？解决的方法有以下几种：预先规定能取 P_1 发送的信件的接收者、预先规定在一个时间至多有一个进程执行接收操作、由系统选择谁是接收者。

(3) 信箱的所有权问题。一个信箱可以由一个进程所有，也可以由操作系统所有。如果一个信箱由一个进程所有，那么必须区分信箱的所有者和它的用户，其方法是允许进程说明信箱类型 mailbox，说明这个 mailbox 的进程就是信箱的拥有者，任何其他知道这个 mailbox 名字的进程都可成为它的用户。当信箱拥有者执行结束时，它的信箱也就消失，此时必须将这一情况通知它的用户。信箱为操作系统所有是指由操作系统统一设置信箱，归系统所有，供相互通信的进程共享(如消息缓冲机制)。

(4) 信件的格式问题及其他相关问题。单机系统中信件的格式可以分为直接信件(定长格式)和间接信件(变长格式)。前者将消息放在信件中直接交给接收者，但信息量较小；后者在信件中仅传送消息的地址，一般来说信息量没有限制。网络环境下的信件格式较为复杂，通常分成消息头和消息体，消息头包括发送者、接收者、消息长度、消息类型等各种控制信息；消息体包含了消息内容。此外，还需考虑通信链路、收发双方同步方式等因素。

(5) 通信进程的同步问题。两个进程之间的消息通信就隐含有某种程度的同步，当发送进程执行 send 原语后，它本身的执行可以分两种情况，其一是阻塞型，等到接收进程的回答消息后再继续运行下去；其二是非阻塞型，发出信件后并不等待接收进程的回答消息，而是继续执行下去，直到某个时刻需要接收进程送来的消息时，才对回答信件进行处理。对于接收进程来说，执行 receive 后也可以是阻塞型和非阻塞型两种情况，阻塞型是指直到信件交付完成，它都处于等待信件状态；非阻塞型是指不要求进程等待，当它需要信件时，再去查找并接收信件，需要时再发送回答信件。

发送进程阻塞和接收进程也阻塞的情况主要用于进程不设缓冲区时采用的紧密同步方式，两个进程平时均处于阻塞状态，直到有消息传递才被唤醒。非阻塞型 send 和阻塞型 receive 是用得很广的一种同步方式，发送进程不阻塞，故可把一个或多个消息发给目标进程；而接收进程平时处于阻塞状态，直到发送进程发来消息才被唤醒。如在服务器上提供服务的进程平时处于阻塞状态，一旦请求服务的消息到达，它被唤醒来完成用户进程要求的服务。发送进程和接收进程均不阻塞的同步方式也常被使用，平时两个进程均在忙于自己的工作，仅当出现等待事件无法继续时，才把自己阻塞起来。如发送进程和接收进程共

同联系一个能容纳 n 个消息的消息队列，发送进程可连续发送消息进消息队列，接收进程也可连续地从消息队列获取消息。仅当消息队列中的消息数达到 n 个时，发送进程才被阻塞；同样仅当消息队列中的消息数为 0 个时，接收进程才被阻塞。

2.7 死锁问题

计算机系统的各种软件、硬件资源都由操作系统进行管理和分配。让并发进程在执行过程中根据各自的需要而动态地申请、占有和释放系统资源，是操作系统为了尽可能地提高资源利用率而采取的管理和分配技术。但是，如果操作系统对资源的分配不当，可能会出现若干进程相互之间都无休止地等待对方释放自己所需资源的状态，这是系统的一种致命状态——死锁状态。

那么，死锁究竟是怎样形成的？产生死锁的必要条件有哪些？只有在弄清这些问题的前提下，我们才能找到处理死锁的有效方法。

2.7.1 死锁的形成与定义

1. 死锁的形成

产生死锁的根本原因是对互斥资源的共享以及并发进程的同步关系不当。即计算机系统中的许多独占型资源，它们在任一时刻都只能被一个进程使用，如绘图仪、打印机等硬件资源，共享数据结构、临界区等软件资源。所有操作系统都具有向一个进程授权独立访问某个资源的能力，进程使用独占型资源必须按照以下次序进行：申请资源、使用资源、归还资源。若资源不可用，则申请进程进入等待态。如果两个进程分别等待对方所占有的一个资源，则两者都不能执行而处于永远的等待状态，即“死锁”状态。下面讨论死锁问题形成的原因，首先来看几个例子。

【例 2-7】 设某系统中有两个并发进程 P 和 Q，它们都要申请共享资源 R_1 和 R_2，共享资源 R_1 和 R_2 均有 1 个。若两个进程按下列的次序申请和释放资源：

进程 P	进程 Q
申请资源 R_1	申请资源 R_2
申请资源 R_2	申请资源 R_1
释放资源 R_1	释放资源 R_2
释放资源 R_2	释放资源 R_1

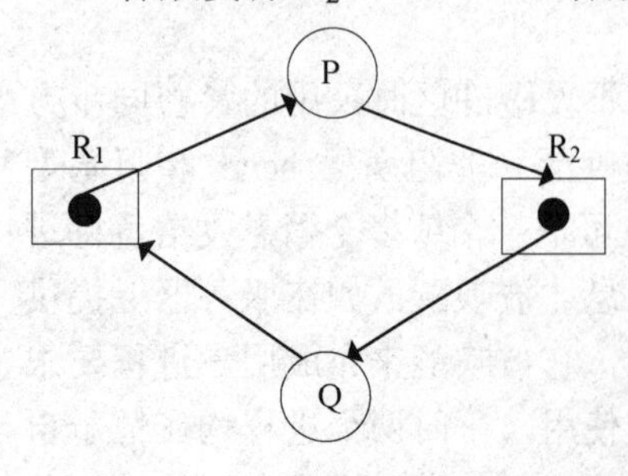

图 2-17　资源申请等待状态

由于进程 P 和 Q 执行时，相对速度无法预知，当出现如图 2-17 所示状态，即进程 P 申请到并占用资源 R_1，进程 Q 申请到并占用资源 R_2，进程 P 又申请资源 R_2，但因资源 R_2 被进程 Q 占用，故进程 P 等待资源 R_2 而处于阻塞状态；这时，进程 Q 执行，它又请求资源 R_1，但因资源 R_1 被进程 P 占用，故进程 Q 等待资源 R_1 也处于阻塞状态。此时，它们分别等待对方占用的资源，致使进程无法正常结束，产生了死锁。如果它们的速度有快有慢，则可以避免上述僵局——死锁状态的出现。也就是说，本次死锁状态的出现是由于进程的推进顺序不当而产生的。

【例 2-8】 若系统中有 m=5 个同类资源被 n=5 个进程共享，当每个进程要求 k_i(i=1，2，…，5)个资源，此处假设 k_i=2。如果为每个进程轮流分配资源，则每个进程在获得一个资源后，系统中的资源都已分配完；于是在第二轮分配时，各进程都由于等待资源而处于阻塞状态，从而导致了死锁。

在此例中，因为资源总数少于进程所要求的总数，即 $m < n \times \sum_{i=1}^{n} k_i$，此时如果分配不当可能引起死锁。所以，本次死锁状态的出现是由于系统资源数不足而引起的。

分析上面的例子，从中可以看出，产生死锁现象的原因主要有以下两个方面。

(1) 进程推进的顺序不合理。

(2) 系统资源不足。

一方面，进程在执行中，如果推进顺序不合理，使得请求资源和释放资源的顺序与速度不同，如例 2-7，就会导致死锁。另一方面，如果系统资源充足，进程的资源请求都能得到满足，死锁出现的可能性就很低，否则，就会因竞争有限的资源而出现死锁。

2．死锁的定义

为了便于讨论死锁问题，特作如下假定。

(1) 系统具有的资源数和进程数都是有限的。

(2) 一个资源在任何时刻只能由一个进程占有。

(3) 如果一个进程在执行中所提出的资源要求能够得到满足，那么，它一定能够在有限的时间内结束。

(4) 任何进程所申请的资源数不大于系统所能够提供的资源总量。

(5) 一个进程执行结束时，释放它所拥有的全部资源。

现在来给出死锁的定义。

一般来说，若系统中存在一组并发进程(两个或多个进程)，它们中的每一个进程都占用了某种资源而又都在等待该组进程中另一些进程所占用的资源，从而使该组进程都停止往前推进而陷入永久的等待状态。这种情况下，我们就说系统出现了“死锁”，或者说该组进程处于“死锁”状态。

3．死锁的必要条件

1971 年 Coffiman 总结出了系统产生死锁必须具有的四个条件。

(1) 互斥条件(mutual exclusion)。一个资源在一段时间内只能被一个进程使用，若另一个进程请求一个已被占用的资源时，被置成阻塞状态，直到占有者释放资源。

(2) 保持与申请条件(hold and wait)。一个进程因请求资源而被阻塞时，对已获得的资源保持不放。

(3) 不剥夺条件(no preemption)。进程已获得的资源，在未使用完之前，不能强行被剥夺，即任一进程不能从另一进程那里抢夺已被占用的资源。

(4) 循环等待条件(circular wait)。若干进程之间形成一种头尾相接的循环等待资源关系，即循环僵持。如有一进程等待队列{P_1，P_2，…，P_n}，其中 P_1 等待 P_2 释放某一资源，P_2 等待 P_3 释放某一资源，…，P_n 又等待 P_1 释放某一资源。

前三个条件是死锁存在的必要条件，但不是充分条件。第四个条件实际上是前三个条件的潜在结果，即假设前三个条件存在，可能发生的一系列事件会导致不可解的循环等待。条件 4 中列出的循环等待之所以是不可解的，是因为有前面三个条件的存在。因此，这四个条件构成了死锁的必要条件，换言之，只要破坏上述四个条件中的任意一个，就不会发生死锁。但是需要注意的是：上述四个条件是死锁的必要条件，并不是充分条件，也就是说，如果上述条件成立，也不一定导致死锁。

【例 2-9】 系统中有两类资源 R_1、R_2 和 4 个进程 P_1、P_2、P_3、P_4，其中每类资源的个数为 2。资源申请情况为：进程 P_3、P_4 各分配一个 R_2 类资源，进程 P_1、P_2 各分配一个 R_1 类资源，同时 P_1 又申请一个 R_2 类资源，P_3 又申请一个 R_1 类资源，如图 2-18 所示。分析是否满足死锁条件 4，是否会发生死锁。

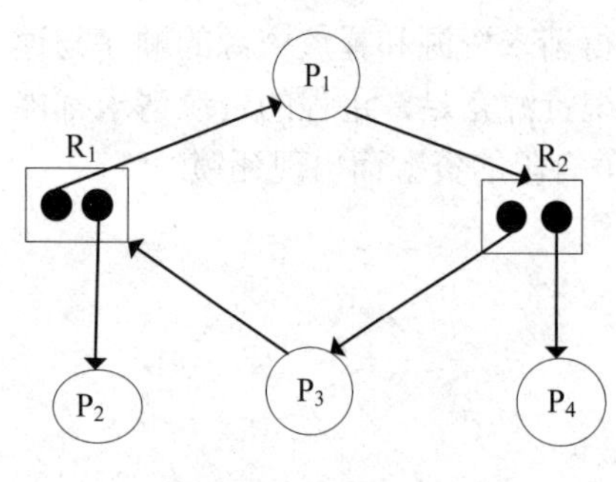

图 2-18　资源申请等待链

分析：图 2-18 中，存在一个处于等待状态的进程集合(P_1，P_2，P_3，P_4)。虽然进程 P_1 和 P_3 分别占有了 R_1、R_2 类资源各一个，且等待另一个 R_1、R_2 类资源形成了环路，但进程 P_2 和 P_4 分别占有了 R_1、R_2 类资源各一个，它们申请的资源已全部得到了满足，因此，能在有限的时间内归还所占有的资源，于是进程 P_1 和 P_3 分别能获得另一个资源继续运行。所以图 2-18 中有环路，即满足死锁条件 4，但不会发生死锁。

4．死锁的判定

操作系统中每一时刻的状态可利用进程资源分配图 PRAG(Process Resource Allocation Graph)来描述，如图 2-17、图 2-18 所示，通常用方框代表某类资源，方框中的一个小圆圈代表该类资源中的一个资源，所以方框中的小圆圈的个数表示了系统中该类资源的个数。大圆圈则表示进程。方框节点和进程节点间的有向边代表进程对资源的请求和资源的分配情况，其中资源节点 R_j 到进程节点 P_i 的一条有向边表示一个 R_j 类资源分配给进程 P_i；P_i 节点到 R_j 节点的有向边则表示进程 P_i 申请一个 R_j 类资源。那么，死锁的判定方法如下。

(1) 如果不出现任何环，则此时系统内不存在死锁。

(2) 如果出现了环，且处于此环中的每类资源均只有一个实体时，则有环就出现死锁，此时，环是系统存在死锁的必要充分条件。

(3) 如果系统资源分配图中出现了环，但处于此环中的每类资源的个数不全为 1，则环的存在只是产生死锁的必要条件而不是充分条件。

前两条法则是显然的，第 3 条法则需要验证。

显然，死锁是人们所不希望的，因为它不但严重影响系统资源的利用率，而且可能给死锁进程带来不可预期的后果。有三种方法可以处理死锁。第一种是采用某种策略来破坏必要条件 1 至 4 中的一个来防止死锁发生，称为死锁预防(prevention)；第二种是基于资源分配的当前状态做动态选择，称为死锁避免(avoidance)；第三种是允许死锁发生，但当死

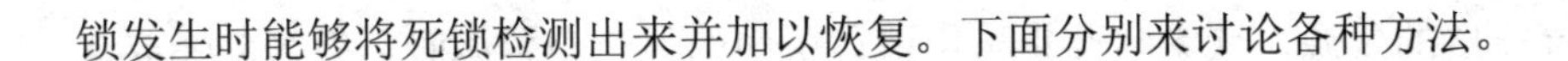

锁发生时能够将死锁检测出来并加以恢复。下面分别来讨论各种方法。

2.7.2　死锁预防

死锁预防是通过某种策略来限制并发进程对资源的请求与使用。简单地讲，就是破坏死锁的四个必要条件中的后三个，至于必要条件 1，它是由资源的固有特性所决定的，不仅不能改变，还应加以保证。但死锁的预防由于设置条件和判断条件，会增大系统开销，造成资源利用率的下降。下面介绍几种比较常用的死锁预防方法。

1. 预先静态分配策略

预先静态分配策略是指进程必须在开始执行前就申请它所需要的全部资源，仅当系统能满足进程的资源请求并把资源分配给进程后，该进程才能执行。无疑所有并发执行的进程要求的资源总和不能超过系统拥有的资源总数。采用静态分配后，进程在执行过程中不再申请新的资源，所以不可能出现占有了某些资源后再等待另一些资源的情况，既破坏了死锁的第二个必要条件(保持与申请条件)的出现，第四个必要条件(循环等待条件)也就自然不会成立，从而预防了死锁的发生。

【例 2-10】 一个系统包括一个投影仪和一个打印机设备及两个进程 P_i 和 P_j，两个进程均需要申请资源投影仪和打印机才能起作用。进程按以下的顺序提出资源请求。

(1) 进程 P_i 请求投影仪；

(2) 进程 P_j 请求打印机；

(3) 进程 P_i 请求打印机；

(4) 进程 P_j 请求投影仪。

前两个请求可以直接得到许可，因为系统中存在一个投影仪和一个打印机。现在 P_i 拥有投影仪而 P_j 拥有打印机。当 P_i 请求打印机时，它被操作系统阻塞，因为打印机目前不能被分配。同样，当 P_j 请求投影仪时也会被阻塞。由于 P_i 拥有投影仪，只有 P_i 释放后 P_j 才能解除阻塞。同样，P_j 只有释放打印机才能使 P_i 解除阻塞。因此{P_i，P_j}进程集合就出现死锁状态。

采用预先静态分配策略预防上述死锁时，进程 P_i 和 P_j 要么得到所有的请求，要么一个也得不到。因此进程永远不会死锁。

预先静态分配策略实现起来较为简单，被许多操作系统采用。但这种策略严重地降低了资源的利用率，因为在每个进程所占有的资源中，有些资源在进程较后的执行时间里才使用，甚至有些资源是在例外的情况下才被使用。这样就可能造成在一个进程占有了一些几乎不用的资源而使其他想用这些资源的进程被阻塞。例如，某进程要对存放在外存储器中的文件进行处理后再打印输出，按照预先静态分配策略，该进程在得到了外存储器和打印机后才开始执行，但进程在处理文件这段时间内打印机是被闲置的，仅在文件处理结束后才会去使用打印机。

2. 层次分配策略

层次分配策略是将系统中的所有资源分成多个层次，每个层次给出一个编号：L_1，L_2，…，L_n，每一层中可有几类资源。进程在申请资源时，当得到某一层的一个资源后，它只能再申请较高一层的资源，或者它要想再申请该层中的另一个资源时，必须先释放该层中已拥有的资源；进程要释放资源时，如果要释放某一层的一个资源，必须先释放所拥有的较高层的所有资源。

这种策略的一个变种是按序分配策略。把系统的所有资源排列成一个顺序，例如，系统若共有 m 个资源，则排序编号从 1 到 m。用 R_i 表示第 i 个资源，于是这 m 个资源是：R_1，R_2，…，R_m。假设 $i<j$，规定任何一个进程申请两个以上资源时，总是先申请编号小的资源 R_i，再申请编号大的资源 R_j，而要释放资源时，必须先释放编号大的资源 R_j，再释放编号小的资源 R_i。按这种策略分配资源就一定可以破坏第四个必要条件(循环等待)的出现，达到预防死锁的目的。

【例 2-11】 在例 2-10 中，设层次编号打印机＞投影仪，请求(1)和(2)使得投影仪和打印机分别分配给 P_i 和 P_j，请求(3)满足有效限制，但由于打印机无法分配而使进程 P_i 处于阻塞状态。请求(4)由于违反了有效限制而会被拒绝。这意味着进程 P_j 若提出这一请求将被终止，则此时进程 P_j 拥有的资源——打印机将被释放，可以唤醒进程 P_i 继续运行，从而防止了死锁的发生。

显然，与静态分配资源相比，采用层次分配资源的策略来预防死锁在一定程度上提高了资源的利用率。但在层次分配策略中，也存在一些缺点：①资源层次号的排定比较困难；②低层次号的资源可能被浪费；③增加了资源使用者(进程)的负担；④为了保证按层次申请的顺序，暂不需要的资源也可能需要提前申请，增加了进程对于资源的占有时间。例如，系统中的资源从高到低按序排列为：扫描仪、打印机、绘图仪和图形图像输出设备。若一个进程在执行时，较早地使用绘图仪，仅到快结束时才使用图形图像输出设备，而系统规定图形图像输出设备的层次低于绘图仪的层次。这样，进程使用绘图仪前就必须先申请到图形图像输出设备，那么图形图像输出设备就会在很长的一段时间内空闲，直到进程执行结束前才使用，这无疑是低效率的。

3．剥夺式分配策略

剥夺式分配资源策略可阻止死锁的第三个必要条件的出现。当一个进程申请资源得不到满足时，可以从另一个占有该类资源的进程那里去抢夺资源；这意味着，一个进程已获得的资源在运行过程中可被剥夺，从而破坏了“非剥夺式分配”这一必要条件，预防了死锁的发生。

该策略实现起来比较复杂，但释放已获得的资源可能造成前一段工作的失效，重复申请和释放资源会增加系统开销，降低系统吞吐量，并且剥夺式分配资源的方法并不是对所有的资源都适用，目前这一策略只适用于对处理机和主存储器资源的分配，对临界资源一般不适用，否则容易造成混乱。例如，当若干进程申请主存储器区域得不到满足而都处于等待时，为防止永久等待的发生，可抢夺某进程已占的主存储器区域，把它们分配给其中一个等待主存储器资源的进程，使该进程得到资源后能继续执行到结束，然后归还所占有的全部主存储器资源。这时再把归还的主存储器资源分配给被剥夺主存储器资源的那个进程，让它继续执行。

2.7.3 死锁的避免

解决死锁问题的另一种方法是死锁避免(deadlock avoidance)，它和死锁预防的区别很微妙。在死锁预防中，通过约束资源请求，防止 4 个必要条件中至少一个的发生，它们都是以牺牲机器效率和浪费资源为代价的，这恰与操作系统的宗旨相违背。我们可采取较为大胆的方法，即允许三个必要条件发生，但通过明智的选择，确保永远不会到达死锁点，这就是死锁的避免，因此，死锁避免比死锁预防允许更多的并发。对于死锁避免的方法，是否允许当前的资源分配请求是动态决定的，因此，死锁避免需要知道将来的进程资源请求的情况，但同时也有可能导致死锁。

为了说明死锁避免策略，引入安全状态(safe)的概念：如果系统中所有进程能够按照某种次序依次地进行完，则称系统处于安全状态。

显然，安全状态是不会发生死锁的，因为对于任一进程来说，如果它以后需要的资源量超过系统当前所剩余的资源量，则该进程可以等待直到其他所有进程都进行完并释放它们所拥有的资源后，该进程就可以获得它所需要的全部资源并执行结束。

如果进程每接受一个资源请求命令之后，都能保证系统处于安全状态，则系统不会发生死锁，所以系统如果处于安全状态，则可以避免进入死锁状态；而系统一旦进入不安全状态，则有可能导致死锁，但不一定就会产生死锁。图 2-19 给出了安全状态、不安全状态、死锁状态之间的关系。

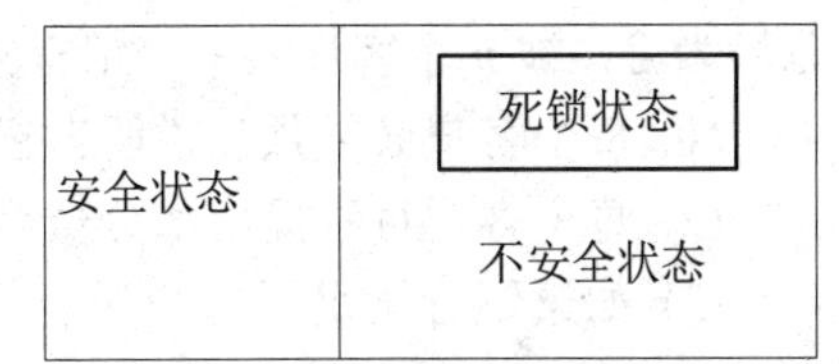

图 2-19 安全状态、不安全状态、死锁状态之间的关系

下面给出两种避免死锁的方法。

(1) 如果一个进程的请求会导致死锁，则不启动该进程——进程启动拒绝。

(2) 如果一个进程增加资源的请求会导致死锁，则不允许此次资源分配——资源分配拒绝。

1. 进程启动拒绝

假设系统中有 n 个进程、m 类资源，则定义以下数据结构。

每种资源总数向量：$\boldsymbol{R}=(\boldsymbol{R}_1, \boldsymbol{R}_2, \cdots, \boldsymbol{R}_m)$

系统中当前每类资源可用数向量：$\boldsymbol{V}=(\boldsymbol{V}_1, \boldsymbol{V}_2, \cdots, \boldsymbol{V}_m)$

进程 $i(1..n)$对资源 $j(1..m)$的请求矩阵，即最大需求矩阵：$\boldsymbol{C}=\begin{bmatrix} c_{11} & c_{12} & \cdots & c_{1m} \\ c_{21} & c_{22} & \cdots & c_{2m} \\ \cdots & \cdots & \cdots & \cdots \\ c_{n1} & c_{n2} & \cdots & c_{nm} \end{bmatrix}$

进程 $i(1..n)$已占有资源 $j(1..m)$的矩阵，即分配矩阵：$\boldsymbol{A}=\begin{bmatrix} a_{11} & a_{12} & \cdots & a_{1m} \\ a_{21} & a_{22} & \cdots & a_{2m} \\ \cdots & \cdots & \cdots & \cdots \\ a_{n1} & a_{n2} & \cdots & a_{nm} \end{bmatrix}$

矩阵 $\boldsymbol{C}$ 给出了每个进程对每种资源的最大可能需求。为了避免死锁，这个矩阵信息必须事先声明。类似地，矩阵 ***A*** 给出了每个进程的资源分配情况，从中可得以下关系。

(1) 对所有的资源 j 有：$R_j = V_j + \sum_{i=1}^{n} a_{ij}$，即资源或者可用，或者已经被分配。

(2) 对所有的 i，j 有：$c_{ij} \leqslant R_i$，任何进程所申请的某种资源数不大于系统所能够提供的该类资源的总量。

(3) 对所有的 i，j 有：$a_{ij} \leqslant c_{ij}$，分配给进程的资源数不会超过该进程对该类资源的最大请求数。

通过这些矩阵、向量和表达式，就可以定义一个死锁避免策略：如果一个新进程(第 n+1 个进程)的资源需求会导致死锁，则拒绝启动这个新进程。仅当对所有的 j 有

$$R_j \geqslant c_{(n+1)j} + \sum_{i=1}^{n} c_{ij}$$

成立时才启动一个新进程 P_{n+1}。也就是说，只有所有当前进程的最大请求量加上新的进程请求可以满足时，才会启动该进程。这个策略很难是最优的，因为它假设了最坏情况：所有进程同时开始它们的最大请求。

2．资源分配拒绝

资源分配拒绝策略，最有代表性的是 Dijkstra 提出的银行家算法。这是由于该算法能用于银行系统现金贷款的发放而得名。现将该算法描述如下：假设一个银行家拥有的资金总量为Σ，被 n 个客户共享。银行家对客户提出下列约束条件。

(1) 每个客户必须预先说明自己所要求的最大资金量。

(2) 每个客户每次提出部分资金量申请和获得分配。

(3) 如果银行满足了客户对资金的最大需求量，那么，客户在资金运作后，应在有限时间内全部归还银行。

只要每个客户遵守上述约束，银行家将保证做到：若一个客户所要求的最大资金量不超过Σ，则银行一定接纳该客户，并可处理他的资金需求；银行在接到一个客户的资金申请时，可能因资金不足而让客户等待，但保证在有限时间内让客户获得资金。在银行家算法中，客户可看作进程，资金可看作资源，银行家可看作操作系统。下面给出算法的实现。

(1) 基本思想。

银行家算法的基本思想是当一个新的进程进入系统时，它将告诉系统其所需要的每种资源的最大数目，这个数目绝不应该超过系统中资源的总数。当一个用户申请一组资源时，系统需判断这些资源的分配是否使系统仍处于安全状态，若是则进行分配，否则它必须等待，直到其他进程释放足够的资源。

(2) 使用的数据结构。

为了实现银行家算法，系统中也需要定义若干数据结构。这些数据结构的定义与进程启动拒绝中定义的数据结构相同，即有：每种资源总数向量 ***R***、系统中当前每类资源可用数向量 ***V***、最大需求矩阵 ***C*** 和分配矩阵 ***A***。

(3) 银行家算法。

进程 P_i 发出对第 j 类资源的请求($Request_{ij}$)时，系统将执行如下资源分配算法。

算法 2-1　资源分配算法

① 申请量超过最大需求量时出错，即 $Request_{ij}+a_{ij}>c_{ij}$；否则转步骤②。

② 申请量超过目前系统拥有的可分配量时则阻塞该进程，即 $Request_{ij}>v_j$，否则转步骤③。

③ 系统对进程 P_i 发出的资源请求做试探性的分配，相应的数据结构修改如下，然后转步骤④。

$a_{ij}=a_{ij}+Request_{ij}$;　　$v_j= v_j-Request_{ij}$;

④ 做安全性检查，如果安全则承认试分配，否则撤销试分配(相应的数据结构做如下的修改)，同时阻塞进程 P_i。

$a_{ij}=a_{ij}-Request_{ij}$;　　$v_j= v_j+Request_{ij}$;

为了进行安全性检查，定义如下数据结构：Finish[1..*n*]表示进程是否执行结束，值为 false 的进程还未执行结束。

算法 2-2　安全性检查算法

① 初始化 Finish[1..*n*]=false。

② 寻找满足以下条件的进程 P_i：Finish[*i*]==false 且 $v_j\geqslant c_{ij}-a_{ij}$；如果不存在，则转步骤④。

③ Finish[*i*]=true;　$v_j=v_j+a_{ij}$；转步骤②。

④ 如果对所有的 *i* 有 Finish[*i*]=true，则系统处于安全状态，否则处于不安全状态。

下面是银行家算法的程序和部分说明：

```
#define n 100                          //n 个进程
#define m 100                          //m 类资源
typedef struct {
     int R[n],V[n];                    //资源总数向量 R、可供分配的资源向量 V
     int C[n][m],A[n][m];              //最大需求矩阵 C、分配矩阵 A
       }STATE;                         //资源状态
STATE state, newstate;
int Finish[n], Request[n][m];
main(){
  if (Request[i][j]+state.A[i][j]<=state.C[i][j])
     if (Request[i][j]>state.V[j])  block(Pi);   //阻塞进程
     else {                                      //试探性模拟分配
     state.A[i][j]=state.A[i][j]+Request[i][j];
     state.V[j]=state.V[j]-Request[i][j];  }     //else
   else exit(0);                                 //申请量超过最大需求量则出错
  if (!safe(newstate))  {
    state.A[i][j]=state.A[i][j]-Request[i][j];
    state.V[j]=state.V[j]+Request[i][j];  }      //撤销试分配
  safe(STATE state){                             //安全性检查
  for(i=0;i<n;i++)  Finish[i]=false;
  while(1)
    flag=Finish[i]==false && state.V[j]>=state.C[i][j]-state.A[i][j];
    //对所有的 i
    if(flag) {
      Finish[i]=true;
```

```
    state.V[j]=state.V[j]+state.A[i][j];  }
  else break;
     }  //while
  for(i=0;i<n;i++)
    if (Finish[i]!=true) return(0);
   return(1);
}
```

【例 2-12】 设系统中有 5 个进程{P_0，P_1，P_2，P_3，P_4}，3 类资源{A，B，C}，对应的每类资源总数：R=(5，10，7)，某时刻的系统状态如下：V=(3，3，2)

$$\boldsymbol{C}=\begin{bmatrix}5&7&3\\2&3&2\\0&9&2\\2&2&2\\3&4&3\end{bmatrix}\qquad \boldsymbol{A}=\begin{bmatrix}1&0&0\\0&2&0\\0&3&2\\1&2&1\\0&0&2\end{bmatrix}$$

运行安全性检查算法，可找到一个进程安全序列：P_1、P_3、P_4、P_2、P_0，因此系统当前处于安全状态。

(1) 在 T_1 时刻，进程 P_1 发出新的资源请求，Request[1][j]=(0，1，2)，即申请 B 类资源 1 个，C 类资源 2 个。为了判别这个申请能否得到满足，按银行家算法进行检查。

判断 Request[1][j]+state.A[1][j]<=state.C[1][j]是否成立，即(0，1，2)+(0，2，0)≤(2，3，2)成立；再判断 Request[1][j]<=state.V[j]是否成立，即(0，1，2)≤(3，3，2)成立；则系统尝试为进程 P_1 分配资源，修改矩阵 ***A*** 及向量 ***V*** 得到下面的新状态：

$$\boldsymbol{V}=(3，2，0)\qquad \boldsymbol{A}=\begin{bmatrix}1&0&0\\0&3&2\\0&3&2\\1&2&1\\0&0&2\end{bmatrix}$$

系统可为进程 P_1 试探性地分配资源，再运行安全性检查算法，同样可找到一个进程安全序列：P_1、P_3、P_4、P_0、P_2，因此系统当前处于安全状态。

(2) 在 T_2 时刻，进程 P_4 发出新的资源请求，Request[4][j]=(3，3，0)，即申请 A 类资源 3 个，B 类资源 3 个。为了判别这个申请能否得到满足，按银行家算法进行检查。

判断 Request[4][j]+state.A[4][j]<=state.C[4][j]是否成立，即(3，3，0)+(0，0，2)≤(3，4，3)成立；再判断 Request[4][j]<=state.V[j]是否成立，即(3，3，0)>(3，2，0)，条件不成立。即此时系统可用资源不足，所以申请被拒绝，进程 P_4 被阻塞。

(3) 在 T_3 时刻，进程 P_0 发出新的资源请求，Request[0][j]=(2，0，0)，即只申请 A 类资源 2 个。为了判别这个申请能否得到满足，按银行家算法进行检查。

判断 Request[0][j]+state.A[0][j]<=state.C[0][j]是否成立，即(2，0，0)+(1，0，0)≤(5，7，3)成立；再判断 Request[0][j]<=state.V[j]是否成立，即(2，0，0)≤(3，2，0)成立。

系统可为进程 P_0 试探性地分配资源，再运行安全性检查算法，此时发现剩余资源(1，2，0)不能满足任何进程的资源需求，故系统处于不安全状态，所以不能为进程 P_0 分配资源。

总体来说，通过前面各小节的讨论可以看出，虽然死锁预防策略的开销不大，但使用不便，且资源利用率较低，而且若资源违反相关规定仍有可能发生死锁。死锁避免策略实现时开销较大，并且不是必要性算法(保守算法)。那么，能否给出充分必要性算法呢？可以证明，充分必要性算法需要比银行家算法还强的限制条件。在银行家算法中只给出了进程对资源的最大需求量，而所需资源的具体申请和释放次序仍是未知的，所以银行家算法只能往最坏处设想。

如果系统不仅知道每个进程对资源的最大需求量，而且知道进程有关资源的活动序列，则可以给出避免死锁的充分必要性算法，但其复杂度是很高的(NP 完全)，而且由于程序中分支和循环结构的存在，事先给出进程有关资源的使用序列一般是不可能的。

由此可以看出，死锁是一个复杂的问题，可以说不存在完美的死锁处理策略。

2.7.4　死锁的检测与恢复

死锁的预防和避免策略可以阻止死锁发生，但同时降低了资源利用率。有些系统为了提高资源利用率，允许死锁的必要条件存在，但为了消除死锁，系统必须提供死锁检测和解除机制。在使用死锁检测策略的系统中，通常允许前三个死锁必要条件的发生，而死锁检测算法就是检测系统中是否存在因“循环等待”条件而导致的死锁。

1．死锁的检测

最常用的检测死锁的方法是对进程资源分配图(PRAG)进行化简。化简的方法是在资源分配图中寻找一个非孤立的进程结点 P_i，如果进程 P_i 能分配到其所需的全部资源(或只有分配边，或虽有请求边，但这些请求都能立即得到满足)，则该进程的工作就能不断地取得进展，直至最后完成其全部运行任务，并释放其所占全部资源。此时称进程 P_i 是可化简进程，从资源分配图中消去所有与进程 P_i 有关的请求和分配边；并称资源分配可以被进程 P_i 化简，于是该进程节点成为一个孤立节点，图 2-20 是图 2-18 进程资源分配图的化简图。

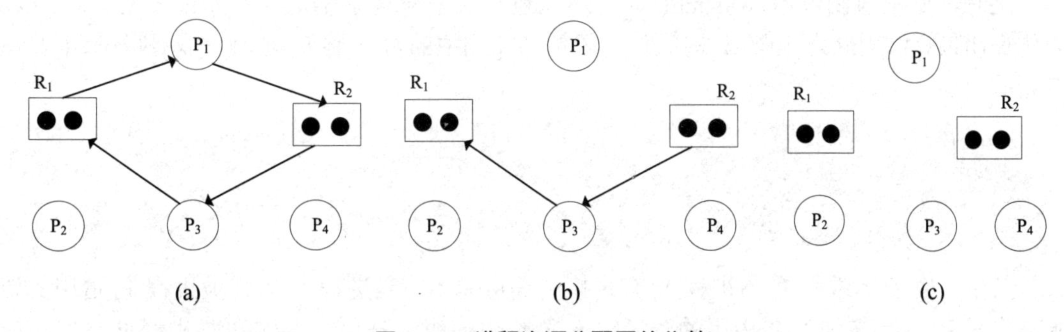

图 2-20　进程资源分配图的化简

如果一个资源分配图可以被图中的所有进程化简，那么称该图是可完全化简的，如图 2-20 所示；倘若通过一系列化简步骤后图中仍存在不可化简的进程，则称该图是不可完全化简的。

死锁定理　当且仅当系统某状态 S 所对应的资源分配图是不可完全化简的，则称 S 是死锁状态，而不可化简的那些进程即是死锁进程。反之，若状态 S 对应的资源分配图是可完全化简的，则状态 S 是安全的。

下面介绍两种具体的死锁检测方法。

(1) 检测算法的实施类似于银行家算法，所用的数据结构也类似，步骤如下。

① 定义系统中每类资源尚可供分配的资源总数向量：$\boldsymbol{V}=(\boldsymbol{V}_1,\boldsymbol{V}_2,\cdots,\boldsymbol{V}_m)$。

② 将最大需求矩阵 $\boldsymbol{C}$ 中为 0 的行向量所对应的进程 P_i 记入集合 L，$L=L\cup P_i$。

③ 从进程集合中查找 $\text{Request}_{ij}\leqslant V$ 的进程，做如下处理。

a) 化简进程资源分配图，并释放资源，即 v[*]=v[*]+c[i][*]；

b) 将该进程并入集合 L；

④ 重复③，若没有再满足条件的进程，而集合 L 中没有包括所有进程，则表明目前的系统状态对应的进程资源分配图是不可完全化简的，因此，该状态将发生死锁；否则，状态是安全的。

```
for (i=0;i<n;i++){  //对所有的进程
  if(Pi not in L && Request[i][*]<=V[*]){
    v[*]=v[*]+c[i][*];
    L=L+Pi;   }
Deadstate=!(L=={P1,P2,…,Pn});}
```

(2) 另一种死锁检测的方法是，首先把进程使用和等待资源的情况用一个状态矩阵 $\boldsymbol{S}$ 来表示：

$$\boldsymbol{S}[b_{ij}]=\begin{bmatrix} s_{11} & s_{12} & \cdots & s_{1n} \\ s_{21} & s_{22} & \cdots & s_{2n} \\ \cdots & \cdots & \cdots & \cdots \\ s_{n1} & s_{n2} & \cdots & s_{nn} \end{bmatrix}$$

当进程 P_i 等待被进程 P_j 占用的资源时 $b_{ij}=1$；当进程 P_i 和进程 P_j 不存在资源等待占用关系时 $b_{ij}=0$。

此时，死锁检测可用 warshall 的传递闭包算法来检测系统是否有死锁发生。warshall 的传递闭包算法对状态矩阵 $\boldsymbol{S}$ 构成传递闭包 $\boldsymbol{S}^*[b_{ij}]$中的每一个 b_{ij} 是对 $S[b_{ij}]$执行如下算法得到的：

```
for (k=1;k<=n;k++)
  for(i=1;i<=n;i++)
    for(j=1;j<=n;j++)
      bij=bij∨(bik∧bkj);
```

其中，b_{ij} 表示进程 P_i 与进程 P_j 有直接的等待关系。当进程 P_i 等待被进程 P_k 占用的资源且进程 P_k 等待被进程 P_j 占用的资源时 $b_{ik}\wedge b_{kj}=1$，也就是说，进程 P_i 与进程 P_j 之间有间接的等待关系。warshall 传递闭包算法循环检测了矩阵 $\boldsymbol{S}$ 中的各个元素，把直接等待资源关系和间接等待资源关系都在传递闭包 S^*中表示出来。显然，当 S^*中有一个 $b_{ii}=1(i=1, 2, \cdots, n)$时，就说明存在着一组进程，它们循环等待资源，即系统出现了死锁。

如何考虑检测的时机？

显然，检测死锁需要花费 CPU 的时间，如果系统频繁地执行检测工作，势必造成 CPU 负担过重，降低 CPU 的效率。但是，如果检测的时间间隔太长，则有可能已经发生

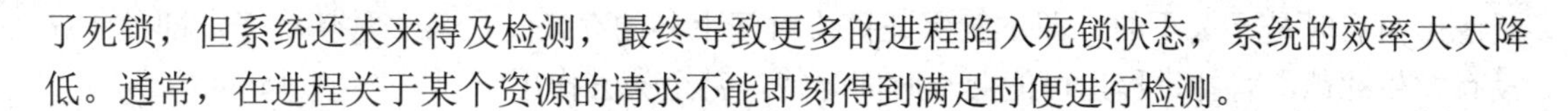

了死锁，但系统还未来得及检测，最终导致更多的进程陷入死锁状态，系统的效率大大降低。通常，在进程关于某个资源的请求不能即刻得到满足时便进行检测。

2．死锁的恢复

死锁的检测和恢复常常配套使用，当检测到系统处于死锁状态后，需要立即将它解脱出来。常用的死锁解除方法有：撤销进程法、剥夺资源法、进程回退法。

(1) 撤销进程法。

撤销进程法是指将死锁进程撤销。这里有两种情况，其一，终止全部死锁进程，这是最简单的方法，虽然断开了死锁环路，但代价太大。因为这些进程有可能已经运行了很长时间，撤销后只能重新运行。其二，按照某种顺序逐个撤销，直到有足够的资源可用，但它增大了系统开销，要不断地边撤销边检测，直到死锁状态解除为止。

撤销进程的原则是：①所需撤销的进程数目最小。②系统花在撤销进程上的代价最小。然而，实施这些原则时考虑的因素很多，没有统一的模式。通常根据系统的资源分配表、PCB 表等与死锁进程有关的参数，采用死锁检测算法综合进行。这些参数包括进程优先级、进程已运行时间、预计运行时间、所需资源总数、已占用资源数、占用资源类型，以及该进程的撤销会涉及的其他过程和进程等。

(2) 剥夺资源法。

资源剥夺是指从其他进程剥夺足够数量的资源给死锁进程，将其从死锁状态中解脱出来，即采用抢占资源的方法来消除死锁。抢占资源需要考虑三个问题：①抢占哪些资源？抢占次序又如何？②何时开始重新运行被抢占资源的进程？③保证不总是抢占一个进程的资源，使之被“饿死”。

要正确选择被抢占资源的进程，使释放的资源尽可能多，而开销尽量小。例如，优先级高的抢占优先级低的，运行剩余时间少的抢占运行剩余时间较多的等。被强行剥夺资源的进程应退回到一种安全状态，保留现场并从此重启。

(3) 进程回退法。

进程回退法就是让死锁的进程回退到以前没有发生死锁的某个点处，并由此点再一次继续运行，希望进程在推进时由于速度的改变而不再发生死锁。这似乎是死锁恢复的一个比较完善的方法，不过它所带来的开销是惊人的，因为它要实现回退，必须记住以前某一点处的现场，而且该现场应当随进程的推进而动态变化，这需要花费大量的时间和空间。除此之外，一个回退的进程应当“挽回”它自死锁点到回退点之间所造成的影响，如修改了其他文件等，这些在实现时甚至是难以做到的。

尽管检测死锁是否出现和发现死锁后实施恢复的代价要大于预防和避免死锁所花的代价，但由于死锁不是经常发生的，因此，这样做还是值得的，检测策略的代价依赖于频率，而恢复的代价是时间的损失。

2.7.5　饥饿与活锁

在一个动态系统中，资源请求与释放是经常发生的进程行为。对于每一类系统资源，操作系统需要确定一个分配策略，当多个进程同时申请某类资源时，由分配策略决定资源分配给进程的次序。资源分配策略有时是公平的，能保证请求者在有限的时间内获得所需资源；可有时是不公平的，即不能保证等待时间上界的存在。在后一种情况下，即使系统没有发生死锁，有些进程也可能会长时间等待，甚至失去作用。

当等待时间给进程推进和响应带来明显影响时，我们称该进程发生了饥饿(starvation)。当饥饿到一定程度，进程所赋予的任务及时完成也不再具有实际意义时称该进程被饿死(starve to death)。

【例 2-13】 系统中有 n 个进程，一台打印机。其中有 m(m≤n)个进程需要打印文件。系统按照短文件优先的次序进行排序，该策略具有平均等待时间短的优点，似乎非常合理。但当短文件打印源源不断时，长文件的打印任务将被无限期地推迟，导致饥饿甚至饿死。

与饥饿相关的另一个概念称为活锁(live lock)，定义如下。

在忙式等待条件下发生的饥饿，称为活锁。

饿死与死锁有一定的联系：二者都是由于竞争资源而引起的非正常状态，但又有明显的差别，主要表现在如下几个方面。

(1) 从进程状态考虑，死锁时所有进程都处于等待状态，忙式等待(运行或就绪态)的进程并非处于等待状态，但有可能被饿死。

(2) 死锁进程等待永远不会被释放的资源，饿死进程等待会被释放但却不会分配给自己的资源，其等待时限没有上界。

(3) 死锁一定发生了循环等待，而饿死则不然。

(4) 死锁一定涉及多个进程，而饥饿或被饿死的进程可能只有一个。

饥饿和饿死与资源分配策略有关，因此防止饥饿或饿死可从公平性考虑，确保所有进程不被忽视。

【例 2-14】 过河问题。

有南北走向的河流如图 2-21 所示。河中有用石块搭成的便桥，每个石块上最多容纳一位过河者，两个相邻的石块的间距恰好一步。西岸过河者经过石块 1、2、5、6、4、3 到达东岸，东岸过河者经过石块 3、4、7、8、2、1 到达西岸。试分析可能发生的死锁情况，给出一个无死锁、无饿死且并行度高的解法，并用 P、V 操作实现。

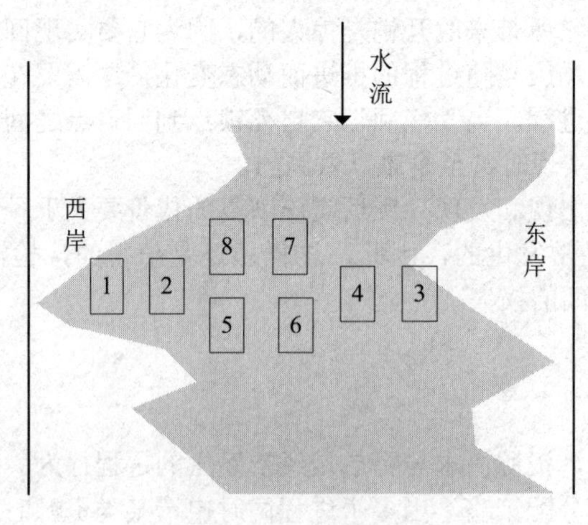

图 2-21 过河问题

分析：很明显，当两个方向上的过河人数各有 3 个且同时踏上石块时，必将发生死锁。防止死锁的最简单的方法是规定东西两岸人员不能同时过河，这样的话，其一有可能导致饿死，其二并行度太低。综合考虑死锁的处理策略，可以给出更为恰当的方法。

首先，根据资源的数量，限定同时过河的人数在 5 个以内，此时至少有一个方向的过河人数不超过两个，当他们分别踏上 5、6 或 7、8 石块时，对另一方向过河人员便无影响。其次，对两岸竞争的 1、2 和 3、4 石块，采用层次分配策略的有序分配法，即按 1、2 和 3、4 的次序申请。为了实现上述算法，设九个信号量：Smax，S_1，S_2，…，S_8，其中 Smax 初值为 5，S_1 至 S_8 的初值为 1。相应的解法如下：

```
西岸过河者进程:                    东岸过河者进程:
  P(Smax);                           P(Smax);
  P(S1);                             P(S3);
  走到石块 1;                        走到石块 3;
  P(S2);                             P(S4);
  走到石块 2;                        走到石块 4;
  V(S1);                             V(S3);
  P(S5);                             P(S7);
  走到石块 5;                        走到石块 7;
  V(S2);                             V(S4);
  P(S6);                             P(S8);
  走到石块 6;                        走到石块 8;
  V(S5);                             V(S7);
  P(S3);  //按序申请                 P(S1);  //按序申请
  P(S4);                             P(S2);
  走到石块 4;                        走到石块 2;
  V(S6);                             V(S8);
  走到石块 3;                        走到石块 1;
  V(S4);                             V(S2);
  走到东岸;                          走到西岸;
  V(S3);                             V(S1);
  V(Smax);                           V(Smax);
```

习　题　二

1. 什么是进程？在操作系统中为什么要引入进程这一概念？
2. 试述组成进程的基本要素，并说明其作用。
3. 进程的三种基本状态是什么？它们各自具有什么特点？
4. 进程状态转换的五态模型中，新建态和终止态的主要作用是什么？
5. 进程由阻塞状态转换为就绪状态和由就绪状态转换为运行状态，各是什么原因引起的？
6. 进程控制具有哪些功能？它们对应的原语是什么？
7. 什么是线程？它与进程有什么异同？
8. 用户级线程与核心级线程有什么区别？
9. 判断以下叙述的正确性。

(1) 不同的进程必然对应不同的程序。

(2) 进程是独立的，能够并发执行，程序也一样。

(3) 程序在运行时需要很多系统资源，如内存、文件、设备等，因此操作系统以程序为单位分配系统资源。

(4) 进程控制块(PCB)是用户进程的私有数据结构，每个进程仅有一个 PCB。

(5) 进程在运行中，可以自行修改自己的进程控制块。

(6) 进程申请 CPU 得不到满足时，其状态变为等待状态。

(7) 当一个进程从等待状态变成就绪状态，则一定有一个进程从就绪状态变成运行状态。

(8) 当条件满足时，进程可以由阻塞状态直接转换为运行状态。

(9) 当条件满足时，进程可以由阻塞状态直接转换为就绪状态。

(10) 进程从运行状态转换为等待状态是由于时间片中断发生。

(11) 子进程可以继承它的父进程所拥有的所有资源。

(12) 线程是调度的基本单位，但不是资源分配的基本单位。

(13) 线程又称为轻量级进程，所以线程一定都比进程小。

(14) 由于线程不是资源分配单位，线程之间可以无约束地并行执行。

(15) 一个线程可以属于一个或多个进程。

(16) 同一进程中的多个线程之间可以并发执行。

(17) 由一个进程中的线程切换到另一个进程中的线程时，将会引起进程切换。

(18) 在多线程环境中每一个进程至少有一个线程。

10. 进程之间存在哪几种制约关系？各是什么原因引起的？以下活动属于哪种制约关系？

(1) 图书馆借书。

(2) 两队进行篮球比赛。

(3) 电视机生产流水线的工序。

(4) 商品生产和社会消费。

(5) 踢足球。

(6) 吃自助餐。

11. 简述进程同步与互斥之间的区别和联系。

12. 请解释临界资源的概念和临界区的概念。两者有什么不同？

13. 进程的同步机制有哪些？最常用的是什么？

14. 解释信号量的概念，它在操作系统中起什么作用？P、V 操作是怎么回事？它有什么规定？

15. 何谓管程？它有哪些特性？

16. 如果一个多处理机系统中的两个 CPU 在一个完全相同的时刻，试图访问存储器中的同一个字，会发生什么情况？

17. 现有 5 条语句，S_1: a=5-x; S_2: b=a*x; S_3: c=4*x; S_4: d=b+c; S_5: e=d+3; 试用 Bernstein 条件证明语句 S_2 和 S_3 可以并发执行，而语句 S_3 和 S_4 不可并发执行。

18. 设有 n 个进程共享一个程序段，对于如下两种情况：

(1) 如果每次只允许一个进程进入该程序段。

(2) 如果每次最多允许 *m* 个进程(m≤n)同时进入该程序段。

所采用的信号量初值是否相同？信号量的变化范围如何？

19. 判断以下叙述的正确性。

(1) 对临界资源应采用互斥访问方式来实现共享。

(2) 进程间的互斥是一种同步关系。

(3) 仅当一个进程退出临界区之后，另一个进程才能进入相应的临界区。

(4) 如果信号量S的当前值为-5，则表示系统中共有5个进程。

(5) 若信号量的初值为1，用P、V操作能限制不能有任何进程进入临界区操作。

(6) P、V操作只能实现进程互斥，不能实现进程同步。

(7) P、V操作是一种原语，不能实现进程同步。

(8) 在信号量上除了能执行P、V操作外，不能执行其他任何操作。

20. 进程之间如何交换信息？如何进行通信？有哪几种通信方式？

21. 何谓死锁？产生死锁的原因有哪些？

22. 简述死锁的预防与死锁的避免有什么区别？为什么？

23. 判断以下叙述的正确性。

(1) 当进程数大于资源数时，进程竞争资源必然产生死锁。

(2) 产生死锁后，系统未必处于不安全状态。

(3) 系统存在安全序列时，一定不会有死锁发生。

(4) 系统进入不安全状态时，必定会产生死锁。

(5) 导致死锁的4个必要条件在死锁时会同时发生。

(6) 若想预防死锁，4个必要条件必须同时具备。

(7) 银行家算法是防止死锁发生的方法之一。

(8) 一旦出现死锁，所有进程都不能运行。

(9) 所有进程都阻塞时系统一定陷入死锁。

(10) 如果资源分配图中存在环路，则系统一定存在死锁。

24. 某系统中有4个相同类型的资源，若当前有3个并发进程，每个进程最多需要2个资源，是否会发生死锁？

25. 有三个进程，P_1，P_2和P_3并发工作。进程P_1需用资源S_3和S_1；进程P_2需用资源S_1和S_2；进程P_3需用资源S_2和S_3。回答:

(1) 若对资源分配不加限制，会发生什么情况？为什么？

(2) 为保证进程正确工作，应采用怎样的资源分配策略？为什么？

26. 以下两个并发执行的进程能正确执行吗？如果不能，请改正。

```
int  x;
main ( )
{  Cobegin
  {  进程 P1
    {  int  y, z;
       x=1; y=0;
       if (x>=1)  y=y+1
```

```
        z=y;
      }
    进程 P2
      {  int  t, u;
         x=0; t=0;
        if (x<=1)  t=t+2;
         u=t;
      }
   }
 Coend
  }
```

27. 设有两个优先级相同的进程 P_1 和 P_2，如下所示。信号量 S_1 和 S_2 的初值均为 0，P_1、P_2 并发执行后，x、y、z 的值各是多少？

```
进程 P1:                       进程 P2:
  y=1;                         x=1;
  y=y+2;                       x=x+1;
  V(S1);                       P(S1);
  z=y+1;                       x=x+y;
  P(S2);                       V(S2);
  y=z+y;                       z=x+z;
```

28. 某由西向东的单行车道有一卡脖子的路段 AB，为保证行车的安全，需设计一个自动管理系统，管理原则如下。

(1) 当 AB 段之间无车行驶时，可让到达 A 点的一辆车进入 AB 段行驶。

(2) 当 AB 段有车行驶时，让到达 A 点的车等待。

(3) 当在 AB 段行驶的车驶出 B 点后，可让等待在 A 点的一辆车进入 AB 段。

请回答下列问题。

(1) 把每一辆需经过 AB 段的车辆看作是一个进程，则这些进程在 AB 段执行时，它们之间的关系应是同步还是互斥？

(2) 用 P、V 操作管理 AB 段时，应怎样定义信号量？给出信号量的初值以及信号量可能取值的含义。

(3) 若每个进程的程序段如下，请在方框中填上适当的 P、V 操作，以保证行车的安全。

```
Process (A→B)i (i=1,2,…)
 do{
    到达 A 点;
        [          ];
    在 AB 段行驶;
    驶出 B 点;
        [          ];
    }while(1);
```

29. 某车站售票厅，任何时间最多可容纳 100 名购票者进入，当售票厅少于 100 名购票者时，厅外的购票者可立即进入，否则需在外面等待。若把一个购票者看作一个进程，请回答以下问题。

(1) 用 P、V 操作管理这些并发进程时，应怎样定义信号量？写出信号量的初值及各种取值的含义。

(2) 根据所定义的信号量，插入应执行的P、V操作以保证进程能够正确地并发执行。

```
main ( )
{   Cobegin
      Process Pi  (i=1,2,…,n)
      { 进入售票厅;
        退出;
      }
    Coend
}
```

(3) 若欲购票者最多为n个人，写出信号量可能的变化范围(最大值和最小值)。

30. 某个理发店有一个理发师、一把理发椅和N把供等候理发的顾客坐的椅子。如果没有顾客，则理发师坐在椅子上睡觉；当顾客到来时，必须唤醒理发师，进行理发；如果理发师正在理发时，又有顾客来到，则如果有空椅子，他就坐下来等待，如果没有空椅子，他就离开。为理发师和顾客各编写一段程序来描述他们的行为，要求不能带有竞争条件。

31. 某杂技团进行走钢丝表演。在钢丝的A、B两端各有n名演员($n>1$)在等待表演。只要钢丝上无人时便允许一名演员从钢丝的一端走到另一端。现要求两端的演员交替地走钢丝，且从A端的一名演员先开始。请问，把一名演员看作一个进程时，怎样用P、V操作来进行控制？请写出能进行正确管理的算法。

32. 有3个进程P_1、P_2和P_3协作解决文件打印问题：P_1将文件记录从磁盘读入主存的缓冲区1，每执行一次读一个记录；P_2将缓冲区1的内容复制到缓冲区2，每执行一次复制一个记录；P_3将缓冲区2的内容打印出来，每执行一次打印一个记录，如下图所示。缓冲区的大小和一个记录大小一样。请用P、V操作来保证文件的正确打印。

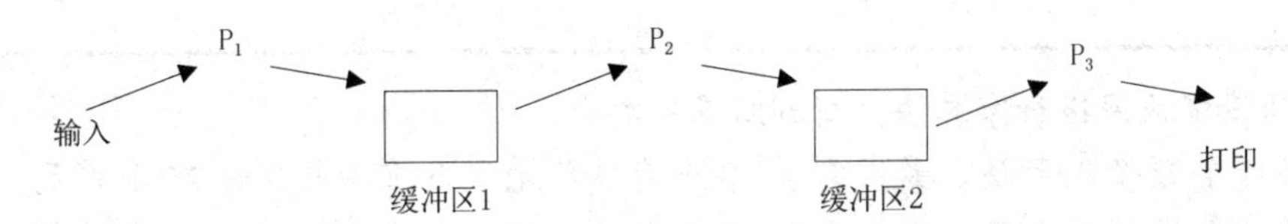

33. 设有四个进程A、B、C、D共享一个缓冲区，如下图所示。进程A负责循环地从文件读一个整数并放入缓冲区；进程B从缓冲区中循环读取MOD 3为0的整数并累计求和；进程C从缓冲区中循环读取MOD 3为1的整数并累计求和；进程D从缓冲区中循环读取MOD 3为2的整数并累计求和。请用P、V操作写出能正确执行的算法。

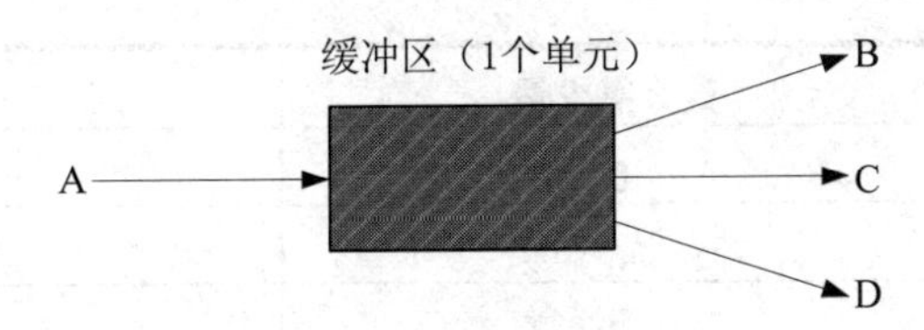

34. 桌上有一只盘子，最多可容纳两个水果，每次只能放入或取出一个水果。爸爸专向盘子放苹果，妈妈专向盘子放橘子。两个儿子专等吃盘子中的橘子，两个女儿专等吃盘子中的苹果。请用P、V操作来实现爸爸、妈妈、儿子、女儿之间的同步与互斥关系。

35. 有一个阅览室，读者进入时必须先在一张登记表上进行登记。该表为每一个座位列出一个表目，包括座位号、姓名，读者离开时撤销登记信息。阅览室有 100 个座位。试用 P、V 操作描述这些进程间的同步关系。

36. 系统有同类资源 10 个，进程 P_1、P_2 和 P_3 需要该类资源的最大数量分别为 8，6，7。它们使用资源的次序和数量如下表所示。

次序	进程	申请量
1	P_1	3
2	P_2	2
3	P_3	4
4	P_1	2
5	P_2	2
6	P_1	3
7	P_3	3
8	P_2	2

(1) 试给出采用银行家算法分配资源时，进行第 5 次分配后各进程的状态及各进程占用资源的情况。

(2) 在以后的申请中，哪次的申请可以得到最先满足？给出一个进程完成序列。

37. 一个系统具有 150 个存储单元，在 T_0 时刻按下表所示分配给 3 个进程。

进程	最大需求存储单元	当前已分配单元数
P_1	70	25
P_2	60	40
P_3	60	45

对下列请求应用银行家算法分析判断是否安全。

(1) 第 4 个进程 P_4 到达，最大需求 60 个存储单元，当前请求分配 25 个单元。

(2) 第 4 个进程 P_4 到达，最大需求 60 个存储单元，当前请求分配 35 个单元。

如果是安全的，请给出一个可能的进程安全执行序列；如果不是安全的，请说明原因。

38. 设系统有 A、B、C 三类资源供五个进程 P_1、P_2、P_3、P_4、P_5 共享，A 资源的数量为 17，B 资源的数量为 5，C 资源的数量为 20。在 T_0 时刻系统状态如下表所示，系统采用银行家算法实施死锁避免策略。

进程	最大需求量			已分配资源数		
	A	B	C	A	B	C
P_1	5	5	9	2	1	2
P_2	5	3	6	4	0	2
P_3	4	0	11	4	0	5
P_4	4	2	5	2	0	4
P_5	4	2	4	3	1	4

请回答下面问题。

(1) T_0时刻该状态是否安全(给出详细的检查过程)？若是，请给出安全序列。

(2) 若在T_0时刻进程P_2请求资源(0,3,4)，是否能实施资源分配？为什么？

(3) 在(2)的基础上，若进程P_4请求资源(2,0,1)，是否能实施资源分配？为什么？

(4) 在(3)的基础上，若进程P_1请求资源(0,2,0)，是否能实施资源分配？为什么？

39. 某系统有R_1、R_2和R_3共 3 种资源，在T_0时刻P_1、P_2、P_3和P_4这 4 个进程对资源的占用和需求情况如下表所示。此时系统的可用资源向量为(2,1,2)。试问:

进程	最大需求量			已分配资源数		
	R_1	R_2	R_3	R_1	R_2	R_3
P_1	3	2	2	1	0	0
P_2	6	1	3	4	1	1
P_3	3	1	4	2	1	1
P_4	4	2	2	0	0	2

(1) 将系统中各种资源总数和此刻各进程对各资源的需求个数用向量或矩阵表示出来。

(2) 如果此时P_1和P_2均发出资源请求向量 Request (1,0,1)，为了保证系统的安全性，应该如何分配资源给这两个进程？说明你所采用策略的原因。

(3) 如果(2)中两个请求立即得到满足后，系统此刻是否处于死锁状态？

40. 进程资源使用情况和可用情况如下表所示(4 个进程和 3 类资源)，请画出资源分配图并分析目前系统是否会发生死锁。

进程	最大需求量			已分配资源数			系统可用资源数量		
	R_1	R_2	R_3	R_1	R_2	R_3	R_1	R_2	R_3
P_1	3	1	0	2	0	0	0	0	0
P_2	3	1	0	3	1	0			
P_3	1	3	1	1	3	0			
P_4	0	2	1	0	1	1			

第3章

处理机调度

处理机管理是操作系统的主要功能之一，处理机管理的实现策略决定了操作系统的类型，其算法优劣直接影响整个系统的性能。几乎所有的计算机资源在使用之前都要经过调度，而处理机是计算机中最主要的资源，只有经过调度，才能分配给最合适的进程使用。因此，调度问题是操作系统设计的一个核心问题。

本章先介绍一些处理机调度的基础知识，然后详细介绍作业调度和进程调度及一些常用的调度算法，最后介绍实时系统和多处理机系统的进程调度。

3.1 处理机调度的基本概念

处理机调度(CPU scheduling)是指 CPU 资源在可运行实体间的分配。在不支持线程的系统中，CPU 是分配给进程的。目前大部分操作系统都支持线程，此时线程是 CPU 资源分配的基本单位。在多道程序系统中，通常会有多个进程或线程同时竞争 CPU。只要有两个或两个以上的进程或线程处于就绪状态，这种情形就会发生。如果只有一个 CPU 可用，就必须选择下一个可用的进程或线程。在操作系统中，**完成选择工作的这一部分称为调度程序(scheduling)，该程序使用的算法称为调度算法(scheduling algorithm)**。

许多用于进程调度的处理方法也可以用在线程上，当然会有一些细节上的区别。总体上，我们先集中讨论进程调度，然后再具体考察有关线程调度的问题。

3.1.1 调度层次

虽说处理机调度的主要目的都是分配处理机，但在不同的操作系统中所采用的调度方式并不完全相同。有的系统中采用一级调度，而有的系统采用两级或三级调度，并且所用的调度算法也可能完全不同。

对于三级调度而言，作业从进入系统到最后完成，一般要经历高级调度、中级调度和低级调度。低级调度是各类操作系统必须具有的功能，在纯粹的分时或实时操作系统中，通常不需要配备高级调度；在分时系统或具有虚拟存储器的操作系统中，为了提高内存利用率和系统吞吐量，专门引进了中级调度。图 3-1 给出了三级调度功能与进程状态转换的关系。高级调度发生在作业对应的新进程创建中，它决定一个进程能否被创建，或者是创

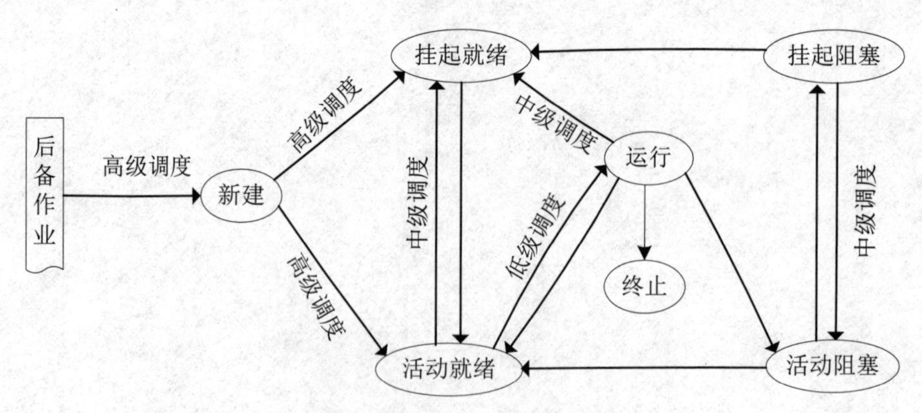

图 3-1 处理机调度与进程状态转换

建后能否被置成就绪状态，以参与竞争处理机资源从而获得运行；中级调度反映到进程状态上就是挂起和解除挂起，它根据系统的当前负荷情况决定停留在主存中的进程数；低级调度则是决定哪一个就绪进程或线程占用 CPU。

1．高级调度

高级调度(high level scheduling)又称作业调度、长程调度(long-term scheduling)。在多道批处理系统中，作业是用户要求计算机系统完成的一项相对独立的工作，新提交的作业被输入外存，并保存在一个批处理后备作业队列中。高级调度的主要功能是根据一定的算法，从输入的一批后备作业队列中选出若干作业，分配必要的资源，如内存、外设等，为它建立相应的用户作业进程和为其服务的系统进程(如输入、输出进程)，最后把它们的程序和数据调入内存，等待进程调度程序对其进行调度，并在作业完成后做善后处理工作。

高级调度控制多道程序的道数，调度选择进入主存的作业越多，每个作业获得 CPU 的时间就越少，为了给进入主存的作业提供满意的服务，有时需要限制多道程序的道数。

对于分时系统来说，高级调度决定：是否接受一个终端用户的连接；一个交互作业能否被计算机系统接纳并建立进程，一般情况下系统将接纳所有授权用户，直到系统饱和为止；一个新建的进程是否能立即加入就绪进程队列。有的分时系统虽然没有配置高级调度算法，但上述的调度功能是必须提供的。

2．中级调度

中级调度(medium level scheduling)又称平衡负载调度、中程调度(medium-term scheduling)。为了使内存中同时存放的进程数目不至于太多，有时就需要把某些进程从内存中移到外存上，以减少多道程序的数目，就设立了中级调度。特别在采用虚拟存储技术的系统或分时系统中，往往增加中级调度这一级。所以中级调度的功能是在内存使用情况紧张时，将一些暂时不能运行的进程从内存对换到外存上等待，使进程处于挂起状态；当以后内存有足够的空闲空间时，再将合适的进程重新换入内存，等待进程调度。引入中级调度的主要目的是提高内存的利用率和系统吞吐量。它实际上就是存储器管理中的交换功能，将在第 4 章中予以介绍。

3．低级调度

低级调度(low level scheduling)又称进程调度(或线程调度)、短程调度(short-term scheduling)，其主要功能是根据一定的算法将 CPU 分派给就绪队列中的某个进程(或内核级线程)。执行低级调度功能的程序称为进程调度程序，由它实现 CPU 在进程间的切换，它是操作系统最为核心的部分。进程调度的运行频率很高，在分时系统中往往几十毫秒就要运行一次。在一般类型的操作系统中必须有进程调度，而且其策略的优劣直接影响整个系统的性能，因此，进程调度代码要求精心设计，并常驻内存工作。

在各种操作系统中，有的操作系统仅设置了低级调度，有的则设置了高级调度和低级调度两级调度。在较完善的操作系统中，同时引入了中级调度来改善内存的利用率。

3.1.2　调度队列模型

前面所介绍的任何一种调度，都将涉及进程队列，由此形成了三种类型的调度队列模型。

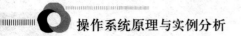

1. 仅有进程调度的调度队列模型

在分时系统中，通常仅设置了进程调度，用户输入的命令和数据，都直接进入内存。对于命令，由操作系统为其建立一个进程，并将它排在就绪队列的队尾。图 3-2 给出了仅有进程调度的调度队列模型。

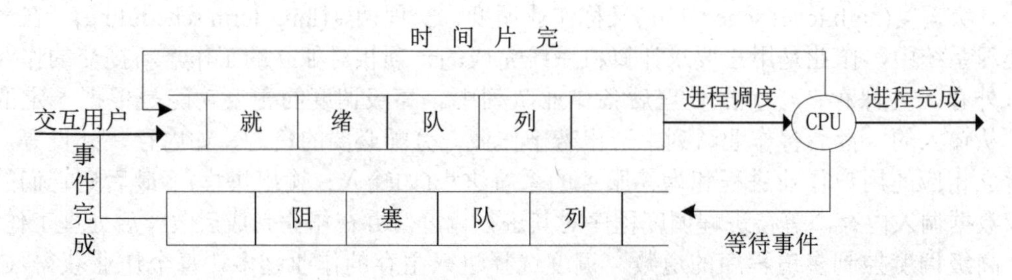

图 3-2 仅有进程调度的调度队列模型

对于就绪队列中的进程，利用进程调度算法调度运行。每个进程运行时，都可能出现以下三种情况。

(1) 此次调度运行完成任务，该进程释放所占用处理机等资源后进入完成状态。

(2) 此次调度运行未完成任务，操作系统便将该进程放在就绪队列的队尾。

(3) 任务在运行期间，进程因某事件而被阻塞后，操作系统将其放在阻塞队列的队尾。

2. 具有高级调度和低级调度的调度队列模型

具有高级调度和低级调度的调度队列模型如图 3-3 所示。

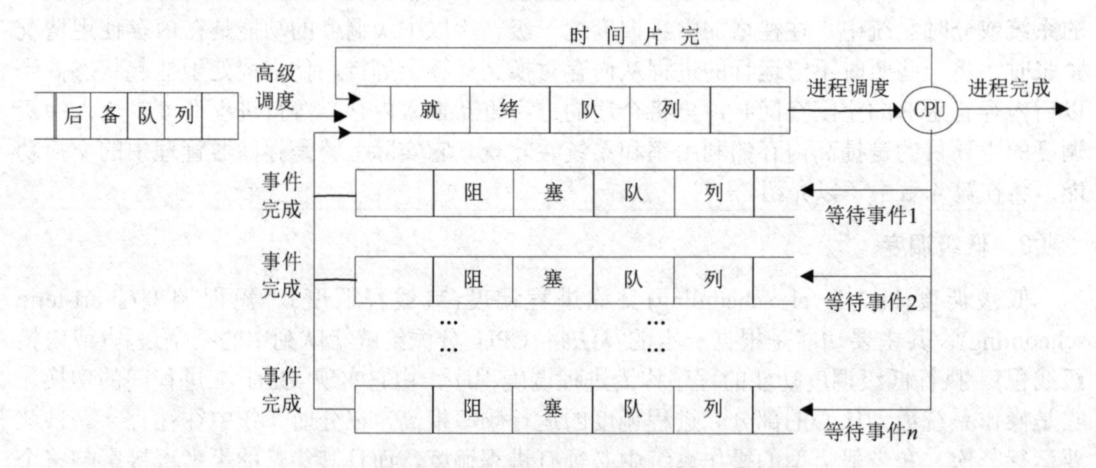

图 3-3 具有高级调度和低级调度的调度队列模型

具有高级调度、低级调度的调度模型与仅有进程调度的调度模型相比有如下不同。

(1) 引入了作业调度，是从外存的后备队列中选择作业进入内存，并为之创建进程后，放入就绪队列。

(2) 在操作系统中设置多个阻塞队列。若系统中只设置一个阻塞队列，可能会使该队列过长。为了提高队列的操作效率，通常设置多个(1,2，…，*n*)阻塞队列，每个队列对应于引起阻塞的一种事件。

3. 具有三级调度的调度队列模型

操作系统中引入中级调度后，进程的就绪状态一般分为内存就绪状态(进程在内存中就绪)和外存就绪状态(进程在外存中就绪)。类似地，也可以将阻塞状态分为内存阻塞状态和外存阻塞状态。

具有三级调度的调度队列模型如图 3-4 所示。

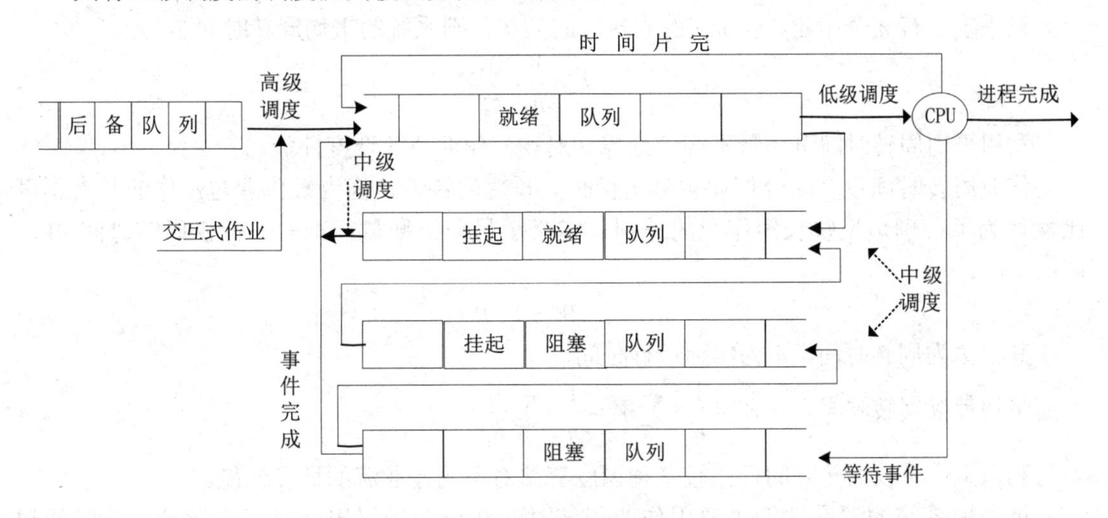

图 3-4　具有三级调度的调度队列模型

3.1.3　调度准则

不同的 CPU 调度算法具有不同的属性，且可能对某些进程更为有利。为了选择算法以适用于某种特定情况，必须考虑到各种算法所具有的特性。

为了比较 CPU 调度算法，人们提出了很多调度准则(也称为评价准则)，用来进行比较特征对确定最佳算法时产生的影响。常用的准则如下。

1. CPU 利用率

当 CPU 的价格非常昂贵的时候，人们希望尽可能使它得到充分利用。CPU 的利用率可以从 0%到 100%。在实际的系统中，一般 CPU 的利用率从 40%(轻负荷系统)至 90%(重负荷系统)。通常，在一定的 I/O 等待时间的百分比之下，运行程序道数越多，CPU 空闲时间的百分比越低。

2. 吞吐量

当 CPU 忙于执行进程，那么就要评估其工作量。吞吐量就是用来评估 CPU 工作量的，它表示单位时间内 CPU 所完成的进程数量。对于长进程来说，吞吐量可能是每小时一个进程；而对于短进程处理，吞吐量可能是每秒钟多个进程。

3．周转时间

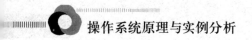

从一个特定作业的观点出发，最重要的准则就是完成这个作业需要花费多长时间。批处理系统中，从作业提交给系统到作业完成的时间间隔称为周转时间。周转时间是所有时间段之和，包括作业在后备状态的等待、进程在就绪队列中的等待、进程在 CPU 上执行和完成 I/O 操作所花费的时间。周转时间的计算如下：

周转时间=完成时刻−提交时刻=作业等待时间+作业运行时间

设系统中有 n 个作业，作业 i 的周转时间为 T_i，则系统的平均周转时间 T 为：

$$T = \frac{1}{n} \times \sum_{i=1}^{n} T_i$$

利用平均周转时间可衡量不同调度算法对相同作业流的调度性能。

作业周转时间没有区分作业实际运行时间长短的特性，因为长作业与短作业具有不可比性。为了合理地反映长短作业的差别，定义了另一个衡量标准——带权周转时间 W，即：

$$W = T / R$$

其中 T 为周转时间，R 为实际运行时间。

平均带权周转时间为：$\overline{W} = \frac{1}{n} \times \sum_{i=1}^{n} W_i = \frac{1}{n} \times \sum_{i=1}^{n} \frac{T_i}{R_i}$

利用平均带权周转时间可比较某种调度算法对不同作业流的调度性能。

批处理系统的调度性能主要用作业周转时间和作业带权周转时间来衡量，此时间越短，则系统效率越高，作业吞吐量越大。

4．就绪等待时间

CPU 调度算法并不真正影响进程执行或 I/O 操作的时间数量。各种 CPU 调度算法仅影响进程在就绪队列中所花费的时间。因此，我们更倾向于简单地考虑每个进程在就绪队列中的等待时间。

5．响应时间

在交互式系统中，周转时间不可能是最好的评价准则。一个进程往往可以很早地就产生某些输出，当前面的结果在终端上输出时它可以继续计算新的结果。于是，有另一个评价准则，就是从提交第一个请求到产生第一个响应所用的时间，即响应时间。它是刚开始响应的时间，而不是用于输出响应的时间。响应时间通常受到输出设备速度的限制。

人们需要使 CPU 的使用率和吞吐量最大化，而使周转时间、等待时间和响应时间最小化。在绝大多数情况下，要优化平均度量值。不过，在有些情况下，需要优化最小值或最大值，而不是平均值。例如，为了保证所有用户都能得到较好的服务，可能需要使最大响应时间最小。

3.2 作业调度

作业(job)是用户提交给操作系统计算的一个独立任务。在批处理系统中，作业进入系

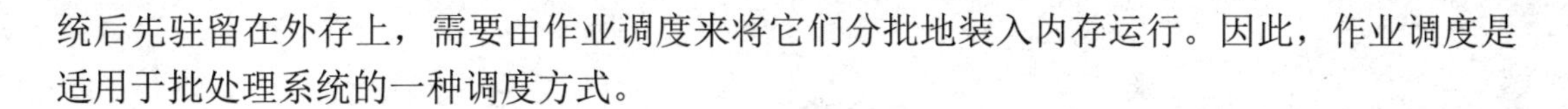

统后先驻留在外存上，需要由作业调度来将它们分批地装入内存运行。因此，作业调度是适用于批处理系统的一种调度方式。

3.2.1　作业及其描述

在多道批处理系统中通常有上百个作业被放在输入井(外存)中。为了管理和调度作业，系统为每个作业设置了一个作业控制块(JCB)，记录该作业的有关信息。不同系统的 JCB 的组成内容有所区别。表 3-1 所示为 JCB 的主要内容。

表 3-1　JCB 的主要内容

作业情况	用户名、作业名、语言
资源要求	预估的运算时间 最迟完成时间 要求的内存量 要求外设类型、台数 要求的文件量和输出量
资源使用情况	进入系统时间 开始运行时间 已运行时间 内存地址 外设地址
类型级别	控制方式 作业类型 优先级
状态	后备、运行、完成

如同 PCB 是进程在系统中存在的标志一样，JCB 是作业在系统中存在的唯一标志。作业进入时系统为每个作业建立一个 JCB；当作业退出系统时，它的 JCB 也一起被撤销。

在磁盘输入井中的所有后备作业按作业类型(CPU 型、I/O 型等)组成不同的后备作业队列。由作业调度程序从中挑选作业，随后放入内存，予以运行。

3.2.2　作业的状态

作业有生命周期，在其生命周期内，经历三个阶段，对应三种不同状态：后备状态、运行状态和完成状态。这三种状态的转换如图 3-5 所示。

1．后备状态

作业进入后备状态之前的工作是由用户准备的。用户将作业提交给操作员，操作员将用户提交的各作业通过 spooling 系统送入外存输入井。之后，系统为每个进入系统的作业建立作业控制块，填写必要的信息，并把作业控制块放入作业后备队列，为作业调度做好准备。这时作业所处的状态为后备状态。

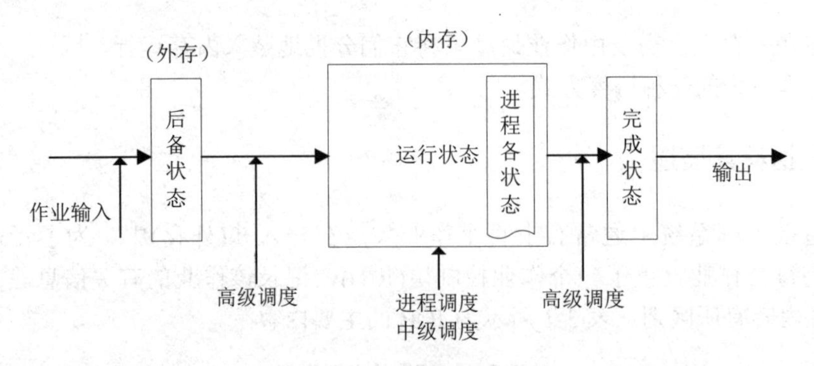

图 3-5 作业的状态及其转换

2. 运行状态

一个作业被作业调度程序选中，且分配了必要的资源和为其中的某个作业步建立了进程之后，作业处于运行状态。一个作业处于运行状态是从宏观上看，实际上它可能处于进程三种状态(就绪、执行、阻塞)中的一种状态。刚被调度进入主存的作业创建进程后处于就绪状态。其他状态及其相互转换是由进程管理决定的。

3. 完成状态

当作业运行正常完成或因发生错误而终止时，作业进入完成状态。作业调度程序负责将其从现行作业队列中摘除，并收回作业占用的资源。之后，系统将作业运行情况及作业输出结果编制成输出文件在 spooling 输出程序控制下，将其送入外存输出井中。一个作业完成后，其对应的 JCB 也被撤销，它不再存在。

3.2.3 作业调度功能

作业调度的主要功能是根据系统规定的策略，从所有处于后备状态的作业队列中选择一个或多个作业，为其分配必要的资源，建立相应的用户作业进程，将其对应的程序和数据装入主存，等待进程调度程序调度执行。具体来说，通常作业调度程序要完成以下工作。

(1) 记录系统中各个作业的情况。要当好指挥，必须对所管对象心中有数。同样，作业调度程序必须掌握各个作业进入系统时的有关情况，并把每个作业在各个阶段的情况(包括分配的资源和作业状态等)都记录在它的 JCB 中。作业调度程序就是根据各个作业的 JCB 中的信息对作业进行调度和管理的。

(2) 按照某种调度算法从后备作业队列中选取一个或多个作业。这项工作非常重要，它直接关系到系统的性能。往往选择对资源需求不同的作业进行合理搭配，使得系统中各部分资源都得到均衡利用。

(3) 为被选中的作业分配主存和外设资源(通常这些资源是动态分配，因此，申请的资源只作为调度的参考因素)。作业调度程序在让一个作业从后备状态进入执行状态之前，必须为该作业建立相应的进程，并为之分配内存和外设等资源，使其具备使用 CPU 的资格。作业调度程序在挑选作业过程中要调用存储管理程序和设备管理程序。

(4) 为作业开始运行做好一切准备工作。包括修改作业状态为运行态，为运行作业创建进程，构造和填写作业运行时所需要的有关表格等。

(5) 在作业运行完成或由于某种原因需要撤离系统时，作业调度程序还要完成作业的善后处理工作。包括回收分给它的全部资源，为输出必要信息编制输出文件，最终将其从系统中撤出，即撤销与该作业相关的全部进程和该作业的 JCB。

3.2.4 作业调度时机

操作系统启动“作业调度程序”，目的是让一个作业进入内存活跃起来(成为“圈内的一员”)。调度一个作业的时机有三种。

(1) 作业完成后。当一个作业运行结束，内存中活跃的进程数量必然减少了。为了不至于降低处理机的利用率，操作系统需要保持内存中足量的进程。因此，有必要调度一个外存上的后备作业，使它投入执行。

(2) 有新作业提交。如果系统中的作业数量尚未使系统达到饱和状态，处理机仍有一些闲置时间，若此时有新作业提交，系统在确认当前内存的道数不足的情况下，可立即调度新作业，使它执行。

(3) 处理机利用率较低。如果内存中的进程多为 I/O 型，它们的计算任务不足以让 CPU 忙碌起来，那么，系统可将部分等待 I/O 的进程挂起来，而后调度外存上的计算型作业投入内存执行。

3.2.5 作业调度算法

所谓作业调度算法，是指依照某种原则或策略从后备作业队列中选取作业的方法。作业调度算法的选取是与它的系统设计目标相一致的。对于批处理系统，一方面要使系统运行效率最高，另一方面要兼顾用户的容忍程度。一方面要设法提高系统的吞吐能力，另一方面也要设法减少作业的平均周转时间。在实际操作系统中，选取的调度算法是兼顾某些目标的折中考虑。下面以单道批处理系统为例，介绍作业调度常采用的算法。

1. 先来先服务算法

先来先服务(First Come First Served，FCFS)调度算法是一种最简单的方法。它的实现思想就是“排队买票”的办法，即每次调度从后备作业队列(以进入时间先后为序)中选择队头的一个或几个作业，把它们调入内存，分配相应的资源，创建进程，然后把进程放入就绪队列。

【例 3-1】 有三个作业同时到达系统，设各作业分别对应一个进程。它们投入运行时所需 CPU 时间如表 3-2 所示。

表 3-2　三个作业所需 CPU 时间

作业名	所需 CPU 时间(单位：基本时间单位)
作业 1	20
作业 2	5
作业 3	2

假设系统中没有其他作业，则采用 FCFS 调度算法时这三个作业的执行顺序如图 3-6 所示。可以看出，三个作业的周转时间分别为：20、25、27，因此，

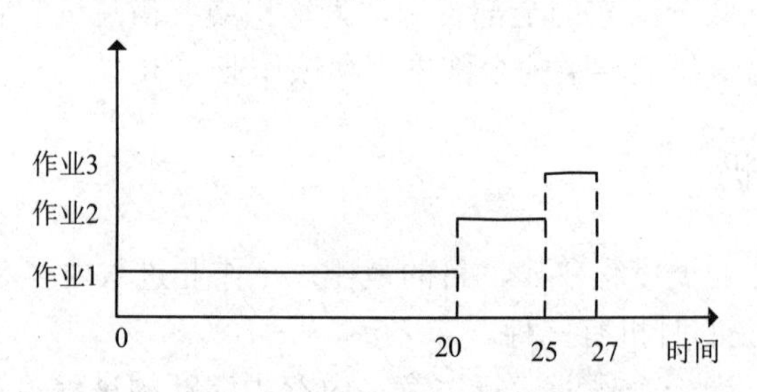

图 3-6 FCFS 调度算法示意

平均周转时间=(20+25+27)/3=24

若这三个作业进入系统的顺序为 3、2、1，则调度顺序也为 3、2、1，那么三个作业的平均周转时间缩短为 12。由此可以看出，FCFS 调度算法的性能与作业的提交顺序有关，但不利于短作业，因为短作业运行时间很短，如果让它等待较长时间才得到服务，那么，它的带权周转时间就会很高。

另外，FCFS 调度算法对 CPU 繁忙型作业(指需要大量 CPU 时间进行计算的作业)较有利，而不利于 I/O 繁忙型作业(指需要频繁请求 I/O 的作业)。因为在执行 I/O 操作时，往往该作业要放弃对 CPU 的占有。当 I/O 完成后要进入就绪队列排队，可能要等待相当长一段时间，才得到较短时间的 CPU 服务，从而使这种作业的周转时间和带权周转时间都很大。

由此可见，FCFS 调度算法容易实现，但它的效率较低。

2. 最短作业优先算法

最短作业优先(Shortest Job First，SJF)算法要求每个运行的作业提供所需的运行时间，每次调度作业时总是选取运行时间最短的作业运行。这是一种非抢占的调度策略。系统一旦选中某个短作业后，就让该作业投入执行，直到该作业完成并退出系统。

【例 3-2】 对例 3-1 中的三个作业实施最短作业优先调度算法，则三个作业的执行顺序如图 3-7 所示。

三个作业的周转时间分别为：2、7、27，因此，

平均周转时间=(2+7+27)/3=12

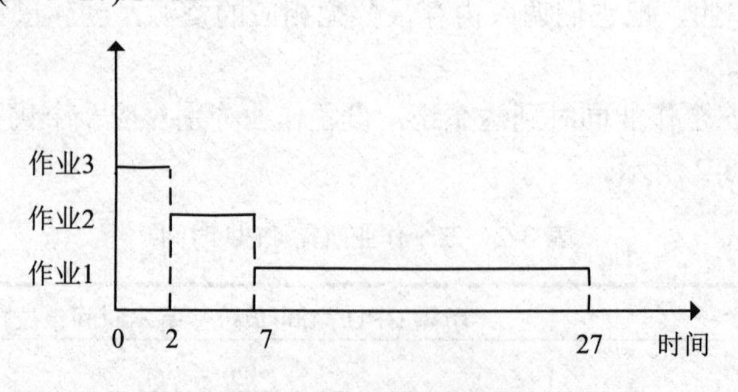

图 3-7 SJF 调度算法示意

由此可见，对于这一批作业，采用 SJF 算法比 FCFS 算法的性能要好。但也存在下列

缺点：一是需要预先知道作业所需的 CPU 时间，这个估计值很难精确，如果估计太低，系统有可能提前终止该作业；二是忽略了作业的等待时间，由于系统不断地接受新作业，而调度程序又总是选择计算时间短的作业投入运行，因此，进入系统时间早但计算时间长的作业等待时间过长，有可能出现饥饿现象；三是由于缺少剥夺机制，对分时、实时处理仍然不是很理想。

SJF 算法是非抢占式的，也可以改进成抢占式的 SJF 调度算法。当一个作业正在执行时，若有一个新作业进入就绪态，如果新作业需要的 CPU 时间比当前正在执行的作业所需剩余 CPU 的时间还要短，抢占式 SJF 算法强行赶走当前正在执行的作业，这种方式称为最短剩余时间优先(Shortest Remaining Time First，SRTF)算法。此算法不但适用于作业调度，而且也适用于 3.3 节中的进程调度。

【例 3-3】 有四个作业每隔一个时间单位依次到达系统，所需的 CPU 时间如表 3-3 所示。

表 3-3　四个作业所需的 CPU 时间

作业名	到达系统时间	所需 CPU 时间(单位：基本时间单位)
作业 1	0	7
作业 2	1	3
作业 3	2	4
作业 4	3	5

作业 1 从时间 0 开始执行，这时系统就绪队列仅有一个作业。作业 2 在时间 1 到达，而作业 1 的剩余时间 6 大于作业 2 所需时间 3，所以，作业 1 被剥夺，作业 2 被调度。四个作业的执行顺序如图 3-8 所示。

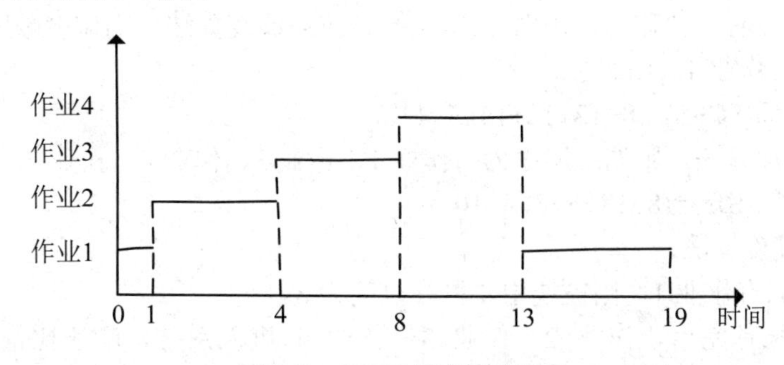

图 3-8　SRTF 调度算法示意

四个作业的周转时间分别为：19、3、6、10，因此，

平均周转时间=(19+3+6+10)/4=9.5

此例如果采用 SJF 算法调度，则有：

平均周转时间=(7+9+12+16)/4=11

3．最高响应比优先算法

FCFS 算法和 SJF 算法都是比较片面的调度算法。FCFS 算法只考虑作业的等待时间而

忽视了作业的运行时间，而 SJF 算法恰好相反，它只考虑用户估计的作业运行时间而忽视了作业的等待时间。最高响应比优先(Highest Response-ration First，HRF)算法是介于这两种算法之间的一种折中策略，既考虑作业等待时间，又考虑作业运行时间，这样既照顾了短作业又不会使长作业的等待时间过长，改进了调度性能。

等待时间与处理时间之和是系统对作业的响应时间，它与处理时间的比值称为响应比：

$$R=\frac{\text{作业等待时间}+\text{作业处理时间}}{\text{作业处理时间}}=1+\frac{\text{作业等待时间}}{\text{作业处理时间}}$$

这种算法总是选择响应比最大的作业投入运行。显然，运行时间短的作业容易得到较高的响应比，因为这时分母较小，使得最高响应比较高，因此从这个角度看，本算法是优待短作业的。但是，如果一个长作业在系统中等待的时间足够长，则最高响应比也会较大，那么，它也将被选中执行，不至于长时间地等待下去，便不会发生饥饿现象。但它也有缺点，就是每次都要计算各道作业的最高响应比会有一定的时间开销，而且需要估计期待的服务时间等。

【例 3-4】 若有以下四个作业先后到达系统需要调度，所需的 CPU 时间如表 3-4 所示。

表 3-4　四个作业所需的 CPU 时间

作业名	到达系统时间	所需 CPU 时间(单位：基本时间单位)
作业 1	0	8
作业 2	2	6
作业 3	4	2
作业 4	6	4

假设系统中没有其他作业，现对它们实施 FCFS 调度算法，则调度顺序为：作业 1、作业 2、作业 3、作业 4，则有

平均周转时间(FCFS)=(8+12+12+14)/4=11.5

实施 SJF 调度算法，则调度顺序为：作业 1、作业 3、作业 4、作业 2，则有

平均周转时间(SJF)=(8+18+6+8)/4=10

实施 HRF 调度算法：

(1) 开始时只有作业 1，则被选中，执行时间为 8。

(2) 作业 1 执行完后，作业 2、作业 3、作业 4 进入系统，响应比依次为：1+6/6、1+4/2、1+2/4，则作业 3 被选中，执行时间为 2。

(3) 作业 3 执行完后，作业 2、作业 4 响应比依次为：1+8/6、1+4/4，则作业 2 被选中，执行时间为 6。

(4) 作业 2 执行完后，系统中只有作业 4，则作业 4 被选中，执行时间为 4。

所以有：平均周转时间(HRF)=(8+14+6+14)/4=10.5。

可见，HRF 调度算法的性能介于 SJF 调度算法和 FCFS 调度算法之间。

由上可以看出，每种算法均有其优点，也有其缺点，完美的算法是不存在的。在实际中，往往是几种算法相结合，或者是根据不同的应用环境而采用不同的算法。关于作业调度算法，还有很多，这里不再一一介绍。

3.3 进程调度

在多道程序系统中，由于有多道程序同时存在，对应有多个进程同时存在。进程调度是任何一种操作系统都必须具有的，它在很大程度上决定了系统的性能。因此，如何把处理机有效地分配给进程、如何在多个请求进程中选择某个进程运行，这都是进程调度所需解决的问题。

3.3.1 进程调度功能

要完成进程调度，系统要随时了解每一个进程的情况，如它们的状态、获得资源的情况、运行优先级等，这些信息都记录在进程控制块 PCB 中，进程调度的主要功能如下。

1. 记录和保持系统中所有进程的有关情况和状态特征

进程的相关信息都记录在进程控制块 PCB 中。因此，进程调度时需要查询、登记和更新进程控制块 PCB 中的相应表项，并根据表项中的内容和状态做出决定。

2. 决定分配策略

当处理机空闲时，根据系统选定的调度算法，从就绪进程队列中选取一个就绪进程，分配 CPU 给它，并决定它运行多长时间。

3. 实施处理机的分配和回收

当正在运行的进程由于某种原因而让出处理机时，应修改其进程状态，更新被调度进程和正运行进程的 PCB 表项，然后保存当前进程运行的现场，同时建立或者恢复被调度进程现场，最后切换进程执行代码。

值得注意的是：在任一时刻，处于运行状态的进程数最多等于处理机的个数。在某个特定时刻，当许多进程正在等待输入或输出时，就会出现就绪队列中的进程数可能少于处理机数的现象，引起这种处理机空闲的原因多半是不恰当的高级调度策略所致。

3.3.2 进程调度时机

有关进程调度处理的一个关键问题是何时进行调度。即在什么情况下，现行进程放弃处理机，而重新引起处理机的调度。

第一，在创建一个新进程后，需要决定是运行父进程还是运行子进程。由于这两种进程都处于就绪状态，所以这是一种正常的调度，可以任意决定，也就是说，调度算法可以合法选择先运行父进程还是先运行子进程。

第二，在一个进程退出时必须做出调度。一个进程不再运行(因为它已运行结束不再存在)，所以必须从就绪进程集合中选择另外某个进程，即进程调度。如果没有就绪进程，通常会运行一个系统提供的空闲进程。

第三，当一个运行进程阻塞在 I/O 或信号量上或由于其他原因阻塞时，必须选择另一个进程运行。有时阻塞的原因会成为选择的因素。例如，如果 A 是一个重要的进程，并正在等待 B 退出临界区，让 B 随后运行将会使得 B 退出临界区，从而可以让 A 重新运行。不过问题是，通常调度算法并不拥有做出这种相关考虑的必要信息。

第四，在一个 I/O 中断发生时，必须做出调度。如果中断来自 I/O 设备，而该设备完成了 I/O 工作，某些被阻塞在该 I/O 上的进程就成为就绪进程，并可参与调度。那么，是否让新的就绪进程运行呢？这取决于调度算法，如果中断发生时一个进程正在运行，那么应该让该进程继续运行。

第五，在分时系统中，现行进程的时间片在用完的情况下，需要重新选择新进程在处理机上运行。

3.3.3 进程调度方式

从调度方式上看，进程调度有两种类型：一种是抢占式调度，另一种是非抢占式调度。

1．抢占式调度

抢占调度方式，又称为剥夺调度方式，是指当一个进程正在处理机上执行时，系统可以根据规定的原则剥夺它占有的 CPU 并分配给其他进程使用。常用的剥夺原则有：一是高优先级进程或线程可以剥夺低优先级进程或线程的 CPU 而投入运行；二是当运行进程或线程的时间片用完后 CPU 被剥夺而分配给其他进程或线程；三是当有更短的进程或线程就绪时，当前正运行进程或线程的 CPU 会被剥夺；四是强制性剥夺原则。

在剥夺调度中，管理程序要做的工作是，比较当前进程与新到来的进程之间的关系，如果确认需要剥夺时，将当前进程由运行状态转入就绪状态，然后，将控制权交给紧迫性更高的进程。

2．非抢占式调度

非抢占调度方式，又称为非剥夺调度方式，是指挑选一个进程或线程运行后，该进程或线程一直占有 CPU，直至被阻塞，或者直到该进程或线程自动释放 CPU 为止。即使该进程运行了若干小时，它也不会被强迫让出 CPU。

比如，内存中有多道进程 $Process_1$，$Process_2$，…，$Process_n$，系统的管理模式为：当某一进程 $Process_i$ 正在 CPU 上运行时，其他进程均处于非运行状态。$Process_i$ 运行到中途需要使用外部设备进行输入输出时，管理程序将 CPU 临时切换给内存中的另一个进程 $Process_j$。若 $Process_j$ 运行到某个位置也需要输入输出时，管理程序再调度其他进程。照此种方式，内存中的所有进程都有得到 CPU 运行的机会。当某个进程的输入输出完成时，通过硬件“中断机构”产生中断信号通知 CPU，管理程序将等候该输入输出的进程唤醒，做好下次被调度的准备。

剥夺调度方式的开销要比非剥夺调度方式的大，但是可以避免一个进程或线程长时间独占处理机，所以针对不同的调度类型、不同的调度算法，应选择不同的调度方式。

3.3.4　进程调度算法

进程调度的算法是一种服务于系统目标的策略，对于不同的系统与系统目标，应采用不同的调度算法。算法选择的合理性，将决定进程调度的优劣，它要解决两个问题，其一是选择哪个进程，其二是选中它以后，如何给它分配处理机，以及该进程能占用处理机多久。第一个问题是选择方式，第二个问题是调度方式。

下面简单介绍一些具有代表性的算法。

1．先来先服务算法

先来先服务(FCFS)算法就是每次从就绪队列中选择一个最先进入该队列的进程调度，把 CPU 分给它，令其投入运行。该进程一直运行下去，直至完成或者由于某些原因而被阻塞才放弃 CPU。这样，当一个进程进入就绪队列时，它的 PCB 就链入就绪队列的末尾。每次进程调度时就把队头进程从该队列中摘下，分给它 CPU，使它运行。

2．时间片轮转算法

时间片轮转(Time Round Robin，TRR)法主要用于分时系统中的进程调度。每当执行进程调度时，调度程序总是选出就绪队列的队首进程，让它在 CPU 上运行一个时间片的时间。时间片是一个小的时间单位，通常为 10 至 100 ms 数量级。当进程用完分给它的时间片后，系统的计时器发出时钟中断，调度程序便停止该进程的运行，并把它放入就绪队列的末尾；然后，再把 CPU 分给就绪队列的队首进程，同样也让它运行一个时间片。就像打扑克牌那样，轮到你时，你才能出牌；你出牌后，就等着看，由下手的人依次出牌；转一圈后，又轮到你出牌，如此往复。

另外，当进程需要运行的时间段小于一个 CPU 时间片时，进程本身会自动释放 CPU，此时，调度程序会接着处理就绪队列的下一个进程。

【例 3-5】 有四个进程 A，B，C 和 D。设它们依次进入就绪队列，但彼此相差时间很少，可以近似地认为“同时”到达。四个进程分别需要运行 12、5、3 和 6 个时间单位。图 3-9 表示出时间片 q 等于 1 和等于 4 时的运行情况。

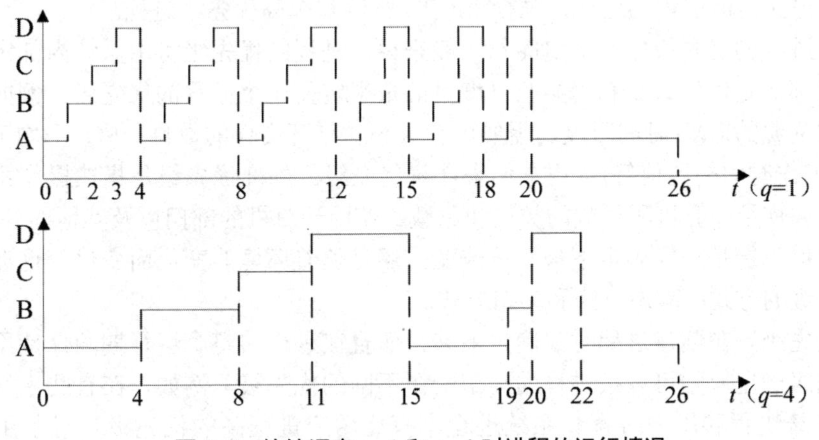

图 3-9　轮转调度 q=1 和 q=4 时进程的运行情况

上述策略为基本轮转法，即每个进程轮流运行相同的时间片。在分时系统中，这是一种较简单又有效的调度策略。基本轮转法也可以稍加修改，如对于不同的进程给予不同的时间片、时间片的长短可以动态地修改等，这些做法主要是为了进一步提高效率。

由图 3-9 可以得到，周转时间也依赖于时间片的大小，如时间片 q=1 时，平均周转时间=18.5；时间片 q=4 时，平均周转时间=19.75。换句话说，时间片的大小对轮转法的性能有很大影响。如果时间片太长，以至每个进程都能在这段时间内运行完毕，那么时间片轮转法就退化为先来先服务算法。很显然，对用户的响应时间必然大大加长。但是，如果时间片太短，那么 CPU 在进程间的切换工作就非常频繁，从而导致系统开销大大增加。因为在每个时间片末尾，都产生时钟中断，操作系统要处理这个中断，在把 CPU 分给另一个进程之前，要为老的进程保留全部寄存器的内容，还要为新选中的进程装配所有寄存器的值。这个工作纯属系统开销。在实际系统中，时间片大小的确定要从进程个数、切换开销、系统效率、响应时间等多方面来考虑。

3．高优先级优先调度算法

“急事先办”“重要的事先办”，这是大家都熟知的办事原则。先办就是优先处理，表明急事、重要的事有最高的优先级。在操作系统中也经常使用优先级法作为进程调度的算法。

利用优先级调度算法时，给每一个进程确定一个优先级，在进行进程调度时，从就绪队列中选出优先级最高的进程，把 CPU 分给它使用。那么，在该进程的运行过程中，如果在就绪队列中出现优先级更高的进程时，怎么办？就好像你在电话亭打电话时，排队的人中有人有更急的事，是你打完了电话才让他打电话，还是让他马上就过来打电话？这是两种不同的处理方式。

(1) 非抢占式优先级法。这种办法就是“你打完电话，他再打电话”。也就是说，当前占用 CPU 的进程一直运行下去，直到完成任务或者因等待某事件而主动让出 CPU 时，系统才让另一个优先级高的进程占用 CPU。

(2) 抢占式优先级法。这种办法就是“不等你说完，他抢过话筒就打电话”。也就是说，当前进程正在运行过程中，一旦有另一个优先级更高的进程出现在就绪队列中，进程调度程序就停止当前进程的运行，强行将 CPU 分给那个高优先级进程。

那么，进程的优先级如何确定呢？一般来说，进程的优先级可由系统内部定义或由外部指定。内部决定优先级是利用某些可度量的量来定义一个进程的优先级。例如，进程类型、进程对资源的需求(时间限度、需要内存大小、打开文件的数目、I/O 平均工作时间与 CPU 平均工作时间的比值等)，用它们来计算优先级。外部优先级是指按操作系统以外的标准设置，如使用计算机所付款的类型和总数、使用计算机的部门以及其他的外部因素。

进程的优先级是一经确定下来不再改变，还是随着环境的变化而变化？这涉及两种确定进程优先级的方式：静态方式和动态方式。

静态优先级是在创建进程时就确定下来，而且在进程的整个运行期间保持不变。进程的静态优先级确定原则可以按进程的类型给予不同的优先级。例如，在有些系统中，进程被划分为系统进程和用户进程。系统进程享有比用户进程高的优先级。对于用户进程来说，则可以分为：I/O 繁忙的进程、CPU 繁忙的进程、I/O 与 CPU 均衡的进程和其他进程等。对系统进程，也可以根据其所要完成的功能划分为不同的类型，如调度进程、I/O 进程、中断处理进程、存储管理进程等。这些进程还可进一步划分为不同类型并赋予不同的优先级。例如，在操作系统中，对于键盘中断处理的优先级和对于电源掉电中断处理的优先级是不相同的。

静态优先级调度算法易于实现，系统开销小。但是，这种方式的主要问题是可使某些低优先级的进程无限地等待 CPU。在负荷很重的计算机系统中，如果高优先级的进程很多，形成一个稳定的进程流，就使得低优先级进程长时间内得不到 CPU，容易导致饥饿甚至饿死现象的发生。

动态优先级是随着进程的推进而不断改变的。动态优先级的变化往往取决于进程的等待时间、进程的运行时间、进程使用资源的类型等因素，一般根据以下原则确定。

(1) 根据进程已占有 CPU 时间的长短来决定。一个进程已经占有 CPU 而运行的时间越长，则该进程的优先级就会越低。

(2) 根据进程已等待 CPU 时间的长短来决定。一个进程退出运行状态后，其等待时间越长，则该进程的优先级就会越高。

根据上述原则动态地确定进程优先级，在进程经过一段时间后，原来级别较低的进程的优先级升上去，而正在运行进程的级别就降下来。这样就实现了“负反馈”作用，防止一个进程长期占用 CPU，也避免发生低优先级进程无限期地等待 CPU 的现象。例如，在 UNIX 系统中，正在运行的用户进程，随着占用 CPU 时间的加长，其优先级逐渐降低；而在就绪队列中的用户进程随着等待 CPU 时间的加长，其优先级渐升。但是，由于动态优先级随时间的推移而变化，系统要经常计算各进程的优先级，因此，系统要为此付出一定的开销。

【例 3-6】 有 5 个进程 P_1、P_2、P_3、P_4、P_5，它们同时依次进入就绪队列，它们的优先数和需要的处理机时间如表 3-5 所示。

表 3-5　五个进程的优先数和需要的处理机时间

进程	处理时间(单位：基本时间单位)	优先数
P_1	20	6
P_2	2	2
P_3	4	6
P_4	2	8
P_5	10	4

忽略进程调度所花的时间，要求：

(1) 试分别写出采用先来先服务调度算法和静态优先级调度算法中进程的执行次序。

(2) 分别计算各进程在就绪队列中的周转时间和平均周转时间。

分析：(1) 采用先来先服务调度算法时各进程的执行次序为：P_1、P_2、P_3、P_4、P_5。

采用静态优先级调度算法时各进程的执行次序为：P_4、P_1、P_3、P_5、P_2。

(2) 各进程在就绪队列中的周转时间如表 3-6 所示。

表 3-6　五个进程在就绪队列中的周转时间

进程	处理时间	先来先服务法周转时间	静态优先级法周转时间
P_1	20	20	22
P_2	2	22	38
P_3	4	26	26
P_4	2	28	2
P_5	10	38	36

先来先服务法中，平均周转时间=(20+22+26+28+38)/5=26.8。

静态优先级法中，平均周转时间=(22+38+26+2+36)/5=24.8。

4．多级反馈队列调度算法

多级反馈队列调度又称多级反馈轮转调度或多队列调度。算法的主要思想是将就绪进程(或线程)按不同的时间片长度和不同的优先级排成多个队列，如图 3-10 所示。处理机调度每次总是选择优先级高的队列，同一队列中按先来先服务原则排队调度，如果该队列为空，则从较低一级的就绪队列中选取调度。进程的优先级和时间片将在其生存期内随着运行情况而不断地改变。

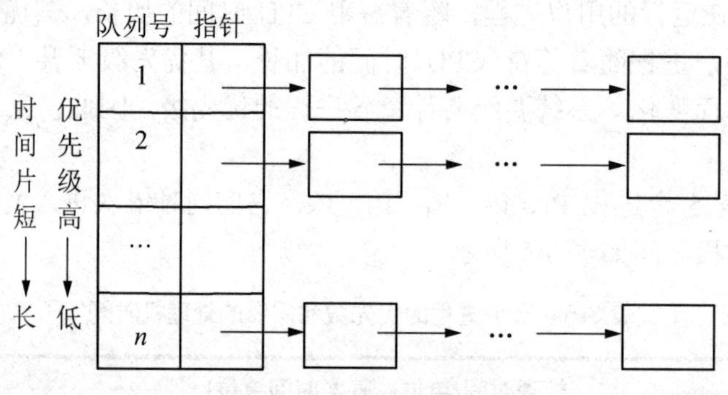

图 3-10　多级反馈队列

那么，进程如何分级呢？常采用的有以下两种方法：一是进程的分级事先确定，如使用外围设备频繁者属于高级。在分时系统中可以将终端用户进程定为高级，而非终端用户进程定为低级。二是进程分级事先不规定，一个新进程进入内存后，首先进入高优先级等待调度执行，如果在该时间片内完成，便可以撤离系统；如果运行超过时间片，则进入低优先级进程就绪队列，以后给予较长的时间片；如果运行中启动磁盘而成为等待进程，在结束等待后就进入中优先级就绪队列。这种调度策略如图 3-11 所示。

多级反馈队列调度算法具有较好的性能，主要表现在以下四方面：第一，它具有较快的响应速度和短进程优先的特点。因为新创建的进程总是进入优先级最高的队列，所以能在较短的时间内被调度而得到运行。如果进程所需的时间很短，通常只需在第一或第一、第二级队列(中优先级队列)中各执行一个时间片就能完成工作。第二，对于进程所需的时间很长时，它将依次在第一、第二……各个队列中获得时间片而得到运行，绝不会出现得不到处理的情况，即不会被饿死。第三，采用了 I/O 进程优先的原则，由于这类进程在运行时需要的 CPU 时间较短，往往是因 I/O 中断而进入等待队列，而当 I/O 结束被唤醒进入就绪队列时，它的优先级不会降低。第四，采用了动态优先级法，使那些较多占用 CPU 资源的进程优先级不断降低，同时采用了可变时间片，以适应不同进程对事件的要求。

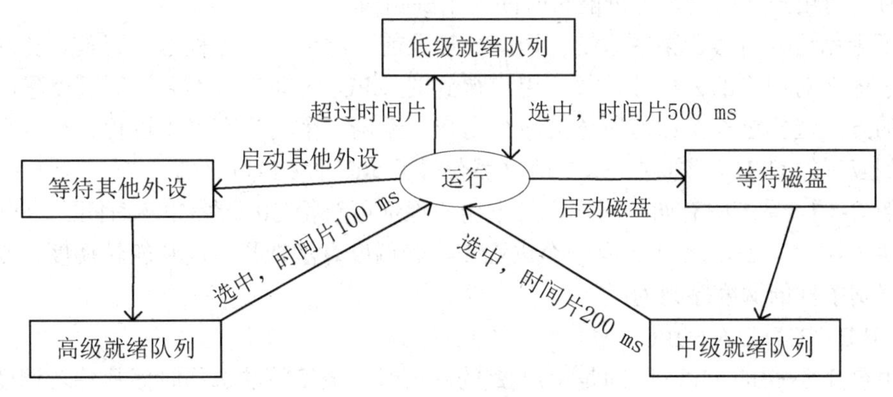

图 3-11 一个三级反馈队列调度算法

总之，多级反馈队列调度算法不仅体现了进程之间的公平性、进程的优先程度，兼顾了用户对响应时间的要求，还考虑到了系统资源的均衡和高效率使用，提高了系统的吞吐能力，当然，这是以增加系统的复杂度和开销为代价的。

5. 彩票调度算法

彩票调度算法的基本思想是为进程发放针对系统各种资源的彩票。当调度算法需要做出决策时，随机选择一张彩票，持有该彩票的进程将获得系统资源。对于 CPU 调度，系统可能每秒钟抽多次(如 50 次)彩票，每次获奖者可以获得一个时间片(如 20 ms)的运行时间。

在此种情况下，所有的进程都是平等的，它们有相同的运行机会。如果某些进程需要更多的运行机会，就可以被给予更多的额外彩票，以增加其被调度的机会。例如，发出 100 张彩票，若某一进程拥有 20 张，它就有 20%被调度的机会(中奖概率)，它也将获得大约 20%的 CPU 时间。

彩票调度与优先级调度完全不同，后者很难说明优先数为 40 到底意味着什么，而前者则很清楚，如进程拥有多少彩票份额，它将获得多少资源。

彩票调度算法有几点有趣的特性。彩票调度的反应非常迅速，例如，如果一个新进程创建并得到了一些彩票，则在下次调度时，它被调度的机会就立即与其拥有的彩票数成正比。

如果愿意的话，合作进程之间允许交换彩票。如一个客户进程向服务器进程发送一条消息并被阻塞，它可以把所拥有的彩票全部交给服务器进程，以增加后者下一次被选中而被调度运行的机会；当服务器进程完成响应服务后，它又将剩余彩票交还给客户进程使其能够再次被调度运行。实际上，在没有客户进程时，服务器进程根本不需要彩票。

6. 公平分享调度

到现在为止，我们假设被调度的都是各个进程自身，并不关注进程所有者是谁。这样做的结果是，如果用户 1 启动 9 个进程，用户 2 启动 1 个进程，使用前面所介绍的各种调度算法时，对用户 2 而言，有可能长时间得不到响应。

为了避免这种情形，某些系统在调度处理之前考虑谁拥有进程这一因素。在这种系统中，为了体现对用户的公平性，每个用户得到的 CPU 时间都差不多，而调度程序需要一种强制的方式选择进程。如前所述的两个用户，无论一个用户有多少进程存在，每个用户都应得到应有的 CPU 份额(假设每个用户都获得了 50%的 CPU 时间)。

【例 3-7】 系统中有两个用户，每个用户保证可获得 50%的 CPU 时间。用户 1 有四个进程 A、B、C、D，用户 2 有一个进程 E。若调度算法选择时间片轮转调度，则一个满足所有限制条件的调度序列为：

A E B E C E D E A E B E …

若用户 1 获得的 CPU 时间是用户 2 的两倍时，调度算法选择时间片轮转调度，则一个满足所有限制条件的调度序列为：

A B E C D E A B E …

当然 CPU 时间的分配方案、调度算法的选择都有很多可能性，至于如何去选择，取决于如何定义公平的含义，即对用户公平还是对进程公平等。

3.3.5 进程调度过程

在进程调度时，处理机调度需要经历以下三个主要步骤。

1. 保存“下降”进程现场

在进程重新调度时，硬件中断装置将中断正在执行的进程(“下降”进程)，并把中断向量压入系统堆栈区中。中断响应后，中断处理程序将把被中断执行的进程的其他断点信息(如寄存器的内容等)也压入系统堆栈区中。中断处理完成后，若需要切换运行进程，则把系统堆栈区中的现场信息弹出，并送到“下降”进程的 PCB 中。

这里有两种特殊情况：系统初启时无“下降”进程，这一步不执行；“下降”进程为终止进程时，这一步也不执行，只需将系统堆栈区中的现场信息弹出即可。

2. 选择将要运行的进程——“上升”进程

即按照处理机调度算法从就绪队列中选择一个进程，准备让它运行。若此时就绪队列为空，则选择系统中一个特殊的死循环进程——闲置进程。

3. 恢复“上升”进程的现场

由于进程下降时已经将其现场信息保存在对应的 PCB 中，进程上升时则应由其 PCB 中的信息来恢复运行现场。恢复进程现场的步骤是：先恢复通用寄存器等内容，最后恢复中断向量，而且中断向量中程序状态字 PSW 与指令计数器 PC 的内容必须由一条指令同时恢复，这样才能保证系统状态由管态转到目态的同时，控制转到“上升”进程断点处继续执行。

3.4 实 时 调 度

实时系统是一种由时间起着主导作用的系统。也就是说，在实时系统中，总是存在着若干带有某种程度紧迫性的实时进程，因此，对实时系统中的调度也就提出了某些特殊的要求。前两节所介绍的调度算法并不能完全满足实时系统中调度的需要，为此，本节将对实时系统中的调度加以阐述。

3.4.1 实时调度的要求

实时系统通常可以分为硬实时和软实时两种，前者的含义是必须满足绝对的截止时间，后者的含义是虽然不希望偶尔错失截止时间，但是可以容忍。由此可以看出，在实时系统中，无论是硬实时还是软实时，它们都有着对于截止时间的要求。为保证系统能够正常工作，实时调度必须能满足对于截止时间的限制，于是，对实时系统提出了以下几方面的要求。

1. 提供必要的调度信息

(1) 就绪时间。这是该进程成为就绪状态的起始时间。

(2) 开始截止时间和完成截止时间。对于典型的实时系统只需知道开始截止时间，或者知道完成截止时间。

(3) 处理时间。一个任务从开始执行直到完成所需的时间。在某些情况下，该时间也是由系统提供的。

(4) 资源需求。任务执行时所需的一组资源。

(5) 优先级。如果某任务的开始截止时间已经错过，就有可能引起系统的故障，此时，应该为该实时任务赋予“绝对”优先级。

2. 选择合适的调度方式

在实时系统中，广泛采用抢占式调度方式，特别是对那些要求严格的实时系统。因为这种调度方式既具有较大的灵活性，又能获得极小的调度延迟。但这种调度方式也有一定的复杂性，对于一些小的实时系统，如果能预知任务的开始截止时间，则实时任务的调度也可采用非剥夺式调度，以简化调度程序、减少任务调度所花费的系统开销。然而，在设计这种调度方式时，应使所有的实时任务都比较小，并在执行完关键性程序和临界区后，能及时地将自己阻塞起来，以便释放出处理机，供调度程序去调度开始截止时间即将到达的任务。

3. 具有快速响应中断的能力

每当紧迫的外部事件请求中断时，系统应能及时响应。这不仅要求系统具有快速硬件中断机构，而且应使禁止中断的时间间隔尽量短，以免耽误其他紧迫任务的处理时机。

4. 具有快速的任务分配能力

在完成任务调度后，应该进行任务切换。为了提高调度程序执行任务切换的速度，应使系统中的每个运行单位适当地小，以减少任务切换的时间开销。

3.4.2 实时任务的分类

在实时系统中必然存在着若干实时任务，由它们反映和控制某些外部事件，因而带有某种程度的紧迫性。可从不同的角度对实时任务加以分类。

(1) 根据任务的到达时刻规律的不同，可分为周期任务(periodic task)、间发任务(sporadic task)和非周期任务(aperiodic task)。

① 周期任务：其相邻两次任务到达时刻之间的间隔是一个固定的常数(即周期)。

② 间发任务：是指相邻两次任务到达时刻之间的间隔不固定，但有一个下限值。

③ 非周期任务：它的任务到达时刻没有任何规律。

(2) 根据对截止时间的要求(即实时性能要求的程度)不同，可分为硬实时任务(hard real-time task)和软实时任务(soft real-time task)。

① 硬实时任务：系统必须满足任务对截止时间的要求，在某个限定时刻之前不能完成任务将出现难以预测的结果。

② 软实时任务：它也受到截止时间的约束，但并不严格，若偶尔错过了任务的截止时间，对系统产生的影响不会太大。

3.4.3 实时调度算法

根据实时任务的特性可以将实时调度算法分为两大类：静态任务调度和动态任务调度，下面将对它们进行详细的分析和讨论。

1. 静态调度算法

静态调度算法中用得比较多的是静态优先级调度算法，此算法是给系统中能够运行的所有任务都静态地分配一个优先级。静态优先级的分配可以根据应用的属性来进行，比如任务的周期、用户优先级或者其他预先确定的策略。典型的静态调度算法有固定优先级调度算法、时钟驱动调度算法和单调速率(RM)调度算法。

(1) 固定优先级调度算法。这种调度算法广泛应用于实时系统和内核中，每个任务在运行之前都已经分配好固定的静态优先级，任务的调度顺序取决于分配给它们的优先级。在系统过载时，固定优先级调度算法体现出了很好的可预测性。

(2) 时钟驱动调度算法。时钟驱动调度是指在系统开始执行之前，选择一些特定的时刻，在这些时刻决定哪一个作业在何时执行。在一个典型的使用时钟驱动调度算法的系统里，所有强实时作业的参数都是固定且已知的。作业调度表脱机计算并被保存(称为静态调度)，然后在运行时使用。依据此调度表，调度程序在每一个调度决策时刻调度作业运行。采用这种方法，运行时的调度开销可被最小化。通常是在有规律的空白时刻做出调度决策。

时钟驱动调度方法最显著的缺点就是基于这种方法的系统是脆弱的，相对来说很难对它进行维护和修改，任务执行时间的变化及任务的扩充，会导致构建一个新的调度表。因此这种方法适用于一旦建立便很少进行更改的系统，如小型嵌入式控制器。

(3) 单调速率(RM)调度算法。它根据任务执行周期的长短来决定调度优先级，执行周期小的任务具有较高的优先级。此算法已被证明是静态优先级调度算法中最优的。为了提高 RM 算法的处理机利用率，人们提出了若干改进方法，典型的有子任务法、双优先级法和最优双优先级法。这些算法相对于 RM 算法略有提高，但都是以复杂度和系统开销为代价。

静态调度算法适用于问题需求确定并且运行中不会有较大变化的情况，如简单的工业过程控制。它的优点是运行开销小、可预测性强。但它的灵活性差，不适合动态变化的或不可预测环境下的调度。

2. 动态调度算法

动态调度算法根据任务的资源需求来动态地分配任务的优先级。这类算法是在运行期间决定选择哪个就绪任务来运行，根据目前已处于就绪态的各个任务的相关属性，来决定当前的调度序列。典型的动态调度算法有最小松弛度算法(Least Slack Time First，LSTF)、最早截止时间优先算法(Earliest Deadline First，EDF)等。

(1) 最小松弛度算法。

一个任务 A 的第 i 次执行的松弛度 $F_A(i)$的计算公式是

$$F_A(i)=i\times T_A-T_{si}-T$$

式中，T_A 为任务 A 的周期长度；T_{si} 为任务 A 的执行时间；T 为系统的当前时间。

松弛度越小，说明任务的截止时间距离当前时间越近。不过，当任务 A_i 的松弛度大于一个周期长度时，系统认为 A_i 当前无权被调度。

【例 3-8】 有两个任务 A 和 B。任务 A 的执行时间为 10 ms/次，周期长度为 50 ms。任务 B 的执行时间为 20 ms/次，周期长度为 80 ms。图 3-12(a)给出了任务 A 的调度需求。图 3-12(b)是任务 B 的调度需求。

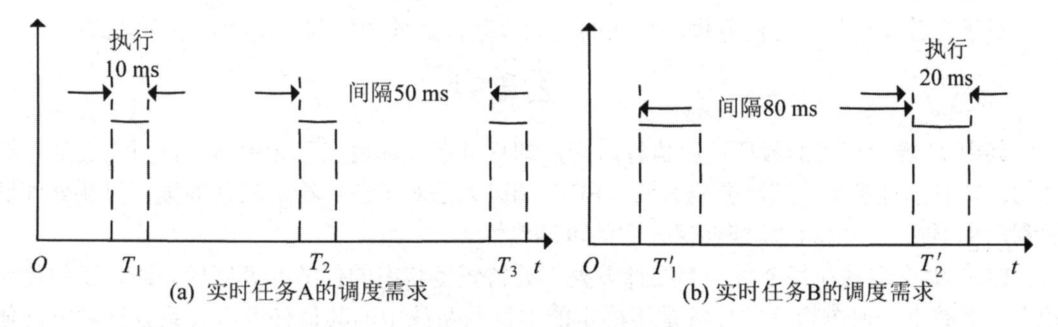

图 3-12 实时任务调度需求

假定 A 和 B 同时进入就绪队列，采用最小松弛度算法进行调度，具体过程描述如下。

① 在时刻为 0 ms 时，任务 A 的第 1 次运行要求在 50 ms 以内完成，任务 B 的第 1 次运行要求在 80 ms 以内完成。A_1 的松弛度 $F_A(1)$=1×50 ms−10 ms−0 ms=40 ms，B_1 的松弛度 $F_B(1)$= 1×80 ms−20 ms−0 ms=60 ms。因此 $F_A(1)$最小，先调度 A_1，运行 10 ms。

② 时间到达 10 ms 时，任务 A 的第 1 个周期运行结束。比较 A 的第 2 次运行和 B 的第 1 次运行要求：$F_A(2)$=2×50 ms−10 ms−10 ms=80 ms，$F_B(1)$=1×80 ms−20 ms−10 ms=50 ms。由于 $F_A(2)$大于 A 的周期长度 T_A(50 ms)，因此无权被调度。系统调度 B_1，运行 20 ms。

③ 时间到达 30 ms 时，任务 B 的第 1 个周期运行结束。比较 A 的第 2 次运行和 B 的第 2 次运行要求：$F_A(2)$=2×50 ms−10 ms−30 ms=60 ms，A 仍然无权被调度；$F_B(2)$=2×80 ms−20 ms−30 ms=110 ms，也无权被调度，CPU 空闲。

④ 直到 50 ms 时，比较 A 的第 2 次运行和 B 的第 2 次运行要求：$F_A(2)$=2×50 ms−10 ms−50 ms=40 ms，$F_B(2)$=2×80 ms−20 ms−50 ms=90 ms。B 仍无权被第 2 次调度。系统调度 A_2，运行 10 ms。

剩余步骤请读者自行分析。图 3-13 给出了系统调度的示意。

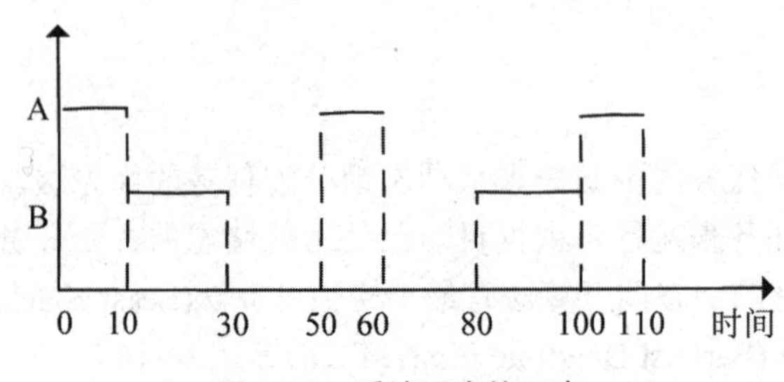

图 3-13　系统调度的示意

(2) EDF 算法。

① 抢占式 EDF 调度算法。

抢占式 EDF 调度算法是由 Liu 和 Layland 首先提出来的，它是一个动态优先级驱动的调度算法，其中分配给每个任务的优先级根据它们当前对最终期限的要求而定。当前离请求的最终期限最近的任务具有最高的优先级，而离请求最终期限最远的任务被分配最低优先级。这个算法能够保证在出现某个任务的最终期限不能满足之前，不存在处理器的空闲时间。同时，这种调度优先级定义方式表明了在每个时刻都要确定下一时刻系统中哪个任务的截止期最小，从而决定了系统在下一时刻应该调度哪个任务。

对于含有 n 个任务的任务集，算法的可调度条件是处理机利用率满足下面公式：

$$\sum_{i=1}^{n}\frac{C_i}{T_i}\leqslant 1$$

其中 C_i 表示任务的最坏情况执行时间，即任务在最坏情况下无中断执行所需的处理机时间；T_i 表示任务的周期。公式表明，EDF 调度算法对于任何给定的任务集，只要处理机的利用率不超过 100%，就能够保证它的可调度性。

EDF 调度算法在每个时刻都要计算处于等待调度状态的任务的调度优先级，工作量比较大，系统下一时刻调度的任务是不确定的，这与系统中的其他任务有关系。这种方法使得系统适应性比较好。

【例 3-9】 设任务集中含有三个任务，如表 3-7 所示。

表 3-7　任务集

任务	周期 T_i	截止期 D_i	最坏情况所需的处理机时间 C_i	利用率
任务 1	50	50	20	0.4
任务 2	40	40	10	0.25
任务 3	30	30	10	0.33

分析：上面任务集包含了三个任务，它们的处理机利用率为 0.98，小于 1，因此这个任务集能满足截止期要求进行调度。整个调度过程如图 3-14 所示。

三个任务的优先级根据截止期的计算动态地变化。它们都在 t=0 时刻到达，通过优先级公式 D_i−t 计算，得知任务 3 的截止期(30 ms)最小，从而优先级最高，系统调度任务 3；在 t=10 ms 时刻，任务 3 已经执行完毕，只有任务 1 和任务 2 处于就绪状态，计算这两个任务的优先级，得知任务 2 的截止期为(40−10) ms，任务 3 的时限为(50−10) ms，因此任务 2 被调度执行；在 t=20 ms 时刻，任务 2 也已执行完毕，只有任务 1 被调度执行；在 t=30 ms 时刻，任务 3 开始了第二个周期，当前时刻处于就绪状态等待调度的是任务 1 和任务 3，计算调度优先级别，任务 3 的截止期为(60−30) ms，任务 1 的截止期为(50−30) ms，因此任务 1 被调度执行；在 t=40 ms 时刻，任务 1 已经执行完毕，任务 2 开始了第二个周期，任务 2 和任务 3 均处于就绪状态等待调度，计算这两个任务的优先级，得知任务 2 的截止期为(80−40) ms，任务 3 的截止期为(60−40) ms，因此任务 3 被调度执行。以此类推，这三个任务在被调度执行中都满足了时限要求。

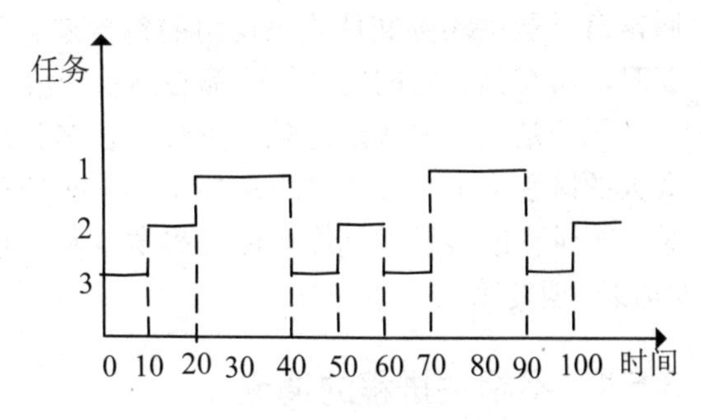

图 3-14　任务集的调度过程

② 非抢占式 EDF 调度算法。

非抢占式 EDF 调度算法(NPEDF)是由 Jeffay 在 1991 年提出的，适用于周期性和非周期性任务。其中非周期性任务可以在任何时间被唤醒，但它们连续的两次被唤醒之间的时间间隔被指定，一个任务一旦执行就要执行完成。调度程序只是在一个任务执行完成后才决定下一个要执行的任务，这与抢占式方案在每个时钟单位选择要执行的任务不同，NPEDF 可以用下面的方程描述：

$$\forall i, 1 < i \leqslant n, T_1 < L < T_i, C_i + \sum_{j=1}^{i-1}\left|\frac{L-1}{T_j}\right| \leqslant L$$

其中 C_i 及 T_i 的含义与前面相同。如果上式被满足，则 NPEDF 调度算法能够保证任何按照周期非递减排序的周期性任务集是可调度的。

由此可知，非抢占的 EDF 调度算法消除了抢占的调度开销，但是不能保证高优先级的任务优先执行。

动态调度算法能够对变化的环境做出反应，比较灵活，适用于任务不断生成，并且在任务生成之前其特性并不清楚的动态实时系统，如机器人控制系统。但此类算法运行开销较静态调度算法大。

3.5　多处理机调度

前面所介绍的进程调度都是在单处理机环境下的调度，是一维的，即调度程序所应解决的问题是“下一个被调度的进程应该是哪个就绪进程”。而当系统中有多台处理机时，进程调度是二维的，即调度程序所应解决的问题不仅是决定哪一个进程运行，同时还要决定在哪一个 CPU 上运行，所以多处理机的调度就变得复杂起来。

另外，在多处理机系统中，有些系统中的所有进程是不相关即独立的，而有些系统中的进程是成组的。如分时系统中，独立的用户运行独立的进程，即这些进程相互没有关系，不用考虑其他进程，就可以对各个进程进行调度；而在大型系统的程序开发环境中，通常有一些供实际文件代码使用的包含宏、类型定义及变量声明等内容的头文件，当它改变时，所有包含它的文件代码都必须重新编译。

无论是相关进程还是独立进程，在多处理机环境中的调度原则和多道程序系统并没有太大的区别。但在多处理机环境中，一个应用的多个进程或线程之间的交互比较频繁，针对一个进程或线程的调度可能会影响到整个系统的性能。下面讨论几种经典的多处理机进程/线程调度算法。

3.5.1 不相关进程的调度

操作系统处理不相关进程最简单且常用的方法是采用负载共享调度算法。也就是说，系统为所有的就绪进程准备一个系统级的就绪队列，下面假设此队列按优先级分级组织。如图 3-15(a)所示，多处理机系统中有 16 个 CPU，且都处于忙状态，在就绪队列中有 14 个就绪进程在等待调度。假设第一个空闲(其上进程运行结束或被阻塞)的 CPU 是 CPU_2，此时 CPU_2 锁住就绪队列并选择优先级最高的进程 A 投入运行，如图 3-15(b)所示。紧接着 CPU_{10} 空闲并选择了进程 B，如图 3-15(c)所示。由此可见，只要进程之间无关，完全可以用这种方法实施调度。另外，如果有多个 CPU 同时处于空闲状态，则必须互斥访问就绪队列，此时就绪队列成为影响系统性能的瓶颈资源。

利用这种调度策略，绝不会出现 CPU 负载不均的现象，即有空闲 CPU 而某些 CPU 过载的情况。但它也有下面的缺点：一是随着空闲 CPU 数量的增加会引起对系统级就绪队列的潜在竞争；二是当进程由于 I/O 阻塞时引起的进程切换代价较高，比如分时系统中当时间片到时，就要发生进程切换；三是假设某个进程持有自旋锁，那么直到该进程再次被调度并且释放该锁之前，其他等待这个自旋锁的 CPU 只是浪费其轮转时间片。

为了避免这种情况，可以采用“灵巧调度”的方法。即为获得自旋锁的进程设置一个标志表示它目前有一个自旋锁，当它释放该自旋锁时，就清除该标志。这样调度程序就不用停止持有自旋锁的进程，相反，调度程序会给予稍多一些的时间让该进程完成临界区的工作并能够释放自旋锁。

利用上述调度策略时，如果某个进程 K 在 CPU_i 上运行较长的一段时间之后，进程 K 的内容大部分会出现在 CPU_i 的高速缓冲存储器 $cache_i$ 中，那么，进程 K 下一次被调度时，应尽可能地让它在 CPU_i 上运行，因为 CPU_i 的高速缓冲存储器中也许还有进程 K 的部分块，这样可以提高高速缓冲存储器的命中率，从而提高处理机的处理速度。为了解决这个问题，可以采用“亲和调度”的方法。其基本思想是进行一系列严格的努力使一个进程在它前一次运行过的 CPU 上运行。

亲和调度常用的方法是两级调度算法。一个进程在创建时，被分配给一个 CPU，这样的话，每个 CPU 将有一个自己的进程集合(进程队列)。例如，可以将进程分配给此刻有最小负载的 CPU，这种把进程分配给 CPU 的工作在算法的顶层进行。进程的实际调度工作在算法的底层进行。即对于每一个 CPU 而言，可以使用优先级等各种可行的策略(雷同于前面介绍的各种低级调度算法)来调度自己的就绪进程或线程，这样就可以让一个进程尽可能地在同一个 CPU 上运行。当然，如果某一个 CPU 没有进程可运行时，便可以调度另一个 CPU 上的进程来运行，而不是处于空闲状态。

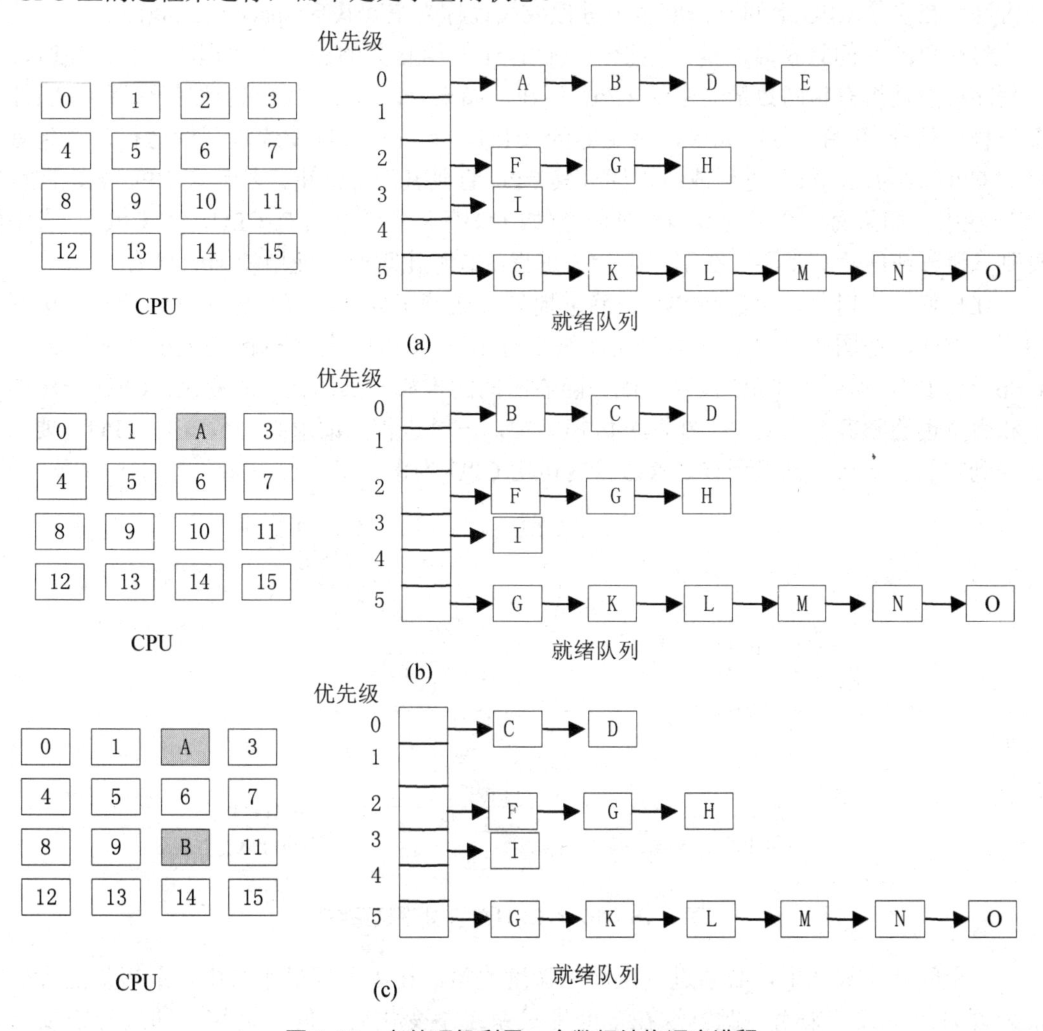

图 3-15　多处理机利用一个数据结构调度进程

两级调度算法具有以下几个方面的优点：一是它把负载平均地分配在可用的 CPU 上，保证了处理机效率的提高；二是尽可能地发挥了高速缓冲存储器亲和力的优势；三是通过为每个 CPU 提供自己就绪队列的方式，使得就绪队列的竞争降低到了最小，因为试图使用另一个 CPU 就绪队列的机会相对较小；四是不需要一个集中的调度程序，一旦一个处理机空闲，操作系统的调度程序便会去选择下一个运行的进程或线程。

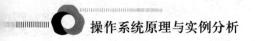

3.5.2 相关进程的调度

当两个或两个以上的进程以某种方式彼此相关时，或者一个进程创建多个共同工作的线程时，即一个含有多个相关进程的作业或者包含多个线程的进程，基本上采用相同的处理方法。在多个 CPU 上同时调度多个进程或线程称为空间共享(space sharing)。

最简单的空间共享算法是：假设一次创建了一组相关的进程或线程，在其创建时，调度程序检查是否有相同数量的空闲 CPU 存在，如果有，每个进程或线程都获得 CPU(即非多道程序处理)开始运行；如果没有足够的 CPU，就没有进程或线程开始运行，直到有足够的 CPU 时为止。每个进程或线程拥有其 CPU 直到其运行结束，然后该 CPU 被送回可用 CPU 池中。如果有一个进程或线程被阻塞(如 I/O)后，它继续占有 CPU，该 CPU 一直空闲直到该进程或线程被唤醒。在下一批相关进程或线程出现时，使用相同的算法。

在任何一个时刻，全部 CPU 被静态地划分成若干分区，每个分区只运行一个进程或线程。例如，在图 3-16 中，多处理机系统中有 16 个 CPU，每个分区的大小分别是 2、3、4、6 个 CPU，有一个 CPU 没有分配。随着时间的推移和系统状态的变化，CPU 分区的大小和数量也会随着发生变化。在此分区模型中，一个进程只请求某一数量的 CPU，要么全部得到它们，要么一直等到有足够数量的可用 CPU 为止。

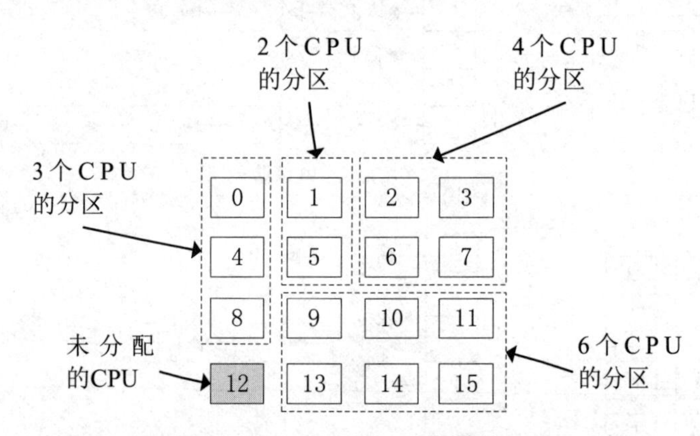

图 3-16　16 个 CPU 的多处理机系统

在空间共享算法中，必须进行定期的调度决策。在单处理机系统中，最短作业优先在批处理系统中经常采用，此算法在多处理机系统中变化后也同样适用，即选择需要最少 CPU 周期数的进程，也就是运行时间最小的进程为候选进程去参与调度。但是，在实际应用中，这一信息很难得到，因此该算法又难以实现。

空间共享算法的另外一种实现方法是使用一个中心服务器，用它跟踪哪些进程或线程正在运行和希望运行以及所需 CPU 的最小数量和最大数量。每个 CPU 周期性地询问中心服务器有多少个 CPU 可用，然后上下调整进程或线程的数目以符合 CPU 的可用数量。

显然，空间共享算法追求的是通过高度并行来达到最快的执行速度，它在应用进程的每个生命周期避免低级调度和切换，且毫不考虑处理机的使用效率。对于高度并行的计算机系统来说，可能包括几十甚至数百个处理机，它们完全可以不考虑单个处理机的使用效率，而集中关注提高总的计算效率。

最后值得指出的是，无论从理论上还是实践中都可以证明，任何一个应用任务，并不是划分得越细，使用的处理机越多，它的计算速度就越快。在多处理机并行计算环境中，任何一种算法的加速比的提高都是有上限的。

3.5.3　群调度

空间共享的最突出优点是消除了多道程序设计，这样就避免了进程切换所带来的额外开销。但是正如前所述，它完全没有考虑每个处理机的使用效率，即当 CPU 上的进程或线程阻塞或空闲时，只有等到再次变为就绪。为了克服这个缺点，提出了群调度算法，它既可以调度时间，又可以调度空间，特别适用于要创建多个线程并且这些线程又经常需要彼此通信的进程。

群调度的基本思想是：把一组进程(或一个进程的所有线程)在同一时间一次性调度到一组处理机上运行。具体描述如下。

(1) 把一组相关进程作为一个单位，即一个群一起调度。

(2) 一个群中的所有成员在不同分时处理的 CPU 上同时运行。

(3) 群中的所有成员一起开始和结束其时间片。

群调度的关键是同步调度所有的 CPU，也就是说，把 CPU 时间划分为离散的时间片后，在每一个新的时间片开始时，所有的 CPU 都重新调度，在每个 CPU 上都开始一个新的进程或线程。在后续的时间片开始时，另一个调度事件发生。在两个时间片中间没有调度行为。即使某个线程被阻塞，它的 CPU 也保持空闲，直到对应的时间片结束为止。

考虑一个进程的多个线程(或一个作业中的多个进程)被独立调度时的情况。假设一个多处理机系统中有两个进程 A 和 B，A 中有两个线程 A_0 和 A_1，B 中也有两个线程 B_0 和 B_1。线程 A_0 和 B_0 在 CPU_0 上分时运行；而线程 A_1 和 B_1 在 CPU_1 上分时运行，其中线程 A_0 和 A_1 需要经常通信。假设正好是 A_0 和 B_1 首先开始运行，则其通信的过程为：A_0 送给 A_1 一个消息，然后 A_1 向 A_0 回送一个应答，紧接着是下一个这样的序列，如图 3-17 所示。

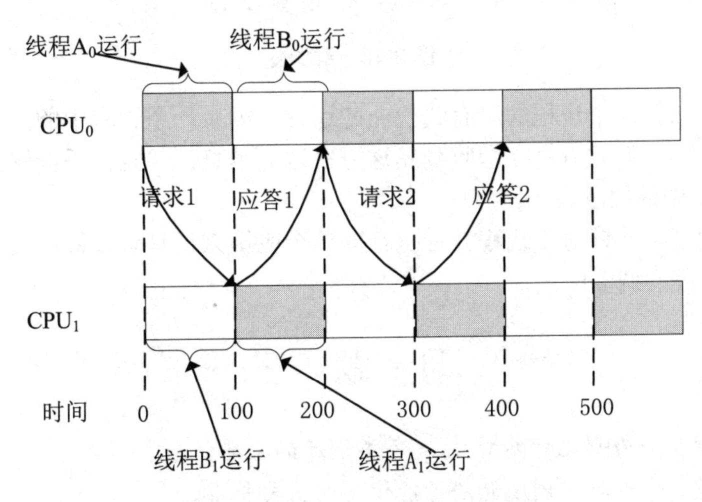

图 3-17　进程 A 中两个线程间的通信

假设 CPU 时间片大小为 100 ms。在时间片 0，A_0 给 A_1 发送一个请求，直到时间片 1 A_1 开始运行，即在 100 ms 后 A_1 才得到该消息，此时，它立即应答，同样的道理，也是直到 200 ms 后 A_0 才能得到该应答消息。实际上是每 200 ms 才能有一个请求、一个应答，所以算法的性能不是很好。

克服上述缺点的群调度策略是线程数加权调度法。若系统中有 N 个处理机和 M 个应用程序，每个应用程序最多有 N 个进程(或线程)，那么，每个应用程序将被给予 N 个处理机中可用时间的 $1/M$。这个分配策略的效率可能不是很高。

对线程数加权调度法可进行改进。例如，有三个 CPU 的多处理机系统，由三个进程使用。第一个进程 A 有三个线程 A_0、A_1、A_2，第二个进程 B 有两个线程 B_0、B_1，第三个进程 C 有四个线程 C_0、C_1、C_2、C_3。群调度情况如图 3-18 所示。在第 0 个时间片，线程 A_0、A_1、A_2 被调度运行；在第 1 个时间片，B_0、B_1、C_0 被调度运行；在第 3 个时间片，C_1、C_2、C_3 被调度运行；在后续的时间片中重复这个过程，即时间片 4 和时间片 0 完全相同，以此类推。

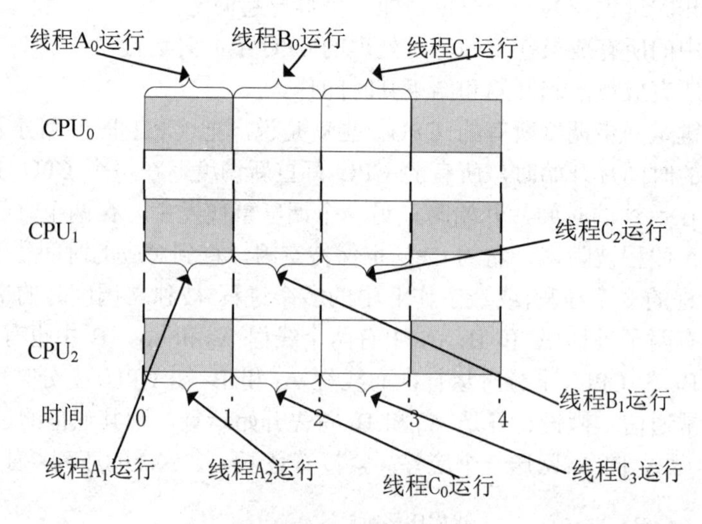

图 3-18 群调度

上述调度方法让一个进程的所有线程一起运行，如果一个进程中的某个线程要想和另一个线程通信，那么接收方会立即收到发送方发送的消息，并且几乎能够立即应答，从而不会出现图 3-17 中的问题。

显然，群调度算法针对多线程并行执行的单个应用来说具有较好的效果，因此，被广泛应用在相关进程的调度中。

习 题 三

1. 处理机调度分为哪几种类型?简述各类调度的主要任务。

2. 简述衡量一个处理机调度算法性能优劣的主要标准。

3. 进程调度中的“可抢占”和“非抢占”两种方式中，哪种方式系统的开销更大？为什么？

4. 高级调度与低级调度的主要功能是什么？

5. 试述中级调度的主要作用。

6. 什么是 JCB？列举其主要内容和作用。

7. 在时间片轮转调度算法中，根据哪些因素决定时间片的长短？

8. 某系统中进程调度采用“时间片轮转”的策略，每个进程得到的时间片可随进程执行情况而变化。若进程经常产生中断，则给它分配较短的时间片，若进程被中断的次数很少，则分给一个较长的时间片。请解释要这样做的原因。

9. 优先级调度是否会导致进程进入饥饿状态？为什么？

10. 判断以下叙述的正确性。

(1) 优先数是进程调度的重要依据，一旦确定不能改变。

(2) 先来先服务(FCFS)算法是一种简单的调度算法，其效率比较高。

(3) 先来先服务(FCFS)调度算法对短作业有利。

(4) 在任何情况下采用短作业优先(SJF)调度算法肯定能使作业的平均周转时间最小。

(5) 时间片的大小对轮转法(RR)调度的性能有很大的影响，时间片太短，会导致系统开销大大增加。

(6) 在分时系统中，进程调度都以优先级调度算法为主，短进程优先调度算法为辅。

11. 试述典型的实时调度算法。

12. 试述典型的多处理机调度算法。

13. 某系统有如下的状态变化图。

请回答下列问题。

(1) 你认为该系统采用了怎样的进程调度策略？说明理由。

(2) 把图中发生①～④状态变化的具体原因填入下表的相应栏内。

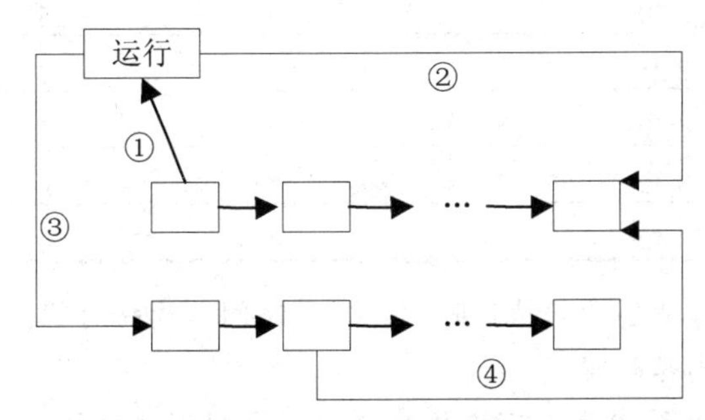

变化	变化原因
①	
②	
③	
④	

14. 假设有 4 道作业，它们的提交时刻及执行时间由下表给出。

作业	提交时刻(小时)	执行时间(小时)
1	9.0	2
2	9.5	0.5
3	10.0	0.1
4	10.5	0.2

计算在单道程序环境下，采用先来先服务调度算法、最短作业优先调度算法及最高响应比优先调度算法时的平均周转时间和平均带权周转时间，并指出它们的调度顺序。结果说明了什么？

15. 若有如下表所示的 4 个作业进入系统，分别计算在 FCFS、SJF 和 HRF 调度算法下的平均周转时间和平均带权周转时间。

作业	提交时刻	估计运行时间(min)
1	8:00	120
2	8:50	50
3	9:00	10
4	9:50	20

16. 有一个四道作业的操作系统，若在一段时间内先后到达 6 个作业，其提交时间和估计运行时间由下表给出，系统采用最短剩余时间优先 SRTF 调度(即抢占式的 SJF)算法。

作业	提交时刻	估计运行时间(min)
1	8:00	60
2	8:20	35
3	8:25	20
4	8:30	25
5	8:35	5
6	8:40	10

(1) 分别给出 6 个作业的开始执行时间、完成时间和周转时间。

(2) 计算平均作业周转时间。

17. 假定一计算机系统中有以下进程集合，各进程到达就绪队列的时间及执行的总时间如下表所示。

进程	到达就绪队列的时间 (单位：基本时间单位)	总执行时间 (单位：基本时间单位)	优先级
P_1	0	8	3
P_2	1	4	1
P_3	2	9	3
P_4	3	5	4
P_5	4	1	2

(1) 分别用图演示用 FCFS、SJF、非抢占式优先级(数字小代表优先级高)和 RR(时间片等于 1 个时间单位)算法调度时进程的执行情况。

(2) 给出各种算法调度时各进程的等待时间。

(3) 计算各种算法调度时各进程的周转时间及平均周转时间。

(4) 哪一种调度算法对上述进程而言平均周转时间最小?

18. 设有 4 个进程 P_1、P_2、P_3、P_4，它们到达就绪队列的时间、运行时间及优先级(数字大代表优先级高)如下表所示。

进程	到达就绪队列的时间	运行时间(ms)	优先级
P_1	0	9	1
P_2	1	4	3
P_3	2	8	2
P_4	3	10	4

(1) 若采用可剥夺的优先级调度算法，给出各个进程的调度次序以及进程的平均周转时间和平均等待时间。

(2) 若采用时间片轮转调度算法，时间片取 2 ms，给出各个进程的调度次序以及进程的平均周转时间和平均等待时间。

19. 有一个具有两道作业的批处理系统，作业调度采用最高响应比优先(HRF)算法，进程调度采用最短剩余时间优先 SRTF(即抢占式的 SJF)算法。在下表所示的作业序列中，作业优先数即为进程优先数，优先数越小则优先级越高。

作业名	到达时间	估计运行时间(min)	优先数
A	10:00	40	5
B	10:20	30	3
C	10:30	50	4
D	10:40	20	6

(1) 列出所有作业进入内存的时间及结束时间。

(2) 计算作业的平均周转时间。

20. 有一个具有两道作业的批处理系统，作业调度采用短作业优先(SJF)算法，进程调度采用抢占式优先级算法。在下表所示的作业序列中，作业优先数即为进程优先数，优先数越小则优先级越高。

作业名	到达时间	估计运行时间(min)	优先数
A	10:00	40	5
B	10:20	30	3
C	10:30	50	4
D	10:40	20	6

(1) 列出所有作业进入内存的时间及结束时间。

(2) 计算作业的平均周转时间。

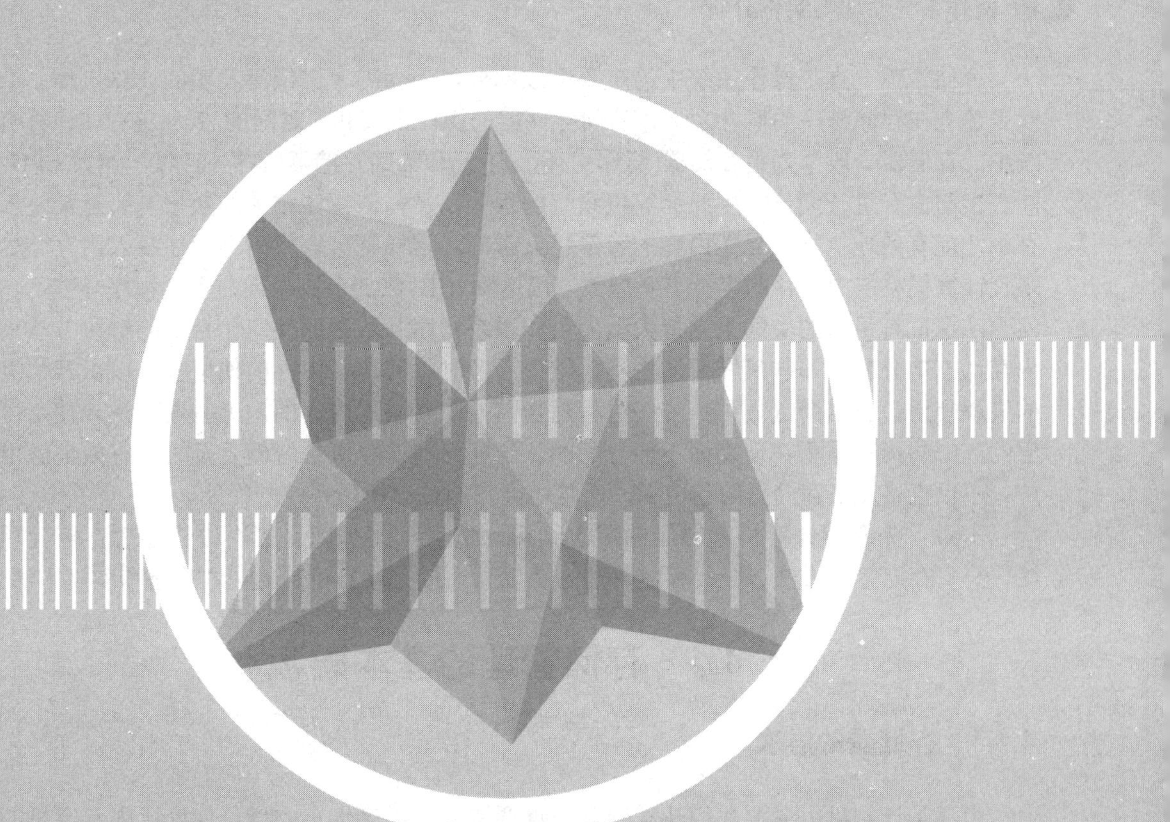

第4章

存储管理

存储管理一直是操作系统中的重要组成部分，因为冯·诺依曼发明的计算机体系结构就是建立在存储程序的概念之上，访问存储器的操作占 CPU 时间的 70%左右。计算机系统中的存储器一般分为主存储器(简称主存、内存)和辅助存储器(简称辅存)。由于 CPU 只能直接与内存进行通信，因此计算机系统的程序以及与该程序相关的数据，只有被装入内存中才能有效地执行。显然内存的容量越大越好，这样就可以将所有程序装入内存。尽管现代计算机系统中主存的容量不断增大，已达到 GB 级的范围，但在多道程序环境下，仍然无法保证有足够的空间来支持大型应用和系统程序及数据的使用，目前的解决方法是将内存动态地分配给那些最需要的进程，结束后及时收回这些内存的使用权，以供其他需要的进程使用。在这个过程中，哪些进程是当前最需要装入内存的，哪些内存是未使用可分配的，哪些内存是正在使用而不能分配的，这些问题计算机系统能否及时、有效地做出反应，不仅直接反映存储器的利用率，而且还会影响整个操作系统的性能。

本章首先介绍计算机存储器的层次结构，然后在此基础上依次讨论连续存储管理方法、分页存储管理方法、分段存储管理方法以及虚拟存储器机制的基本思想和实现方法。

4.1　存储管理的基本概念

4.1.1　存储器的层次

内存是计算机中需要我们认真管理的重要资源。程序大小的增长速度比内存容量的增长要快得多。帕金森定律指出：“不管存储器有多大，程序都可以把它填满。”人们提出一个很重要的概念就是“分层存储体系”，这个体系包括高速缓存(cache)、内存、磁盘、可移动存储装置等。操作系统的工作就是将这个存储体系抽象为一个有用的模型并管理这个抽象模型。

1. 层次结构

计算机系统的一个重要特征是具有极强的“记忆”能力，把大量的计算机程序和数据存储起来。存储器就是计算机系统内最主要的记忆器件，它既能接收计算机内的信息(数据和程序)，又能保存新的信息，还可以根据命令读取已保存的信息。

每个计算机用户都希望能拥有无限大的内存容量和无限快的存取速度，并且可以永久保存数据信息。但遗憾的是，目前制造出的主存储器存取速度较快，价格非常昂贵，而永久性存储器虽然容量大但存取速度较慢。因此为了解决这些突出矛盾，以获取最佳的性价比，计算机系统的存储子系统通常由不同的存储介质构成，形成由寄存器、高速缓存(cache)、主存和辅存组成的层次结构，如图 4-1 所示。

图 4-1　计算机系统的存储器层次结构

寄存器是访问速度最快但价格最昂贵的存储器，其容量较小，一般以字为单位，一个计算机系统可能包括几十个寄存器，用于加快存储访问的速度，如用寄存器存放操作数，或用作地址寄存器，或用作变址寄存器，以加快地址的转换速度。

尽管主存的存取速度越来越快，也无法跟上 CPU 的速度(相差大约 10 倍)，因而影响计算机的执行效率。这样在 CPU 与主存储器之间，使用速度最快的 SRAM 作为 CPU 的数据快取区，可大幅提升系统的执行效率，而且通过 cache 事先读取 CPU 可能需要的数据，可缓解主存储器与速度更慢的辅助存储器之间的频繁数据存取，对系统的执行效率大有帮助。

主存是相对存取速度快而容量小的一类存储器，它通过系统总线直接与 CPU 相连，是计算机中主要的工作存储器，当前运行的程序与数据都存放在主存中，但它只能用于暂时存放程序和数据，一旦关闭电源或发生断电，其中的程序和数据就会丢失。所以计算机在断电情况下，主存中什么也没有，启动后系统将核心代码和静态数据加载到主存的低端，并且直到断电前这部分主存空间也不会被其他程序所覆盖，这就是主存的系统区。主存的其他部分是用户区，由当前正在执行的用户进程使用，存放用户的程序和数据，这部分空间由系统进行动态管理来实现其分配、回收和对换等操作。现代计算机系统的主存多半是半导体存储器，采用大规模集成电路或超大规模集成电路器件，所以受到芯片面积的限制，容量不可能太大。

辅助存储器是相对存取速度慢而容量很大的一类存储器，包括磁盘存储器以及其他可移动的存储介质。存放在其中的数据并不依赖于电而是靠磁来维持，因此可以永久保存。但是它在存取过程中是由机械部件带动的，速度与 CPU 相比慢很多。通常计算机执行程序和加工处理数据时，辅存中的信息需按信息块或信息组先送入主存后才能使用，即计算机通过辅存与主存不断交换数据的方式来使用辅存中的信息。

2. 高速缓存

高速缓存处于 CPU 和内存之间，通常，参与运算的信息是存放在计算机的内存中，在 CPU 处理该信息之前，它们应该被调入高速缓存中。使用高速缓存的计算机系统总希望每次 CPU 要访问的信息能在高速缓存中直接找到，而尽量避免访问内存，并且一般高速缓存的命中率能达到 95%以上，因此存取数据的速度较快，能够与 CPU 的速度相匹配。这些功能主要由硬件实现，如大多数计算机有指令 cache，用来暂存下一条要执行的指令。虽然有的系统中高速缓存对操作系统不透明，需要由操作系统进行一些操作和管理，但绝大部分高速缓存是对软件透明的，所以关于高速缓存的原理，更确切地讲是属于硬件体系结构，而非操作系统。

高速缓存通常采用静态存储器(SRAM)，速度小于 25 ns。它可以位于 CPU 和 MMU 之间(称为虚地址 cache)，也可以位于 MMU 和内存之间(称为实地址 cache)。

计算机系统依靠适当的硬件和软件将不同的存储介质有机地组合在一起，形成一个层次结构。无论哪一层存储器中的内容，最终都交由 CPU 进行处理。不同层上的存储器离 CPU 越近，存储速度就越快，CPU 对它的访问频率也越高，因此我们希望大多数的访问是在离 CPU 最近的存储器中完成。程序的局部性原理指出，“一个程序 90%的时间运行在 10%的代码上”，也就是说，绝大多数程序访问的指令和数据是相对簇聚的。当下层存储器中的数据一旦被装入上层存储器，就很有可能被多次用到，此时 CPU 可以在更靠近它性能也更高的存储器内找到其需要的数据，而不需要每次都到离它更远、性能也更低的存储器内去存取它们。

4.1.2 地址转换与存储保护

1. 逻辑地址和物理地址

通常用户程序是用高级语言编写的，并以二进制的形式保存在计算机的辅存中，称为源程序。源程序经过编译得到计算机能理解的目标程序，目标程序中的地址称为逻辑地址(相对地址)。一个用户进程所生成的逻辑地址的集合就是逻辑地址空间，这个空间是从 0 开始的连续存储空间。

计算机主存中每个存储单元都有一个编号与之对应，这些编号称为物理地址(绝对地址)。而内存中所有存储单元编号的集合就是物理地址空间，这个空间的大小是由内存中实际存储容量决定的。

2. 地址转换方法

计算机系统屏蔽了两种存储地址的不同，使得用户能够看到的是逻辑地址，但 CPU 处理的却是物理地址。通常情况下，用户程序从辅存调入内存后要对相关地址进行修改。这种将用户程序中的指令或数据的逻辑地址转换为内存空间中物理地址的工作称为地址转换或重定位。地址转换有两种方法：静态重定位和动态重定位。

(1) 静态重定位。

在装入用户程序时，把程序中的逻辑地址全部转换成物理地址。这种转换工作是在程序开始前集中完成的，在程序执行过程中无须再进行地址转换，所以称为“静态重定位”，如图 4-2 所示。这种方法实现比较简单，无须增加硬件地址变换机构，所以早期多道程序系统中多采用这种方法。它的缺点是，由于事先无法确定程序在内存中的驻留位置，因此难以实现多道程序的共享。

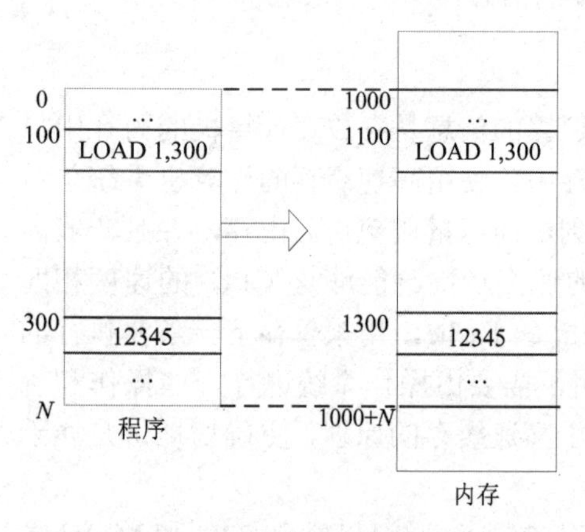

图 4-2 静态重定位过程

(2) 动态重定位。

在装入一个程序时，并不进行地址转换，而是直接装到分配的内存区域中。而程序执行过程中，当 CPU 要访问指令或数据时，先由硬件的地址转换机构将逻辑地址转换成物理地址。这种方式的地址转换是在程序执行时动态完成的，所以称为动态重定位。与静态重定位仅需要软件支持不同，动态重定位是由软件(操作系统)和硬件(地址转换机构)相互配合来实现的。地址转换机构是专门完成逻辑地址向物理地址转换的部件，由重定位寄存器(BR)和加法器构成，它将逻辑地址寄存器(VR)中的值与重定位寄存器的值相加得到内存中的物理地址，如图 4-3 所示。

动态地址重定位的系统支持“程序浮动”，允许程序在内存中移动，这时只需按程序存放的起始单元地址修改重定位寄存器 BR 的内容，程序就可继续执行。如果系统可以提供多个重定位寄存器 BR，就能实现程序段的共享，但这些操作是建立在相对比较复杂的系统软件和附加的硬件基础之上的。

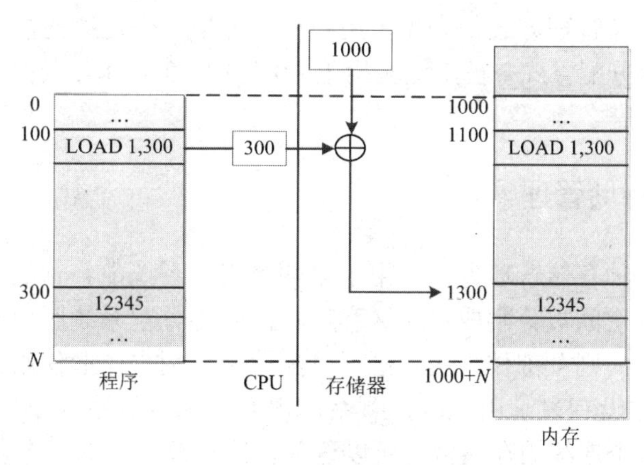

图 4-3　动态重定位过程

3. 存储保护方式

计算机系统的内存中可能同时存放操作系统程序和多道用户程序，操作系统程序和各个用户程序在内存中有各自的存储区域。各道程序只能访问自己的工作区而不能互相干扰，因此，操作系统必须对内存中的程序和数据进行保护以免被其他程序有意或无意地破坏，这一工作称为存储保护。计算机中使用的存储保护硬件主要有界地址和存储键方式等。

界地址方式在机器里设置两个专门的硬件寄存器：基址寄存器和界限寄存器。在调度一个进程时，其分区的起始地址被装入基址寄存器，分区长度被装入界限寄存器。进程生成的每一个地址被自动加上基址寄存器的内容，由界限寄存器自动检查该地址以确保它们没有试图访问当前分区以外的地址。

任何保护机制必须具有一定的灵活性以允许多个进程访问主存的同一部分，即共享。例如，如果许多进程正在执行同一个程序，则允许每个进程访问该程序的同一个副本要比让每个进程有自己独立的副本更节约存储空间。此外，合作完成同一个任务的进程可能需要共享访问同一个数据结构。因此，内存管理系统必须允许对内存共享区域进行受控访问而不致损害基本的存储信息。

无论是地址转换还是存储保护都必须借助地址寄存器和一些硬件线路。用软件来模拟实现地址转换或存储保护都是不可行的，因为每一条命令都可能牵涉地址转换和存储保护，模拟的结果将使得每一条指令的执行代价升级为一段程序的执行代价。

4.2　连续存储空间管理

计算机操作系统启动之后，所有参与 CPU 运行的程序都要保存在内存中，包括操作系统程序和各种用户程序。其中操作系统的内核代码和部分静态数据结构通常被保存在低地址内存，它们在占有内存区域后将不再释放，也不会被交换出内存，直到计算机关闭。各种用户进程则被保存在高地址的内存中。这样，内存就被分成两个区域：一个用于驻留操作系统，称为系统区域；另一个用于存放用户进程，称为用户区域。存储管理主要实现多道程序共享内存时用户区域的分配问题。

本节介绍基本的存储空间管理方式：单一连续存储管理、固定分区存储管理和可变分区存储管理。这些存储管理方式都为每个用户程序分配一个连续的内存空间，因而被称为连续分配方式。这种分配方式曾被广泛应用于 20 世纪 60—70 年代的 OS 中，至今仍在内存分配方式中占有一席之地。

4.2.1 单一连续存储管理

这是最简单的一种存储管理方法，用于早期单用户系统中。它的最大特点是内存分配方式简单，整个内存空间被分割成系统区和用户区两部分，系统区用来存放操作系统驻留代码和数据，剩余空间则全部作为用户区，分配给一个用户作业使用。在这个用户作业被调入内存后，即使它没有占满用户区，剩余的内存空间也将空闲不作使用，如图 4-4 所示。由于用户区是一个连续的存储区，所以这种存储管理又称单一连续存储管理。

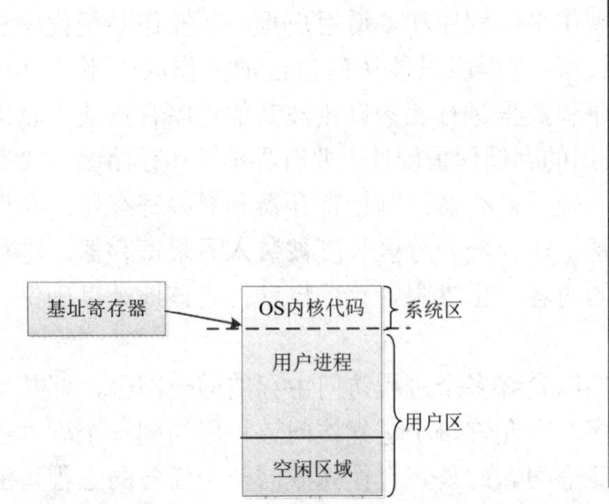

图 4-4 单用户存储管理内存分配

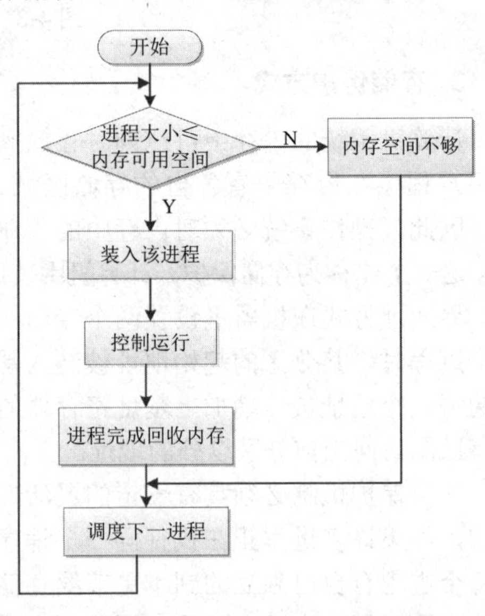

图 4-5 单用户存储管理内存分配和回收算法

单用户存储管理一般采用静态分配和静态重定位方式。通常为了区分内存中的系统区和用户区，需要设置一个基址寄存器，用来存放系统区和用户区的边界地址，用户进程就从这个用户区的最小物理地址开始保存。虽然每次装入程序时内存都被分割为两部分，但因为操作系统版本升级或物理内存扩充等，会导致同一用户进程多次执行时边界地址不同，也就是基址寄存器的值是不同的。因此这个边界地址要在程序装入时才能确定，而逻辑地址到物理地址的转换这时才能完成。进程一旦进入内存，就一直等到它运行结束后才能释放内存。内存分配与回收算法如图 4-5 所示。

在单用户存储管理系统中，为了保护操作系统不受用户程序破坏，装入程序在进行地址转换时，要进行存储保护检查。这需要使用到前面所说的基址寄存器和界限寄存器，界限寄存器中存放着程序逻辑地址范围。每次 CPU 从等待队列中选择一个进程后，管理程序会将对应的地址值存入两个寄存器中。用户进程的逻辑地址值应该小于界限寄存器的地址值，如果超出该范围，则表示已经越界，系统将产生一个越界中断请求信号送到 CPU；否则，逻辑地址加基址寄存器的值就得到内存的物理地址，如图 4-6 所示。

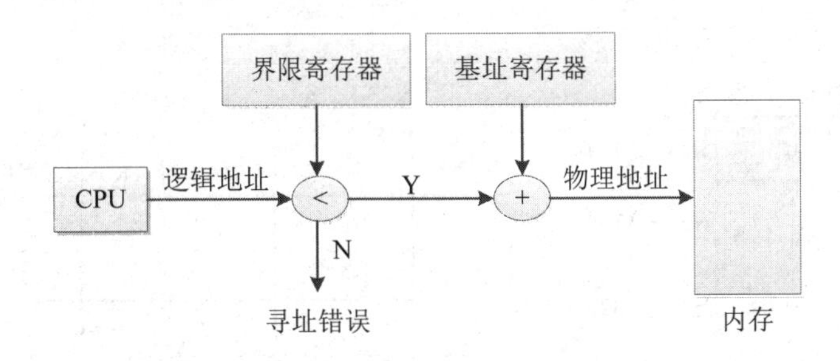

图 4-6　单用户存储管理的地址映射和存储保护

与早期无管理的计算机系统相比，单用户存储管理方式使用户自己不再考虑程序的装入问题，可以更加专注于用户程序，并且方法简单，容易实现。它的缺点如下。

(1) 只能用于单道程序系统，不支持目前常见的多道程序系统。

(2) 内存中只有一个进程在运行，当这个进程需要等待时，CPU 处于空闲状态，整个系统的利用率低。

(3) 无论进程的大小，都是一个进程独占内存空间，所以空间浪费较大。

从第一台冯·诺依曼结构计算机到第一个分时系统 CTSS，期间很多批处理系统使用的都是单用户存储管理方式，直到分区技术的出现，取代了单用户管理方法。20 世纪 70 年代小型计算机和微型计算机出现，它们的内存容量都不大，所以单用户存储管理方法又重新得到重视。Digital Research 的 CP/M 系统和 DOS 2.0 以下的 DOS 操作系统都采用这种存储方式。

4.2.2　固定分区存储管理

在多道程序系统中，会有多个用户同时要求加载到内存，通常它们先进入一个输入队列中，等待 CPU 从中选择下一个执行程序。但是内存容量有限，这就要求操作系统能够按照某种策略，将这些内存空间合理地分配给队列中的每一个程序。固定分区存储管理是满足多道程序环境的最简单的存储管理方案。

固定分区存储管理的基本思想是将内存划分成若干大小固定的连续区域，称为分区，如图 4-7(a)所示。“固定”是指分区的大小和个数是在开机时由系统管理员指定，直到关机都不会再重新划分。每个分区只能存储一个进程，进程也只能在它所驻留的分区中运行。多个进程同时装入内存，它们就可以并发执行，因此一个计算机系统中可以运行的进程数依赖于内存中的分区数量。

为了满足不同程序的存储要求，各分区的大小可以不同。通常要将这些分区根据大小进行排队，并为它们建立一张主存分配表，如图 4-7(b)所示。在这张表中指出系统的分区个数以及各个分区的大小、起始地址和分配状态。当一个新的进程需要分配存储空间时，系统将检索主存分配表，从中找出一个长度大于等于进程且未被分配的分区分配给它，并修改分配表中该分区的分配状态；如果找不到合适的分区，则拒绝为该进程分配存储空间，如图 4-8 所示。分区中一个进程执行完毕，它将退出系统，所占用的分区将会变为未分配状态。

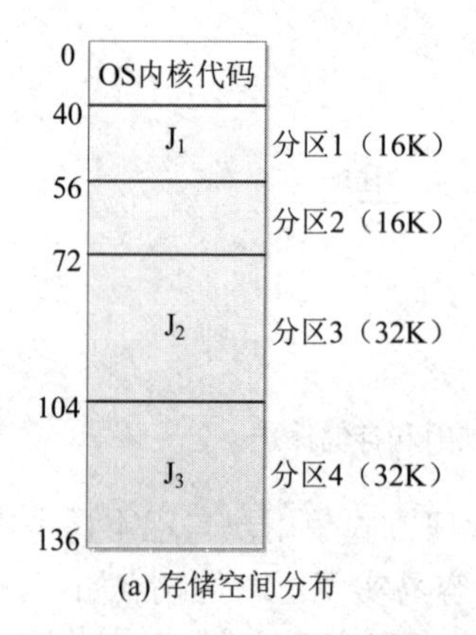

(a) 存储空间分布

分区号	大小（K）	起始地址（K）	占用标记
1	16	40	J_1
2	16	56	0
3	32	72	J_2
4	32	104	J_3

(b) 主存分配表

图 4-7　固定分区存储管理

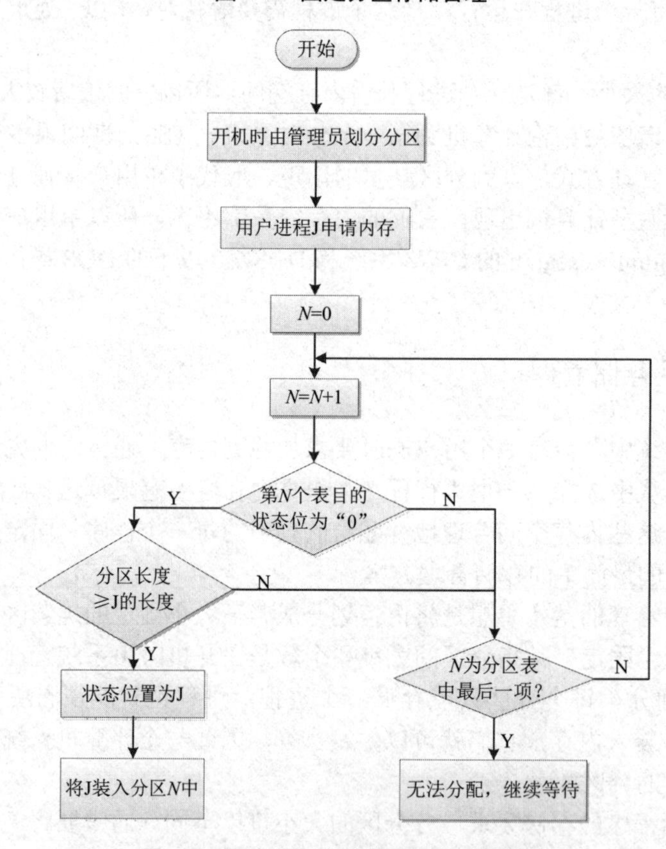

图 4-8　固定分区存储管理内存分配算法

在多道程序环境下，可能出现申请分配存储空间的进程数大于内存的分区数，这就需要先将这些进程排队，当出现空闲分区时再从队列中取出，为其分配分区。如图 4-9 和图 4-10 所示，队列有两种形式，一种是为每一个分区建立一个输入队列，当一个进程申请进入内存时就将它放入能够容纳它的最小分区的输入队列中。如果等待处理的进程大小很不均匀，则会造成有的分区忙碌，而有的分区空闲，出现内存中虽有空闲空间却无法使用的情况。另一种是所有分区都对应到同一个队列，每次有空闲分区出现，就从队列中取出一个进程装入分区。但这种方法可能会为小进程分配大分区，造成空间的浪费。

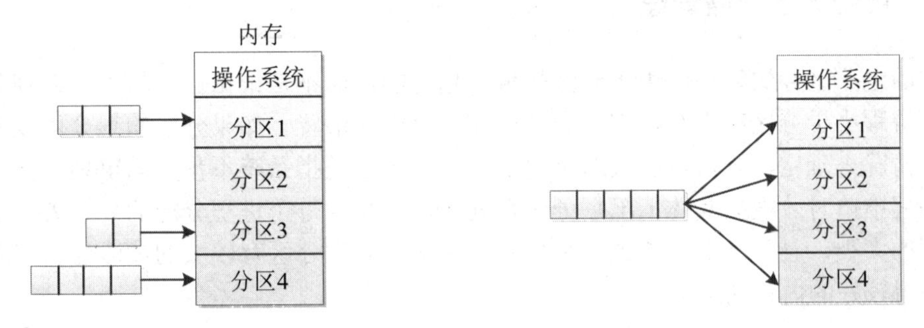

图 4-9　带有多个输入队列的固定分区存储管理等待队列

图 4-10　单个输入队列的固定分区存储管理等待队列

固定分区存储管理很重要的一个任务就是地址保护。既要防止系统区不会受到用户进程的破坏，又要保证每一个分区中的用户进程不会相互影响。固定分区的地址转换可以采用静态重定位和动态重定位两种方法。静态重定位方法在进行地址转换时检查其物理地址是否落在指定分区内即可。动态重定位的检查机制与单用户存储管理方式类似，当一个进程要占用 CPU 时，操作系统将从主存分配表中取出对应分区的起始地址和大小，计算后填入界限寄存器和基址寄存器中。逻辑地址与界限寄存器的值进行比较，满足条件则与基址寄存器相加得到对应的物理地址，如图 4-11 所示。

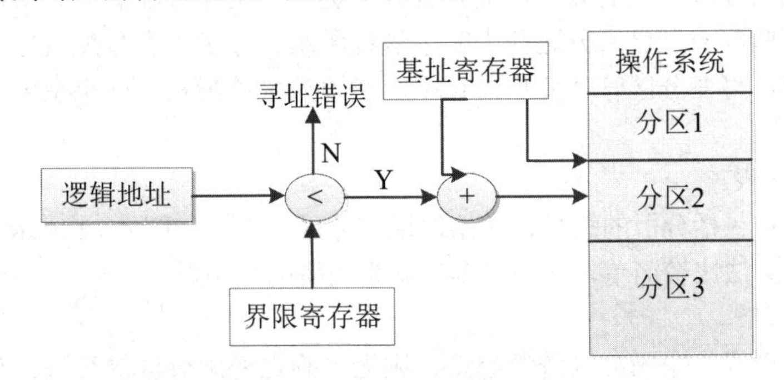

图 4-11　固定分区存储管理的地址映射和存储保护

相对于单用户存储管理，固定分区存储管理方式由于要记录各个分区的使用情况，因此它的存储分配和释放工作要复杂一些。但它适用于多任务环境，并且允许进程长时间占用存储空间运行，而不需要复杂的存储管理，所以对批处理系统来说是简单、有效的。这种存储方式的主要缺点是内存空间不能充分利用。这是因为分区的划分是固定的，分给进程的分区中的多余存储空间不能被别的进程所利用，造成每一个存储分区中存在大量“碎片”。

固定分区存储方式最早应用在 IBM OS/MFT 系统中，但由于它会造成存储空间的浪费，所以这种存储方式已经很少使用。目前只是用在一些控制系统中，它的操作对象是固定的，采用固定分区存储方式不会出现浪费情况且控制系统简单。

4.2.3 可变分区存储管理

在固定分区存储管理中由于分区是事先划定的，而不是根据进程的大小来划分，通常情况下进程小于分区的大小，因而会造成存储空间的浪费。如果分区的划分可以根据进程的运行情况来确定，则可以解决这个问题。可变分区是指系统不预先固定划分分区，而是在有进程申请时才根据具体情况划分内存分区，使得为每个进程分配的分区大小正好等于该进程的大小，且分区的个数也是可变的。显然，可变分区有较大的灵活性，较之固定分区能获得较好的内存利用率。

1. 可变分区存储管理的基本原理

系统初启后，在内存中除常驻操作系统程序，其余空间为一个完整的大空闲区。当有进程申请分配内存空间时，系统从该空闲区中划分出一块与进程大小相同的区域进行分配。在系统运行一段时间后，随着一系列的内存分配和回收，原先的一整块大空闲区域就形成了若干占用区和空闲区交错的布局，若出现前后相邻的空闲区域，系统会将它们合并成一块连续的空闲区。

由于在系统运行期间，分区和空闲区的个数以及大小等情况并不确定，所以必须时刻记录空闲分区的状态。在可变分区存储管理中可以采用两种数据结构来完成存储空间的分配和回收。与固定分区管理类似，可变分区分配也使用主存分配表来记录内存中哪些部分是空闲分区，哪些部分是已用分区并为哪个进程所用。除了主存分配表之外，为了便于分区的分配和回收，可变分区管理还把内存中的空闲分区单独构成一个空闲分区表或空闲分区链。

(1) 空闲分区表。

空闲分区表中包括分区的编号、起始地址和分区大小，如图 4-12 所示。采用这种方式管理空闲分区，方法比较简单，但事先难以确定表格的大小。

(2) 空闲分区链。

采用链表的形式将空闲分区链接起来，则无须确定空闲分区的个数。在每个空闲分区的起始部分存放分区的大小和指向上一个空闲分区的指针；在分区的尾部存放同样信息，只不过指针是指向下一个空闲分区的，如图 4-13 所示。这样所有的空闲分区将形成一个双向链表，系统只要设立一个链首指针，指向第一个空闲分区即可。存储管理程序可以通过链首指针依次访问空闲分区链表中的节点，来查找适合的空闲块进行分配。这种数据结构的算法相对分区表要复杂些，但是链表自身不再额外占用存储空间。

无论是空闲分区表还是空闲分区链，其所指示的分区都应按某种规则排列以方便查找和回收。

假设一个计算机系统的内存为 2560 KB，采用可变分区存储管理，操作系统占用内存低地址的 400 KB，则用户区的内存为 2160 KB，进程输入队列如图 4-14(a)所示。图 4-14(b)为系统刚开机时的内存状态，整个用户区为一个大的空闲分区。当第一个用户进程 J_1 申请进入内存，管理系统是从 400 KB 开始分配长度为 600 KB 的空间给 J_1，剩余 1000 KB 到 2560 KB 成为空闲分区，然后分别将从 1000 KB 开始到 1400 KB 的存储空间和从 1400 KB

开始到 2300 KB 的存储空间分别分配给进程 J_2 和 J_3，此时空闲分区为 2300 KB 到 2560 KB，如图 4-14(c)所示。用户进程 J_2 结束后，系统回收其所占存储空间，则空闲空间变为两部分，即 1000 KB 到 1400 KB 的空间和 2300 KB 到 2560 KB 的空间，如图 4-14(d)所示。用户进程 J_4 进入内存，以及 J_1 和 J_3 结束系统收回所占内存后的状态如图 4-14(e)和图 4-14(f)所示，两块空闲分区的大小分别为 600 KB 和 1260 KB。由于进程 J_5 所占内存空间为 800 KB，所以只能将大小为 1260 KB 的空闲分区分配给 J_5，分配后的内存分区情况如图 4-14(g)所示。

分区号	起始地址（K）	大小（KB）
1	40	34
2	115	61
3	182	45
4	230	40
5	…	…

图 4-12　空闲分区表

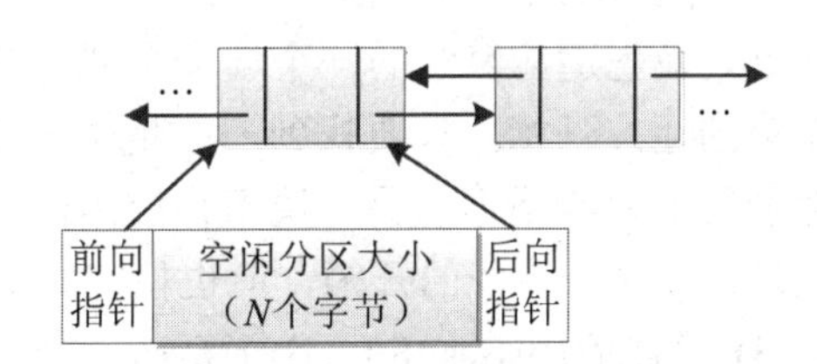

图 4-13　空闲分区链

输入队列		
进程	内存（KB）	时间
J_1	600	10
J_2	400	5
J_3	900	10
J_4	300	18
J_5	800	15

(a) 输入队列

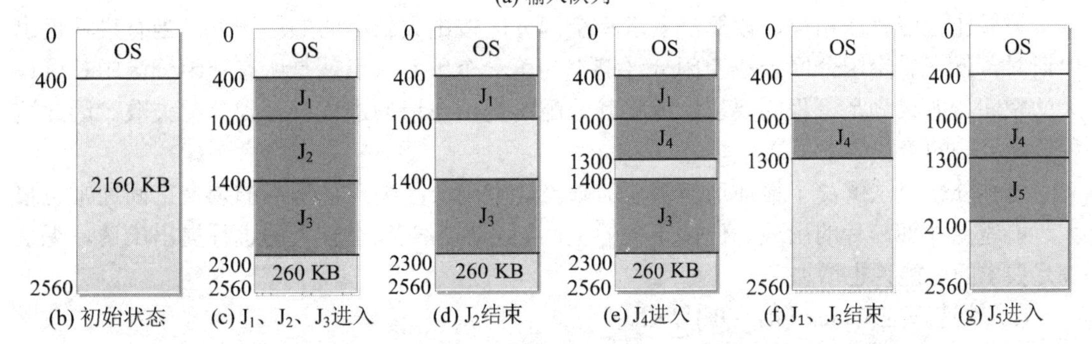

图 4-14　可变分区存储管理下内存空间的动态分布

2. 可变分区的分配策略

进程进入内存时，系统最重要的工作就是从空闲分区表或空闲分区链中查找一个满足条件的空闲分区分配给该进程。常用的分配策略有以下五种。

(1) 最先适应(First Fit，FF)算法。

每次分配时，总是从头开始按顺序查找空闲分区，将最先找到的满足条件的空闲分区分配给用户。这时找到的第一个满足要求的空闲分区的大小，不一定正好等于用户进程的大小，如果分区大小大于进程大小，则将空间分为两部分，一部分是分配给进程的，大小正好等于用户进程的大小，剩余部分是空闲分区，等待下一次的分配申请。

该算法要求把空闲分区按照起始地址从小到大的顺序排列，为进程分配存储空间时，从分区表或分区链的首部开始查找，尽可能地利用存储器中低地址部分的空闲分区，从而尽量保证高地址部分的大空闲分区不被分割，为大的进程预留存储空间。这是一种最简单、最快捷的分区算法，效率较高，查找次数较少。但是这种算法优先利用低地址部分的空闲分区，由于低地址部分的空闲空间被频繁分割，可能将大的空闲分区分割成小的分区，甚至还会形成很多小的“碎片”难以利用。

(2) 下次适应(Next Fit，NF)算法。

这是最先适应算法的一个演变形式。每次为用户进程分配空闲分区时，总是从上次查找结束的地方开始，只要找到一个足够大的空闲分区，就从中分割出一块等于进程大小的内存空间分配给用户，另一块留作空闲分区。这种算法可以使内存空间中的空闲分区分布比较均匀，减少查找的开销，但也使空间中的大空闲分区减少。

(3) 最佳适应(Best Fit，BF)算法。

“最佳”的含义是指找到满足条件且长度最小的空闲分区，即该算法每次都将进程分配到内存中与它所需大小最接近的一个空闲分区中。为了实现这种算法，要将空闲分区按由小到大的顺序排列，每次查找都从头开始，第一次找到的分区就是“最佳”的。

显然，这种算法的优点就是从空闲分区中选择一个能满足条件的最小分区，而保证大的分区不会被小的进程所分割，从而便于今后大的进程的运行。这样看似乎是一种最好的分配算法，但实际由于每次分配的空间大小不一定等于进程大小，所以可能要有剩余的空闲分区，而这个分区将非常小，以致下一次分配时很难再利用，这就是“外部碎片”。当系统中的外部碎片很多时，就造成了存储空间的浪费。

(4) 最坏适应(Worst Fit，WF)算法。

与最佳适应算法相反，该算法要求将空闲分区按由大到小的顺序排列，当有进程提出申请时，就查看空闲分区表或空闲分区链中的第一个单元，也就是所有空闲分区中长度最大的空间。如果满足进程的要求，就将其分配给提出申请的进程；否则分配失败。因此这种分配算法的查找效率最高。

这种分配算法解决了最佳适应算法的缺点，空闲分区装入进程后的剩余空间通常也很大，能避免外部碎片的出现。但由于大的空间被分割，一旦有较大的进程提出申请，无法满足要求的可能性也增加。

(5) 快速适应(Quick Fit，QF)算法。

与上面几种分配算法中要为空闲分区排序不同，快速适应算法为那些经常用到的长度的分区进行分类而非排序。首先要为每一种常用长度的空闲分区建立一个链表，这些链表的表头指针被存放在一个指针表中。例如，指针表中第一项指向长度为 2 KB 的分区链表，第二项指向长度为 4 KB 的分区链表，第三项指向长度为 8 KB 的分区链表，以此类推。对于长度为 9 KB 这样的空闲分区，可以把它放到长度为 8 KB 的分区链表中，或者建立一个特殊的奇数字节的分区链表存放所有这样的分区。

该算法的优点是空闲分区查找速度快，只要找到对应的链表，从中取出第一个分区分配给进程即可。但与其他按长度排序算法一样，在进程终止归还内存时，合并相邻分区比较复杂，很费时间。

由于最先适应算法简单、快速，在实际的操作系统中应用较多；其次是最佳适应算法和下次适应算法。从算法效率上看，最佳适应算法和最先适应算法的效率比最坏适应算法效率高。从空间效率上看，下次适应算法能使存储器空间得到均衡利用，最佳适应算法使存储空间内存利用率最高。

3．可变分区的回收

当某一进程释放以前所分配到的内存时，就要将该内存区归还给系统，使其成为空闲区而可被其他进程使用。回收时若释放区与相邻的空闲区相衔接，要将它们合并成较大的空闲区，否则空闲区将被分割得越来越小，最终导致不能利用；另外，空闲区个数越来越多，也会使空闲区登记表溢出。释放区与原空闲区相邻情况可归纳为如图4-15所示的4种情况。可变分区在进程运行结束回收存储区域时，除了要考虑相邻空闲区的合并之外，还要根据分区的排列原则(和分配算法相关联)，顺序扫描空闲分区表或空闲分区链以确定新分区的插入位置，增加了系统维护的开销。

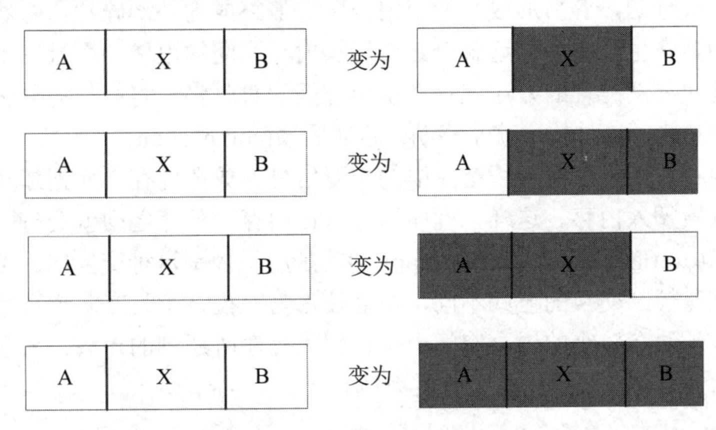

图4-15　可变分区回收情况

4．地址转换与存储保护

与固定分区存储方法相似，地址转换采用动态地址重定位方式，由硬件地址转换机构完成。地址转换机构中有两个寄存器：界限寄存器和基址寄存器，分别存放进程占用的连续存储空间的长度和分配给作业的分区的最小绝对地址值。由于在进程运行过程中，要执行紧凑操作，需要移动内存中的代码，因此只要用新的起始地址代替基址寄存器中的地址即可，而不需要修改程序。

通常分区管理方式下，为了保证各个进程之间不会相互影响，每一个进程占用一个存储分区，不允许进程之间有公共区域。如果有多个进程共用一段程序代码，则要在各自的分区都存放一遍，降低了存储效率。为了在安全性和效率之间达到平衡，有些系统为计算机提供多对基址/限长寄存器，允许一个进程占用多个分区。这些寄存器中有一对寄存器所指示的区域是共享的，可以存放共享代码和数据。为了保证安全性，共享区的内容是只读的，如果有进程企图修改共享区，则会遭到系统拒绝并产生保护中断。

5. 可变分区存储管理的评价

利用可变分区技术，实现了多道程序设计，从而提高了系统资源的利用率，并且整个系统要求的硬件支持少，容易实现。

相对于固定分区存储管理方法的工作过程，可变分区管理系统存储的分配和回收过程更加复杂，要频繁完成分区的分配、回收和修改空闲分区表，还要选择适当的时间进行紧凑操作，以提高系统存储效率。但紧凑操作同时也增加了系统的开销，还带来了一些新的问题，例如与外部设备交换信息的出错问题、动态主存扩充的死锁问题等。

4.2.4　内存不足的存储管理技术

在可变分区分配的几种算法中，都无法绝对避免外部碎片的产生。这里的外部碎片有两种含义：一种是指很小且很难分出的内存空间；另一种是当内存中的所有空闲分区的长度之和足够装入一个进程，但各个单个空闲分区的长度却不够装入一个进程时，这些空闲分区就称为外部碎片。在系统运行过程中，等待队列中的进程逐个被装入内存，一些大的内存空间将不断被分割，容易形成小的空闲分区，最终成为外部碎片。随着运行时间的增加，外部碎片的数量也会增多，这就势必会增加内存空间的浪费，而且空闲分区的查找效率也会降低。解决外部碎片的办法就是在空闲分区回收时将它与相邻的分区进行合并，形成一个大的空闲分区，这种技术就是移动，也叫紧凑(compaction)。

为了扩充内存，还可以将进程空间中的主要信息存放在外存，而把那些当前需要执行的程序段和数据段调入内存。这样，程序运行时在内存、外存之间就会有一个信息交换的问题。覆盖技术(overlay)和交换技术(swapping)就是用于控制这种交换的。覆盖技术与交换技术的主要区别是控制交换的方式不同，覆盖技术与交换技术是在多道环境下扩充内存的两种方法，用以解决在较小的内存空间中运行较大程序时遇到的矛盾，前者主要用在早期的系统中，而后者目前主要用于小型分时系统。

1. 移动技术

可变分区法中，必须把进程装入一个连续的主存区域，由于进程不断地装入和撤销，主存中常常出现分散的小空闲区，称之为“碎片”。有时“碎片”会小到竟然连小进程都容纳不下，这样，不但浪费主存资源，还会限制进入主存的进程数量。

当在空闲区表中找不到足够大的空闲区来装入新的进程时，可把已在主存中的进程分区连接到一起，使分散的空闲区汇集成片，这就是移动技术，也叫作主存紧凑(compaction)。实现紧凑是有条件的，要求在地址转换时是动态重定位，这样紧凑在进程运行时就能进行。在合并和移动了程序和数据之后，只需根据新的起始地址修改基址寄存器的值。紧凑最简单的方法是将所有进程都移向内存的一端，而所有外部碎片都移向内存的另一端，最终形成一个大的空闲分区。第一种方法是把所有当前占用的分区移动到主存的一端；第二种方法是把占用分区移动到主存的一端，但当产生足够大小的空闲区时就停止移动。

移动操作需要把主存中的进程“搬家”，即读出每个字并写回主存，凡涉及地址的信息均应修改，如基址寄存器、地址指针等，移动分配的示例如图 4-16 所示。移动虽然可以汇集主存空闲区，但其开销很大，现代操作系统都不再采用。“搬家”不是任何时候都能进行的，由于块设备在与主存储器进行信息交换时，通道或 DMA 总是按确定的主存绝对地址完成信息传输，所以，当某个程序正在与设备交换数据时往往不能移动，系统应设法减少移动。比如，在装入时总是先挑选不经移动即可装入的进程，而在不得不移动时应该力求所移动的道数最少。那么，何时进行移动呢?一是进程撤销之后释放分区时，如果它不与空闲区邻接，立即实施移动，于是，系统始终保持只有一个空闲区；二是进程装入分区时，若空闲区的总和够用，但没有一个空闲区能容纳此进程时，实施移动。

假设进程 A 请求分配 x KB 主存区，采用移动技术分配主存空间的算法如下。

步骤 1：查主存分配表，若有大于 x KB 的空闲区，则转步骤 4。

步骤 2：若空闲区总和小于 x KB，则让进程 A 等待主存资源。

步骤 3：移动主存的相关分区信息；修改主存分配表的相关项；修改被移动进程的基址寄存器等信息。

步骤 4：分配 x KB 主存；修改主存分配表的相关项；设置进程 A 的基址寄存器；有申请者等待时即予以释放，算法结束。

移动操作也为进程在运行过程中动态扩充主存空间提供了方便。当进程在执行过程中要求增加主存分配区时，只需适当移动邻近的占用分区就可增加其所占有的连续区的长度，移动后的基址值和扩大后的限长值都应相应修改。

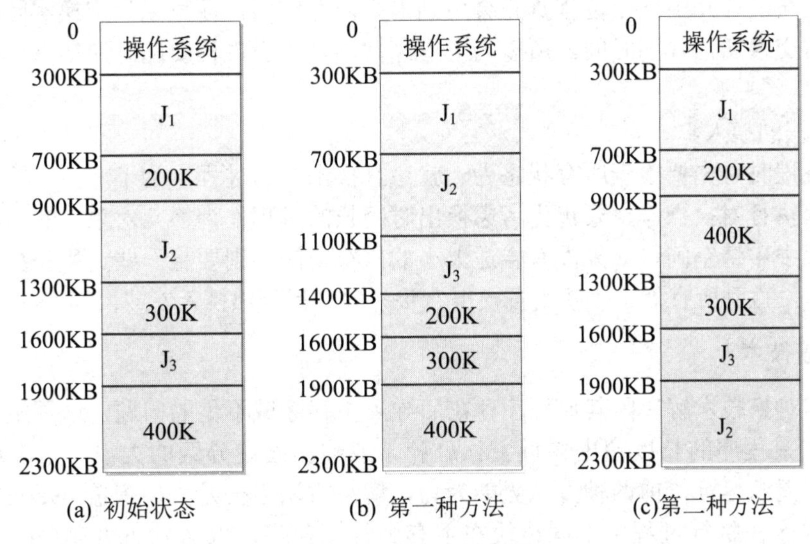

图 4-16　移动分配示例

2. 交换技术

早期的单用户系统中，内存仅驻留一道用户进程，到多道程序系统中，内存同时容纳数十道进程，整个系统的利用率已经大幅度提高。但在多道程序系统中，CPU 运行速度与内存空间的矛盾还是很突出的，一部分内存中的进程由于某些原因暂时无法运行而处于阻塞状态，CPU 必须停下来等待；同时在辅存中有许多进程因无法进入内存不能运行，造成系统资源的浪费，吞吐率下降。

在这种情况下，利用交换(swapping)技术可以有效缓解内存紧张的问题。交换又称对换，指在内存空间不够时，先把内存中暂时不用的程序和数据换出到辅存，将已具备运行条件的进程调入内存。一般交换是以进程为单位的，称为“进程交换”，因此进程的大小必须小于内存的大小，大于内存的进程还是无法运行。

在允许进行对换的操作系统中，辅存会为对换操作开辟一个专门区间，用来存放从内存中对换出来的进程。这些进程在辅存中驻留的时间较短，而交换操作比较频繁，为了提高交换的效率，进程存放采用的是连续存储方式。被换出的进程再次运行前要重新换入内存，再次进入内存时的存放位置与换出之前的存放位置通常是不相同的，因此要求程序编址与内存的存放位置无关，这种程序称为浮动程序。

(1) 进程的换出。

当系统发现内存不够时，将调用对换程序逐个检查内存中驻留的进程，从处于阻塞或睡眠状态的进程中，按一定规则选出一个进程换出。这个规则通常是根据优先级确定的，优先级低的将被调出内存，如果是相同优先级，则要优先考虑在内存中驻留时间长的进程。若内存中没有阻塞或睡眠状态的进程，则按优先级调换。

对调前，系统首先申请辅存空间，申请成功后便将程序和数据写入辅存，并调用释放内存的程序，释放该进程所占有的内存空间，修改相应的内存分配表等数据结构。若此时还有可换出的进程，则继续执行上述换出过程，将它们换出，直到内存中再无阻塞进程为止。对换过程会产生上下文切换的额外开销，大部分额外开销的时间浪费在数据传输上。如果操作系统能够知道一个进程真正会用到多少内存空间，便可以只交换实际所需的内存空间，节省交换所消耗的时间。所以为了提高性能，一般进程要随时通知操作系统对内存需求的变化。

(2) 进程的换入。

换入进程时首先要检查所有状态为“就绪且换出”的进程，为了避免一些优先级低的进程被频繁执行对换操作，要优先考虑换出时间长的进程作为换入对象。然后根据进程的大小在内存中申请空间，如果没有合适大小的内存空间，则要将一些进程先换出。继续执行换入操作，直到所有处于“就绪且换出”状态的进程全部换入，或内存空间已满为止。

3. 覆盖技术

移动和对换技术解决因其他程序存在而导致主存区域不足的问题，这种主存短缺只是暂时的；如果程序的长度超出物理主存总和，或超出固定分区的大小，则出现永久性短缺，大程序无法运行，前两种方法无能为力，解决方法之一是采用覆盖(overlaying)技术。覆盖是指程序在执行过程中不同模块在主存中相互替代，以达到小主存执行大程序的目的，基本的实现技术是：把用户空间分成固定区和一个或多个覆盖区，把控制和不可覆盖部分放在固定区，其余按使用结构及先后关系分段并存在磁盘上，运行时依次调入覆盖区。系统必须提供覆盖控制程序及相应的系统调用，当进程装入运行时，由系统根据用户给出的覆盖结构进行覆盖处理，程序员必须指明同时驻留在主存的是哪些程序段，哪些是可以被覆盖的程序段，这种声明可从程序调用结构中获得。覆盖技术的不足是把主存管理工作转给程序员，他们必须根据可用物理主存空间来设计和编写程序。此外，同时运行的代码量超出主存容量时仍不能运行，所以现代操作系统极少采用覆盖技术。

4.3 分页存储管理

分区存储管理方法实现起来比较简单，但由于它要求一个进程必须占用一个或多个连续的存储空间，这就会造成内存出现大量“碎片”的现象，从而降低了内存的利用率。虽然可以采用紧凑的方法将分散的“碎片”合并为一个连续的存储空间，但紧凑操作需要占用 CPU 时间，并且也不能随时进行。而且，如果遇到较大的进程，其逻辑地址空间大于物理地址空间，则无法在内存中存放整个进程，该进程也就不能运行。要解决这个问题，就必须将进程分配到不连续的存储空间中，以避免出现“碎片”，同时又保证进程的连续执行。本节所介绍的分页存储管理和下一节的分段存储管理，都是采用这种不连续存储分配方式。

4.3.1 分页存储管理的基本原理

分页存储管理方式在系统初始化时，将内存空间划分为等长的物理块，称为页框(page frame)或物理页(physical page)，通常页框的大小是 2 的整数次幂。同时，用户进程在进入内存前，逻辑地址空间也被划分为等长的区域，称为页(page)或逻辑页(logical page)，页的大小与页框的大小相同。这样可将用户进程的各页装入内存中的任意一个页框，这些页不一定要顺序地装在连续相邻的页框中。也就是说用户进程在内存空间的每个页框内的地址是连续的，但页框与页框之间的地址不一定要连续。

1. 页框的划分

内存空间被划分为等长的区域，每个区域称为一个页框。页框的大小是由硬件决定的，通常情况下每个页框的大小是 2^i，起始地址由 0 开始，则页框内的地址范围是 $0\sim2^i-1$，这称为页框内地址。假设内存空间地址是 2^n，则可划分为 2^{n-i} 个页框，每个页框也从 0 开始进行编号，称为页框号。计算可知，内存中第 k 个页框的地址范围是 $k\times2^i\sim(k+1)\times2^i-1$，如图 4-17 所示。

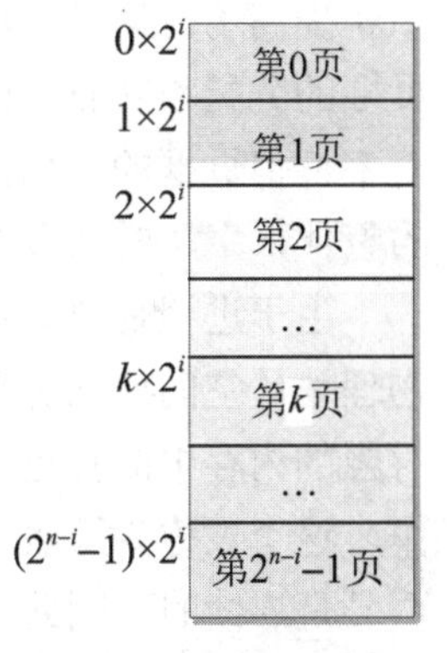

图 4-17 内存空间的划分

对于一个内存单元，其物理地址可由以下公式计算得到：

物理地址=第 k 页框起始地址+页框内地址

=页框号$\times2^k$+页框内地址

通过该公式可以看出，页框号是物理地址的高 n-i 位，而页框内地址是低 i 位，则物理地址如图 4-18 所示。

2. 页的划分

用户进程的逻辑空间也被划分为若干等长的区域，每个区域称为页。页的长度与页框长度相同，即共有 2^i 个存储单元。与页框类似，页也从 0 开始依次编号，称为页号。每个页内单元从 0 开始依次编址，到 2^i-1 结束，称为页内地址。

进程空间逻辑地址的计算公式为：

逻辑地址=第 k 页起始地址+页内地址=页号$\times 2^k$+页内地址

将逻辑地址中的高 $n-i$ 位表示页号，低 i 表示位页内地址，则可得到逻辑地址如图 4-19 所示。

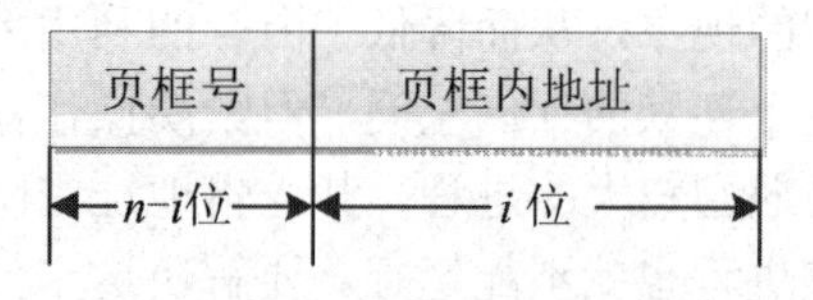

图 4-18 分页系统的物理地址结构

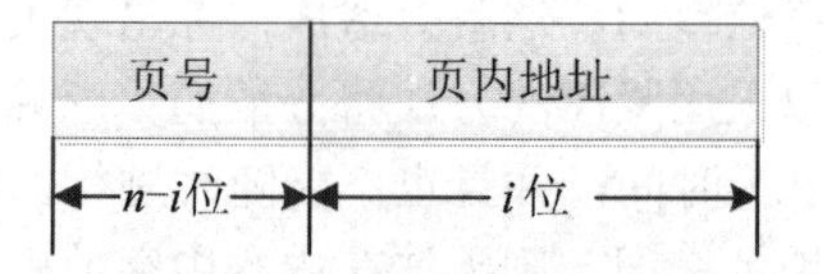

图 4-19 分页系统的逻辑地址结构

3．页与页框的对应关系

经过划分后，每一个进程被分为若干页，在分配内存时，每一页对应内存空间中的一个页框。在这种分配方式下，可以减少“碎片”所带来的问题，虽然在每个进程的最后一个页框中也可能存在装不满的情况，但它的大小不会超过一个页框的大小，这部分未占满的区域称为“内碎片”。

页框的大小通常是由硬件的地址机构决定，是不能随意改变的。一方面，对于一个系统来说，如果选择的页框大小比较小，这样产生的“内碎片”也相对小，系统的内存利用率就提高了；另一方面，整个内存划分的页框数会增加，系统需要花费更多的精力去完成页框的分配和回收，降低了系统效率。如果页框划分的空间较大，虽然可以提高系统运行效率，但页框的“内碎片”变大，内存利用率降低。因此，页框的大小关系到计算机系统的整体效率，要从多方面考虑，结合硬件特征，选择一个合适的大小。

由于进程是离散地存放在内存的任意页框中，这些页框号不再需要连续，所以进程的物理地址空间变成分散的。为了进程能够顺利地运行，系统必须能够找到进程的每一页所对应的内存中的页框。因此，系统需要建立页与页框的对照表来完成内存的分配和回收工作，这个表称为页表。页表主要用来记录进程的页与内存中页框的对应关系。由于进程的页号是连续的，因此可以省略，页表的行数就是进程的实际页数，其中的第 i 行表示进程第 i 页所对应的内存页框号，如图 4-20 所示。系统中的每一个进程拥有一个页表，以记录页的存放情况。

此外还需要有一个数据结构来跟踪记录内存中哪些页框是空闲的，这种数据结构称为总页表。总页表描述了内存中的各个页框是否已被分配，以及未分配的页框总数。通常是在内存中划分出一个固定的存储区域，该区域中的每一位(bit)代表一个页框的状态，规定其值为 0 表示该位所代表的页框是空闲的，为 1 则表示对应页框已被分配，如图 4-21 所示。由于总页表是按位分配的，所以也称为位示图。虽然位示图要额外占用存储单元，但其一位就表示一个页框状态，如果是一个划分为 2048 个页框的内存，对 32 位内存来说，其位图占用 2048/32=64 个内存单元，相比较所占存储空间并不大，但能为系统带来更多的便利。

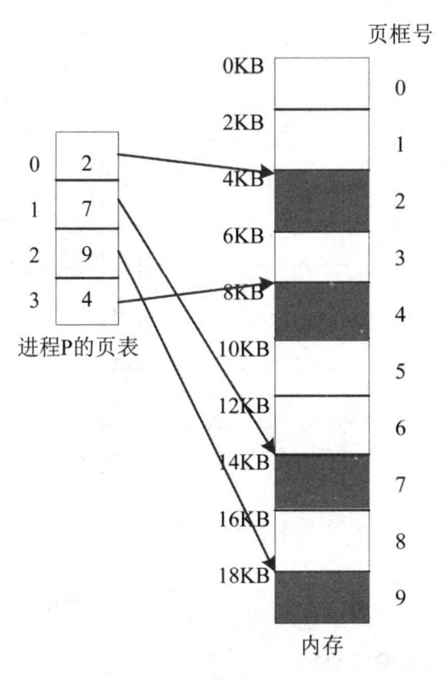

图 4-20　页表基本结构

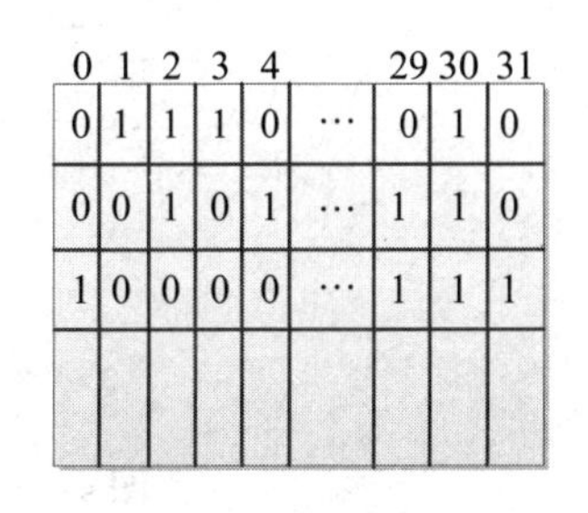

0	1	2	3	4		29	30	31
0	1	1	1	0	…	0	1	0
0	0	1	0	1	…	1	1	0
1	0	0	0	0	…	1	1	1

图 4-21　总页表结构

4.3.2　硬件结构

为了保证在非连续的存储区域中驻留的进程能够顺利执行，必须将用户进程的逻辑地址转换成内存空间的物理地址，分页管理系统的地址转换需要硬件机构来完成。

1．地址转换机构

地址转换机构的工作是逻辑地址转换成物理地址，对于一个长度为 1KB 的进程页来说，其地址范围为 0～1023，对应的页框的长度也是 1KB，范围为 0～1023。可见，页内地址无须再转换成页框内的地址。因此，地址转换机构要完成的主要工作是将进程的页号转换成内存的页框号。为此首先由 PCB 找到页表的起始地址及长度，然后由页号找到页框号。通常要将页表保存在访问速度较快的专门寄存器中，如果为页表中的每一项设置一个专门的寄存器，那么对于页表数量很大的系统来说，就要设置大量的寄存器，显然这并不现实。所以，系统将页表继续保存在内存，在地址转换机构中设置一个页表控制寄存器。在进程未运行时，地址还是驻留在内存的 PCB 中，当调度程序调度到某一进程时，才将它们装入页表控制寄存器中。这样在多道程序系统中，虽然可以同时运行多个进程，但只有一个页表控制寄存器，占有 CPU 的进程才占有该寄存器。

分页存储管理的地址转换是动态地址重定位的过程，如图 4-22 所示。首先由 CPU 产生逻辑地址，并由系统将其划分为页号和页内地址两部分。然后以页号作为进程页表的索引找到页框号。查找前要进行越界检查，比较页号和页表长度，如果大于等于则表示此次转换地址已经超出范围，系统将产生越界中断；如果页号小于页表长度，则将对应的页框号和页内地址合并得到物理地址。假设每页大小为 2 KB，所得物理地址的页框号为 3，页内地址为 144，则实际物理地址=3×2048+144=6288。

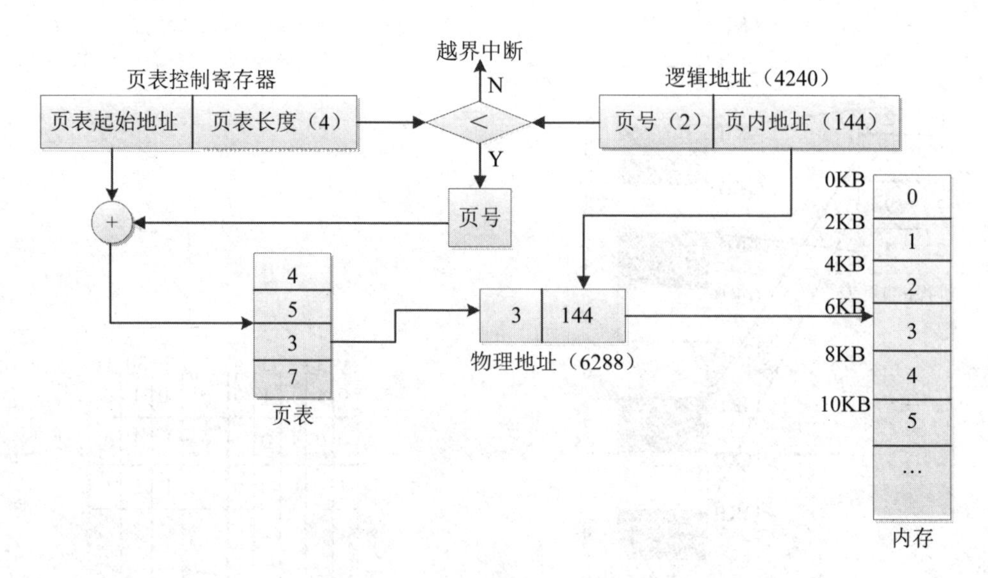

图 4-22　分页存储管理地址变换机构

2．存储分配过程

当用户作业提出存储分配的要求后，就要建立一个进程，操作系统将根据内存页框的大小将进程的逻辑地址空间划分成相应大小的页。首先检查内存中的页框数是否满足该进程的要求；满足条件则根据总页表，从第 0 行开始给进程分配所需的页框，依次找到总页表中状态为“0”的位，将其状态修改为“1”，并将这些位置对应的页框号顺序写入页表，如图 4-23 所示。如果没有足够的空闲页框，则该进程放入等待队列排队。当一个进程执行完毕退出内存时，会回收存储空间，也就是撤销进程页表和修改总页表。

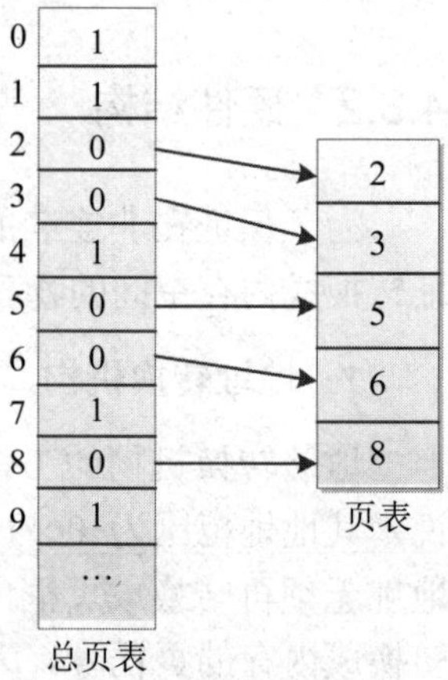

图 4-23　存储分配过程

3．含有快表的地址转换

由于页表都保存在内存空间的某个固定区域中，每次地址转换都需要先从页表中得到要访问地址的页框号，再通过计算得出物理地址，然后根据这个物理地址访问对应的内存单元。可见，要两次访问内存后才能得到所需程序或数据，这样将使计算机的处理速度降低一半，以此高昂的代价来换取空间利用率的提高，整体效率是相对降低的。

要解决这个问题，可以在地址转换机构中增加一个具有并行查询能力的特殊高速缓冲存储器，称为相联存储器(associative memory)，也称转换检测缓冲区(translation look aside buffer，TLB)。它主要用来存放当前访问的一部分页表，这些存放在相联寄存器中的页表，称为快表，是由一些硬件寄存器组成的。这些硬件存储器访问速度比内存要快，具备一定的逻辑判断能力，可实现按内容检索，但造价很高。所以一般系统中相联存储器的容量不大，只能存放页表中的一部分。但根据程序执行局部性特点，在一段时间内访问过的页框，之后很可能还会被继续访问。表 4-1 给出了快表长度与页框命中率之间的统计结果。由表可见，当快表长度达到 16 时，就有很高的命中率了，而当长度从 16 再增长一倍达到 32 后，命中率只增长了 1%，提高得并不明显。因而，快表本身并不需要很大的容量，例如 Intel 80486 通常只有 32 个单元，但它却能够大大加快系统运行速度。

表 4-1　快表长度与命中率的关系

快表长度	命中率
8	85%
12	93%
16	97%
32	98%

由于页号在快表中不再是连续的，所以快表中的每个表项除了来自页表中对应的表项外，还要增加一些有利于组织快表的项目，如页号项、有效位、保护位等。含有快表的地址转换过程：CPU 给出逻辑地址后，地址转换机构会以页号作为索引，在快表中进行检索，如果该页已经登记在快表中，并且符合访问权限，则可直接取出页框号，与逻辑地址中的页内地址形成相应的物理地址。如果没有在快表中找到该页号，则要到内存的页表读出对应的页框号，形成物理地址，同时将该页登记到快表中。当快表填满后，又要在快表中登记新的表项时，则需采用一定的淘汰策略，淘汰一个最老的页表项。常用的淘汰策略是“先进先出”(FIFO)，总是淘汰最先登记的页。

如果要查找的页号已经登记在快表中，则称为命中(hit)，否则称为失误(miss)。命中率(hit ratio)指的是通过快表能够实现内存访问的比率，定义为：

命中率=(命中次数/(命中次数+失误次数))×100%

显然，命中率越高，系统性能越好。如果命中率接近 100%，说明 CPU 对某地址的读写操作基本都可以通过快表来实现，不需要访问页表。相反，如果命中率接近 0，则表示每次对某地址的读写操作都要通过页表实现。假设访问快表需要 20 ns，直接访问内存的时间为 100 ns，计算有效访问时间会有以下几种情况。

(1) 要访问的页全部都在快表中：有效访问时间是 120 ns，其中 20 ns 是先到快表中找到页框号，100 ns 是用来访问内存中的数据。

(2) 要访问的页全部都不在快表中：有效访问时间是 220 ns，首先到快表中查找页框号花费 20 ns，如果没有找到，再到内存中的页表中查找页框号，用时 100 ns，最后访问内存中的数据，用时 100 ns。

(3) 要访问的页部分在快表中：假设快表的命中率是 90%，则有效访问时间是=120×90%+220×10%=130ns。比起不使用快表的情况，其访问时间下降了近四成。可见，适当增加快表，可以降低内存的访问时间，也可以节省成本。

因为整个系统中只有一个控制寄存器、一个相联存储器，所以只有占有 CPU 的进程才能占有控制寄存器和相联存储器。在多道程序系统中，当某一进程需要让出 CPU 时，同时也要让出控制寄存器和相联存储器。快表是动态变化的，让出相联存储器时要把快表保护好以便再执行时使用。当某一进程占用 CPU 时要取得控制寄存器的控制权，此外还要让相联存储器的内容与 CPU 控制的进程相一致。为此要在相联存储器中增加一个标志位，称为上下文标识符位，用以标记该表项所属进程，另外在地址转换机构中增加一个记录进程的寄存器。当在快表中检索页号时，也要比较是否属于该进程，只有进程标识相同的表项才能被采用。这种方法增加了额外的硬件设施，但节省了进程切换的时间。如果相联存储器的容量较大，所节省的时间是非常可观的。

4. 页的共享与保护

在多道程序系统中，编译程序、编辑程序、解释程序、公共子程序、公用数据等都是可共享的。这些共享的信息在内存中只要保留一个副本，就可形成共享页。共享页可大大提高内存空间的利用率。

在实现共享时，对数据共享和程序共享的处理过程是不相同的。实现数据共享时，可允许不同的进程对共享数据页使用不同的页号，只要让各自页表中的相关项指向共享的页框就可以了。程序共享的实现要复杂一些，由于分页存储管理要求逻辑地址空间是连续的，所以程序运行前它们的页号就是确定的。假设有一个被共享的编辑程序 EDIT，其中含有转移指令，转移指令中的转移地址必须指出页号和页内地址，如果是转向本页的，则页号应与本页相同。现在若有两个进程共享这个程序，假定一个进程定义它的页号为 3，另一个进程定义它的页号为 5，然而在内存中只有一个 EDIT 程序，它要为两个进程以同样方式服务，则这个进程一定是可再入的(纯代码)。如果代码是可再入的，那么它在执行时决不会改变自己。于是转移指令中的页号不能按作业的要求随机地改为 3 或 5。所以，对共享程序必须规定一个统一的页号。当然对共享程序规定一个统一的页号是比较困难的。

实现信息共享必须解决共享信息的保护问题。通常的方法是在页表中增加一个保护权限位，用来指出该页的信息为可读/写、只读、只可访问、不可访问等状态，指令执行时要进行权限核对，对不符合权限的操作将产生保护中断。

还有一种保护措施是采用保护键的方法。系统为每个进程设置一个存储保护键，当为进程分配内存的时候，根据它的保护键在相应的页表中建立键标志。进程执行时将进程状态字中的键和访问页的保护键核对，相符时才可访问该页框。为了使某些页框能被各进程访问，可规定保护键为“0”，此时不做任何核对工作。操作系统有权访问所有页框，所以可让操作系统程序的程序状态字中的相应键为“0”，执行时也就不再需要核对保护键。

4.3.3 页表结构

早期的内存空间和进程空间都比较小，一个进程的页表长度也比较小，可以在内存中分配一个连续的存储区域来保存进程的页表。但随着科学技术的飞速发展，现在计算机系统支持的逻辑地址空间已经达到 32 位甚至 64 位，其页表也越来越长。例如，对于一个 32 位系统来说，它的进程的逻辑地址空间是 4 GB。假如页的长度是 4 KB，则该进程最多有 2^{20} 个页面，如果页表中的每一项用 4 B 来存放，那么为了存放所有页表，系统必须划分出 4 MB 的连续存储空间来。而且这还仅仅是一个进程所需的空间，通常系统中会有多个进程，它们所占用的存储空间太大，而且还是连续的。所以为了提高存储效率，我们将页表的结构进行修改，以更适应这种大的内存空间。

1．两级页表

类似于对存储空间进行分页，对页表所需的内存空间也采用离散分配方式。将页表分成大小与页框相同的页，并从 0 开始进行编号，这个页框块称为页表页。页表页可以离散地分配到内存的不同页框中，同时为它建立一张页表，称为外层页表或页目录。每个外层页表中的表项记录了页表页的页号。假设在一个有 32 位逻辑地址空间的计算机系统中，每页大小为 4KB，在一级页表结构中，有 1MB 个页表项；在二级页表结构中，对页表再进行分页，使每页中有 1KB 个页表项，则可分为 1KB 个页表页，如图 4-24 所示。其中 P_1 是用来访问页表页的索引，P_2 是页表页的页内地址。

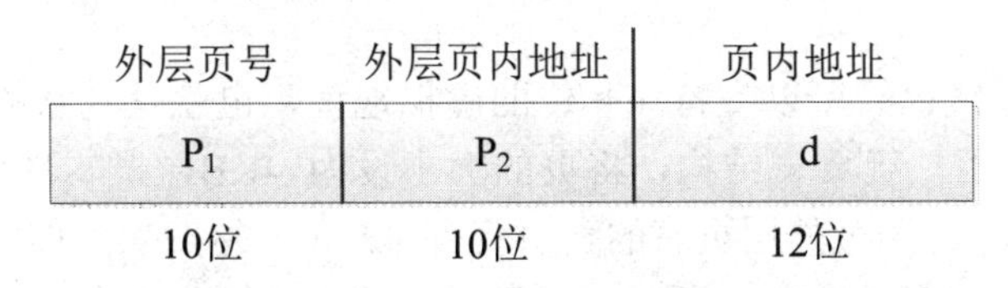

图 4-24　二级页表结构

由于进程往往并不能占用整个逻辑地址空间，所以页表虽然很大但并不满，故对进程页表采取动态分配的方式。在进程刚建立时并不立刻分配整个进程页的页表空间，而是在用到某页时才将该页的页框号载入页表。这样，页表中的页号不是连续顺序，因此除存放页框号的项之外，还要增加一项用来存放页号。而动态分配页表页，也导致一个进程页表的页表页在存储空间中不是连续存放的。另外，页表占用的存储空间较大，但大部分内存中的页面多数时间不再使用，所以进程页表所占的页面也允许淘汰。

在地址转换机构中，利用一个寄存器来存放 CPU 所处理的逻辑地址，这个地址被分为三部分：外层页表的页号、外层页表的页内地址和页框的页内地址。还要设置一个寄存器，用于存放当前进程外层页表的起始地址。由外层页表的起始地址加外层页号 P_1，找到页表页的起始地址，再将外层页内地址 P_2 作为该页表页的索引，找到指定页表项，其中包含有该页的页框号，再利用页框号和页内地址 d 形成物理地址。图 4-25 给出了二级分页存储管理的地址转换机构。

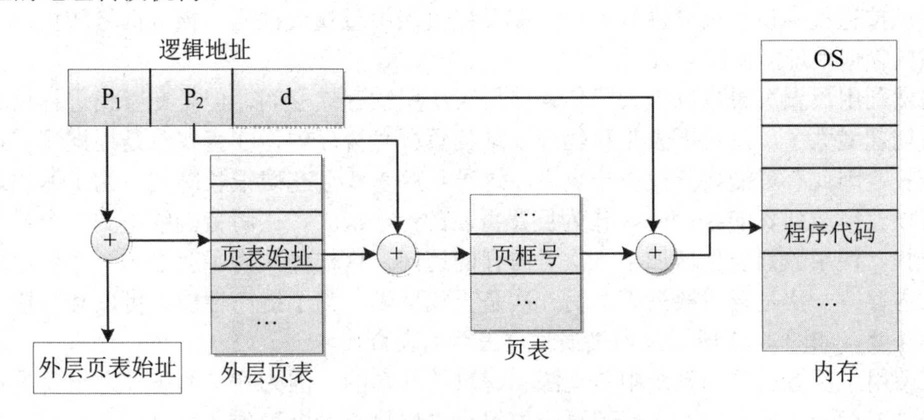

图 4-25　二级页表结构的地址转换

利用二级页表结构可以将用于存放页表的连续存储空间分割为离散的小存储空间，但从本质上没有解决占用大量存储空间的问题。为了减少所占用的存储空间，系统只将当前所使用的页表调入内存，然后根据进程的需要，再调入其他页表。在二级页表结构中，系统首先将外层页表调入内存的指定空间，然后按进程的要求，调入少量页表。为了记录页表是否已经进入内存，要在外层页表项中增加一个标志位，来标记该页表是否已在内存中。在进程运行时，先在外层页表中检查页表的标志位，如果标志位标明该页表没在内存，则系统将产生一个“缺页表页”的中断信号，请求系统将这张页表调入内存。

在二级页表结构下，每访问一个数据要访问三次内存。首先查找外层页表访问一次内存；然后，查找页表又要访问一次内存；最后才从内存中取出数据。但是，实际上由于快表和高速缓存的使用，访问速度并没有受太大的影响。

2. 多级页表

如今的计算机系统已经可以支持 64 位的虚拟地址，也就是说它的逻辑地址空间容量是 2^{64}。如果还是采用二级页表结构，将页的大小设为 4KB，逻辑地址中页内地址是 12 位，页表的大小是 2^{10}，则最外层页表的索引将有 42 位。这 2^{42} 个页表项所组成的外层页表将会占用太大的连续存储空间，所以，二级页表结构显然不适合这些处理器。那么很自然的想法就是将外层页表继续分页，每页包含 2^{10} 个页表项，则最外层分页的索引还有 32 位。存放 2^{32} 个表项的连续存储空间，还是很大的。所以 64 位计算机系统不适合使用层次结构的分页方式。反而一些 32 位的机器可以采用三级页表结构，如 Sun 公司的 SPARC 处理器就是三级页表结构；Motorola 的 68030 处理器支持的是四级页表结构。

3. 反置页表

我们在上面所介绍的分页管理方式中每个进程都有各自的页表，每个页表是面向进程的逻辑地址空间的，所以当逻辑地址空间很大时，这些页表要占用很多的存储空间，造成很大的浪费。反置页表面向的是内存的页框，即一个页表项对应一个页框，表项的顺序号就是内存的页框号，所以进程标识加上页号与内存的页框号是一一对应的，而且整个系统只有一个反置页表。

在反置页表结构中，逻辑地址由三个字段组成：进程标识(pid)、进程的页号(p)和页内地址(d)。反置页表的表项是由进程标识和进程页号组成，在将逻辑地址转换成物理地址时，系统按进程标识加页号进行索引，在反置页表中查找页框号，该页框号加页内地址就是所求的物理地址，如图 4-26 所示。

虽然利用反置页表可以大大降低存储页表所用的存储空间，但是在查找进程页表时所用的时间却增大了。反置页表是按物理地址的页框号排序的，在查找时是根据逻辑地址的页号查找，因此有可能要查找整个页表，这种顺序查找会花费很长时间。为了解决这个问题，可以使用散列表(Hash table)作为反置页表的上一级表，先将范围缩小到一个或几个表项再查找。使用散列表也增加了一次对内存的访问，这样每次为了获取一个物理地址将访问两次内存：一次是查找散列表，另一次是查找页表。为了提高性能，可以利用快表来加快查找速度，如图 4-27 所示，当失误时再去散列表查找。

在使用了反置页表的系统中是无法实现页的共享的，因为共享的条件之一就是页号与页框号是多对一的关系，而在反置页表中每个页框只有一个表项，所以它们的对应关系是一对一的，不能实现共享。

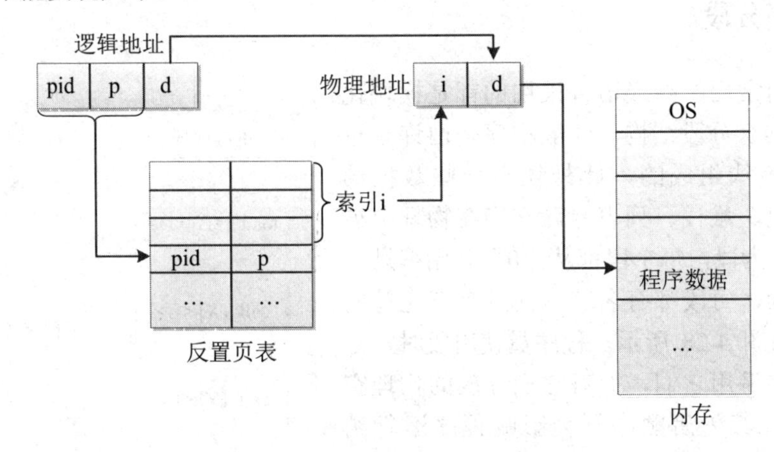

图 4-26　反置页表结构的地址转换

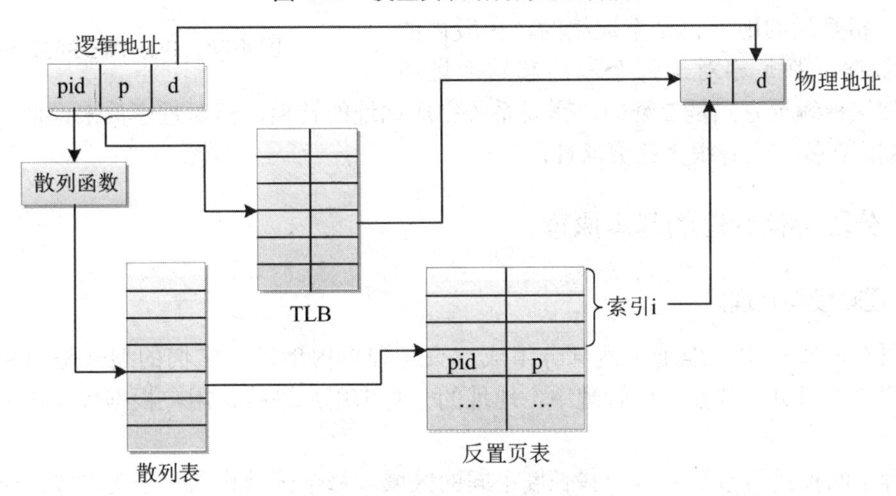

图 4-27　含有散列表的反置页表结构

4.4　分段存储管理

分页存储管理中的页对用户来说是不透明的，一个进程能够分为几页不是由用户或程序决定的，只与系统规定的页的大小有关。当用户使用某一地址时，这个地址分为页号和页内地址，它们是怎样分配的，程序员并不清楚。同时系统分页时，页与逻辑意义完整的子程序或数据没有逻辑关系，所以增加了实现源程序中以模块为单位的共享和保护的难度。另外，经过编译和链接处理后，程序段和数据块的存储空间是确定的，在程序执行时无法动态地增长或收缩，不能满足程序员编程的需要。而引入分段存储管理的目的就是满足用户(程序员)编程和使用上的多方面要求，因为分段对用户可见，它根据程序的逻辑结构将逻辑地址空间分为许多段，各段的长度都各不相同，一段恰好对应一个程序单位。

4.4.1 程序分段

现在我们常用的高级语言采用的都是模块化设计，程序具有分段结构。一般程序是由许多过程、函数和模块组成的，此外还有一些数据结构，包括数组、堆栈、列表等。它们在物理上被组织在一起成为段，每个段都从“0”开始编址，段内地址连续，每段都有名字，而且具有完整的逻辑意义，如图 4-28 所示。程序员使用段时，是通过段的名字调用它们，而对它们存放的物理空间并不关心，其先后顺序不会影响程序运行结果。因为分段是按逻辑意义划分的，段与段的长度不同，相互间的地址也是不连续的，在段内的指令或数据，都是相对于每个段的起始地址而言。显然这种编址方式是二维的，需要系统完成地址的转换，但对程序员来说他可以控制段的分割，在操作上有很大的灵活性。

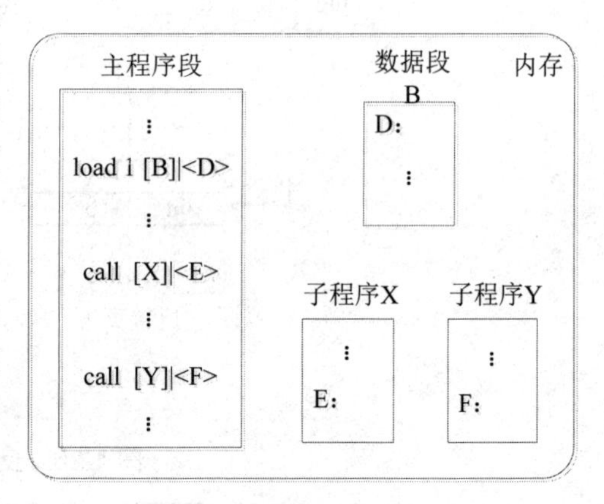

图 4-28 内存中程序的分段

4.4.2 分段存储管理的基本原理

1. 逻辑段与物理段

分页存储管理中，地址由两部分组成：页号和页内地址。它们的划分是由系统完成的，对用户不可见。分段存储管理中，地址的分割由用户进行，用户根据程序需要来划分各个段。

进程空间按逻辑被划分为一些长度不同的区域，每个区域称为一个逻辑段。一个逻辑段对应一个进程单元，如一个子程序、一个模块或一个数据段等。每个段由 0 开始顺序编址，称为偏移量或段内地址。每个段有一个名字，称为段名。一个进程是由若干逻辑段组成的，将这些段依次编号，称作段号。因此，它的地址是一个二维地址，由段号和偏移量组成，如图 4-29 所示。一般在源程序中，我们使用段名，经过编译(汇编)、链接后，将段名转换为段号；在操作系统中使用的是段号。

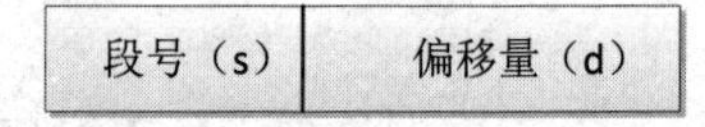

图 4-29 分段存储管理的二维地址

分段存储管理中内存的划分与可变分区存储管理相似，只是划分的单位不同。可变分区存储管理中以进程为单位划分分区，在每个分区连续存放一个进程，各个独立的进程之间可以不连续。分段存储管理中，则是以逻辑段为单位划分内存空间，一个逻辑段在内存中连续存放，这个连续存储空间称为物理段或段(segment)。逻辑上相邻的段，在物理内存中不一定相邻。

2. 数据结构

段在内存中的分布是离散的，所以与分页存储管理类似，需要为每个在内存中的进程建立一张表，记录该进程的逻辑段在内存中的分布情况，称为段表。因为各个段的长度不是固定的，因此在段表中需要描述每个段的长度信息、该段的段号和起始地址。另外，由于段号是连续的，隐含在各段的起始地址中，所以段表中的段号项可以省略，每个段表中的行数就是其段号。图 4-30 给出了段表与进程空间的关系。每个进程有一个段表，当进程结束后，段表也就不存在了。

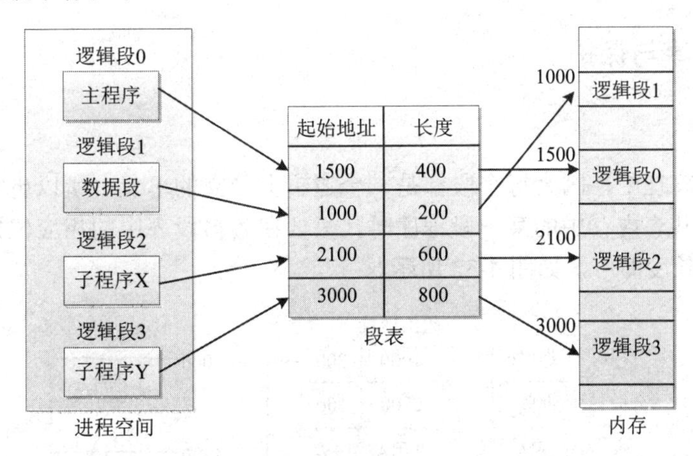

图 4-30　进程空间、内存与段表的关系

在分段存储管理下，内存空间分为两种类型：已用块和空闲块。这种情况与可变分区存储管理相似，因此系统不仅要有一个内存分配表来记录内存中哪些块是空闲的，哪些块是使用了的，而且要有空闲块表来记录空闲块的情况，表中包含有空闲块的起始地址和块的长度信息，系统启动后的初始情况下所有的内存空间为一个大的空闲区。

3．地址转换

一个进程执行时要利用该进程的段表，将逻辑地址转换为物理地址。转换过程如图 4-31 所示，一个逻辑地址包含有段号 s 和偏移量 d。将段号作为索引，在段表中查找表示该段的表项，将长度与逻辑地址中的偏移量 d 相比较，以确保 d 的值在段的范围内。如果满足条件，取出起始地址与偏移量 d 相加，得到该逻辑地址的物理地址，系统访问内存；如果 d 超出范围，则系统发出一个异常访问的中断信号。

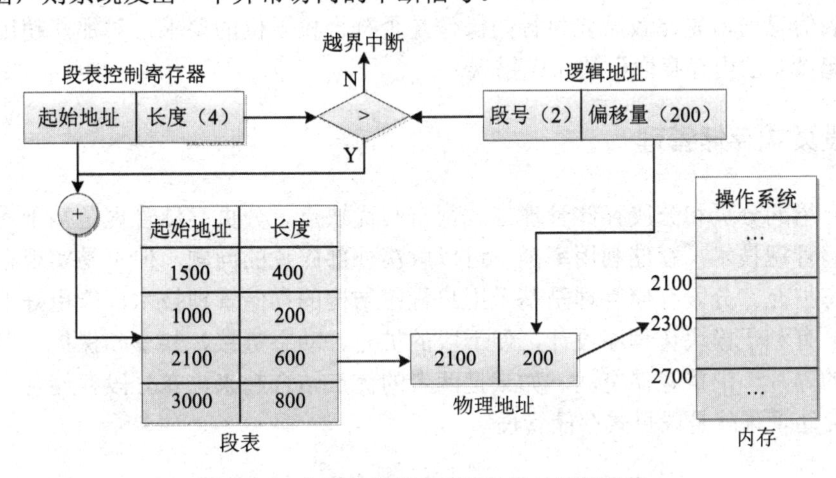

图 4-31　分段存储管理系统的地址转换机构

由于段表存储在内存中，所以与分页存储方式相同，每计算一次逻辑地址要执行两次访问内存的操作。为了提高访问速度，可以利用高速缓冲存储器作为快表，将部分使用过的段放入快表中，每次计算物理地址时，先查找快表，命中时就可以直接形成物理地址；否则再到段表中查找起始地址，并将访问过的段信息填入快表。

4.4.3 段的共享与保护

1. 段的共享

在分段存储管理中，因为每个段都是一个逻辑上独立的单元，所以更容易实现段的共享。两个进程要共享内存中的某一段程序时，只要在各自段表中的相应位置，填入该共享段的起始地址和长度即可，如图 4-32 所示。

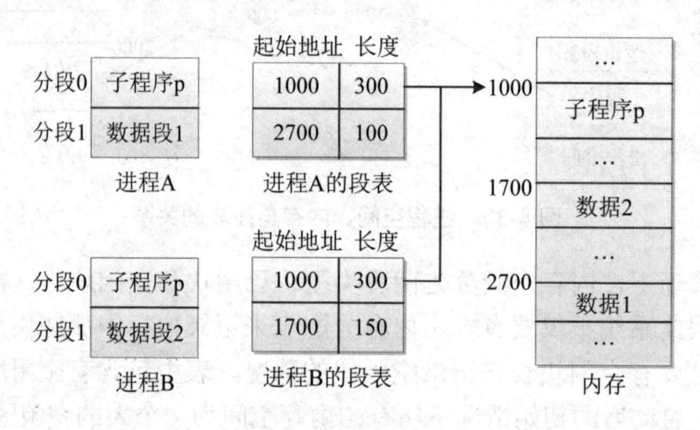

图 4-32　段的共享

2. 段的保护

一个进程分为若干段，有的段是程序，有的段是数据，对于程序段可能要求只能执行，而对数据段要求既能读出又能写入。所以对这些共享段除了要进行越界检查外，还要采取其他保护措施以防止对数据或程序的非法使用和修改。通常是在段表中增加一个权限位。这个权限位将指明该段是只读(如共享数据段)、只执行(如共享程序段)或可读/写。每次读取段表信息前，先比较所要执行的操作是否符合权限位的要求，对那些超出权限的操作，将引起“非法内存存取”的系统错误。

4.4.4 段页式存储管理

前面介绍的分页和分段存储管理方式都有其优缺点。分页存储管理是基于系统存储器结构的存储管理技术，存储利用率高，可以解决外部碎片的问题，但不易实现存储共享、保护和动态扩充。分段存储管理是基于用户程序结构的存储管理技术，能更好地满足程序员的要求，有利于模块化程序设计，便于段的扩充、动态链接、共享和保护，但往往会生成段之间的碎片，浪费存储空间。如果把两者的优点结合起来，在分段存储管理的基础上实现分页存储管理就是段页式存储管理。

1. 基本原理

内存空间的划分与分页存储管理相似，将内存空间分为若干长度相同的区域，每个区域长度为 2^i，称为页框。进程空间的划分则与分段存储管理相似，按逻辑功能划分成逻辑段，对每个逻辑段又划分成若干长度相同的块，称为逻辑页，它的长度与页框大小相同，也是 2^i，存储分配时与内存中的页框一一对应。在一个逻辑段中，逻辑页的页号是连续的，但其对应的页框不一定连续，如图 4-33 所示。段页式存储管理中的逻辑地址由三部分组成：段号、段内页号和页内地址，如图 4-34 所示。

为了实现地址的转换，系统既要保存段表又要保存页表。由于段中的逻辑页是离散存放的，所以段表中的内容不是段的起始地址和偏移量，而是页表的起始地址和页表长度。段页式存储方式的页表与分页存储管理中的页表相同。在多道程序系统中，每个进程拥有一个段表，描述该进程的分段情况。段表中的一行(项)表示进程中的一段，每段配备一个页表，用来记录该段的分页情况。

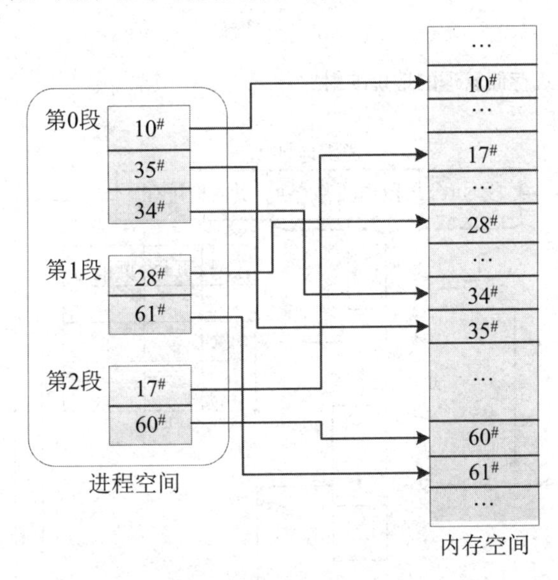

图 4-33　进程空间与内存空间的对应关系

段号	段内页号	页内地址
*n-i-j*位	*j*位	*i*位

图 4-34　段页式存储管理的逻辑地址

2. 地址转换

段页式存储管理系统的地址转换过程如图 4-35 所示。其中段表控制寄存器与分段存储管理中的控制寄存器完全相同。根据段号和段表起始地址找出对应的表项在段表中的位置，从中得到该段的页表起始地址。利用该地址与逻辑地址中的段内页号一起，在页表中找出该页对应的页框号。由页框号和逻辑地址中的页内地址共同组成物理地址。

在段页式存储管理中，每次地址映射，要访问三次内存。为了提高存取效率，可在地址转换机构中增加一个高速缓冲存储器。这样每次先利用段号和页号在快表中检索，如果命中则可直接获得页框号，它与页内地址一起组成物理地址；如果失误，再从段表和页表中查找，并用两表结果替换快表，如图 4-36 所示。

段页式存储管理结合了分段存储管理和分页存储管理的优点，解决了分段存储管理的外部碎片问题，所以它的内存利用率比分段存储管理高，但低于分页存储管理，同时又可以像分段存储管理那样实现段的共享和保护。典型代表是 Multics 系统和 Intel 386/486/Pentium 系列。

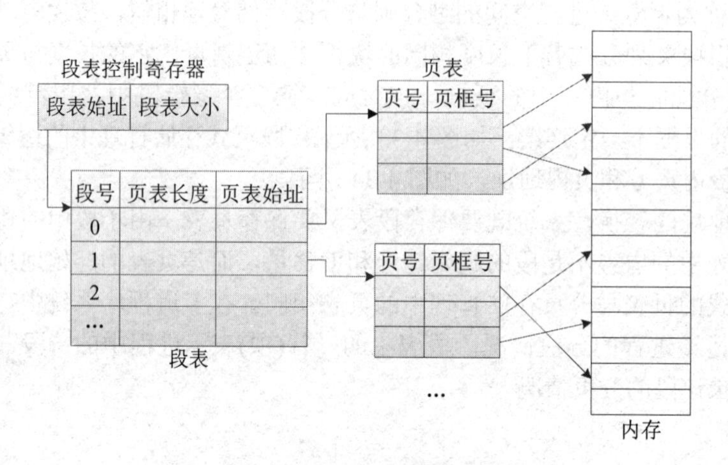

图 4-35　段页式存储管理的地址映射

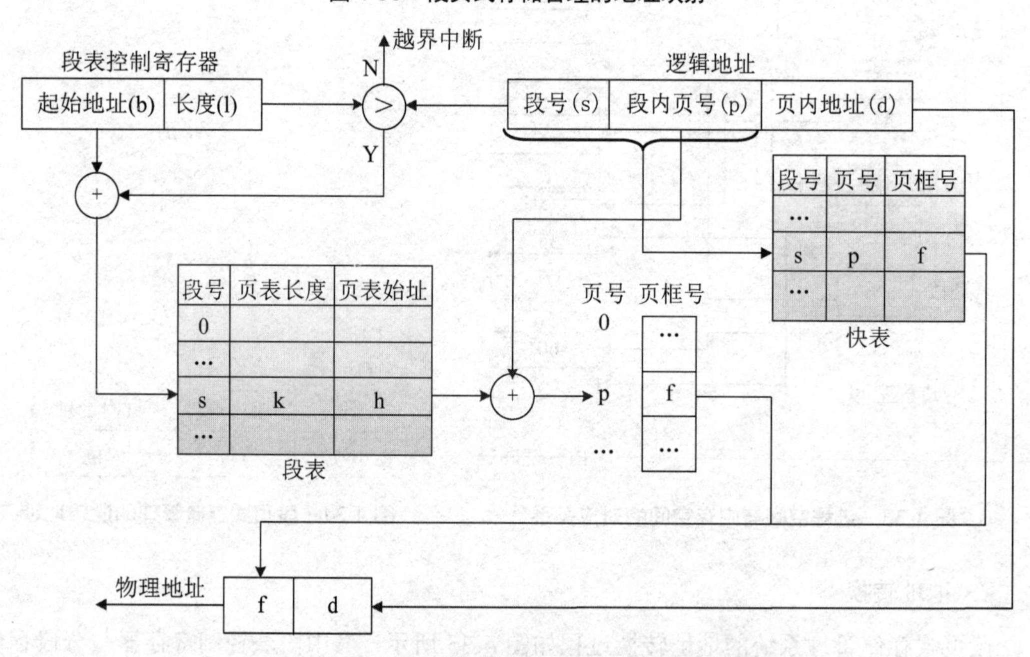

图 4-36　引入快表后的段页式存储管理地址转换机构

4.5　虚拟存储管理

在前面几节介绍的存储管理方法，可以在多道程序系统中很好地解决内存分配问题，但它们无一例外都要求必须将进程全部装入内存，所以内存中能够容纳的进程数，与进程的大小以及内存的大小都有直接关系。如果某个进程的逻辑地址空间非常大，甚至超出了物理地址的容量，那么这个进程就无法全部进入内存，也就不能正常运行。虚拟内存就是在不进行物理容量扩充的前提下，解决这个问题的一种有效手段。虚拟内存的实质就是程序的不完全装入，而且这种操作对用户来说是透明的。

4.5.1　虚拟存储管理的基本原理

通常一个进程在运行时，大部分情况下并不是所有程序代码都会使用到，例如用来对错误状况进行处理的程序代码，如果整个进程在执行过程中，都没有出现过任何错误，那么这些代码自始至终都不会被执行。即便是有的进程会全部执行完所有的程序代码，系统也不会同时使用所有的代码或数据，因而不需要将进程全部一次性地装入内存空间。所以前面介绍的各种存储管理方法，也称为实存管理方式，每次在进程运行前将其全部载入内存，直到进程结束才释放所占用的内存空间，这样会浪费宝贵的内存资源，使得许多需要运行的进程无法装入。

1．虚拟存储的理论基础

虚拟存储的理论基础是程序的局部性原理，Denning 于 1968 年提出的程序局部性原理指出：“一个程序 90%的时间运行在 10%的代码上。”他经过研究发现程序和数据的访问都有聚集成群的倾向，即在一段较短的时间里，程序的执行仅局限在某个部分，相应地，它访问的存储空间也局限在某个区域。同时，他又提出了几个论据。

(1) 程序在执行时，除了少部分的转移和过程调用指令外，在大多数情况下仍是顺序执行的，即要读取的下一条指令紧跟在当前执行指令之后。

(2) 过程的调用将会使程序的执行轨迹由一部分区域转向另一部分区域，但是过程的调用深度限制在一个小范围内，所以，程序将会在一段时间内局限于某一个范围内运行。

(3) 程序中存在许多循环结构，它们虽由少数指令构成，但多次执行。循环过程中，计算被限制在程序中一个很小的相邻部分。

(4) 程序中还包括许多对数据结构的处理，例如对于数组等数据结构，都是存储区域中相邻的数据或相邻位置的数据操作。

(5) 程序中有些部分的操作是互相排斥的，例如一些出错处理程序，只有在程序运行过程中出现错误才会用到。所以一般情况下，没有必要将它们驻留在内存。

局部性通常表现为时间局部性和空间局部性。时间局部性表现为程序中的某一条指令执行后不久还可能被继续执行，或者某一个数据结构被访问后不久该数据结构还会被访问。典型情况就是程序中存在大量的循环。空间局部性指当程序访问了某一个存储单元后，其附近的存储单元很快也会被访问。即程序在一段时间内所访问的地址可能集中在一定的范围内。典型情况就是程序的顺序执行。由程序局部性原理可以看到，我们完全可以将一个进程的部分程序段放入内存，再利用合理的调度手段，就可以使程序顺利执行，这样可提高程序存储空间的利用率。

2．虚拟存储的基本思想

虚拟存储的基本思想是基于程序的局部性原理，仅把目前需要的部分程序加载到内存，其余暂时不用的程序及数据还保留在辅存中。在进程运行过程中，如果所要执行的程序不在内存，系统就会把将要执行的程序段自动调入内存。此时如果内存已满，则要通过置换操作将暂时不用的程序段先调出到辅存，然后将所需的程序段调入内存，继续执行该进程。

虚拟存储器概念的产生对存储管理技术有重大意义，因为现代计算机系统中内部存储器的存储容量相对较小，但价格较高，所以不能无限制地扩充内存容量。虚拟存储器的引入，实际上是利用了存储管理中逻辑地址空间和物理地址空间的关系，将计算机的内存和辅存结合起来，使得用户感觉具有大容量的内存，但在物理上并没有真正增加内存容量。理论上看，使用虚拟存储器，用户能获得的逻辑内存容量是实际内存容量加上辅存容量，它的存取速度接近实际内存速度，而成本则接近于辅存的成本。在使用虚拟存储器时，允许用户的逻辑地址空间大于内存的实际物理地址空间，而且在编写程序时可以完全不必考虑实际的存储容量，就好像他真的拥有这个容量巨大的内存。虚拟内存在将逻辑地址转换成物理地址时，必须通过一个内存管理单元(memory management unit，MMU)来完成，如图 4-37 所示。所以虚拟存储是一种非常优秀的存储管理技术，现在已被广泛应用于各种类型的计算机中。

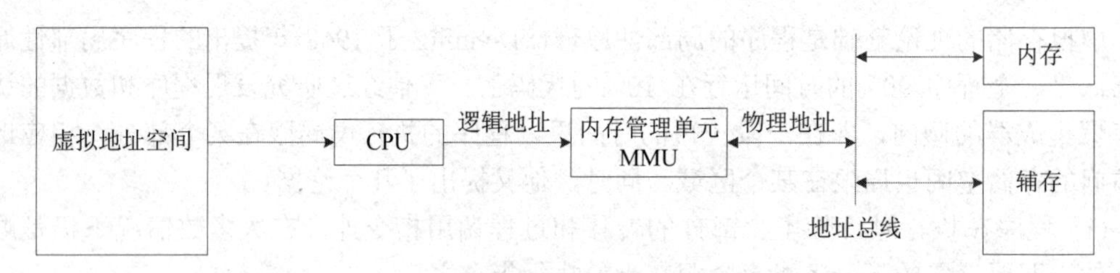

图 4-37　虚拟存储器概念

实现虚拟存储技术需要有以下硬件条件。

- 要有相当大容量的辅存：足以存放多个用户的程序。
- 要有一定容量的内存：在处理器上运行的程序必须有一部分信息存放在内存。
- 地址变换机构：以动态地实现虚地址到实地址的地址变换。

目前虚拟存储管理主要采用以下技术实现：请求分页、请求分段和请求段页式虚拟存储管理。

4.5.2　请求分页虚拟存储管理

请求分页虚拟存储管理是建立在分页存储管理基础上的，是目前使用较多的一种虚拟存储管理方式。这种方式由于页的长度是固定的，所以实现起来要容易一些。

1. 基本原理

与分页存储管理方式一样，首先要将进程空间分成长度相等的页，这些页全部保存在磁盘之类的外部存储器中。当该进程需要执行时，系统将进程中的一些页装入内存，进入内存的页是进程执行中马上就要使用的页。如果在进程执行过程中发现所需的某个页不在内存中，则要产生一个缺页中断，申请将该页由辅存调入内存。

请求分页管理中的页有些是保存在内存中的，有些是驻留在辅存的，所以系统必须能够区分目前哪些页在内存，哪些页在辅存。为了获得这些信息，我们要扩充分页存储管理中的基本数据结构——页表的内容，增加若干项，以完成由逻辑地址向物理地址的转换。扩充后的页表结构如图 4-38 所示。

页号	页框号	驻留标志	辅存地址	其他标志

图 4-38　请求分页虚拟存储管理的页表

页号和页框号与分页存储管理中页表的对应项含义相同，对新增项说明如下。

(1) 驻留标志。又称为页失效中断位，用于指明该页是否已在内存。系统访问某页时，如果该状态位为 1，则表示该页已在内存；如果该位为 0，说明它不在内存，则要产生一个缺页中断，系统会利用置换算法，将其调入内存。

(2) 辅存地址。指出该页在辅存上的地址，通常是物理块号，用来供调入该页时使用。

(3) 其他标志。通常包括修改位、访问字段和保护权限位，用来对页实施各种控制。修改位主要是标志该页在调入内存后是否被修改，如果有修改，则由硬件设备自动填写，并且在写回到辅存时，替换原先保存的副本；否则，就不用再将该页写回辅存。访问字段用于记录该页在一段时间内，被访问的次数，供进行页面置换时参考。保护权限位则说明该页允许什么类型的访问，例如可读/写、只读、可执行等。

2. 地址转换过程

请求分页存储管理系统的地址转换机构，是在分页存储管理的地址转换机构基础上发展而来的。为了适应虚拟存储器的需要，增加了页面置换、缺页中断产生和处理等功能，下面先讨论缺页中断产生的方法。

(1) 缺页中断。

如果一个进程想要访问一个不在内存中的页，也就是说该页的驻留标志为“0”会发生缺页中断。缺页中断是一种特殊的中断形式，与一般中断有所不同。

- 在指令执行期间产生和处理中断信号。通常 CPU 都是在一条指令执行完后检查是否有中断请求到达。如果有便去响应，否则执行下一条指令。然而缺页中断是在指令执行期间，发现所要访问的指令或数据不在内存时产生和处理的。
- 一条指令在执行时，可能产生多次缺页中断。例如，执行 copy A to B 指令，该指令本身跨了两页，而数据 A 和 B 又分别跨了两页，则执行该指令时就会产生 6 次缺页中断。有时多级页表结构中，页表也是动态调入的，地址转换后就可能出现页表的缺页中断，最后才产生所要访问页的缺页中断。

(2) 硬件结构。

为了提高系统的存取效率，目前多数系统采用带有快表的地址转换机构，如图 4-39 所示。在这个地址转换机构中，最重要的是 MMU，它完成地址转换、缺页处理和页面置换的核心操作。其中页面置换主要由软件实施它的淘汰策略，而地址转换和缺页处理则要配合硬件操作。在请求分页存储管理中，希望虚拟存储器能够达到近似内存的访问速度，所以应该尽量减少对内存的访问次数，这里使用到两个寄存器。

➢ 页表基址寄存器：在进程切换时，系统从 PCB 中取出该进程的页表起始地址装入页表基址寄存器。

➢ 联想寄存器：就是快表，用于保存进程页表中的部分表项。

图 4-39 中虚线框内是地址转换时的核心部件 MMU，从中可以看出地址转换过程如下。

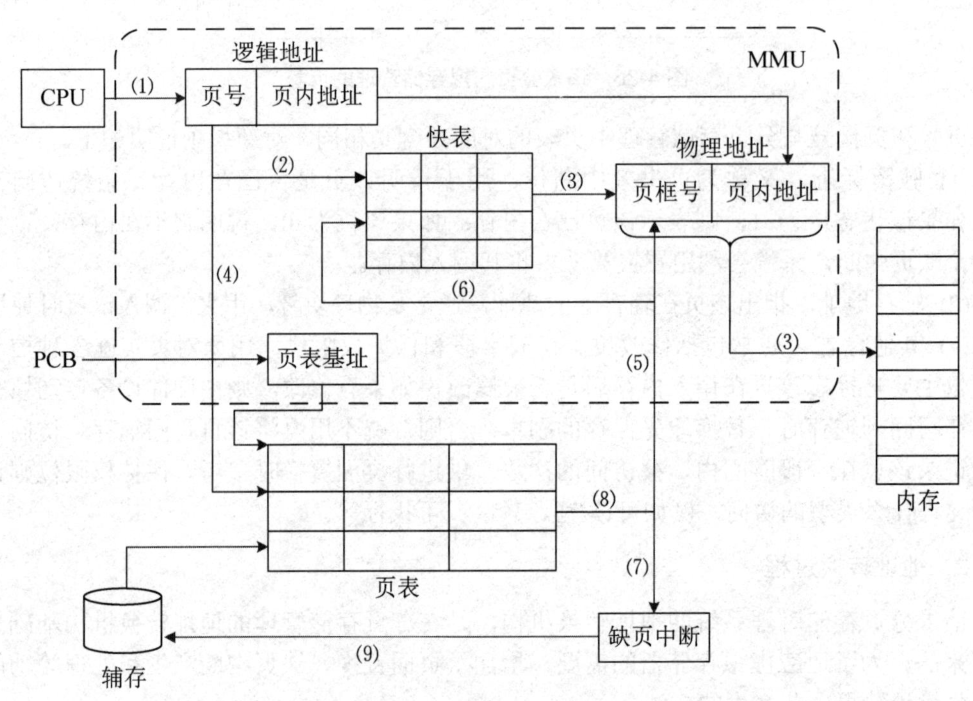

图 4-39　请求分页虚拟存储管理的地址转换

[第 1 步]：系统将进程中的某个虚拟地址传送给 CPU，CPU 将这个地址分解成两部分：页号和页内地址。

[第 2 步]：以页号为索引查找快表。

[第 3 步]：如果快表命中，则将查找到的页框号与逻辑地址中的页内地址组合成物理地址，系统按这个物理地址访问内存。

[第 4 步]：如果快表失误，则 MMU 立即从页表基址寄存器中取出页表地址，以页号为索引在页表中查找。

[第 5 步]：如果该页的驻留标志为"1"，说明它已经在内存中，则取出页框号与页内地址合并成物理地址，并访问该地址。

[第 6 步]：将页号和页框号的内容填入快表。

[第 7 步]：如果驻留标志为"0"，表明该页不在内存，MMU 将发出一个缺页中断，请求操作系统进行处理，这时 MMU 的工作结束。

[第 8 步]：页面置换程序按某种策略进行页面置换操作。

[第 9 步]：将该页从辅存装入内存，修改页表，并重新执行刚才因中断而停止的指令。

(3) 缺页中断处理过程。

缺页中断处理是请求分页存储管理中的重要功能，在系统发出缺页中断信号时，要及时保存当时被中断的进程状态，例如寄存器、状态位、程序计数器等信息，到中断处理完成后，再恢复中断前的状态。主要执行步骤如图 4-40 所示。

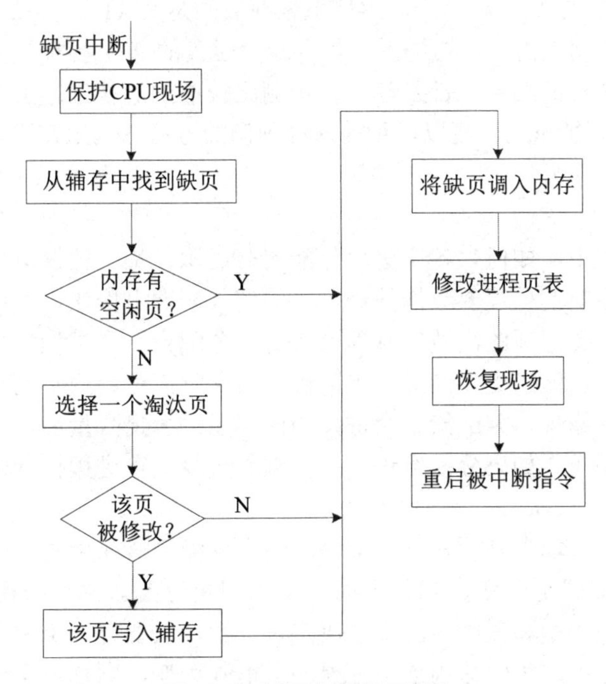

图 4-40　缺页中断处理过程

3. 页的分配和置换策略

(1) 最少页框数。

为了保证进程的顺利执行，系统必须为进程分配最少页框数。一个指令有多种寻址方法，这会直接影响系统的最少页框数。在直接寻址方式下，需要一个存储指令的页框，一个存放数据的页框。而在间接寻址方式中，至少需要三个页框，分别存放指令、数据地址和数据。

(2) 调页策略。

一个进程发生缺页中断时，在什么时间将缺页由辅存调入内存有两种方法：请求式调页和预调式调页。

请求式调页指在进程运行过程中要访问某部分程序或数据，但其所在页不在内存时系统会立即提出申请，将缺页调入内存。当执行进程的第一个指令时就会发生缺页中断，系统立即把需要的页调入内存后，继续执行下面的指令，但进程会不断出现缺页中断，根据程序局部性原理，大部分将要访问的页会陆续被装入内存，该进程的缺页率随之降低，之后进程就可以顺利执行了。这种方式实现起来比较简单，能保证即将被访问的页才会调入内存，所以现在大部分虚拟存储都采用这种方式。它的缺点是，每一次 I/O 操作只有一页被调入，系统要花大量时间处理缺页中断。

预调式调页又称先行调度，是一个页面在被访问之前就先将它调入内存，以降低系统的缺页中断次数。这种方法的关键是如何预测下面将要访问的页，尽量使得页在被访问之前已经调入内存。通常每个进程的页都会存放在辅存的连续空间内，根据程序局部性原理，相邻的页很快会先后被访问，所以可以一次调入顺序存储的该进程的若干页。例如，当前进程访问的是第 10 页，磁盘空间中接下来存放的是第 11 页、12 页和 13 页，系统可以将这三页同时预先调入内存，这样系统就会减少磁盘的 I/O 操作次数，节省大量存取时间。但是我们这些乐观的结果，都是建立在预测比较准确的基础之上，可实际应用中这种预调的准确性只有大约 50%，所以，目前这种预调的方法主要用在进程的首次调入，由程序员指定预调入的进程页。

(3) 分配策略。

在多道程序系统中，如何为各个进程分配内存资源，是一件很重要的事情。在地址转换过程中，对缺页中断的处理要频繁地进行页的调入和调出操作，所以要提高系统运行效率，就要尽量减少缺页中断的次数。从理论上看，分配给一个进程的页框数越多，缺页中断发生的次数就越少，但当更多的进程申请进入内存时，将会找不到空闲的页框分配。而且由于程序的局部性原理，分配给一个进程的内存超过一定数量后，不会明显地降低进程缺页中断的次数。相反，如果分配给进程的页框数越少，在进程执行中就越会频繁发生缺页中断。

请求式分页存储管理中有两种分配策略：固定分配策略和可变分配策略。如果进程生命周期中保持页框数固定不变，则称页面分配为固定分配。固定分配策略是在进程创建时，根据各个进程的类型和程序员的要求决定页框数，只要有一个缺页中断产生，进程就会有一页被替换。如果进程生命周期中分得的页框数可变，则称页面分配为可变分配。在进程执行的某一阶段缺页中断率较高，说明进程目前的程序局部性较差，系统可多分些页框以降低缺页率，反之说明程序目前的局部性较好，可以减少分给进程的页框数。固定分配策略缺少灵活性，相比之下，可变分配的性能更好一些，被许多操作系统所采用。采用可变分配策略的困难在于操作系统要经常监视活动进程的行为和进程缺页中断率的情况，这会增加操作系统的开销。

(4) 置换策略。

进行页面替换时可以采用全局置换(global allocation)或局部置换(local allocation)两种策略。全局置换是当一个进程要进行页面置换时，置换算法作用的范围是内存中的所有页框，而不用考虑该页框是属于哪个进程的，因此一个进程可以从其他进程获得页框。对于局部置换，置换算法的作用范围只限于该页框所属的进程，这样在这个进程的执行过程中，它的页框数是固定不变的。相比较而言，全局置换可以在一个进程执行时，根据整个内存页框的使用情况，随时调整进程的页框数，具有更好的性能。但系统如何不断地修改每个进程所分配的页框数，又是一个比较复杂的问题。局部置换算法只需要考虑何时给一个进程置换页框，所以算法实现起来比全局置换简单。常用的置换策略有以下三种。

➢ 通常局部置换是与固定分配相结合的，称为固定分配局部置换(fixed allocation local replacement)。当一个进程在运行中出现缺页中断，那么它只能从该进程驻留在内存的页中选择一页淘汰，再将缺页调入内存。这样整个进程运行期间，所有的页面置换都是在该进程占用的内存页中进行的，所以运行过程中页框数是不变的。这种置换策略的关键在于为每个进程分配的页框数难以确定。分配得过多，会导致内存容纳的进程数减少，造成系统资源的浪费；分配过少，又会造成进程运行期间的缺页中断次数增加。

- 将全局置换和可变分配结合起来，是一种使用较多的置换算法，称为可变分配全局置换(variable allocation global replacement)。它先为系统中的每一个进程分配一定数量的页框，然后操作系统自己保留若干空闲页框。当一个进程发生缺页中断时，从系统空闲页框中选择一个分配给该进程，并把缺页调入，这样产生缺页的进程的内存空间会越来越大，直到系统空闲区的内存全部分配完。这时再发生缺页，就要从内存中的任意进程中选择一个页框淘汰。所以，当系统空闲区没有使用完时，产生缺页中断的进程会不断获得内存空间，它的缺页中断次数就会降低；而当系统空闲区再没有可用空间时，出现缺页中断的进程要从其他进程获得存储空间，其他进程的内存页框数减少，可能导致其缺页中断次数增加。
- 可变分配局部置换(variable allocation local replacement)是将局部置换和可变分配相结合，由程序员按照进程的要求以及运行特点分配一定数量的页框，在产生缺页中断时，从分配给该进程的页框中选择一页进行替换。在进程运行期间，系统不时重新评价进程的分配状况，对于频繁发生缺页中断的进程将增加它的内存，而对于很少发生缺页中断的进程，则要适当减少它的页框数，以改善系统的整体性能。

(5) 固定分配算法。

虚拟存储在进程的运行过程中，将辅存存放的页部分地装入内存，那么究竟如何才能确定分配给每个进程的页框数呢？可采用以下几种方法。

①　平均分配。

将内存中可供使用的页框平均分配给所有进程。例如，内存中有 100 个页框，此时有 5 个进程正在运行，则每个进程被分配 20 个页框。这种方法没有考虑各个进程的大小，所以虽然简单，但并不实用。如果上例中某个进程只有 10 页，那么剩余的 10 个页框就浪费了。而另一个进程需要 50 个页框，这样在其运行过程中就会频繁发生缺页中断。

②　按进程长度分配。

这是对平均分配法的改进算法，即根据进程的长度按比例分配内存数量。假设系统中每个进程的页数是 s_i，则定义：

$$S=\sum s_i$$

如果内存空间总页框数是 m，能够分配给每个进程的页框数是 a_i，则

$$a_i=\lceil (s_i/S)\times m \rceil$$

a_i 必须大于最小页框数。

③　按进程优先级分配。

将内存空间分为两部分：一部分按进程长度给各个进程分配页框；另一部分根据进程的优先级适当地为每个进程增加一些内存空间。这样在实际应用中，那些重要的、紧迫的进程分配的内存要大一些，它们执行时发生缺页中断的可能性较低，更有利于它们顺利执行。

上面这几种内存分配方法都是静态分配，也就是在分配过程中没有考虑进程实际使用页框的动态特征，由于程序结构的差异，会造成进程对页框的需求也有很大不同。例如，一个含有循环语句的程序段，它的程序局部性特征比较突出；而对于含有多分支选择结构的程序段，它的程序局部性特征就要弱很多。即便是对同一进程，在运行的不同阶段对页框的需求也是不同的，所以内存的动态分配对系统的影响更大。

4．页面置换算法

发生缺页中断时，如果内存中已经没有空闲的页框，那么有几种解决的方法：首先，可以终止发生缺页中断的进程，但是如果这个进程很重要，那么终止进程运行将会影响到这个系统，所以这是一个不太可行的方法；另一种选择就是将内存中的某个进程调出，将它所占用的页框全部都空出来，但是这样会降低系统运行多道程序的并发度。最后一种则是利用页面置换(page replacement)，从某个进程中选择出一页将它淘汰，将目前需要的那一页加载到空闲出来的页框。操作系统把能够在某个进程发生缺页中断时，及时将一些不用的旧页面淘汰，装入新的页面的工作称为页面置换。

通常，一个操作系统页面置换算法的好坏会直接影响这个系统的访问速度，那么什么样的页面置换算法是好的算法呢？显然它应该有较低的页面置换频率，页面置换频率指页面置换发生的次数与进程执行所使用到的页数的比值。从定义可以看出，页面置换的实际问题，就是从内存中选择出将要被淘汰的页。理论上说，这页应该是那些以后不会再被访问的，或者是调出后近期内不会再被访问的页。实际上这个目标是难以完全实现的，我们下面介绍的这些算法只能尽量接近这个目标。如果被淘汰的页很快又要使用，则需将它重新调入内存；然后调入不久，又被淘汰，淘汰不久，又要调入。如此反复，将会使系统频繁地进行页的调入和调出，而不是执行计算任务，这种现象称为“抖动”(thrashing)或“颠簸”。一个好的置换算法，应该在进程执行期间尽量减少“抖动”的发生。而如果置换算法在淘汰页的选择上性能不佳，不只会增加页面置换的次数，系统执行的速度也会降低。下面介绍一些常用的页面置换算法。

(1) 最佳置换算法(optimal algorithm)。

最佳置换算法是1966年由Belady提出的一个理想的置换算法，又叫Belady算法，这种算法所选择的被淘汰页是以后不会再使用的，或是在最长时间内不再使用的页。对于固定分配方式，在所有页面置换算法中，最佳置换算法的缺页中断率是最低的，而且运行方式也很简单，所以是一种最理想的置换算法。但是由于要预测某页“将来”的访问情况，实际上，我们现在并没有办法精确地断言以后要使用的页，因而该算法也是不可能实现的，但是我们可以利用这个理论上的算法来评价其他算法的性能。

举例来说，假设进程可用的页框数目为3个，进程的逻辑内存分成5页，编号分别从0到4，其分页的页面引用字符串为：0、1、2、3、0、1、4、0、1、2、3、4。如图4-41所示，在进程开始的时候，因为分配给进程的页框均是空的，所以前3页使用分页(0、1、2)都会发生缺页中断(以P表示)，而填满所有的页框后，下一次使用分页(3)会替换掉第2页，因为在第5次和第6次分页的使用会用到第0页与第1页，而第2页会在第10次才被使用到。接着两次使用分页(0、1)，因为分页已经在内存中，所以没有发生缺页中断。下一次使用分页(4)，会替换掉第3页，因为在未来第0页与第1页会先被使用，所以不能替换出去。这样继续下去，最佳页面置换法只会产生 7 次缺页中断。

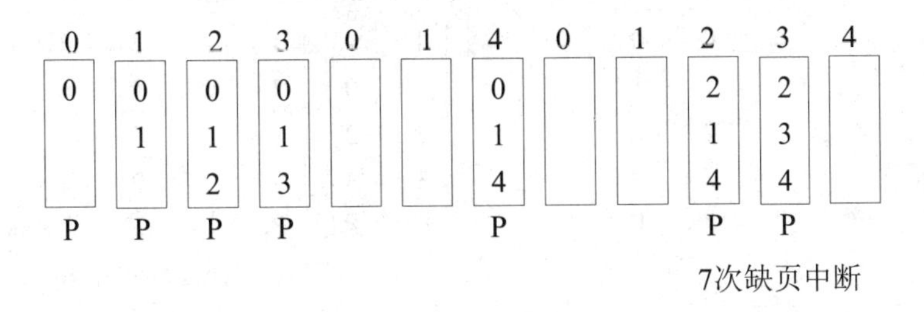

图 4-41 最佳置换算法

其实，对这个例子来说，7 次缺页中断已是所有算法中中断次数最少的。

(2) 先进先出置换算法(FIFO algorithm)。

最简单的页面置换算法就是先进先出(first in first out，FIFO)算法，当每次有新页需要调入内存时，总会淘汰最先调入内存的那一页，或者说是在内存中驻留时间最长的页。有两种实现的方法：第一种方法是每一页对应一个调入时间，记录每页被调入页框的时间，该时间可以设在内存中并由软件记录，有些系统为了提高效率，会专门设置在寄存器中由硬件记录。当每次需要换出某页时，会找出调入时间最早的一页，也就是在内存中存在最久的那一页。第二种方法是利用 FIFO 队列来实现，所有进入内存中的页按先后次序进入队列，当要进行页面置换时，就把队头记录的页面换出，再把要调入的缺页放到队列的末端。

举例来说，继续使用上一例子中的引用字符串，前 3 页使用分页(0、1、2)都会发生缺页中断(以 P 表示)，而填满所有的页框后，下一页的使用(3)会置换掉第 0 页，因为第 0 页是最先加载的分页，再下一页的使用(0)会置换掉第 1 页，因为第 1 页是目前待最久的分页，之后的两页使用(1、4)会置换掉第 2 页和第 3 页，再来的两个分页(0、1)，不会发生缺页中断，依这样的程序进行页面置换，最后会发生 9 次缺页中断，如图 4-42 所示。

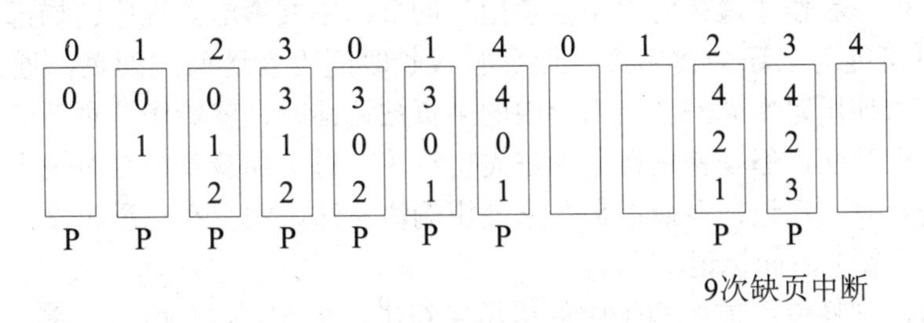

图 4-42 先进先出页面置换算法（一）

通常人们认为，对于同一进程，如果存储空间大了，也就是说分配给它的页框数大了，那么该进程的缺页中断率就应该降低，但是如果将上例中分配给进程的页框数目增加到 4 个，使用相同的页面引用字符串，如图 4-43 所示，结果 4 个页框所产生的缺页中断次数居然比 3 个页框产生的缺页中断次数还多，这种增加存储空间，反而引起缺页中断次数也增加的现象称为 Belady 反常情况。

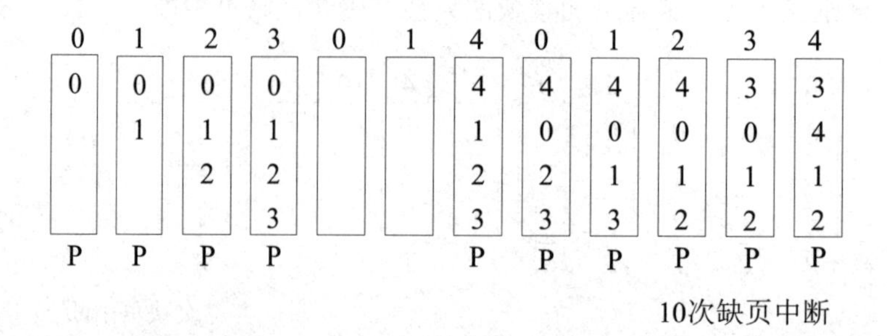

图 4-43　先进先出页面置换算法（二）

FIFO 置换算法的实现是假设 CPU 会按线性顺序访问地址空间，那么进入内存空间最早的页也看作是最长时间不会使用的页，所以最先被换掉。可实际上，CPU 并不是按线性顺序访问地址空间的，比如，程序中经常出现的循环语句，它们会不断地被使用到，如果采用 FIFO 算法，该语句所在页在经过一定时间后，就有可能变成驻留内存时间最长的页，而被作为淘汰页调出内存。随后不久可能又会使用到，必须重新调入。所以在 FIFO 算法中会出现 Belady 反常，就是因为没有考虑进程运行时页使用的动态特性。

(3) 第二次机会页面置换算法。

第二次机会(second chance)算法的含义是最先进入主存的页面，如果最近还在被访问的话仍然有机会像一个新调入页面一样留在主存中。其基本原理是把 FIFO 算法与页表中的“引用位”结合起来使用。当要选择一个置换页时检查其引用位，如果其值为 0，则直接置换该页。如果其引用位为 1，说明虽然它进入主存较早但最近仍在使用。于是将其引用位清 0，并把这个页面移到队尾，把它看成是一个新调入的页，给它第二次机会。

(4) 最近最久未使用置换算法(LRU algorithm)。

最佳置换算法不能实现是因为系统无法完全预知未来哪一页不会被使用到，最近最久未使用页面置换(least recently used，LRU)是个近似的最佳置换算法，它把页框中“最久未被使用”的页近似看作“最久将来不会使用”的页。主要考虑到程序的局部性原理，那些刚使用过的页可能马上还会使用到，而那些很长时间没有访问过的页，通常不会立即使用。最近最久未使用置换算法是当内存中的某页被访问时，就给予这页新的时间标记，这样很像先进先出算法，但是差别在于先进先出算法在每页加载到内存时记录了时间之后，就不会再改变其时间标记，而最近最久未使用淘汰算法，则会在进程再度使用某页时，重新给予该页一个新的时间标记。

举例说明，同样使用前面例子中的引用字符串，如图 4-44 所示，前三次使用页(0、1、2)会发生缺页中断，而填满所有的页框后，接下来对于第 3 页的使用，会替换掉第 0 页，因为第 0 页是页框中最久未被使用的页，接着下两次使用页(0、1)，会替换掉第 1 页与第 2 页，再下一分页使用(4)，会替换掉第 3 页，因为在之前进程所使用的页中，第 3 页比第 1 页、第 2 页更久未被进程使用，这样继续下去，最近最久未使用置换算法将会发生 10 次缺页中断。

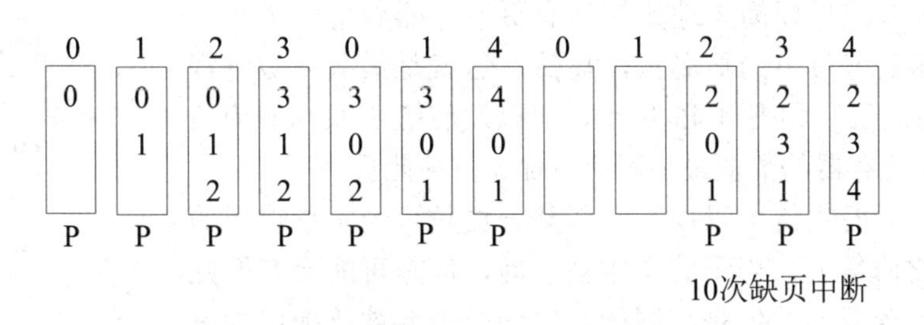

图 4-44　最近最久未使用页面置换算法

最近最久未使用置换算法作为一种通用的有效算法被操作系统、数据库管理系统和专门的文件系统广泛采用。但是这种算法所花费的系统代价却十分昂贵，为了要完整实现最近最久未使用置换算法，系统必须花大量时间用在“最久未使用”页的选择或维护上。因而很少计算机系统能够完整地实现，很多系统往往采用模拟的方法。

➢ 第一种模拟方法为每页增设一个访问时间计时器，每当某个进程访问该页时，时间计时器被设置为系统的绝对时钟，这样系统记录了内存中所有页的最后一次被访问时间。每次淘汰页时，比较所有页的时间计时器的值，选其值最小的页面淘汰，因为它是最“老”的未使用页面。

➢ 第二种模拟方法为每个页面增加一个计数器，又叫最不常使用页面替换算法(least frequently used，LFU)。每当进程访问一页后，就把该页计数器的值加 1。当发生缺页中断时，选择计数值最小的页面淘汰，并将所有计数器全部清 0。显然，它是在最近一段时间里最不常用的页面。由于一般存储器的访问速度非常快，例如 100 ns，在 1 ms 内可能对某页连续访问上万次，所以计数器的累加速度也很快，不能简单地用数字表示访问次数。通常是系统每经过一段时间，就将页的计数器的数值向右移动一个位，也就是除以二，形成按时间指数衰减的平均使用计数值。

➢ 第三种模拟方法通过设置标志位来实现，也叫最近没有使用页面替换算法(not recently used，NRU)。此方法给每页设置一个引用标志位，每次访问某一页时由硬件将该页的标志位置 1，隔一定的时间 t 将所有页的标志位都清 0。在发生缺页中断时，从标志位为 0 的那些页中选择一页淘汰，并将所有其他页的标志位清 0。这种实现方法开销小，但 t 的大小不易确定而且精确性差。t 大了，缺页中断时所有页的标志位均为 1；t 小了，缺页中断时，可能所有页的标志位均为“0”，很难挑选出应该淘汰的页面。

➢ 第四种模拟方法是系统为每页设置一个移位寄存器。最初，操作系统把所有页的寄存器都置为 0，当某页被访问后，其对应的寄存器最左边的那一位就被置为 1。每隔一段时间(可调整长度以减少额外开销)发出中断，操作系统会将移位寄存器右移一位。显然，这个寄存器中的值可以反映出该页“过去”的访问情况。例如，如果页寄存器是一个 8 位的字节，且其中存储着 00000000，那表示在过去的 8 次中断中此页没有被任何进程访问；相反地，若移位寄存器中存储着 11111111，那表示在过去的 8 次中断中，此页都被访问过。当发生缺页中断时，操作系统只要简单地比较所有页寄存器数值的大小，选择数值最小的页淘汰，显然，这就是最久未被进程使用的页。如图 4-45 所示，可以发现第 3 页所对应的移位寄存器的数值最小，所以优先替换此页。

移位寄存器的数值可以作为判断某一页是否经常被访问的标准，如果数值很大，表示此页常被访问，但是可能会有好几个页框移位寄存器的数值是相同的，它们是否要被替换出去，要看系统选用的方式，可以把数值相同的页全都替换出去，也可以利用先进先出的方法，把最先加载的页替换出去。移位寄存器的大小可以自行设定。

页	移位寄存器
0	01000100
1	00100110
2	10110010
3	00001110
4	01101010

图 4-45　最近最久近似算法

(5) 页面缓冲算法(page buffering algorithm)。

当进行页面置换的工作时，大致有几个步骤要做：把被置换的页移出内存并写回磁盘里，将要加载的页，由磁盘调入内存中，然后执行该页的程序或是访问数据。使用这种方法，必须先等待置换页写回磁盘后，才能进行后续的操作，但是事实上将页写回磁盘的操作，并不紧急，所以可以等到系统有空的时候再做，这样就产生了页面缓冲算法。

使用页面缓冲算法，首先要在内存空间分割出若干页框作为缓冲区，这些页框的地址可以是不连续的，它们以链表的形式链接在一起。如果需要将一新页由磁盘调入内存，会先从页缓冲区中选择一页，将要加载到内存的页，由磁盘加载到该页中，并且将该页从缓冲区链表中断开，并入内存页中，然后执行此页的程序或是访问数据。之后，再从内存中选择将要淘汰的页，将它写回磁盘中，再把这个页框链接到缓冲区中。这样如果在发生缺页中断时，该页还在缓冲区链表中，说明该页没有被重新加载新页，可将它重新并入内存，进程就能很快地继续执行，如图 4-46 所示。

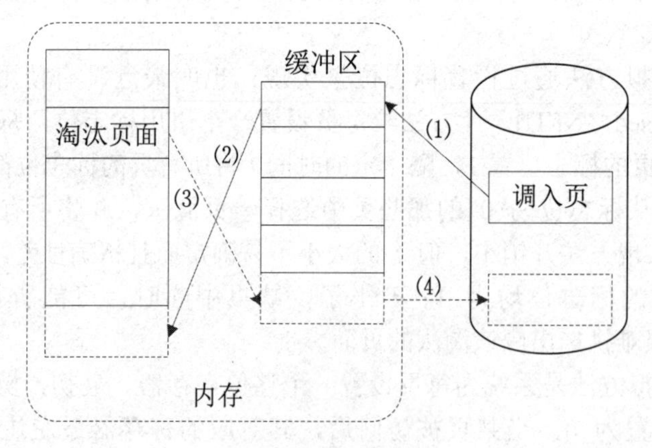

图 4-46　页面缓冲算法

4.5.3　请求分段虚拟存储管理

请求分段虚拟存储管理的基本思想与请求分页虚拟存储管理相似，只是将进程分页改为进程分段。也就是说在进程运行前将其若干段调入内存，其他段继续驻留在磁盘。进程

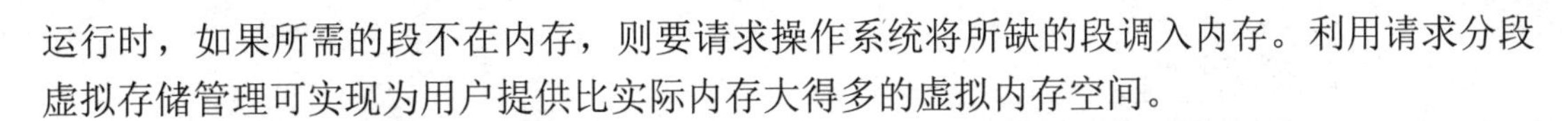

运行时，如果所需的段不在内存，则要请求操作系统将所缺的段调入内存。利用请求分段虚拟存储管理可实现为用户提供比实际内存大得多的虚拟内存空间。

1. 地址转换

与分段存储管理一样，请求分段虚拟存储也需要用段表来指示各段的分配情况，由于进程中不是所有段都在内存，所以要在段表中增加若干项，以标记各段的使用情况。表 4-2 给出了分段虚拟存储中的段表。

表 4-2　请求分段虚拟存储管理的段表结构

段号	段长	起始地址	存储权限	扩充位	修改位	存在位	辅存地址

- 存储权限：标记该段的存储属性是可执行、可读或可写。
- 扩充位：这是请求分段存储管理中的特殊项，用来表示该段在运行过程中是否可以进行动态增长。
- 修改位：表示该段进入内存后是否被修改过。
- 存在位：表示该段是否已调入内存。
- 辅存地址：该段在辅存中的起始地址，实际是该段所在的块号。

请求分段虚拟存储中的地址变换过程类似于分段存储管理的地址变换过程，当进程要访问某段时，先到该进程的段表中查找对应段的分配情况。如果该段已经在内存中，则处理方式与分段存储管理相同；如果该段不在内存中，则系统会产生缺段中断，然后将该段从磁盘调入内存，并修改段表的相应项，再进行地址的转换。

其中缺段中断的处理过程是整个地址转换的关键步骤之一。当系统发出缺段中断后，立即到内存分配表中查找一个足够大的连续存储空间，用来存放该段。如果内存中没有一个足够大的连续空间能够存放该段，则系统有两种处理方法：如果内存中的空闲空间总和大于该段所占的空间，则可将这些空闲空间合并组成一个大的空间，存放需要调入的段；如果内存的空闲空间总和也不能满足该段的存放要求，就要采用与分页虚拟存储相似的方法，从内存中选择一个甚至几个段调出内存，再将该段装入，如图 4-47 所示。

在段表中有一项是分段虚拟存储所特有的，即扩充位。这是因为只有在分段虚拟存储中，段的大小才可以在进程运行中进行扩充。实际上，由于处理数据的需要而在进程运行中增加数据空间的情况经常出现，比如，某个链表在执行期间因预分配的空间用完而要求扩大段长。它允许用户在段中使用超出段长的地址空间，这时系统会产生一个越界中断。在处理越界中断时，先检查该段段表的可扩充位。如果该段是不可扩充的，那么系统只能发出一个错误信息，并终止进程的运行；如果可扩充位显示该段是可扩充的，则向后增加段的空间并修改相应段表项。在扩充段时，有可能出现该段的相邻空闲空间大小不够段的扩充要求，这时就需要通过移动空闲空间，或调出一个段来获得足够大小的扩充空间。

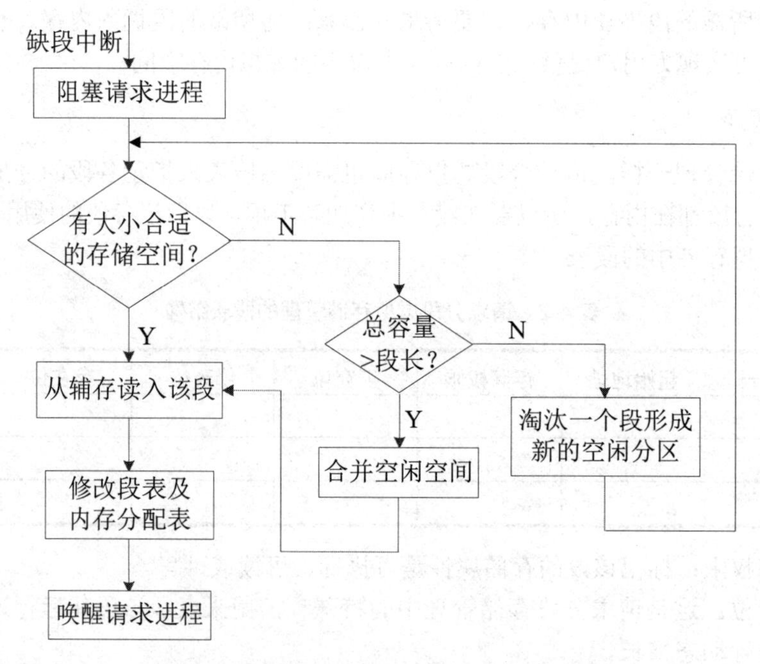

图 4-47　请求分段虚拟存储的中断处理过程

2. 段的共享

利用分段结构系统可以很容易地实现共享，这时需要系统建立一张共享段表，用来统一管理共享段的使用情况。在段表结构中除了记录共享段的段长、起始地址、状态等信息外，还要记录共享该段的各个进程的情况，如图 4-48 所示。

<table>
<tr><td>段名</td><td>段长</td><td>起始地址</td><td>状态</td><td>辅存地址</td></tr>
<tr><td colspan="5">共享进程计数</td></tr>
<tr><td>进程名</td><td>状态</td><td>段号</td><td colspan="2">存取控制</td></tr>
</table>

图 4-48　请求分段虚拟存储管理的段表结构

共享段表包含两部分表项：第一部分与一般段表相似，包含有段名、段长、段在内存的起始地址、状态、段在辅存的起始地址。第二部分包括共享该段的进程总数、进程名、状态、段号和存取控制，这主要是为了记录共享段的共享情况而设置的。

- 共享进程计数：记录共享该段的进程总数。
- 进程名：共享该段的进程的名字。
- 段号：对于同一个共享段，不同的进程可以使用不同的段号去共享该段。
- 存取控制：一个共享段，可以给不同的进程以不同的权限。

由于共享段是供多个进程公用的，所以对它的分配和回收与其他段的分配和回收不相同。在分配共享段的内存时，对第一个请求使用该共享段的进程，由系统为该共享段分配内存空间，再将共享段调入该区域。同时将共享段内存区起始地址填入共享段表中对应项的内存始址，然后在共享段表中增加一表项，共享进程个数计数器置 1，修改状态位为 1，填写使用该共享段进程的相关信息，如它的进程名、段号、存取控制等。随后，如果又有其他进程要调用该共享段，则只需在调用进程的段表中增加一表项，填入该共享段的物理地址；在共享段的段表中，填入调用进程名、存取控制等，并将共享进程计数加 1。

而当某个进程不再使用共享段的时候，要释放共享段，主要是要将共享段表中的相关表项删除，同时将共享进程计数减 1。如果共享进程计数为 0，说明已经没有进程再使用该段，那么要删除该段在共享段表中的表项，并由系统回收共享段所占用的存储空间。

3. 段的保护

在分段系统中，由于每段在逻辑上是独立的，因此比较容易实现段的保护。在每个段表中设置一个表示段长的表项，段表寄存器中也存放段长信息。在访问某段时，系统先将指令的逻辑地址中的段号与段表长度进行比较，如果段号大于或等于段表长度，将会发出地址越界的中断信号，以保证每个进程只能在自己的地址空间内运行。此外，在共享段表中还有一项是“存取控制”，用于限制各段的访问方式。通常对分段有三种访问方式：只读、只执行和可读/写。各个共享段在不同进程中的“存取控制”可以不相同，所以各共享段在使用前，系统必须将它的访问方式与“存取控制”相比较，以避免对共享段的非法访问。

4.5.4 请求段页式虚拟存储管理

请求段页式虚拟存储是把请求分页和请求分段技术结合起来的一种虚拟存储管理技术。请求段页式虚拟存储管理的动态地址转换机构由段表、页表和快表构成，当前运行作业的段表起始地址被操作系统置入段表控制寄存器，其动态地址转换过程如下。

(1) 从逻辑地址出发，先以段号 s 和页号 p 作索引去查快表，如果找到，那么立即获得页 p 的页框号 f，并与位移 d 一起拼装得到访问主存的实地址，从而完成了地址转换。

(2) 若查快表失败，就要通过段表和页表作地址转换了，用段号 s 作索引，找到相应表目，由此得到 s 段的页表起址 s′，再以 p 作索引得到 s 段 p 页对应的表目，得到页框号 f；这时一方面把 s 段 p 页和页框号 f 置换进快表，另一方面用 f 和 d 生成主存实地址，从而完成地址转换。

(3) 如查段表时，发现 s 段不在主存，产生“缺段中断”，则引起系统查找 s 段在辅存的位置，并将该段页表调入主存。

(4) 如查页表时，发现 s 段的 p 页不在主存，产生“缺页中断”，则引起系统查找 s 段 p 页在辅存的位置，并将该页调入主存，当主存已无空闲页框时，就会导致淘汰页面。

习 题 四

1. 什么是逻辑地址？什么是物理地址？
2. 地址转换的方法有几种？分别是什么？为什么要引入动态重定位？
3. 分区存储管理中常用的策略有几种？各自的特点是什么？
4. 什么是交换技术？什么是覆盖技术？
5. 简述下面几种管理方式中，各自的逻辑空间和物理空间的编址情况。

(1) 分页存储管理；

(2) 分段存储管理；

(3) 段页式存储管理。

6. 分页存储管理中，页是如何划分的？分段存储管理中，段是如何划分的？

7. 为何引入多级页表结构？多级页表是否会影响系统的速度？

8. 什么是反置页表？它的优点是什么？

9. 存储管理中会带来几种碎片？它们分别在什么情况下产生？是否可以完全消除？

10. 什么是虚拟存储器？其特点是什么？

11. 什么情况下会发生缺页中断？发生缺页中断时，操作系统会如何处理？

12. 颠簸现象产生的原因是什么？给出一个颠簸现象的例子。

13. 在请求分页虚拟存储管理中，进程的页框数和该进程执行时的缺页中断次数有必然关系吗？

14. 判断以下叙述的正确性。

(1) 分页存储管理中一个作业可以占用不连续的内存空间，而分段存储管理中一个作业则是占用连续的内存空间。

(2) 分段存储管理中的段由用户决定。

(3) 分段存储管理中每个段分配一个连续主存区。

(4) 分段存储管理中，段内地址是连续的，段间的地址也是连续的。

(5) 分段存储管理要有硬件地址转换机构做支撑，段表中的表项起到了基址/限长寄存器的作用。

(6) 段页式存储管理实现了分页存储管理和分段存储管理方式的优势互补。

15. 分页和分段存储管理方式的主要区别是什么？

16. 在请求分页存储管理系统中，什么时候为进程分配内存？分配的单位是什么？

17. 在可变分区储存管理下，按地址排列的内存空闲区为：10 KB、4 KB、20 KB、18 KB、7 KB、9 KB、12 KB 和 15 KB。对于下面的连续储存区请求：(1)12 KB、10 KB、9 KB，(2)12 KB、10 KB、15 KB、18 KB，使用首先适应算法、最佳适应算法、最坏适应算法和下次适应算法，分别是如何分配的？

18. 给定内存空闲分区，按地址从小到大为：100 KB、500 KB、200 KB、300 KB 和 600 KB。现有四个大小分别为 212 KB、417 KB、112 KB 和 426 KB 的用户进程依次进入系统。回答以下问题。

(1) 分别用首次适应、最佳适应和最坏适应算法时应将它们装入内存的哪个分区？

(2) 哪些算法适合该进程序列？

19. 某操作系统采用动态分区存储管理技术。操作系统在低地址占用了 100 KB 的空间，用户区主存从 100 KB 处开始占用 512 KB。初始时，用户区全部为空闲，分配时截取空闲分区的低地址部分作为已分配区。在执行以下申请、释放操作序列后：请求 300 KB、请求 100 KB、释放 300 KB、请求 150 KB、请求 50 KB、请求 90 KB，请回答下列问题。

(1) 采用首次适应算法时，主存中有哪些空闲分区？画出主存分布图，并指出空闲分区的首地址和大小。

(2) 采用最佳适应算法时，主存中有哪些空闲分区？画出主存分布图，并指出空闲分区的首地址和大小。

(3) 若随后又要请求 80 KB，针对上述两种情况产生什么后果？说明了什么问题？

20. 某分页管理系统的逻辑地址为 16 位，其中高 6 位为页号，低 10 位为页内偏移量，则在这样的地址结构中，请回答下列问题。

(1) 一页有多少个字节？

(2) 逻辑地址可有多少页？

(3) 一个作业最大的地址空间是多少字节？

21. 某系统采用分页存储管理方式，设计如下：页面大小为 4 KB，允许用户虚地址空间最大为 16 页，允许系统物理内存最多为 512 个内存块。试问该系统虚地址寄存器和物理地址寄存器的长度各是多少位？

22. 对于一个将页表存放在内存中的分页系统，请回答下列问题。

(1) 假设访问内存需要 0.2 μs，一个数据的有效访问时间是多少？

(2) 如果加一个快表，且假定在快表中找到页表项的命中率为 90%，则访问一个数据的有效时间是多少？(假定查找快表花费的时间为 0)

23. 假设采用分页法管理内存，访问 TLB 所需的时间为 50 ns，TLB 的命中率为 75%，访问内存的时间为 750 ns，那么内存有效的访问时间为多少？

24. 某计算机由 Cache、辅存来实现虚拟存储器。如果数据在 Cache 中，访问它需要 20 ns；如果在内存但不在 Cache 中，需要 60 ns 将其装入缓存，然后才能访问；如果不在内存而在辅存中，需要 12ms 将其读入内存，然后用 60 ns 再读入 Cache，然后才能访问。假设 Cache 命中率为 0.9，内存命中率为 0.6，则数据平均访问时间是多少？

25. 已知某分页系统，主存容量为 64 KB，页面大小为 1KB，对于一个 4 页的作业，其 0、1、2、3 页分别被分配到主存的 2、4、6、7 块中。

(1) 将十进制的逻辑地址 1023、2500、3500、4500 转换成物理地址。

(2) 以十进制的逻辑地址 1023 为例，画出地址转换过程。

26. 某虚拟存储器的用户空间共有 32 页，每页 1KB，内存 16 KB。假设某时刻系统为用户的第 0、1、2、3 页分别分配的物理块号为 5、10、4、7，试将虚拟地址 034DH、07BFH、0A58H、0C3EH 转换为物理地址。

27. 某虚拟存储器的用户编程空间共 32 页，每页 1KB，主存为 16 KB。假定某时刻用户页表中已调入主存的页号和物理块号为(0,3)、(1,8)、(2,10)、(3,6)，求出虚地址 0A5C 和 1A5C 对应的物理地址，若在内存中找不到对应的页面，会出现什么情况？

28. 回答以下问题。

(1) 一个 32 位计算机系统有主存 128 MB 和辅助存储器 10 GB，这个系统的虚拟地址空间是多少？

(2) 某请求分页存储管理中采用位示图技术，设主存有 16384 块，采用 32 位的 512 个字为位示图。若块号、字号和位号(从高位到低位)分别从 1、0、0 开始。试计算 5998 块对应的字号和位号；198 字的 20 位对应于哪一块？

29. 在一个分页存储管理系统中，页的大小为 2 KB。设主存容量为 512 KB，描述主存分配的位示图如下图所示，0 表示未分配，1 表示已分配。此时系统要将一个 9 KB 的作业装入内存，回答以下问题。

(1) 为作业分配内存后，给出该作业的页表(分配时首先分配内存的低地址端)。

(2) 分页存储管理有无碎片存在？若有，会存在什么碎片？为该作业分配内存后，会产生零头吗？如果产生，大小为多少？

(3) 若某系统采用分页存储管理，内存容量为 64 MB，也采用位示图管理内存，页面大小为 4 KB，则该位示图占用多大内存？

1	1	1	1	1	1	1	0	1	1	1	1	1	1	1	1
1	1	0	1	1	1	0	0	1	1	1	0	0	1	1	0
0	0	0	0	1	0	1	1	1	1	1	1	1	1	1	1
1	0	0	0	0	0	0	0	0	0	0	0	0	0	0	0
1	1	1	1	1	0	0	0	0	0	1	0	1	0	1	0
……															

30. 根据以下段表的内容：

段号	起始地址	长度
0	50 KB	10 KB
1	60 KB	3 KB
2	70 KB	5 KB
3	120 KB	8 KB
4	150 KB	4 KB

试写出下列逻辑地址分别对应的物理地址。

(1)(0，137 B)　　(2)(1，4000 B)　　(3)(2，3600 B)

(4)(3，652 B)　　(5)(4，4096 B)　　(6)(5，1200 B)

31. 现有一个作业，在段式存储管理的系统中已为主存分配建立了如下所示的段表。

段号	起始地址	段长
0	1760	680
1	1000	160
2	1560	200
3	2800	890

请回答下列问题。

(1) 段式存储管理如何完成重定位？

(2) 计算该作业访问(0,550)、(1,300)、(2,186)、(3,655)和(4,100)时的物理地址。

32. 假设有一个进程的分页使用如下顺序：1，2，3，4，2，1，5，6，2，1，2，3，7，6，3，2，1，2，3，6，如果此进程可以使用 4 个页面，当采用下列不同的置换算法时会分别产生几次缺页中断？

(1) 最佳置换算法；

(2) 先进先出置换算法；

(3) 最近最久未使用置换算法。

33. 考虑下述页面走向：4、3、2、1、4、3、5、4、3、2、1、5，当分配给该进程的内存块数为 3 和 4 时，请分别计算采用 OPT、FIFO 和 LRU 三种置换算法时的缺页中断次数并解释 FIFO 算法发生的抖动现象。

34. 在一个请求分页系统中，某程序在一个时间段内有如下的逻辑地址引用：12、351、190、90、430、30、550、482。假定内存中每块的大小为 100 B，系统分配给该作业 3 个内存块。请回答下面的问题。

(1) 对于以上的逻辑地址引用序列，给出其页面走向。

(2) 设程序开始运行时已装入 0 页。在先进先出页面置换算法和最近最久未使用页面置换算法下，分别画出每次访问时该程序的内存页面情况，并计算缺页中断次数和缺页中断率。

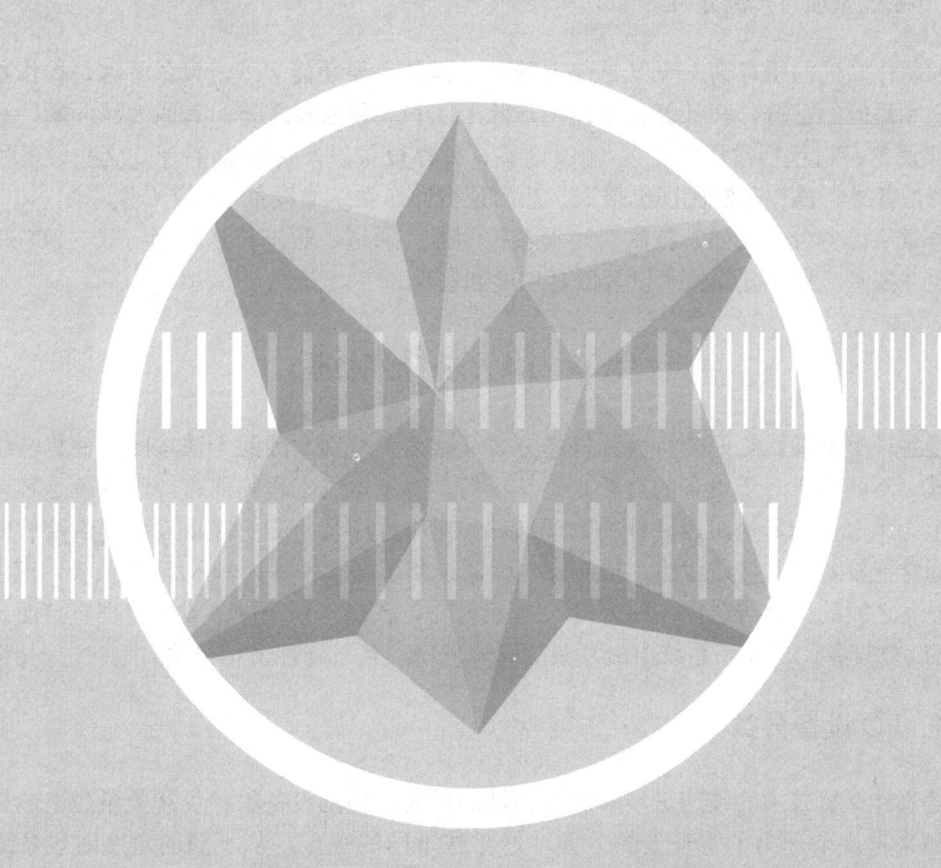

第5章

设备管理

控制计算机的所有输入/输出设备是操作系统的主要功能之一，设备管理是操作系统中最庞杂和琐碎的部分。在计算机系统中，除了 CPU 和内存之外，其他大部分硬件设备称为外部设备。它包括常用的输入/输出设备、外存设备以及终端设备等。这些设备种类繁多、特性各异、操作时的区别也很大，从而使得操作系统的设备管理十分复杂。

本章从设备分类开始，依次讲述设备控制器、通道、数据传送控制方式、I/O 软件层次、缓冲技术、设备分配技术以及磁盘调度和管理。

5.1 I/O 系统概述

设备种类繁杂，它们的特性和操作方式又有很大差别，因此无法按照一种算法统一进行管理。不同的人对于设备的理解是不一样的，对于电气工程师而言，设备就是芯片、导线、电源、电机和其他组成硬件的物理部件；对于程序员，则更注重设备提供给软件的接口。通常把设备及其接口线路、控制部件、通道和管理软件称为输入/输出系统，把主存和外围设备之间的信息传送操作称为输入/输出操作。在操作系统中，设备管理直接面向种类繁杂的 I/O 设备，是操作系统中最复杂的管理程序，且与硬件密切相关。

5.1.1 I/O 设备分类

随着计算机技术的飞速进步和应用领域的扩大，外围设备的种类和数量越来越多，结构也越来越复杂。为了管理上的方便，通常按不同的观点，从不同的角度对设备进行分类，基本上有以下几种主要的分类方法。

1. 按照信息交换的单位分类

按照信息交换的单位来分，设备可以分为字符设备(character device)和块设备(block device)。字符设备以字符为单位与内存进行信息交换，即一次交换一个或多个字节，输入型外围设备和输出型外围设备一般为字符设备，如键盘和打印机。字符设备的基本特征是：传输速率较低；不可寻址，即不能指定输入时的源地址及输出时的目的地址；在输入/输出时，常采用中断驱动方式，即每输入或输出一个字符就要中断一次主机 CPU 请求进行处理，故也将字符设备称为慢速设备。块设备以块为单位与内存进行信息交换，一次与内存交换一个或几个块的信息。所谓块是由连续信息所组成的一个区域，在不同的系统或系统的不同版本中，块的大小定义不同，但在一个具体的系统中，所有的块一旦选定都是一样大小，便于管理和控制，传送效率较高。存储型外围设备一般为块设备，典型的如磁盘。

这种分类方法并不完美，有些设备就没有包括进去。例如，时钟既不是块可寻址的，也不产生或接收字符流，还有内存映射的显示器。所以，常见的还有以下几种分类方法。

2. 按照输入/输出特性分类

按照输入/输出特性，设备可以分为输入设备、输出设备、通信设备和存储设备。输入/输出设备是将信息输送给计算机或者将计算机处理或加工好的信息输出的设备，如键盘、打印机、鼠标、扫描仪、显示器、绘图仪等。通信设备是集输入和输出为一体的设备，它可以将信息传输到另一个地方，例如串行端口和并行端口、红外发射机/接收机、无线网卡和网络适配器等。存储设备指计算机用来存储信息的设备，如磁盘、磁带等。存储型外围设备又可以划分为顺序存取存储设备和直接存取存储设备。顺序存取存储设备严格依赖信息的物理位置进行定位和读写，如磁带。直接存取存储设备的重要特性是存取任何一个物理块所需的时间几乎不依赖于此信息的位置，如磁盘。

3. 按照所属关系分类

从所属关系来分，设备可以分为系统设备和用户设备。系统设备指在操作系统生成时已经登记在系统中的设备，如键盘、鼠标、磁盘等。用户设备指在系统生成时未登记入系统的非标准设备，如扫描仪、绘图仪等。

4. 按照资源分配方式分类

从资源分配角度来分类，设备可以分为独占设备、共享设备和虚拟设备。独占设备在一段时间内只允许一个进程使用；共享设备在一段时间内允许多个进程同时访问；虚拟设备是指通过虚拟技术，将一台独占设备变换为共享设备供多个进程同时使用。

5. 按照传输速率分类

按传输速率，设备可以分为高速设备、中速设备和低速设备。高速设备指速率在每秒几十万个字节至数兆字节的设备，典型的如磁带机、磁盘机等；中速设备指速率在每秒数千个字节至数万个字节的设备，典型的如行式打印机、激光打印机等；低速设备指速率在每秒几个字节至数百个字节的设备，典型的如键盘、鼠标等。

不同设备的物理特性存在很大差异，其主要差别在于数据传输率、管理程序、控制的复杂度、数据编码方式、数据传输单位、出错条件以及错误的性质、形式、后果、应对措施等。这些差异使得不论从操作系统还是从用户角度，都难以获得一个规范的输入/输出解决方案。

5.1.2　设备控制器

一般而言，设备由两大部分组成：物理设备和电子部件，为了达到设计的模块性和通用性，一般将其分开。物理设备泛指输入输出设备中为执行所规定的操作必须有的物理装置，包括机械运动、光学变换、物理效应以及机电、光电或光机结合的各种有形的设备。电子部件称为设备控制器(device controller)或适配器(adapter)，是和计算机系统直接联系的电子部件，在个人计算机中，它常常是一块可以插入主板扩充槽的印刷电路板。之所以区分控制器和设备是因为操作系统基本上是与控制器打交道，而不是设备本身。

1. 设备控制器的组成

设备控制器是 CPU 与设备之间的接口，它既要和 CPU 通信，又要和设备通信，还要接收从 CPU 发来的命令去控制 I/O 设备操作，实现主存和设备之间的数据传输。因此，大部分设备控制器都由以下三部分组成。

(1) 设备控制器与处理机的接口。

大多数微型计算机的 CPU 和控制器之间的通信采用单总线模型，CPU 直接控制设备控制器进行输入/输出；而主机则采用多总线结构和通道方式，以提高 CPU 与输入/输出设备的并行程度。

用于实现 CPU 与设备控制器之间通信的信号线有三类：数据线、地址线和控制线。每个控制器都有一些用来与 CPU 通信的寄存器，在某些计算机上，这些寄存器占用内存地址的一部分，称为内存映像 I/O；另一些计算机则采用 I/O 专用地址，每个寄存器占用其中的一部分。设备的 I/O 地址分配由控制器上的 I/O 逻辑完成。数据线通常与控制器中的数据寄存器、控制寄存器、状态寄存器相连。寄存器用来接收设备传来的数据或状态信息，也接收从 CPU 传来的数据或控制信息，地址线和控制线与 I/O 逻辑相连。

除 I/O 端口外，许多控制器还通过中断通知 CPU 它们已经做好准备，寄存器可以读写。以 IBM 奔腾系列为例，它向 I/O 设备提供 15 条可用中断。

(2) 设备控制器与设备的接口。

一个设备控制器可以连接一台或多台设备，相应地在控制器中就有一个或多个设备接口，一个接口连接一台设备。在每个接口中都存在数据、控制、状态三种类型的信号。设备控制器中的 I/O 逻辑根据处理器发来的地址信号，去选择一个设备接口。

(3) I/O 逻辑。

设备控制器中的 I/O 逻辑用于实现对设备的控制。它通过一组控制线与处理机交互，处理机利用该逻辑向控制器发送 I/O 命令；I/O 逻辑对收到的命令进行译码。每当 CPU 要启动一个设备时，一方面将启动命令发送给控制器；另一方面又同时通过地址线把地址发送给控制器，由控制器的 I/O 逻辑对收到的地址进行译码，再根据所译出的命令对所选设备进行控制。

设备控制器的组成如图 5-1 所示。

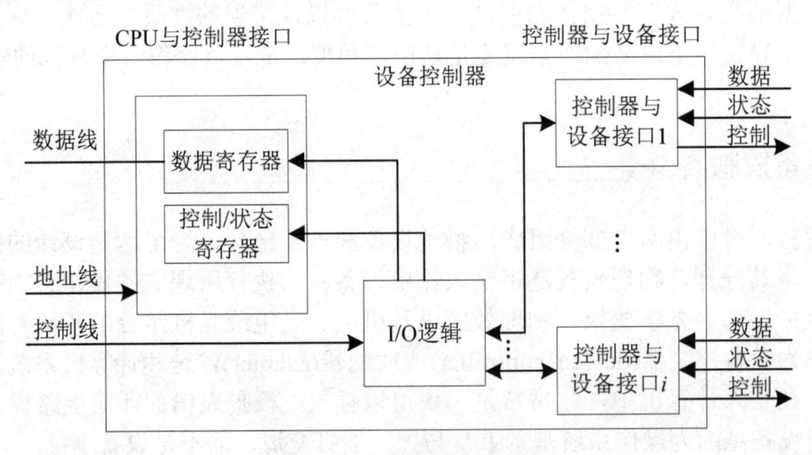

图 5-1　设备控制器的组成

2. 设备控制器的功能

设备控制器的主要功能如下。

(1) 接收和识别 CPU 或通道发来的命令。

CPU 可以向控制器发送多种不同的命令，设备控制器应该能接收并识别这些命令。控制器中有相应的控制寄存器，用来存放接收的命令和参数，并对所接收的命令进行译码。

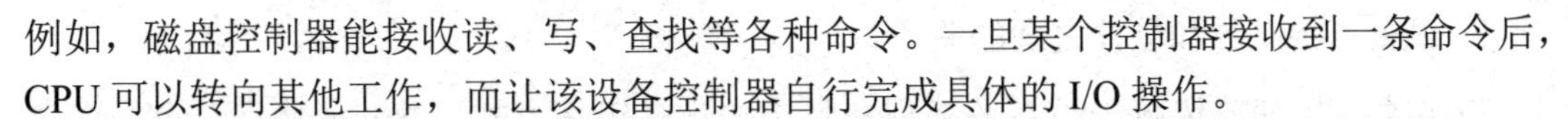

例如，磁盘控制器能接收读、写、查找等各种命令。一旦某个控制器接收到一条命令后，CPU 可以转向其他工作，而让该设备控制器自行完成具体的 I/O 操作。

(2) 实现数据交换。

数据交换包括 CPU 与控制器之间、设备与控制器之间的数据传输。前者通过数据总线或通道，在控制器和主存之间进行数据传输，由 CPU 并行地把数据写入控制器或从控制器中并行地读出数据；而后者是设备将数据输入控制器，或从控制器传送给设备。

(3) 发现和记录设备及自身的状态信息。

控制器应该记下设备的状态供 CPU 处理使用。例如，控制器中的状态寄存器的每一位反映一台设备的状态，只有当设备就绪时，CPU 才能启动控制器从设备读取数据或者向设备输出数据。

(4) 设备地址识别。

就像内存中的每一个单元都有一个地址一样，系统中的每一台设备也都有一个地址，设备控制器必须能识别出每台设备的地址。设备控制器中每个寄存器也有一个唯一的地址。表 5-1 给出了 PC 部分控制器的 I/O 地址。

表 5-1　PC 部分控制器的 I/O 地址、硬件中断和中断向量号

I/O 控制器	I/O 地址	硬件中断号	中断向量号
时钟	040—043	0	8
键盘	060—063	1	9
硬盘	1F0—1F7	14	118
软盘	3F0—3F7	6	14
LPT1	378—37F	7	15
COM1	3F8—3FF	4	12
COM2	2F8—2FF	3	11

(5) 数据缓冲。

由于 I/O 设备的速度较低而 CPU 和内存的速度较高，故在控制器中可以设置一个缓冲，以缓和 I/O 设备和 CPU、内存之间速度不匹配的矛盾。

(6) 差错控制。

设备控制器还兼管对 I/O 设备传来的数据进行差错检测。若发现传送中出现了错误，便将差错检测码置位，并向 CPU 报告，于是 CPU 将本次传来的数据作废，并重新进行一次传送，这样可以保证数据传送的正确性。

控制器与设备之间的接口是一种低层次的接口。例如，CRT 控制器是一个比特串行设备，它从内存中读取将要显示字符的字节流，然后产生用来调制 CRT 射线的信号，最后将结果显示在屏幕上。控制器还产生当水平方向扫描结束后的折返信号以及当整个屏幕被扫描后的垂直方向的折返信号。不难看出，如果没有控制器，这些复杂的操作必须由操作系统程序员自己编写程序来解决；而引入了控制器后，操作系统只需通过传递几个简单的参数就可以对控制器进行操作和初始化，从而大大简化了操作系统的设计，特别是有利于提高计算机系统和操作系统对各类控制器和设备的兼容性。

3. 设备、控制器和软件之间的关系

设备的操作细节依赖于设备的类型和特定的设备工作方式，每类设备可能包括从慢速、便宜的到快速、贵重的很多种设备，为了能正确地操纵这些设备，必须在设备控制器上提供接口，使得操作系统可以控制设备控制器。

设备控制器将设备与计算机的数据和地址总线相连。控制器提供了一组部件，可以通过 CPU 指令操纵这些部件来控制设备工作。虽然各个控制器的细节不同，但是每个控制器都提供相同的基本接口。作为资源抽象目标的一部分，操作系统隐藏了控制器之间的区别，使得所有类型的设备接口都一样。这样，即使不知道各个控制器的速度、容量和操作细节也可以使用设备。通过将设备控制器的操作抽象成操作系统中的一个高层定义，就达到了通用性，如图 5-2 所示。

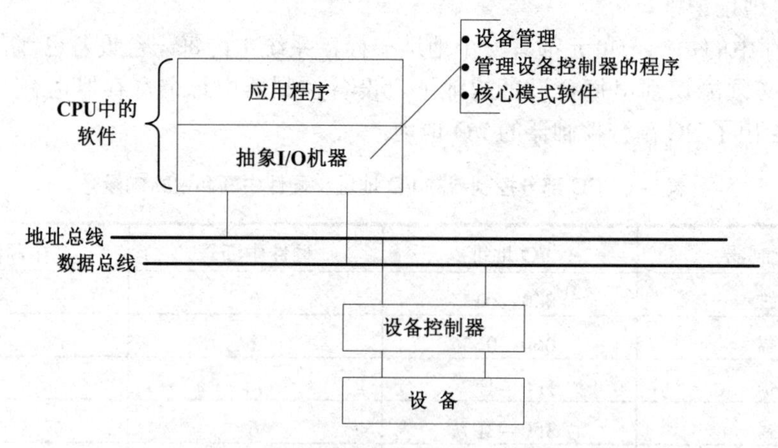

图 5-2　设备、控制器、软件之间的关系

操作系统设备驱动程序通过与设备控制器进行交互来管理设备，设备驱动程序通过为应用程序员提供一组通用的接口屏蔽了控制器管理的细节。设备控制器接口是硬件与硬件之间的接口，它的细节与特定设备相关，与操作系统无关。程序员使用高层定义实现的抽象 I/O 模型来为设备编写 I/O 代码，而无须知道这些设备的细节。

5.1.3　I/O 通道

虽然在 CPU 与设备之间增加了设备控制器，已能大大地减少 CPU 的干预，但当计算机配置的外设很多时，CPU 的负担仍然很重。为此，在许多计算机系统中配置有通道，其目的就是建立独立的 I/O 操作，使 CPU 从繁重的 I/O 操作中解放出来。

通道又称输入输出处理器，相当于一台小型的处理机，它接受主机的命令，独立执行通道程序，对外部设备的输入/输出操作进行管理和控制，完成主存储器和外围设备之间的成批数据传输。引入通道技术后，输入/输出操作过程如下：中央处理机在执行主程序时遇到输入/输出请求，则启动指定通道上的外围设备，一旦启动成功，通道开始控制外围设备进行操作。CPU 就可执行其他任务并与通道并行工作，直到输入/输出操作完成。当主机委托的 I/O 任务完成后，通道发出中断信号，请求 CPU 处理，CPU 停止当前工作，转向处理输入/输出操作结束事件。

通道和一般处理机不同，它结构简单，指令类型单一，主要是在 I/O 相关的指令。另外，通道没有自己的内存，它所执行的通道程序放在主机的内存中。

1. 通道与设备的连接

具有通道装置的计算机，主机、通道、控制器和设备之间采用四级连接，实施三级控制，如图 5-3 所示。第一级由 CPU 执行 I/O 命令，启动或停止通道运行，查询通道状态；第二级是在通道接收 CPU 的通道命令之后，由通道为其准备通道程序，向设备控制器发送命令；第三级由设备控制器根据通道发出的命令控制外设完成 I/O 操作。一个 CPU 可以连接若干通道，一个通道可以连接若干控制器，一个控制器可以连接若干台同类设备。CPU 执行输入/输出指令对通道实施控制，通道执行通道命令(channel command word，CCW)对控制器实施控制，控制器发出动作序列对设备进行控制，设备执行相应的输入/输出操作。

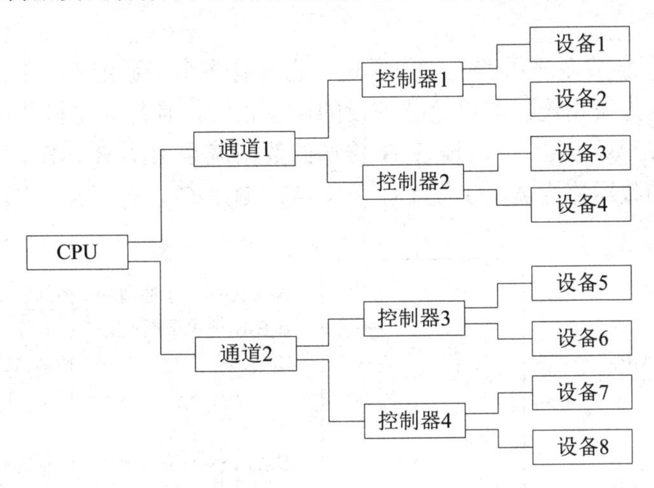

图 5-3　单通路 I/O 系统的三级连接结构

通道价格昂贵，致使计算机系统中所设置的通道数量不会很多。这样，当设备工作繁忙时，通道就成了 I/O 的瓶颈。解决问题的方法是采用多通路连接，即增加设备到主机之间的通路，而不增加通道或者控制器。换言之，就是将一台设备连接到多个控制器上，而一个控制器又被连到多个通道上，这样就构成了多通路 I/O 系统。如图 5-4 所示，设备 1、设备 2、设备 3、设备 4 都拥有通往主机的通路，既可以通过控制器 1、通道 1 到达主机，也可以通过控制器 2、通道 1 到达主机，等等。这种多通路的连接，不仅解决了瓶颈问题，而且提高了系统的可靠性，因为即使个别通道或控制器出现了故障，也不会使设备和主机之间没有了通路。

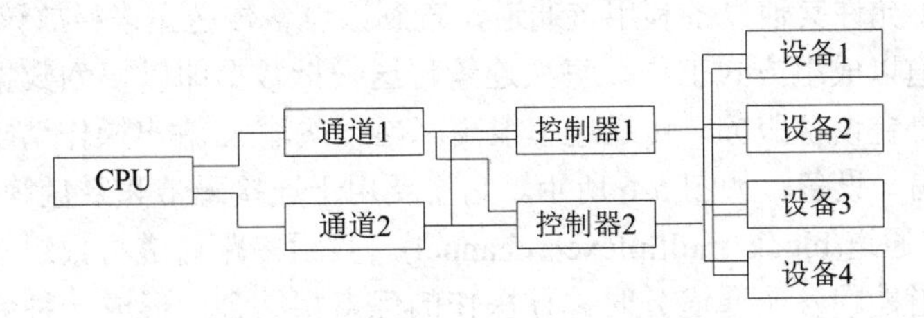

图 5-4　多通路 I/O 系统的三级连接结构

通道能与 CPU 并行地操作，所以外围设备和 CPU 之间、通道和通道之间、各通道上的外围设备之间就实现了并行操作，解决了输入/输出操作的独立性和各部件工作的并行性问题，达到了提高整个系统效率这一根本目的。

2. 通道的类型

按照信息交换方式和连接设备种类不同，通道可分为三种类型。

(1) 字节多路通道(byte multiplexer channel)。在这种通道中，含有几十个到数百个子通道，每个子通道连接一台 I/O 设备。这些子通道按时间片轮转的方式共享主通道，当第一个子通道控制其 I/O 设备完成一个字节的数据交换后，便立即腾出主通道让第二个子通道使用；当第二个子通道控制其 I/O 设备完成一个字节的数据交换后，便立即腾出主通道让给第三个子通道；依次类推，当所有的子通道轮转一圈后，重新又返回到第一个子通道去使用主通道。

图 5-5 给出了字节多路通道的工作原理，它含有多个子通道 A，B，C，…，N，分别通过控制器与一台外设相连，假设这些外设的速率相同，且都向主机传送数据，设备 A 传送的数据流是 A_1，A_2，A_3，…，设备 B 传送的数据流是 B_1，B_2，B_3，…，通过字节多路通道后送往主机的数据流为 A_1，B_1，C_1，…，A_2，B_2，C_2，…，A_3，B_3，C_3，…

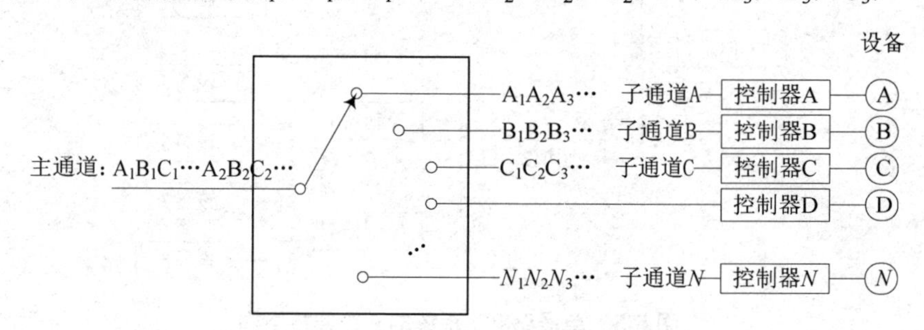

图 5-5 字节多路通道工作原理

字节多路通道以字节为单位交叉地工作，当为一台设备传送一个字节后，立即转去为下一台设备传送一个字节，主要用于连接慢速外围设备，如软盘输入输出机、纸带输入/输出机、卡片输入/输出机、控制台打字机等。在 IBM 370 系统中，这样的通道可接 256 台设备。

(2) 数组选择通道(blocked selector channel)。数组选择通道可以同时连接多台高速设备，但由于它只含有一个分配子通道，在一段时间内只能执行一个通道程序，控制一台设备进行数据传送，致使当某台设备占用了该通道后，便一直独占，即使没有数据传送，通道被闲置时，也不允许其他设备利用该通道，直到该设备传送完毕释放该通道。

数组选择通道以成组方式工作，每次连续传送一批数据即以块为数据传输单位，在同一段时间只能为一台设备服务，传送速率很高。当一次输入/输出操作请求完成后，再选择与通道相连接的另一设备，如图 5-6 所示。它主要用于连接磁带和磁盘等快速设备。

(3) 数组多路通道(block multiplexer channel)。数组多路通道将数组选择通道传输速度高和字节多路通道能使各子通道分时并行操作的优点相结合，形成一种新的通道。它含有多个非分配型子通道，使得多个通道程序在同一个通道系统中并行运行，每当执行完一条通道命令，它就转向另一通道程序。由于它在任一时刻只能为一台设备作数据传送服务，这类似于数组选择通道；但它不等整个通道程序执行结束就能执行另一设备的通道程序命令，这类似于字节多路通道。

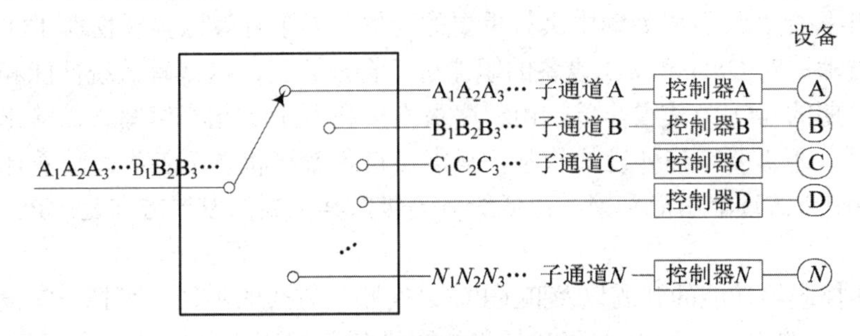

图 5-6　数组选择通道工作原理

数组多路通道的实质是对通道程序采用多道程序设计技术的硬件实现。该通道既具有很高的数据传输速率，又能获得令人满意的通道利用率，因而广泛地用于连接高速和中速设备。

对于磁盘这样的外围设备，虽然传输信息很快，但是移臂定位时间很长。如果接在字节多路通道上，那么通道很难承受这样高的传输率；如果接在数组选择通道上，那么磁盘臂移动花费的较长时间内，通道只能空等。数组多路通道可以解决这个矛盾，它先为一台设备执行一条通道命令，然后自动转换，为另一台设备执行一条通道命令。对于连接在数组多路通道上的若干台磁盘机，可以启动它们同时进行移臂，查找即将访问的柱面，然后，按次序交叉传输一批批信息，这样就避免了移臂操作时过长地占用通道。图 5-7 描述了 IBM 370 系统的结构，它包括上面三种类型的通道。

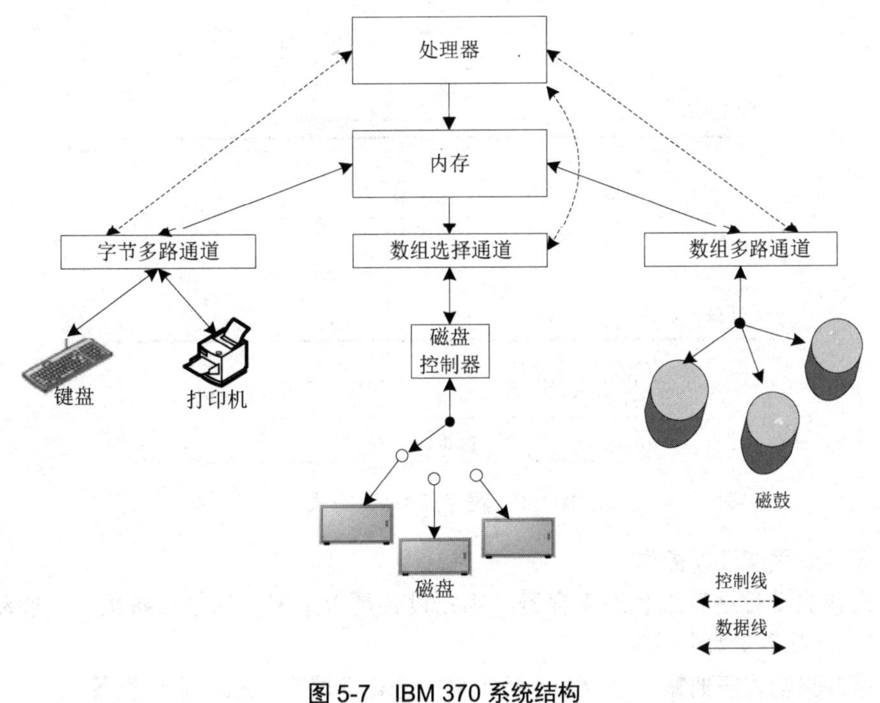

图 5-7　IBM 370 系统结构

5.2 I/O 控制方式

输入/输出控制在计算机处理中具有重要的地位，为了有效地实现物理 I/O 操作，必须通过软硬件技术，对 CPU 和 I/O 设备的职能进行合理分工，以调解系统性能和硬件成本之间的矛盾。早期的 I/O 方式很简单，由程序员直接利用 I/O 指令编写输入输出程序，直接控制数据传送，不需要查询外设的状态，只能在设备就绪状态下工作。随着计算机技术的发展，I/O 控制方式逐渐由简到繁，由低级到高级，其主要的发展方向是 CPU 与外围系统并行工作。

按照 I/O 控制器功能的强弱以及和 CPU 之间联系方式的不同，可把 I/O 设备控制方式分为四类，它们的主要差别在于 CPU 和外围设备并行工作的方式、并行工作的程度不同。CPU 和设备并行工作具有重要的意义，能大幅度提高计算机系统的效率和资源利用率。

5.2.1 程序直接控制方式

程序直接控制方式(programmed I/O)又称程序查询方式，在尚无中断的早期计算机系统中，输入/输出完全由 CPU 控制。在这种方式下，输入/输出指令或询问指令测试一台设备的忙闲标志位，决定主存储器和外围设备是否交换一个字节或一个字。每传送一个字节或一个字，CPU 都要循环地执行状态检查。

使用程序查询方式，CPU 上运行的现行程序从 I/O 设备读入一批数据的一般过程如图 5-8 所示。

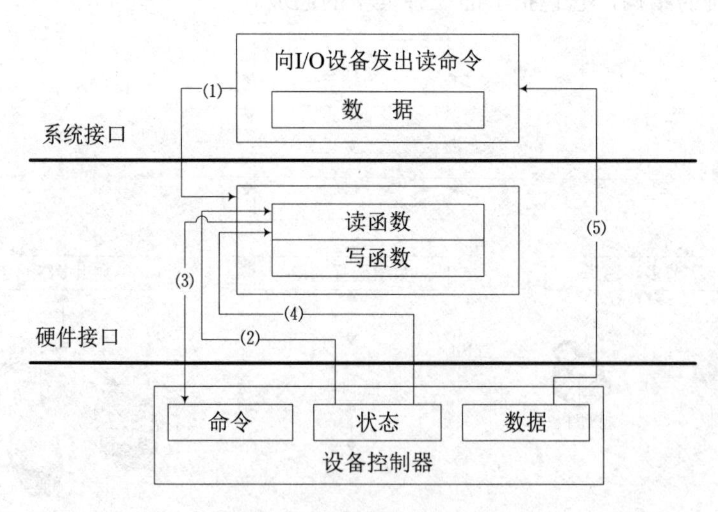

图 5-8　程序查询 I/O 方式

(1) 应用进程请求读操作。

(2) 设备驱动程序查询状态寄存器，确定设备是否空闲；如果设备忙，则驱动程序循环等待，直到设备变为空闲为止。

(3) 设备驱动程序把输入命令存入控制器命令寄存器中，从而启动设备。

(4) 设备驱动程序通过重复读取状态寄存器的值来等待设备完成操作。

(5) 设备驱动程序复制控制器数据寄存器的数据到用户进程空间。

在程序查询方式的读操作中，应用程序请求读，然后阻塞。驱动程序启动设备，然后持续检查设备的状态直到 I/O 操作完成。驱动程序完成数据传输，清理状态寄存器，并将控制权返回给应用程序。完成输出操作的过程与输入操作类似，在此不再赘述。

为了正确完成这种查询，通常要使用三类指令。

- 控制类指令：用于激活外设，并告之做何种操作。
- 测试类指令：用来测试 I/O 设备的各种状态，如查询设备是否就绪。
- 传送类指令：当设备就绪时，执行数据交换。

每个 I/O 操作都要求软硬件相互配合，协同操作来完成请求。在程序查询方式中，这种协同性是通过把与设备控制器硬件相互作用的软件部分，全部包含在设备驱动程序中来实现的。然而这种方法通常难以使 CPU 得到有效利用。因为由上述过程可见，一旦 CPU 启动 I/O 设备，便不断查询控制器状态寄存器而获得 I/O 的准备情况，终止了原程序的执行。当设备忙时，CPU 在反复查询过程中，浪费了宝贵的时间；另外，I/O 准备就绪后，CPU 参与数据的传送工作，此时 CPU 也不能执行原程序，可见 CPU 和 I/O 设备串行工作，使主机不能充分发挥效率，外围设备也不能得到合理使用，整个系统的效率很低。

5.2.2　中断驱动方式

中断技术的引入，是为了消除程序直接控制方式中设备驱动程序不断地轮询控制器状态寄存器的开销，从而进一步提高系统并行工作的程度。中断技术结合在硬件中实现，外围设备有了反映其状态的能力，仅当 I/O 操作正常或异常结束后，由设备控制器“自动地”通知设备驱动程序，这时才中断 CPU，实现了一定程度的并行操作，这就叫中断驱动方式(interrupt-driven I/O)，如图 5-9 所示。

在使用中断的系统中，执行输入指令的步骤如下。

(1) 应用进程请求读操作。

(2) 设备驱动程序查询状态寄存器，确定设备是否空闲；如果设备忙，则驱动程序等待，直到设备变为空闲为止。

(3) 设备驱动程序把输入命令存入控制器命令寄存器中，从而启动设备。

(4) 设备驱动程序根据操作情况将相应信息保存到设备状态表(device status table)中该设备对应的表项，如最初调用的返回地址，以及 I/O 操作的一些特定参数等。然后 CPU 就可以分配给其他进程使用了，即由设备管理系统调用进程调度程序选择新进程执行，原进程的执行被暂停。

(5) 设备完成了操作后请求中断 CPU，从而引起中断处理程序(interrupt handle)运行。

(6) 中断处理程序确定是哪个设备引起的中断，然后转移到对应的设备处理程序(device handle)执行。

(7) 设备处理程序重新从设备状态表中找到等待 I/O 操作完成的进程状态信息。

(8) 设备处理程序复制控制器数据寄存器的数据到用户进程空间。

(9) 中断处理程序将控制权返回给应用进程，从而继续运行。

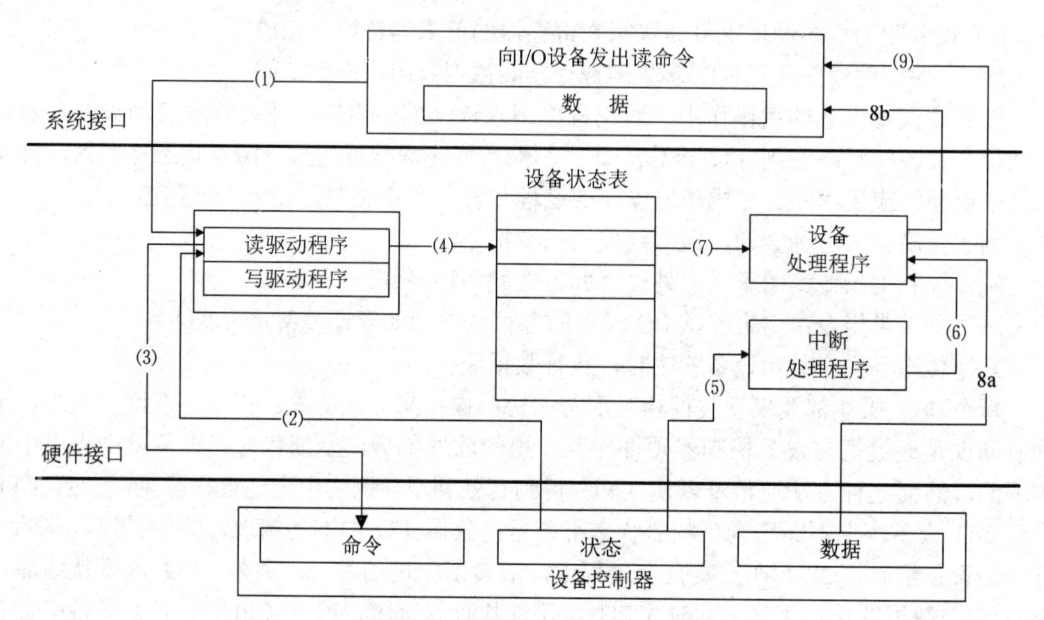

图 5-9 中断驱动的 I/O 方式

由于输入/输出操作直接由 CPU 控制，每传送一个字符或一个字，都要发生一次中断，因而仍然消耗大量 CPU 时间。例如，输入机每秒传送 1000 个字符，若每次中断处理平均花 100 μm，为了传输 1000 个字符，要发生 1000 次中断，所以，每秒内中断处理要花去约 100 ms。但是，程序中断方式 I/O 由于不必“忙式”查询 I/O 准备情况，CPU 和 I/O 设备可实现部分并行，与程序查询的串行工作方式相比，CPU 资源得到了较充分的利用。

5.2.3 DMA 控制方式

1. DMA 控制方式的引入

虽然程序中断方式消除了程序查询方式的“忙式”测试，提高了 CPU 的利用率，但是 CPU 在响应中断请求后，必须停止现行程序转入中断处理程序并参与数据传输操作。例如，要从键盘输入 1KB 的数据，就需要中断 1024 次 CPU。如果 I/O 设备能直接与主存交换数据而不占用 CPU，那么 CPU 的利用率还可提高，这就出现了直接存储器存取(direct memory access，DMA)方式。DMA 方式适用于具有 DMA 控制器的计算机系统，有时 DMA 控制器集成到硬盘控制器和其他控制器中，但这样的设计使得每个设备都需要有一个单独的 DMA 控制器，所以更加普遍的是由一个共用的 DMA 控制器来调控多个设备的数据传送，而这些数据传送经常是同时发生的。

无论 DMA 控制器在物理上处于何处，它都能够独立于 CPU 而访问系统总线。在 DMA 方式中，主存和 I/O 设备之间有一条数据通路，在主存和 I/O 设备之间进行成块传送数据的过程中，不需要 CPU 干预，实际操作由 DMA 直接执行完成。为此，DMA 至少需要以下逻辑部件。

(1) 内存地址寄存器：存放主存中需要交换数据的地址，DMA 传送前，由程序送入首地址，在 DMA 传送中，每交换一次数据，把地址寄存器内容加 1。

(2) 字(节)计数器：记录传送数据的总字数，每传送一个字(节)，字(节)计数器减 1。

(3) 数据缓冲寄存器或数据缓冲区：暂存每次传送的数据。DMA 与主存间采用字传送，DMA 与设备间可能是字或字节传送。所以，DMA 中还可能包括数据移位寄存器、字节计数器等硬件逻辑。为什么控制器从设备读到数据后不立即将其送入内存，而是需要一个内部缓冲区呢？原因是一旦设备开始输入数据，其传送比特流的速率是恒定的，不论控制器是否做好接收这些比特的准备。若此时控制器要将数据直接复制到内存中，则它必须在每个字传送完毕后获得对系统总线的控制权。如果由于其他设备争用总线，则只能等待。当上一个字还未送入内存前另一个字到达时，控制器只能另找一个地方暂存。如果总线非常忙，则控制器可能需要大量的信息暂存，而且要做大量的管理工作。从另一方面来看，如果采用内部缓冲区，则在 DMA 操作启动前不需要使用总线，这样控制器的设计就比较简单，因为从 DMA 到主存的传输对时间要求并不严格。

(4) 设备地址寄存器：存放 I/O 设备的地址信息，如磁盘的柱面号、磁道号、块号。

(5) 中断机制和控制逻辑：用于向 CPU 提出 I/O 中断请求和保存 CPU 发来的 I/O 命令及管理 DMA 的传送过程。

2. DMA 控制方式的工作原理

下面以磁盘读为例说明 DMA 的工作原理。在没有使用 DMA 时，控制器从磁盘驱动器以串行方式一位一位地读一个块，直到将整个块信息读到控制器内部缓冲区；接着计算校验和以保证没有读错误发生，然后控制器产生一个中断。当操作系统开始运行时，重复地从控制器的缓冲区中一次一个字节或一个字地读取该块信息，并将其存入内存。使用 DMA 时的工作过程如图 5-10 所示。

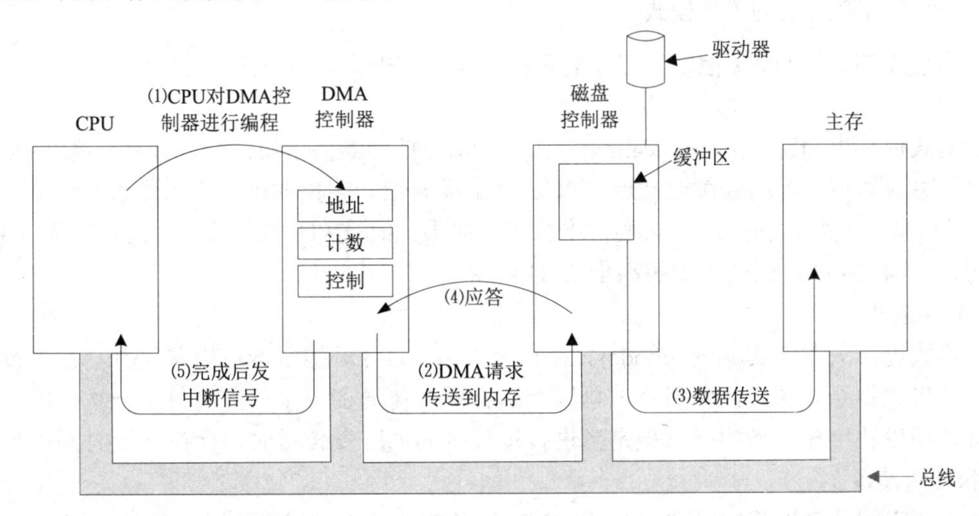

图 5-10　DMA 方式

(1) CPU 把一个 DMA 命令块写入内存，该命令块包含传送数据的源地址、目标地址和传送的字节数；CPU 把这个命令块写入 DMA 控制寄存器中。CPU 向磁盘控制器发送一个命令，让它把数据从磁盘读到内部缓冲区中并进行校验，然后 CPU 就去处理其他任务。当有效数据存入磁盘控制器的缓冲区后，DMA 控制器就开始直接存储器存取。

(2) DMA 控制器启动数据传送。通过总线，向磁盘控制器发送一个读盘请求，让它把数据传送到指定的内存单元。

(3) 磁盘控制器执行从内部缓冲区到指定内存的数据传送工作，一次传送一个字。

(4) 当把数据写入内存后，磁盘控制器通过总线向 DMA 控制器发一个回答信号。

(5) DMA 控制器把内存地址增 1，并且减少字节计数。如果该计数值仍大于 0，则重复执行上述第(2)至(4)步，直到计数值为 0。此时，DMA 控制器中断 CPU，告诉 CPU 传送已经完成。

DMA 不仅设有中断机构，而且还增加了 DMA 传输控制机构。若出现 DMA 与 CPU 同时经总线访问主存，CPU 总是把总线占有权让给 DMA，DMA 的这种占有称为“周期窃用”，窃取的时间一般为一个存取周期，让设备和主存之间交换数据。在 DMA 周期窃取期间，不仅不需要 CPU 干预，同时 CPU 还能做其他运算操作。这样可减轻 CPU 的负担，每次传送数据时，不必进入中断系统，进一步提高了 CPU 的资源利用率。

由上可以看出，DMA 方式具有以下四个特点。

- 数据在内存和设备之间直接传送，传送过程中不需要 CPU 干预。
- 仅在一个数据块传送结束后，DMA 控制器才向 CPU 发送中断请求。
- 数据的传送控制工作完全由 DMA 控制器完成，速度快，适用于高速设备的数据成组传送。
- 在数据传送过程中，CPU 与外设并行工作，提高了系统效率。

可以看出，DMA 方式与中断方式相比，大大减少了 CPU 对 I/O 控制的干预，因此，DMA 传送的基本思想是用硬件机构实现中断服务程序所要完成的功能。

3. DMA 控制方式的工作模式

许多总线都支持 DMA 控制器工作的两种模式：字模式和块模式。

(1) 字模式。

字模式也称周期窃取(cycle stealing)，因为 DMA 控制器偶尔偷偷溜入并从 CPU 偷走一个临时的总线周期，因而轻微地延迟 CPU。如上面介绍，字模式每次请求传送一个字，在 DMA 控制器启动数据传送时，它要占用总线。如果此时 CPU 也想要占用总线，则 CPU 必须等待，因为 I/O 访问的优先级高于 CPU 访问。

(2) 块模式。

块模式也称突发模式(burst mode)。在该模式下，DMA 控制器占用总线时，命令设备发送一连串数据予以传送，然后释放总线。这种模式传送多个字只需要付出一次占用总线的时间，所以比字模式效率高，但是当进行很长时间的阵发传送时，会在一段时间内封锁 CPU 和其他设备。

并非所有的计算机都使用 DMA，当 I/O 设备的速度不构成瓶颈时，CPU 完全可以更快地完成这项工作。特别对于个人计算机来说，让 CPU 总是被迫等待慢速的 DMA 控制器是完全没有意义的，同时省去 DMA 控制器还可以节省一些硬件成本。目前在小型、微型机中的快速设备均采用这种方式。DMA 方式线路简单，价格低廉，但功能较差，不能满足复杂的 I/O 要求。因此，为使 CPU 摆脱繁忙的 I/O 事务，现在大中型计算机都设置了专门处理 I/O 操作的机构，这就是通道。

5.2.4　通道控制方式

1. 通道方式的引入

DMA 方式与程序中断方式相比，减少了 CPU 对 I/O 的干预，已经从以字(字节)为单位的干预减少到以数据块为单位的干预。而且，每次 CPU 干预时，并不要做数据复制，仅仅需要发一条启动 I/O 指令，以及完成 I/O 结束时的中断处理。但是，每发出一次 I/O 指令，只能读写一个数据块，如果用户希望一次读写多个离散的数据块，并把它们传送到不同的内存区域或相反方向传送时，则需要由 CPU 分别发出多条启动 I/O 指令并进行多次 I/O 中断处理才能完成。

通道方式是 DMA 方式的发展，它进一步将 CPU 对 I/O 的操作及有关管理和控制的干预减少到以多个数据块为单位的干预，通道的出现是现代计算机系统功能不断完善、性能不断提高的结果。例如，当 CPU 要完成一组相关数据块的读(写)操作时，只需要向通道发出一条 I/O 指令，给出所要执行的通道处理程序的地址和要访问的 I/O 设备，通道接到该指令后，通过执行通道处理程序便可完成 CPU 指定的 I/O 任务。

2. 通道指令

通道方式通过通道处理程序与设备控制器共同实现对 I/O 设备的控制。通道处理程序是由一系列通道指令构成的。通道指令在进程要求数据输入/输出时自动生成。通道指令的格式一般由操作码、计数器、内存地址和结束位构成。

- 操作码，规定了指令所要执行的操作，如读、写、控制等。
- 计数器，表示本条指令要读(写)数据的字节数。
- 内存地址，标识数据要送入的内存地址或从内存何处取出数据。
- 通道程序结束位 P，表示通道程序是否结束。P=1 表示本条指令是通道程序的最后一条指令。
- 记录结束位 R，R=0 表示本条通道指令与下一条通道指令所处理的数据属于一个记录；R=1 表示该指令处理的数据是最后一条记录。

通道指令的一般形式为：

操作码	P	R	计数器	内存地址

例如，下面是三条通道指令：

write	0	0	250	1850
write	0	1	60	5830
write	1	1	280	790

前两条指令分别将数据写入内存地址以 1850 开始的 250 个单元和内存地址以 5830 开始的 60 个单元，这两条指令构成一条记录。第三条指令单独写一个具有 280 个字节的记录，要写入的内存地址是 790。

3. 通道方式处理过程

(1) 当进程要求设备输入数据时，CPU 发出启动指令，指明要进行的 I/O 操作、使用设备的设备号和对应的通道，并自动生成通道程序。

(2) 通道接收到 CPU 发来的启动指令后，把存放在内存的通道处理程序取出，开始执行通道指令。

(3) 执行一条通道指令，设置对应设备控制器中的控制状态寄存器。

(4) 设备根据通道指令的要求，把数据送往内存指定区域，如果本指令不是通道处理程序的最后一条指令，取下一条通道指令，并转到步骤(3)继续执行；否则执行步骤(5)。

(5) 通道处理程序执行结束，通道向 CPU 发中断信号请求 CPU 做中断处理。

(6) CPU 接到中断处理信号后进行善后处理，然后返回被中断进程继续执行。

5.3 I/O 软件层次

I/O 设备管理软件的设计水平决定了设备管理的效率。I/O 软件的总体设计目标是高效率和通用性，高效率就是要改善 I/O 设备的利用率，通用性则意味着用统一标准的方法来管理所有设备。I/O 设备管理软件结构的基本思想是层次化，也就是把设备管理软件组织成为一系列的层次。较低层的软件与硬件相关，用来屏蔽硬件的具体细节，它把硬件与较高层次的软件隔离开来，使得较高层的软件独立于硬件。高层软件则主要向用户提供一个简洁、规范的界面。通常，I/O 软件设计时主要考虑以下问题。

(1) 设备无关性(device irrespective)。即程序员写出的软件在访问不同的外围设备时应该尽可能地与设备的具体类型无关，如访问文件时不必考虑它是存储在硬盘、软盘还是 CD-ROM 上。这是设计 I/O 软件时的一个关键概念。

(2) 统一命名(uniform naming)。与独立性密切相关的是统一命名这个目标。一个文件或一个设备的名字只是一个简单的字符串或一个整数，即所谓的逻辑设备名，它不应依赖于具体的设备。在 UNIX 中，所有的磁盘都能以任意的方式集成到文件系统层次结构中，因此用户不必知道哪个名字对应于哪台设备。

(3) 出错处理(error handling)。总体来说，错误应该在尽可能靠近硬件的地方处理，在低层软件能够解决的错误应不让高层软件感知，只有低层软件解决不了的错误才通知高层软件解决，这是 I/O 软件设计的又一个目标。例如，控制器发现了一个读错误，首先应该自己纠正，只有处理不了才向设备驱动程序提交。在许多情况下，错误的恢复可以在低层透明地得到解决，而高层软件甚至不知道存在这一错误。

(4) 同步(synchronous，即阻塞)—异步(asynchronous，中断驱动)传输。多数物理 I/O 是异步传输，即 CPU 在启动传输操作后便转向其他工作，直到中断到达。I/O 操作可以采用阻塞语义，发出一条 READ 命令后，程序将自动被挂起，直到数据被送到内存缓冲区。

(5) 缓冲(buffering)。缓冲技术也是 I/O 软件的一个重要目标。其目的就是设法使数据的到达率与离去率相匹配，以提高系统的吞吐量。

(6) 独占型外围设备和共享型外围设备。某些设备可以同时为几个用户服务，如磁盘，称为共享型外围设备；另一些设备在某一段时间只能供一个用户使用，如键盘，称为独占型外围设备。独占型外围设备和共享型外围设备的管理方法是不一样的，操作系统必须能够同时解决。

为了解决以上问题，操作系统通常把 I/O 软件组织成以下四个层次：I/O 中断处理程序

(底层)、I/O 设备驱动程序、与设备无关的操作系统 I/O 软件和用户层 I/O 软件。

5.3.1　中断处理程序

中断是要尽量加以屏蔽的概念，应该放在操作系统的底层进行处理，以便其余部分尽可能少地与之发生联系。

当一个进程请求 I/O 操作时，该进程将被阻塞，直到 I/O 操作结束并发生中断。当中断发生时，中断处理程序执行相应的处理，并解除相应进程的阻塞状态。

输入/输出中断的类型和功能如下。

(1) 通知用户程序输入/输出操作推进的程度。

(2) 通知用户程序输入/输出操作正常结束。当输入/输出控制器或设备发现通道结束、控制器结束、设备结束等信号时，就向通道发出一个报告输入/输出操作正常结束的中断。

(3) 通知用户程序发现的输入输出操作异常，包括设备出错、接口出错、I/O 程序出错、设备特殊、设备忙等，以及提前中止操作的原因。

(4) 通知程序外围设备上重要的异步信号。此类中断有设备报到、设备结束等。

当输入/输出中断被响应后，中断装置交换程序状态字引出输入/输出中断处理程序。输入/输出中断处理程序 PSW 中得到产生中断的通道号和设备号，并分析通道状态字，弄清产生中断的输入/输出中断事件。如果是操作正常结束，那么系统要查看是否有等待该设备或通道的进程，若有则释放。操作系统分析通道状态字的设备状态字节便可知道是“通道结束”还是“设备结束”，从而释放等待通道或者释放等待设备的相应进程。如果由于操作中发生故障或某种特殊事件而产生中断，那么操作系统要进一步查明原因，采取相应措施。

操作中发生的故障及其处理的方法有以下几种。

① 设备本身的故障。例如，读写操作中校验装置发现了错误，操作系统可以从设备状态字中的“设备错误”位为 1 来发现这类故障。系统处理这种故障时，先向相应设备发命令索取断定状态字节，然后分析断定状态字节就可以知道故障的确切原因。如果该外围设备的控制器没有复执功能，那么，对于某些故障，系统可组织软复执。例如，读磁带上的信息，当校验装置发现错误时，操作系统可组织回退，再读若干遍。对于不能复执的故障或复执多次仍不能克服的故障，系统将向操作员报告，请求人工干预。

② 通道的故障。对于这种故障也可进行复执。如果硬件已具备复执功能或软复执比较困难，那么系统应将错误情况报告给操作员。

③ 通道程序错。由通道识别的各种通道程序错误，例如通道命令非双字边界、通道命令地址无效、通道命令的命令码无效、CAW 格式错、连用两条通道转移命令等，均由系统报告给操作员。

④ 启动命令的错误。例如，启动外围设备的命令要求从输入机上读入 1000 个字符，然而，读了 500 个字符就遇到“停码”，输入机便停止了。操作系统从通道状态字节的错误位为 1 可判断这类错误，再把处理转交给用户，由用户自己处理。

如果设备在操作中发生了某些特殊事件，那么，在设备操作结束发生中断时，也要将这个情况向系统报告。操作系统根据设备状态字节中的设备特殊位为 1，可以判知设备在操作中发生了某个特殊事件。对于磁带机，这意味着在写入一块信息时遇到了带末点或读出信息时遇到了带标。进行写操作时，系统发现磁带即将用完，如果此时文件还未写完，应立即组织并写入卷尾标，然后，通知操作员换磁带以便将文件的剩余部分写在后继卷上。进行读操作时，系统判知这个文件已经读完或这个文件在此卷上的部分已经读完，则进行文件结束的处理；若只读了一部分，则带标后面就是卷尾标，系统将通知操作员换磁带，以便继续读入文件。对于行式打印机，这意味着纸将用完，因此，系统可暂停输出，通知操作员装纸，然后继续输出。

如果是人为要求而产生的中断，那么，系统将响应并启动外围设备。例如，要求从控制台打字机输入时，操作员先按“询问键”，随之产生中断请求。操作系统从设备状态字节的“注意”位为 1 就知道控制台打字机请求输入。此时，系统启动控制台打字机并开放键盘，接着操作员便可输入信息。

如果是外围设备上来的“设备结束”等异步信号，表示有外围设备接入可供使用或断开暂停使用。操作系统应修改系统表格中相应设备的状态。

5.3.2 设备驱动程序

不同设备的控制器中寄存器的个数以及能够识别的命令性质有着本质的不同，所以每个连接到计算机上的 I/O 设备都需要某些特定的代码来对其控制，这样的代码称为设备驱动程序(device driver)，它一般由设备的制造商编写并连同设备一起交付。因为每一个操作系统都需要自己的设备驱动程序，所以设备制造商通常要为不同的操作系统提供驱动程序。设备驱动程序中包括了所有与设备相关的代码，是直接与硬件打交道的模块。

1. 设备驱动程序的功能

设备驱动程序是控制设备动作的核心模块，用来控制设备上的数据传输。一般来说应该有以下功能。

- 接收来自上层的与设备无关软件中的抽象请求，并且监督这些请求的执行。
- 取出请求队列中的队首请求，将相应设备分配给它。
- 向设备控制器发送命令，启动该设备工作，完成指定的 I/O 操作。
- 处理来自设备的中断。

对于设置有通道的计算机系统，驱动程序还应该能够根据用户的 I/O 请求，自动构造通道程序。除此之外，还有一些其他功能必须执行，如代码转换、退出处理等，它可能还需要对电源需求和登录事件进行管理，这些操作依赖于设备，因此不能放在较高层次的软件中。

2. 设备驱动程序在系统中的逻辑定位

设备驱动程序由一组函数组成，它抽象了一个特定设备控制器的操作，一组设备驱动程序为所有的设备导出了相同的或者尽可能相似的抽象。每个设备驱动程序只处理一种设备，或者一类紧密相关的设备。例如，若系统所支持的不同品牌的所有终端只有很细微的差别，则较好的办法是为所有这些终端提供一个终端驱动程序。另外，一个机械式的硬拷贝终端和一个带鼠标的智能化图形终端差别太大，于是只能使用不同的驱动程序。即便如此，它们仍然提供相同的接口用于调用它们的服务，虽然并不是每个设备都能实现标准接口上的每个功能。为了管理方便，通常采用主/次设备号的方式，主设备号表示设备的类型，次设备号表示该类型的一个设备，利用次设备号可以把一类设备中的多台设备相互区别开。设备文件中记录了设备的名称、文件类型及主/次设备号，设备文件不用在系统启动时每次都创建，只有当配置发生变化时才需要更改。

设备驱动程序的设计是一个严格的软件设计过程，设计者必须了解使用设备控制器接口的所有细节，以此为依据构建标准接口上的实现函数来实现抽象。例如，我们知道每个控制器都有一个或多个寄存器来接收命令，设备驱动程序发出这些命令并对其进行检查，但是操作系统中只有硬盘驱动程序才知道磁盘控制器有多少个寄存器，以及它们的用途。也就是说磁盘驱动程序必须知道使磁盘正确操作所需要的全部参数，包括扇区、磁道、柱面、磁头、磁头臂的移动、交叉系数、步进电机、磁头定位时间等。

从 MS-DOS 开始，驱动程序在执行期间动态加载到操作系统中。现代操作系统都会提供某种方式将这些驱动程序装载到系统，为此，系统的体系结构必须能够提供这种支持，即对驱动程序和操作系统其他部分如何交互给出良好的定义。设备驱动程序在系统中的逻辑定位如图 5-11 所示。

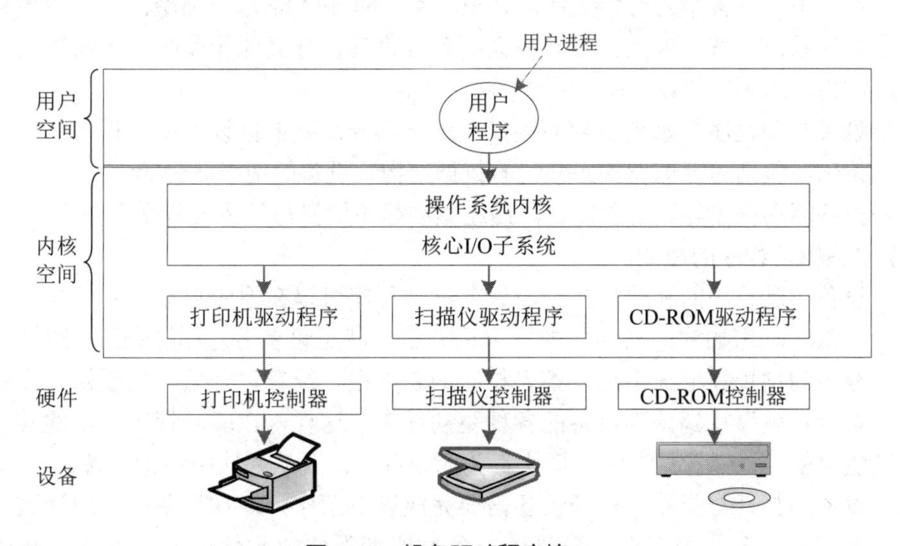

图 5-11　设备驱动程序接口

驱动程序层的目的是对核心 I/O 子系统隐藏设备控制器的差别。

3. 设备驱动程序的特点

设备驱动程序一般用汇编语言书写，它的突出特点是与 I/O 设备的硬件结构密切相关，是操作系统底层中唯一知道各种 I/O 设备、控制器细节及其用途的软件。例如，只有磁盘驱动程序具体了解磁盘的区段、柱面、磁道、磁头的运动、交错访问系统、马达驱动器、磁头定位次数，以及所有保证磁盘正常工作的机制。虽然各种设备的驱动程序差别很大，但作为驱动程序都有一些共同特点。

➢ 驱动程序的主要作用是实现请求 I/O 的进程与设备控制器之间的通信。驱动程序负责将上层的 I/O 请求经过加工后送给硬件控制器，启动设备工作；同时，将控制器中有关寄存器的信息传送给请求I/O的进程，如设备状态、I/O完成情况等。

- 驱动程序与设备的特性密切相关。每一个设备驱动程序只处理一种类型设备，即使同类型的设备，不同厂家生产的也不一定完全兼容，因而也需要为它们配置不同的驱动程序。
- 驱动程序可以动态地安装或卸载。
- 驱动程序与I/O控制方式相关。
- 不允许驱动程序使用系统调用。

4. 设备驱动程序的框架

(1) 设备驱动程序与外界的接口。

由于系统中的设备各种各样，每种都有自己的设备驱动程序，所以在操作系统内核中设备驱动程序占有的比例较大。并且设备驱动程序既可以由厂家提供，也可以由业余爱好者编制，所以有必要对设备驱动程序与外界的接口进行严格的定义，这主要体现在以下三个方面。

- 设备驱动程序与操作系统内核的接口。为实现设备的无关性，在UNIX和Linux系统中，设备作为特别文件来处理，用户的I/O请求、命令的合法性检查等都在文件系统中统一处理。只有在需要各种设备执行具体操作时，才通过相应的数据结构转入不同的设备驱动程序。
- 设备驱动程序与系统引导的接口。这一部分需要依据设备驱动程序对设备进行初始化，包括为管理设备而分配的数据结构、设备的请求队列等。
- 设备驱动程序与设备的接口。描述驱动程序如何与具体设备交互作用。

(2) 设备驱动程序的组成。

- 设备驱动程序的注册与注销。设备驱动程序可以在系统启动时初始化，也可以在需要时动态加载。初始化的一项重要工作就是设备登记(或注册)，即把设备驱动程序的地址登记在系统设备表相应的表项中。经登记之后，只要知道设备的主设备号，就可找到该类设备的各种驱动程序。这样，在驱动程序之上的其他内核模块中就可以“看见”这个模块。关闭设备时，要从内核中注销设备。
- 设备的打开与释放。打开设备需要完成以下工作：增加设备的使用计数、检查设备的状态及是否存在设备尚未准备好或者类似的硬件问题、首次打开初始化设备、识别次设备号、根据需要更新相关的数据结构。
- 设备的读/写操作。设备驱动程序接受来自上层与设备无关软件的抽象请求，并使该请求得以执行。一条典型的请求是读磁盘第 n 块。如果请求到来时驱动程序空闲，则它立即执行该请求。但如果它正在处理另一条请求，则它将该请求挂在一个等待队列中，并且尽快处理。
- 设备的控制操作。除了读写，还要控制设备，如果对象是设备文件且有相应的I/O控制函数，则转到该函数，依据上层模块提供的I/O控制命令，读取并设置有关参数。
- 设备的中断或轮询处理。一旦决定要向控制器发送什么命令，驱动程序就会向控制器的寄存器中写入这些命令。某些控制器一次只能处理一条命令，另一些则可以接收一串命令并自动进行处理。这些控制命令发出后有两种可能：一种情况是在许多情况下，驱动程序需等待控制器完成一些操作，所以驱动程序阻塞，直到中断信号到达才解除阻塞；另一种情况是操作没有任何延迟，所以驱动程序无须阻塞，如在有些终端上滚动屏幕只需往控制器寄存器中写入几个字节，无须任何机械操作，所以整个操作可在几微秒内完成。对前一种情况，被阻塞的驱动程序需由中断唤醒，而后一种情况下根本无须睡眠。无论哪种情况，都要进行错误检查。如果一切正常，则驱动程序将数据传送给上层的设备无关软件。最后，它将向它的调用者返回一些关于错误报告的状态信息。如果请求队列中有别的请求则它选中一个进行处理，若没有则阻塞，等待下一个请求。

对于不支持中断的系统，读写时需要轮询设备状态，以决定是否继续执行数据传送。打印机驱动程序就是这样，在默认情况下轮询打印机的状态。

5.3.3　设备独立性软件

尽管某些 I/O 软件是设备相关的，但大部分独立于设备。设备无关软件和设备驱动程序之间的精确界限在各个系统都不尽相同。对于一些以设备无关方式完成的功能，在实际中由于考虑到执行效率等因素，也可以考虑出驱动程序来完成。

下面列举了一般都是由设备无关软件完成的功能。

(1) 对设备驱动程序的统一接口。

设备无关软件的基本功能是执行适用于所有设备的常用 I/O 功能，并向用户层软件提供一个一致的接口。

(2) 设备命名。

设备管理的一个主要问题是文件和 I/O 设备的命名方式。设备无关软件负责将设备名映射到相应的驱动程序。在 UNIX 中，一个设备名，如/dec/tty00 唯一地确定了一个 i 节点，其中包含了主设备号(major device number)，通过主设备号就可以找到相应的设备驱动程序；i 节点也包含了次设备号(minor device number)，它作为传给驱动程序的参数指定具体的物理设备。

(3) 设备保护。

与命令相关的是保护。操作系统如何保护对设备的未授权访问呢？多数个人计算机系统根本就不提供任何保护，所有进程都可以为所欲为。在多数大型主机系统中，用户进程绝对不允许访问 I/O 设备。在 UNIX 中使用一种更为灵活的方法。对应于 I/O 设备的设备文件的保护采用通常的 rwx 权限机制，所以系统管理员可以为每一台设备设置合理的访问权限。

(4) 提供独立于设备的块大小。

不同磁盘的扇区大小可能不同，设备无关软件屏蔽了这一事实并向高层软件提供统一的数据块大小，比如将若干扇区作为一个逻辑块。这样高层软件就只和逻辑块大小都相同的抽象设备交互，而不管物理扇区的大小。类似地，有些字符设备(如调制解调器)对字节进行操作，另一些字符设备(如网卡)则使用比字节大一些的单元，对这类差别也可以进行屏蔽。

(5) 缓冲区管理。

块设备和字符设备都需要缓冲技术。对于块设备，硬件每次读写均以块为单元，而用户程序则可以读写任意大小的单元。如果用户进程写半个块，操作系统将在内部保留这些数据，直到其余数据到齐后才一次性地将这些数据写到盘上。对字符设备，用户向系统写数据的速度可能比向设备输出的速度快，所以需要进行缓冲。超前的键盘输入同样也需要缓冲。

(6) 块设备的存储分配。

当创建了一个文件并向其输入数据时，该文件必须被分配新的磁盘块。为了完成这种分配工作，操作系统需要为每个磁盘都配置一张记录空闲盘块的表或位图，但写一个空闲块的算法是独立于设备的，因此可以在高于驱动程序的层次处理。

(7) 独占型外围设备的分配和释放。

一些设备，如 CD-ROM 记录器，在同一时刻只能由一个进程使用。这要求操作系统检查对该设备的使用请求，并根据设备的忙闲状况来决定是接受还是拒绝此请求。一种简单的处理方法是通过直接用 OPEN 指令打开相应的设备文件来进行申请。若设备不可用，则 OPEN 失败。关闭独占设备的同时将释放该设备。

(8) 错误报告。

错误处理多数由驱动程序完成。多数错误是与设备紧密相关的，因此只有驱动程序知道应如何处理(如重试、忽略、严重错误)。一种典型错误是磁盘块受损导致不能读写。驱动程序在尝试若干次读操作不成功后将放弃，并向设备无关软件报告错误。从此处往后错误处理就与设备无关了。如果在读一个用户文件时出错，则向调用者报告即可。但如果是在读一些关键系统数据结构时出错，比如磁盘使用状况位图，则操作系统只能打印出错信息，并终止运行。

5.3.4 用户层 I/O 软件

尽管大部分 I/O 软件在操作系统中，但用户空间也有一小部分，通常它们以库函数的形式出现，甚至是在核心外运行的完整程序。例如，用户编写的 C 程序中可以使用标准 I/O 库函数，经编译以后，用户程序就和相应的库函数链接在一起了，然后装入内存运行。而库函数代码中要使用系统调用(其中包括 I/O 系统调用)，经过系统调用进入操作系统，为用户提供相应的服务。

例如 C 语句：count=write(fd，buffer，nbytes)；所调用的库函数 write 将与程序链接在一起，并包含在运行时的二进制程序代码中，这一类库函数显然也是 I/O 系统的一部分，主要工作是提供参数给相应的系统调用并调用之。

也有一些库函数，它们确实做非常实际的工作，例如格式化输入/输出就是用库函数实现的。C 语言中的一个例子是 printf 函数，它的输入为一个格式化字符串，其中可能带有一些变量，它随后调用 write，输出格式化后的一个 ASCII 码串。与此类似的 scanf，它采用与 printf 相同的语法规则来读取输入。标准 I/O 库包含相当多的涉及 I/O 的库函数，它们作为用户程序的一部分运行。

并非所有的用户层 I/O 软件都由库函数构成。另一个重要的 I/O 软件是 SPOOLing 系统，它是在多道程序系统中处理独占设备、实现虚拟设备的技术。例如，SPOOLing 用于打印机，创建一个特殊的守护进程(daemon)以及一个特殊的目录(SPOOLing 目录)；打印一个文件之前，进程首先产生完整的待打印文件并将其放在 SPOOLing 目录下，由该守护进程进行打印，这里只有该守护进程能够使用打印机设备文件。通过禁止用户直接使用打印机设备文件就可解决打印机空占的问题。

SPOOLing 还可用于打印机以外的其他情况。例如，在网络上传输文件常使用网络守护进程，发送文件前先将其放在一个特定目录下，而后由网络守护进程将其取出发送。这种文件传送方式的用途之一是 Internet 电子邮件系统。Internet 通过许多网络将大量的计算机联在一起。当向某人发送 E-mail 时，用户使用某个程序如 send，该程序接收要发的信件并将其送入一个固定的 SPOOLing 目录，待以后发送。整个 E-mail 系统在操作系统之外运行。

图 5-12 总结了 I/O 系统，标示出了每一层软件及其功能。从底层开始分别是硬件、中断处理程序、设备驱动程序、设备无关软件，最上面是用户进程。

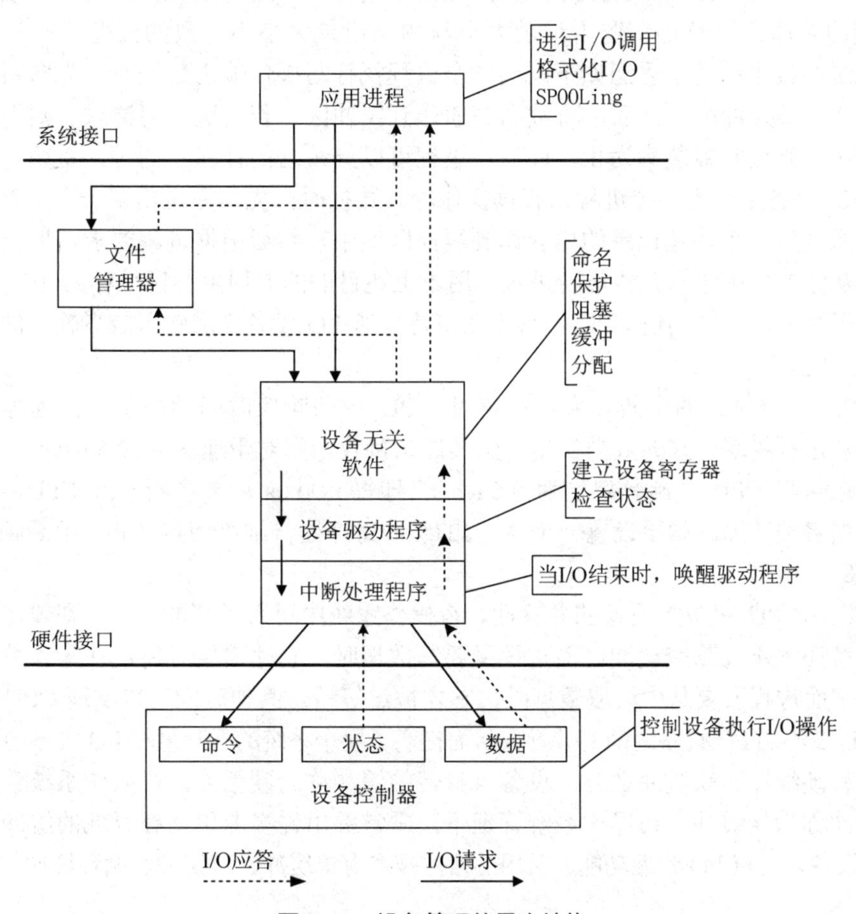

图 5-12　设备管理的层次结构

该图中的箭头表示控制流。如当用户程序试图从文件中读一数据块时，需通过操作系统来执行此操作。设备无关软件首先在数据块缓冲区中查找此块，若未找到，则调用设备驱动程序向硬件发出相应的请求。用户进程随即阻塞直到数据块被读出。当磁盘操作结束时，硬件发出一个中断，它将激活中断处理程序。中断处理程序则从设备获取返回状态值并唤醒睡眠的进程来结束此次 I/O 请求，使用户进程继续执行。

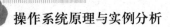

5.4 缓冲管理

在现代操作系统中，为了提高 I/O 速度和设备的利用率，几乎所有的 I/O 设备在与处理机(内存)交换数据时，都使用了缓冲技术。缓冲管理的主要功能是组织好这些缓冲区，并提供获得和释放缓冲区的手段。

5.4.1 缓冲的引入

在设备管理中，引入缓冲区的主要原因，可归结为以下几点。

(1) 改善 CPU 与外围设备之间速度不匹配的矛盾。为了改善 CPU 与外围设备之间速度不匹配的矛盾，以及协调逻辑记录大小与物理记录大小不一致的问题，通常设置缓冲区。实现缓冲技术的基本思想如下：当一个进程执行写操作输出数据时，先向系统申请一个主存区域——缓冲区，然后，将数据高速送到缓冲区。若为顺序写请求，则不断把数据填到缓冲区，直到它被装满为止。此后，进程可以继续它的计算，同时，系统将缓冲区内容写到 I/O 设备上。当一个进程执行读操作输入数据时，先向系统申请一个主存区域——缓冲区，系统将一个物理记录的内容读到缓冲区域中，然后根据进程要求，把当前需要的逻辑记录从缓冲区中选出并传送给进程。用于上述目的的专用主存区域称为 I/O 缓冲区，如果不使用缓冲区，则高速 CPU 不得不在等待低速 I/O 设备完成输入或者输出的过程中浪费宝贵的时间。

(2) 减少对 CPU 的中断频率，放宽对 CPU 中断响应时间的限制。在远程通信系统中，如果从远程终端发来的数据仅用一位缓冲来接收，则对于速率为 9.6 Kb/s 的数据通信来说，就意味着 CPU 中断频率也为 9.6 Kb/s，即每 100 μs 就要中断一次 CPU，否则缓冲区内的数据将被冲掉。如果设置一个 8 位的缓冲寄存器，则可使得 CPU 中断频率降低为原来的 1/8。

(3) 提高 CPU 和 I/O 设备的并行性。在操作系统中引入了缓冲区后，在输出数据时，只有在系统还来不及腾空缓冲区而进程又要写数据时，它才需要等待；在输入数据时，仅当缓冲区空而进程又要从中读取数据时，它才被迫等待。其他时间可以实现 CPU 和 I/O 之间的并行以及不同 I/O 设备之间的并行，从而提高了整个系统的吞吐量和 I/O 设备的利用率。

缓冲有硬缓冲和软缓冲之分，设备自身带的缓冲称为硬缓冲，由操作系统管理的在内存中的缓冲称为软缓冲。在操作系统管理下，常常辟出许多专用主存区域的缓冲区用来服务于各种设备，支持 I/O 管理功能。常用的缓冲技术有单缓冲、双缓冲、循环缓冲、缓冲池。

5.4.2 单缓冲

单缓冲(single buffer)是操作系统提供的一种简单的缓冲技术。每当一个用户进程发出一个 I/O 请求时，操作系统在主存的系统区中开设一个缓冲区，如图 5-13 所示。

在块设备输入时，单缓冲工作机制如下：先从磁盘把一块数据传送到缓冲区，假设所花费的时间为 T；接着操作系统把缓冲区数据送到用户区，假设所花费时间为 M，由于这时缓冲区已空，操作系统可预读紧接的下一块，大多数应用将要使用邻接块；然后用户进程对这块数据进行计算，共耗时 C；则系统对每一整块数据的处理时间约为 $\max[C, T]+M$，通常 M 远小于 C 或 T；如果不采用缓冲，数据直接从磁盘到用户区，每批数据处理时间约为 $T+C$，因此速度快了很多。对于块设备输出，单缓冲机制工作方式类似，先把数据从用户区复制到系统缓冲区，用户进程可以继续请求输出，直到缓冲区填满后，才启动 I/O 写到磁盘上。

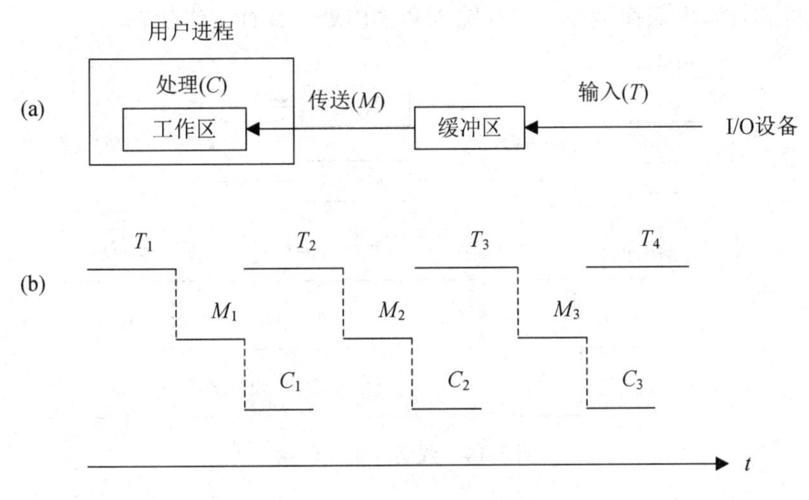

图 5-13　单缓冲工作示意

对于字符设备输入，缓冲区用于暂存用户输入的一行数据，在输入期间，用户进程被挂起等待一行数据输入完毕；在输出时，用户进程将第一行数据送入缓冲区后，继续执行。如果在第一个输出操作没有腾空缓冲区之前，又有第二行数据要输出，用户进程应等待。如果希望实现输入和输出并行工作，如把输入设备读卡机上的数据输入并加工，再在输出设备打印机上打印出来，就必须引入双缓冲技术。

5.4.3　双缓冲

为了实现输入和输出并行工作，进一步加快 I/O 速度和提高设备利用率，需要引入双缓冲(double buffer)工作方式，又称缓冲交换(buffer swapping)。如图 5-14 所示，在设备输入数据时，首先填满第一缓冲区，操作系统可从第一个缓冲区把数据送到用户进程区，用户进程便可对数据进行加工计算；与此同时，输入设备填充第二缓冲区。操作系统又可以把第二缓冲区的数据传送到用户进程区，用户进程开始加工第二缓冲区送来的数据。当第一缓冲区空出后，输入设备再次向第一缓冲区输入。两个缓冲区交替使用，使 CPU 和 I/O 设备、设备和设备的并行性进一步提高，仅当两个缓冲区都取空，进程还要提取数据时，它再被迫等待。我们粗略估计一下，对于块设备，处理或传输一块数据的时间为 $\max(C, T)$。如果 $C<T$，说明输入操作比计算操作慢，这时由于 M 远小于 T，故在将磁盘上的一块

数据传送到一个缓冲区期间(所花时间为 T)，计算机已完成了将另一个缓冲区中的数据传送到用户区并对这块数据进行计算的工作，所以，一块数据的传输和处理时间为 T，即 max(C，T)，显然，这种情况下可以保证块设备连续工作；如果 $C>T$，计算操作比输入操作慢，每当上一块数据计算完毕后，仍需把一个缓冲区中的数据传送到用户区，花费时间为 M，再对这块数据进行计算，花费时间为 C，所以，一块数据的传输和处理时间为 $C+M$，即 max(C，T)+M，显然，这种情况下使得进程不必要等待 I/O。双缓冲使效率提高了，但复杂性也增加了。

采用双缓冲读卡并打印可以这样进行：第一张卡片读入缓冲区 1，在打印缓冲区 1 数据的同时，又把第二张卡片读入缓冲区 2。缓冲区 1 打印完时，缓冲区 2 也刚好输入完毕，让读卡机和打印机交换缓冲。这样输入和输出处于并行工作状态。

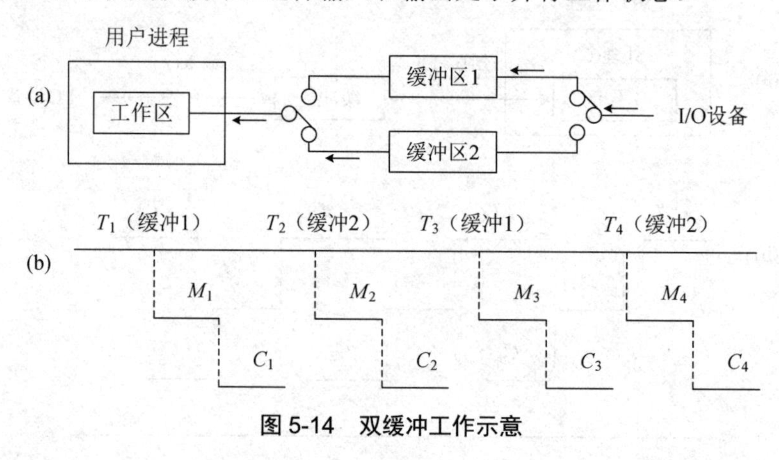

图 5-14　双缓冲工作示意

5.4.4　多缓冲

采用双缓冲技术虽然提高了 I/O 设备的并行工作程度，减少了进程调度开销，但在输入设备、输出设备和处理进程速度不匹配的情况下仍不十分理想。举例来说，如果设备输入的速度高于进程消耗这些数据的速度，则两个缓冲区很快就被填满；有时由于进程处理这些数据的速度高于输入的速度，很快又把两个缓冲区抽空，造成进程等待。为改善上述情形，获得较高的并行度，常常采用多缓冲组成的缓冲区域来进一步提高 I/O 设备工作的并行度。下面介绍两种多缓冲实现技术。

1. 循环缓冲(circular buffer)

(1) 循环缓冲的组成。

- 多个缓冲区。操作系统从自由主存区域中分配一组缓冲区组成循环缓冲，每个缓冲区的大小相等，可以等于物理记录的大小。多缓冲的缓冲区是系统的公共资源，可供各个进程共享，并由系统统一分配和管理，既可用于输入，也可用于输出。缓冲区可分成三种类型：用于装入数据的空缓冲区 R、已装满数据的缓冲区 G 以及计算进程正在使用的当前工作缓冲区 C，如图 5-15 所示。
- 多个指针。以用于输入的多缓冲为例，应设置这样三个指针：用于指示计算进程下一个可用的缓冲区 G 的指针 Nextg、指示输入进程下一个可用的空缓冲区 R 的指针 Nexti，以及指示计算进程正在使用的缓冲区单元 C 的指针 Current。开始时，Current 指向第一个单元，随着计算进程的使用，它将逐次地指向第 2、第 3、第 4……直到最后一个含有数据的单元。

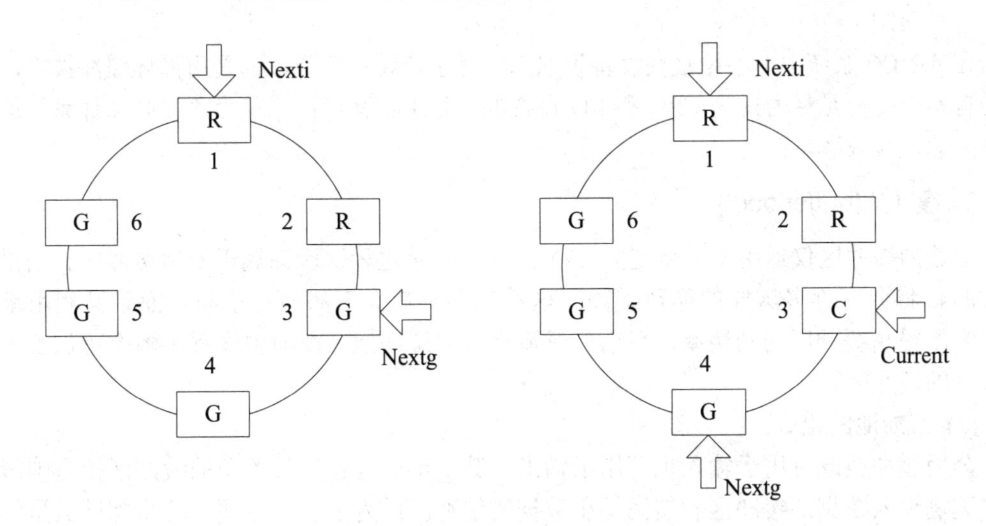

图 5-15　循环缓冲

(2) 循环缓冲的使用。

计算进程和输入进程可利用下述两个过程来使用循环缓冲区。

➢ Getbuf 过程。当计算进程要使用缓冲区中的数据时，调用 Getbuf 过程，该过程将由指针 Nextg 所指示的缓冲区提供给进程使用，并且把它改为当前工作缓冲区，令 current 指针指向该缓冲区的第一个单元，同时，将指针 Nextg 移向下一个 G 缓冲区。同理，当输入进程要使用空缓冲区时，调用 Getbuf 过程，该过程将由指针 Nexti 所指示的缓冲区提供给输入进程使用，同时移动指针 Nexti 指向下一个 R 缓冲区。

➢ Releasebuf 过程。当计算进程把 C 缓冲区的数据提取完毕时，便调用 Releasebuf 过程释放 C 缓冲区，同时把 C 缓冲区改为 R 缓冲区；同理，当输入进程把缓冲区装满时，也调用 Releasebuf 过程释放 R 缓冲区，同时把 R 缓冲区改为 G 缓冲区。

(3) 进程同步。

使用输入循环缓冲，可使输入进程和计算进程并行执行。相应地，指针 Nexti 和指针 Nextg 将不断地沿着顺时针方向移动，这样就可能出现下面两种情况。

➢ 指针 Nexti 追赶上指针 Nextg。这就意味着输入进程输入数据的速度大于计算进程处理数据的速度，已把全部可用的缓冲区装满，再无缓冲区可用。此时，输入进程阻塞，直到计算进程把某个缓冲区中的数据全部提取完，使之成为空缓冲区 R，并调用 Releasebuf 过程将它释放时，才将输入进程唤醒。这种情况称系统受计算限制。

- 指针 Nextg 追赶上指针 Nexti。这就意味着输入进程输入数据的速度低于计算进程处理数据的速度，使全部装满数据的缓冲区都被抽空，再无装满数据的缓冲区可供计算进程提取数据。此时，计算进程阻塞，直到输入进程装满一个缓冲区，并调用 Releasebuf 过程将它释放时，才将计算进程唤醒。这种情况称系统受 I/O 限制。

在 UNIX 系统中，不论是块设备管理，还是字符设备管理，都采用循环缓冲技术，其目的有两个：一是尽力提高 CPU 和 I/O 设备的并行工作程度；二是力争提高文件系统信息读写的速度和效率。

2. 缓冲池(buffer pool)

上述的缓冲区仅适用于某特定的 I/O 进程和计算进程，因而属于专用缓冲区。当系统较大时，将会有许多这样的循环缓冲，这不仅要消耗大量的内存空间，而且其利用率不高。为了提高缓冲区的利用率，目前广泛流行公用缓冲池，在池中设置了多个可供若干进程共享的缓冲区。

(1) 缓冲池的组成。

公用缓冲池既可用于输入也可用于输出，其中至少包含三种类型的缓冲区：空闲缓冲区、装满输入数据的缓冲区和装满输出数据的缓冲区。为了管理方便，可将相同类型的缓冲区链成一个队列，这样就形成了以下三个队列。

- 空缓冲区队列 emq。由空缓冲区链接形成的队列，其队首指针 F(emq)和队尾指针 L(emq)分别指向该队列的首、尾缓冲区。
- 输入缓冲区队列 inq。由装满输入数据的缓冲区链接形成的队列，其队首指针 F(inq)和队尾指针 L(inq)分别指向该队列的首、尾缓冲区。
- 输出缓冲区队列 outq。由装满输出数据的缓冲区链接形成的队列，其队首指针 F(outq)和队尾指针 L(outq)分别指向该队列的首、尾缓冲区。

除了上述三个队列之外，还应具有四种工作缓冲区：用于收容输入数据的工作缓冲区、用于提取输入数据的工作缓冲区、用于收容输出数据的工作缓冲区、用于提取输出数据的工作缓冲区。

(2) Getbuf 过程和 Putbuf 过程。

缓冲池中的队列是临界资源，多个进程在访问一个队列时，既应互斥，又需同步，所以和数据结构中的入队和出队操作是不同的。为实现互斥，我们为每一个队列设置一个互斥信号量 MS(type)，同时为每一个队列设置一个资源信号量 RS(type)，Getbuf 过程和 Putbuf 过程的实现如下：

```
Proc Getbuf(type)                   Proc Putbuf(type, number)
  {                                   {
   Wait(RS(type));                      Wait(MS(type));
   Wait(MS(type));                      Addbuf(type, number);
   B(number):=Takebuf(type);            signal(MS(type));
   signal(MS(type));                    signal(RS(type));
  }                                   }
```

其中，MS(Mutex Semaphore)每一元素标识一种类型(type)缓冲队列的使用权，初值为

1；RS(Resource Semaphore)每一元素标识一种类型(type)缓冲队列的缓冲区个数，初值为缓冲区个数；Addbuf(type, number) 过程用于将由参数 number 所指示的缓冲区挂在 type 队列上；Takebuf(type)过程用于从 type 所指示的队首摘下一个缓冲区。

(3) 缓冲区的工作方式。

缓冲区可以工作在收容输入、提取输入、收容输出、提取输出四种方式下，如图 5-16 所示。

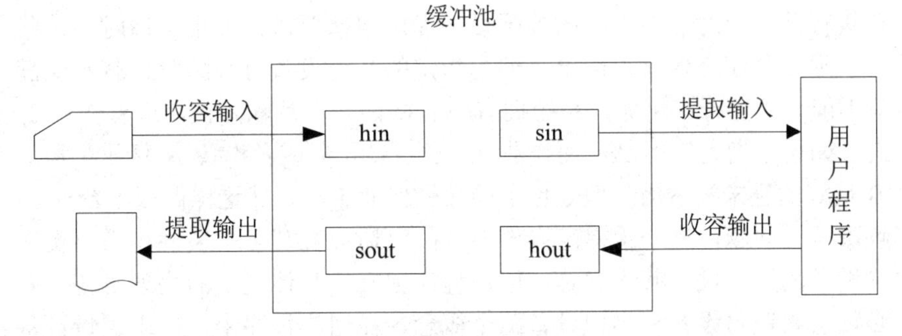

图 5-16　缓冲区的工作方式

- 收容输入。在输入进程需要输入数据时，便调用 Getbuf(emq)过程，从空缓冲队列 emq 的队首摘下一个空缓冲区，把它作为收容输入工作缓冲区 hin。然后把数据输入其中，装满后再调用 Putbuf(inq, hin)过程，将该缓冲区挂在输入队列 inq 队列上。
- 提取输入。当计算进程需要输入数据时，调用 Getbuf(inq)过程，从输入队列 inq 的队首取得一个缓冲区，作为提取输入工作缓冲区 sin，计算进程从中提取数据。计算进程用完该数据后，再调用 Putbuf(emq, sin)过程，将该缓冲区挂到空缓冲区队列 emq 末尾。
- 收容输出。当计算进程需要输出时，便调用 Getbuf(emq)过程，从空缓冲队列 emq 的队首取得一个空缓冲区，把它作为收容输出工作缓冲区 hout。当其中装满输出数据后，又调用 Putbuf(outq, hout)过程，将该缓冲区挂在输出队列 outq 末尾。
- 提取输出。在输出进程需要输出数据时，便调用 Getbuf(outq)过程，从输出缓冲队列 outq 的队首摘下一个缓冲区，把它作为提取输出工作缓冲区 sout。在数据提取完后，再调用 Putbuf(emq, sout)过程，将该缓冲区挂在空缓冲队列 emq 末尾。

5.5　设 备 分 配

在计算机系统中，设备、控制器和通道等资源是有限的，并不是每个进程随时都可以得到这些资源。进程根据需要首先向设备管理程序提出申请，然后由设备管理程序按照系统规定的策略给进程分配资源。如果进程申请没有成功，就要在该资源的等待队列中排队等待，直到获得所需要的资源。在多道程序环境下，系统中的设备供所有进程使用，为防止进程对系统资源的无序使用，规定设备由系统统一分配，以提高设备利用率并避免死锁。每当进程向系统提出 I/O 请求时，只要是可能的和安全的，设备分配程序便把设备分配给它，必要时还可能要分配控制器和通道，分配的顺序是：分配设备、分配控制器、分配通道。

5.5.1 设备独立性

1. 设备独立性的概念

现代计算机系统常常配置许多类型的外围设备，同类设备又有多台，尤其是多台磁盘机，作业在执行前，应对静态分配的外围设备提出申请要求，如果申请时指定某一台具体的物理设备，那么分配工作就很简单，但当指定的某台设备有故障时，就不能满足申请，该作业也就不能投入运行。例如，系统拥有 A、B 两台卡片输入机，现有作业 J_2 申请一台卡片输入机，如果它指定使用 A，而作业 J_1 已经占用 A 或者设备 A 坏了，虽然系统还有同类设备 B 是好的且未被占用，但是也不能接受作业 J_2，显然这样做很不合理。

为了解决这一问题，进一步提高操作系统的可适应性和可扩展性，需要实现设备的独立性，也称设备的无关性。其含义是，用户程序独立于具体使用的物理设备。要实现设备独立性，必须引入逻辑设备和物理设备两个概念。在用户程序中，使用逻辑设备名请求使用某类设备，而系统在实际执行时，使用的是物理设备名。再通过其他途径建立逻辑设备和物理设备之间的对应关系，设备管理的功能之一就是把逻辑设备名转换成物理设备名。

设备独立性带来以下两个好处。

(1) 增加了外围设备分配的灵活性，能更有效地利用外围设备资源，实现多道程序设计技术。如果用户程序使用物理设备名指定要使用的某台设备，假设该设备已经分配给了其他进程或设备本身有故障，则尽管有其他相同类型的设备空闲，该进程仍然因请求不到设备而被阻塞。而用户程序使用逻辑设备名时，只要系统中有一台空闲的同类设备，它就可以分配到该设备。

(2) 提高了系统的可靠性。用户与物理的外围设备无关，系统增减或变更外围设备时程序不必修改，易于对付输入输出设备的故障。例如，某台行式打印机发生故障时，可用另一台替换，甚至可用磁带机或磁盘机等不同类型的设备代替，从而提高了系统的可靠性。

2. 逻辑设备表

为了实现设备的独立性，系统必须能够将用户程序中所使用的逻辑设备名转换成物理设备名。为此，需要设置一张逻辑设备表(logical unit table，LUT)，该表的每一个表项包含逻辑设备名、物理设备名和设备驱动程序的入口地址，如表 5-2 所示。

表 5-2 操作系统逻辑设备表示例

逻辑设备名	物理设备名	驱动程序入口地址
/dev/tty	5	1034
/dev/print	3	2056
…	…	…

当进程使用逻辑设备名请求分配 I/O 设备时，系统为它分配相应的逻辑设备，并在

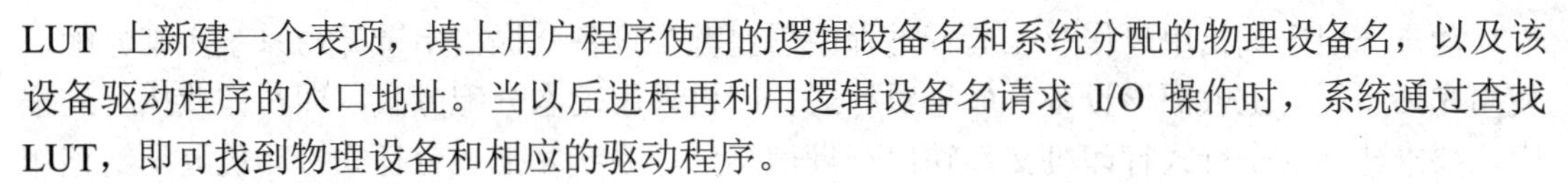

LUT 上新建一个表项，填上用户程序使用的逻辑设备名和系统分配的物理设备名，以及该设备驱动程序的入口地址。当以后进程再利用逻辑设备名请求 I/O 操作时，系统通过查找 LUT，即可找到物理设备和相应的驱动程序。

LUT 的设置可以采用两种方式。

(1) 整个系统设置一张 LUT。由于系统中所有进程的设备分配情况都记录在同一张 LUT 中，因而不允许在 LUT 中具有相同的逻辑设备名，这就要求所有用户不使用相同的逻辑设备名。在多用户系统中，这通常难以做到，因而这种方式主要用于单用户系统中。

(2) 为每个用户设置一张 LUT。当用户登录时，便为用户建立一个进程，同时也为之建立一张 LUT，并将该表放入进程的 PCB 中。

5.5.2　设备分配技术

所有设备都是系统掌管的资源。在一般的系统中，进程个数往往多于设备数，从而引起进程对设备的竞争。为使系统有条不紊地工作，系统必须具有合理的设备分配原则。设备的分配原则是，既要充分发挥设备的使用率，又要避免不合理的分配方式造成的死锁、系统工作紊乱等现象，使用户在逻辑层面上能够合理、方便地使用设备。

1. 设备分配方式

现代计算机系统可以同时承担若干用户的多个计算任务，设备管理的一个功能就是为计算机系统接纳的每个计算任务分配所需要的外围设备。从设备的特性，可以把设备分成独占设备、共享设备和虚拟设备三类。对独占设备要采用独享分配策略，否则不仅设备利用不充分，还会引起死锁；对于共享设备，可将它们分配给多个进程使用，但这些进程对设备的访问需进行合理的调度；虚拟设备本身属于可共享设备，因此可供多个进程使用，对这些进程访问该设备的先后次序要进行有效的控制。相应的管理和分配外围设备的技术可分成独占方式、共享方式和虚拟方式。

(1) 独占方式。

有些外围设备，如卡片输入机、卡片穿孔机、行式打印机、磁带机等，往往只能让一个作业独占使用，这是由这类设备的物理特性决定的。例如，用户在一台分配给他的卡片输入机上装上一叠卡片，卡片上存放着该用户作业要处理的数据，由于作业执行中将随机地读入卡片上的数据进行加工处理，因此，不可能在该作业暂时不使用卡片输入机时，人为地换上另一作业的一叠卡片，让卡片输入机为另一作业服务。只有当某作业归还卡片输入机后，才能让另一作业去占用。

对独占使用的设备，可以采用静态分配和动态分配两种方式。静态分配方式即在作业执行前，将作业所要用的这一类设备分配给它。当作业执行中不再需要使用这类设备，或作业结束撤离时，收回分配给它的这类设备。静态分配方式实现简单，能防止系统死锁，但采用这种分配方式，会降低设备的利用率。例如，对行式打印机，若采用静态分配，则在作业执行前就把行式打印机分配给它，但一直到作业产生结果时才使用分配给它的行式打印机。这样，尽管这台行式打印机在大部分时间里处于空闲状态，但是，其他作业却不能使用它。

动态分配方式指用户作业在运行过程中需要哪类设备就提出申请并由系统实施分配，使用完后系统马上收回该设备。如果对行式打印机采用动态分配方式，即在作业执行过程中，要求建立一个行式打印机文件输出一批信息量，系统才把一台行式打印机分配给该作业，当一个文件输出完毕关闭时，系统就收回分配给该作业的行式打印机。采用动态分配方式后，在行式打印机上可能依次输了若干作业的信息，由于输出信息以文件为单位，每个文件的头部和尾部均设有标志，如用户名、作业名、文件名等，操作员很容易辨认输出信息是属于哪个用户。所以，对某些独占使用的设备，采用动态分配方式，不仅是可行的且能提高设备的利用率。

(2) 共享方式。

另一类设备，如磁盘、磁鼓等，往往可让多个作业共同使用，或者说，是多个作业可共享的设备。这是因为这类设备容量大、存取速度快且可直接存取。例如，可把每个作业的信息组织成文件存放在磁盘上，使用信息时也按名查询文件，从磁盘上读出。用户提出存取文件要求时，总是先由文件管理进行处理，确定信息存放位置，然后由设备管理提出驱动要求。所以，对于这类设备，设备管理的主要工作是驱动工作，这包括驱动调度和实施驱动。

对于磁盘、磁鼓等可共享的设备，一般不必进行分配。但有些系统也采用静态分配方式把各柱面分配给不同的作业使用，这可提高存取速度，但使存储空间利用率降低，用户动态扩充困难。

(3) 虚拟方式。

虚拟分配技术利用共享设备去实现独占设备的虚拟共享功能，从而使独占设备“感觉上”成为共享的、快速的 I/O 设备。实现虚拟分配的技术是 SPOOLing 技术，第 1 章已详细介绍了 SPOOLing，此处不再赘述。

2. 设备分配算法

设备分配算法就是按照某种原则把设备分配给进程。设备的分配算法与进程的调度算法有相似之处，但它比较简单。常用的有先请求先服务、优先级高者优先服务等。

(1) 先请求先服务。

当多个进程对同一设备提出 I/O 请求时，按照进程提出请求的先后次序，将这些进程排成一个设备请求队列。当设备空闲时，设备分配程序总是把设备分配给该请求队列的队首进程，即先申请的，先被满足。

(2) 优先级高者优先服务。

当多个进程对同一设备提出 I/O 请求时，按照进程优先级由高到低的次序，将这些进程排成一个设备请求队列。当有一个新进程发出 I/O 请求时，不是直接进入队尾，而是按照其优先级插入队列中合适的位置，高优先级的进程排在前，低优先级的排在后。这样，设备队列的队首进程总是当前优先级最高的进程。当设备空闲时，设备分配程序就把设备分配给该请求队列的队首进程，即优先级高者优先被满足。

3. 设备分配数据结构

设备分配是由设备分配程序完成的。为了记录系统内所有设备的情况，以便对它们进行有效的管理，引入了一些表结构，在表中记录设备、控制器和通道的状态及对它们进行控制所需的信息。设备分配中要用到许多数据结构，主要有系统设备表(SDT)、设备控制表(DCT)、控制器控制表(COCT)和通道控制表(CHCT)。

系统设备表(system device table，SDT)是系统范围的数据结构，其中记录了已经被连接到系统中所有物理设备的情况，每个设备占一个表项，如图 5-17 所示，其中包括设备类型、设备标识符、设备控制表及驱动程序入口地址等。

有时，系统中拥有一张设备类表，每类设备对应于设备表中的一栏，其包括的内容通常有设备类、总台数、空闲台数和设备表起始地址等。

系统为每个设备配置一张设备控制表(device control table，DCT)，用于记录本设备的情况。如图 5-18 所示，DCT 主要用来反映设备的特性，以及设备和 I/O 控制器的连接等，在系统生成时或在该设备和系统连接时创建，但表中的内容则根据系统执行情况而动态地改变。

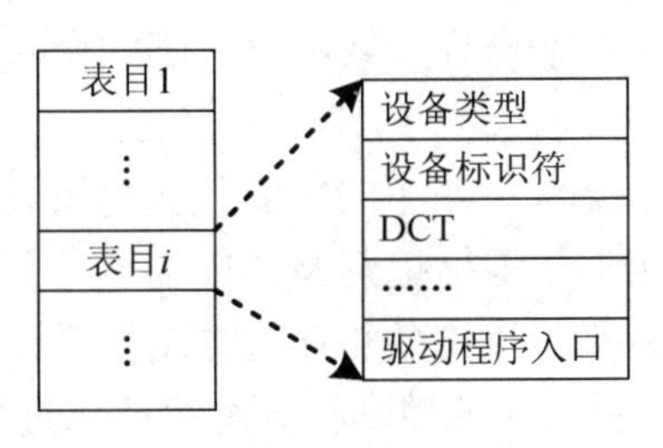

图 5-17　系统设备表

设备类型：type
设备标识符：deviceid
设备状态：等待/不等待，忙/闲
指向控制器控制表COCT的指针
重复执行次数或时间
设备队列的队首指针

图 5-18　设备控制表

设备控制表中，除了有用于指示设备类型的字段 type 和设备标识字段 deviceid 外，还应包含下列字段。

(1) 设备队列队首指针：也称设备请求队列或简称设备队列，所有请求该设备没有得到的进程的 PCB 按照一定的策略排成一个队列。

(2) 设备状态：设备忙时应该置“忙/闲”标志为 1，与设备相连的控制器或通道正忙，则置“等待/不等待”标志为 1。

(3) 控制器控制表指针：该指针指向该设备所连接的控制器的控制表。在设备到主机之间有多条通道的情况下，一个设备将与多个控制器相连，这样，在设备表中应设置多个控制器控制表指针。

(4) 重复执行次数：外设在传送数据时，如果发生传送错误，并不立即认为传送失败，而是令它重新传送，并由系统规定重复次数。所以只要在规定的重复次数内有一次传送成功，都认为传送成功，仅当屡次失败，致使重复执行次数达到规定值而传送仍不成功时才认为传送失败。

系统为每个控制器都设置了记录本控制器情况的控制器控制表(controller control table，COCT)，它反映了控制器的使用情况及与通道的连接情况，如图 5-19 所示。

系统为每个通道设置了通道控制表(channel control table，CHCT)，它反映了通道的使用情况，如图 5-20 所示。

4. 设备分配过程

对于具有 I/O 通道的多通路系统，在进程提出 I/O 请求后，系统按以下步骤进行设备分配。

控制器标识符：controllerid
控制器状态：忙/闲
与控制器相连的通道表指针
控制器队列的队首指针
控制器队列的队尾指针

图 5-19 控制器控制表 SDT

通道标识符：channelid
通道状态：忙/闲
与通道相连的控制器表首指针
通道队列的队首指针
通道队列的队尾指针

图 5-20 通道控制表

(1) 分配设备。首先根据用户提出的逻辑设备名，查找逻辑设备表 LUT，从而找到该设备的物理设备名；然后查找系统设备表 SDT，从中找到第一个该类设备的设备控制表 DCT；根据 DCT 中的设备忙/闲标记判断该设备是否忙。若忙，再查找第二个该类设备的设备控制表 DCT……，如果所有该类设备都忙时，便将请求 I/O 的进程阻塞在等待该设备的等待队列上；否则计算本次设备分配的安全性，如果不会导致系统进入不安全状态，便将设备分配给请求进程，否则不予以分配。

(2) 分配控制器。系统把设备分配给请求 I/O 的进程后，再由 DCT 找到与该设备相连的第一个控制器控制表 COCT，从 COCT 中的控制器忙/闲标记判断该控制器是否忙。若忙，再查找第二个控制器控制表 COCT……，如果所有与该设备相连的控制器都忙时，将请求 I/O 的进程阻塞在等待该控制器的等待队列上，否则将该控制器分配给请求进程。

(3) 分配通道。把控制器分配给请求 I/O 的进程后，再由 COCT 找到与该控制器相连的第一个通道控制表 CHCT，从 CHCT 中的通道忙/闲标记判断该通道是否忙。若忙，再查找第二个通道控制表 CHCT……，如果所有与该控制器相连的通道都忙时，便将请求 I/O 的进程阻塞在等待该通道的等待队列上，否则将该通道分配给请求进程。

只有在设备、控制器和通道三者都分配成功时，本次分配才算成功，然后就可以启动设备进行数据传送。

5.6 磁盘调度和管理

现代计算机系统几乎都用磁盘来存储信息，因为磁盘相对于内存有如下三个主要优点：容量很大、每位价格非常低、断电后信息不会丢失。所有可随机存取的文件，也都是存放在磁盘上的，所以磁盘 I/O 速度的高低，将直接影响到文件系统的性能。因此，如何提高磁盘存储器的性能是磁盘管理的主要问题。

5.6.1 磁盘的物理性能

1. 磁盘的类型

磁盘是一种直接存取存储设备，又叫随机存取存储设备。从不同的角度进行分类，可将磁盘分成硬盘和软盘，单片盘和多片盘，固定磁头磁盘和活动磁头磁盘等。磁盘读与写的速度相同，为了提高可靠性，可将若干磁盘组成阵列。

固定磁头磁盘在每条磁道上都有一个读/写磁头，所有磁头都被装在一个钢性磁臂中，通常这些磁头可访问所有的磁道，并进行并行读/写，有效地提高了磁盘的 I/O 速度，主要用于大容量的磁盘设备。

活动磁头磁盘由多个盘片组成，每个盘面配有一个磁头，也被装入磁臂中，为访问该盘上的所有磁道，该磁头必须能够移动以进行寻道。任何时候所有的磁头位于与磁盘中心距离相同的磁道上。活动头磁盘比固定头磁盘的读/写速度慢，但由于结构简单，故广泛用于中小型磁盘设备中。微机上配置的温盘(温彻斯特)和软盘，都采用活动头结构。表 5-3 是典型磁盘的性能参数。

表 5-3　磁盘性能参数

特性	Seagata Cheetah 36	Western Digital Enterprise WDE 18300
容量	36.4 GB	18.3 GB
最小寻道时间	0.6 ms	0.6 ms
平均寻道时间	6 ms	5.2 ms
轴心速度	10000 r/min	10000 r/min
平均旋转延迟	3 ms	3 ms
最大传送率	313 M/s	360 M/s
每个扇区的字节数	512	512
每个磁道的扇区数	300	320
盘片一面的磁道数	9801	13614
磁盘的盘面数	24	8

2．磁盘的物理结构

以活动头磁盘为例，从外部看，一个硬盘的结构如图 5-21 所示，包括多个盘面，用于存储数据。每个盘面有一对读写磁头，所有的读写磁头都固定在唯一的移动臂上同时移动。

(1) 磁头(header)。

磁头是硬盘中最昂贵的部件，也是硬盘技术中最重要、最关键的一环。传统的磁头是读写合一的电磁感应式磁头，但是，硬盘的读、写却是两种截然不同的操作，为此，这种二合一磁头在设计时必须同时兼顾到读、写两种特性，从而造成了硬盘设计上的局限。而 MR 磁头(magneto resistive heads，即磁阻磁头)，采用的是分离式的磁头结构：写入磁头仍采用传统的磁感应磁头(MR 磁头不能进行写操作)，读取磁头则采用新型的 MR 磁头，即所谓的感应写、磁阻读。这样，在设计时就可以针对两者的不同特性分别进行优化，以得到最好的读/写性能。另外，MR 磁头是通过阻值变化而不是电流变化去感应信号幅度，因而对信号变化相当敏感，读取数据的准确性也相应提高。由于读取的信号幅度与磁道宽度无关，故磁道可以做得很窄，从而提高了盘片密度，达到 200 MB/英寸^2，而使用传统的磁头只能达到 20 MB/英寸^2，这也是 MR 磁头被广泛应用的最主要原因。目前，MR 磁头已得到广泛应用，而采用多层结构和磁阻效应更好的材料制作的 GMR 磁头(giant magneto resistive heads，巨磁阻磁头)也逐渐普及。

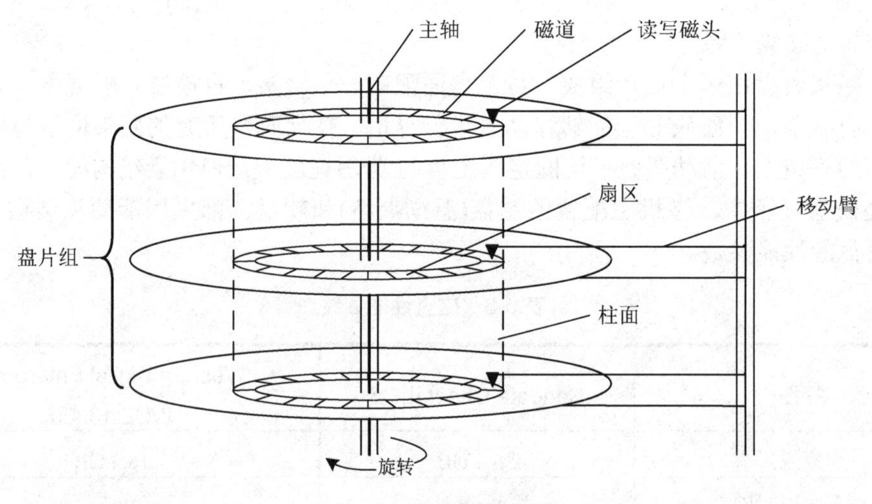

图 5-21　硬盘结构示意

(2) 磁道(track)。

当磁盘旋转时，磁头若保持在一个位置上，则每个磁头都会在磁盘表面画出一个圆形轨迹，这些圆形轨迹就叫作磁道。这些磁道用肉眼是根本看不到的，因为它们仅是盘面上以特殊方式磁化了的一些磁化区，磁盘上的信息便是沿着这样的轨道存放的。相邻磁道之间并不是紧挨着的，这是因为磁化单元相隔太近时磁性会相互产生影响，同时也为磁头的读写带来困难。一张 1.44MB 的 3.5 英寸软盘，一面有 80 个磁道，而硬盘上的磁道密度则远远大于此值。

(3) 扇区(sector)。

磁盘上的每个磁道被等分为若干弧段，这些弧段便是磁盘的扇区，每个扇区可以存放 512 个字节的信息，磁盘驱动器在向磁盘读取和写入数据时，以扇区为单位。微型计算机使用的 3.5 英寸软盘，双面高密度每面建立 80 个磁道，每磁道划分为 18 个扇区，每个扇区存储 512 个字节，其存储容量为：80 磁道×18 扇区×2 面×512 字节=1440K 字节。

(4) 柱面(cylinder)。

硬盘通常由重叠的一组盘片构成，每个盘面都被划分为数目相等的磁道，并从外缘的“0”开始编号，具有相同编号的磁道形成一个圆柱，称之为磁盘的柱面。磁盘的柱面数与一个盘面上的磁道数是相等的。由于每个盘面都有自己的磁头，因此，盘面数等于总的磁头数。所谓硬盘的 CHS，即 cylinder(柱面)、head(磁头)、sector(扇区)，只要知道了硬盘的 CHS 的数目，即可确定硬盘的容量，硬盘的容量=柱面数×磁头数×扇区数×512B。

3. 磁盘访问时间

磁盘设备在工作时，以恒定速率旋转。为了读写，磁头必须能移动到所要求的磁道上，并等待所要求的扇区的开始位置旋转到磁头下，然后再开始读或写数据。文件的信息通常不是记录在同一盘面的各个磁道上，而是记录在同一柱面的不同磁道上，这样可使移动臂的移动次数减少，从而缩短存取信息的时间。为了访问磁盘上的一个物理记录，必须给出三个参数：柱面号、磁头号、扇区号，也就是说可以把对磁盘的访问时间分成以下三部分。

(1) 寻道时间 T_s。

首先，磁盘机根据柱面号控制磁臂(磁头)做机械的横向移动，带动读写磁头到达指定磁道上所经历的时间一般称作寻道时间。该时间是启动磁臂的时间 s 与磁头移动 n 条磁道所花费的时间之和，即

$$T_s = m \times n + s$$

其中，m 是一常数，与磁盘驱动器的速度有关，对一般磁盘 m=0.2；对高速磁盘 $m \leqslant 0.1$，s 一般为 2 ms。所以，寻道时间平均需 20 ms 左右。

(2) 旋转延迟时间 T_τ。

一旦磁头到达指定磁道，必须等待所需要的扇区旋转到读写头下，按块号进行存取，这段等待时间称为旋转延迟时间。例如，对于硬盘，家用台式机的旋转速度是 7200 r/min，每转需 8.3 ms，平均旋转延迟时间 T_τ 为 4.17ms。服务器中使用的 SCSI 硬盘转速基本都采用 10000 r/min，甚至还有 15000 r/min 的，性能要超出家用产品很多。

(3) 传输时间 T_t。

信息在磁盘和内存之间进行传送也要花费时间，即把数据从磁盘读出或者向磁盘写入所经历的时间叫传输时间。T_t 的大小与每次所读/写的字节数 b 和旋转速度有关：

$$T_t = \frac{b}{rN}$$

其中，r 为磁盘每秒钟的转数；N 为一条磁道上的字节数，当一次读/写的字节数相当于半条磁道上的字节数时，T_t 与 T_τ 相同，因此，可将访问时间表示为：

$$T_a = T_s + T_\tau + T_t = T_s + \frac{1}{2r} + \frac{b}{rN}$$

由上式可以看出，在访问时间中，寻道时间和旋转延迟时间基本上都与读/写数据的多少无关，而且它们通常占据了访问时间中的大部分。但在读取相同大小的数据时，访问时间又与要访问数据的组织方式有一定关系，可见，适当地集中数据传输，有利于提高传输效率。例如，我们假定寻道时间和旋转延迟时间平均为 20 ms，而磁道的传输速率为 10 MB/s，如果要传输 10 KB 数据，此时总的访问时间为 21 ms，可见传输时间所占的比例是非常小的。当传输 100 KB 数据时，其访问时间也只为 30 ms，即当传输的数据量增大 10 倍时，访问时间只增加约 50%。目前磁盘的理论传输速率已达到 100 MB/s 以上，数据传输时间所占的比例更低。

5.6.2 搜查定位

对于移动臂磁盘设备，除了旋转位置外，还有搜查定位的问题。输入/输出请求需要三部分地址：柱面号、磁道号和记录号。例如，对磁盘同时有以下 5 个访问请求，如表 5-4 所示。

如果当前移动臂处于 0 号柱面，若按上述次序访问磁盘，移动臂将从 0 号柱面移至 7 号柱面，再移至 40 号柱面，然后回到 2 号柱面，显然，这样移臂很不合理。如果将访问请求按照柱面号 2，7，7，7，40 的次序处理，这将会节省很多移臂时间。进一步考查 7 号柱面的三个访问，按上述次序，那么必须使磁盘旋转近 2 圈才能访问完毕。若再次将访

问请求排序，按照表 5-5 的次序执行，显然，对 7 号柱面的三次访问大约只要旋转 1 圈或更少就能访问完毕。由此可见，对于磁盘设备，在启动之前按驱动调度策略对访问的请求进行优化排序是十分必要的。

表 5-4　搜查定位举例-1

柱面号	磁道号	记录号
7	4	1
7	4	8
7	4	5
40	6	4
2	7	7

表 5-5　搜查定位举例-2

柱面号	磁道号	记录号
7	4	1
7	4	5
7	4	8

移臂时间即寻道时间，移臂调度就是根据访问者指定的柱面位置进行调度，它影响系统寻道所花费的时间。而旋转调度则是对多个访问者访问同一柱面的不同磁道的不同扇区的选择，它影响磁盘旋转所花费的时间。常用的移臂调度算法有许多，下面介绍其中的几种。

1. 先来先服务调度

先来先服务(first come first served，FCFS)算法，是磁盘调度中最简单的一种算法，既容易实现又公平合理。然而，它不能提供最好的服务。例如，有如下的一个磁盘请求序列，其磁道号为：

98，185，37，122，14，124，65，67

假定一开始读/写磁头位于 53 号磁道，且磁头向里移动，磁道号最大为 199。为了满足这一系列请求，磁头要从 53 号磁道移到 98 号磁道，然后再移到 185，37，122，14，124，65，最后到达 67 号磁道。这样总共需要移动 644 个磁道，如图 5-22 所示。

在 FCFS 调度算法中，对请求的服务是按照到达驱动程序的次序进行的。这种调度策略的缺点是，磁臂的移动完全是随机的，不考虑整个 I/O 请求队列中各种请求之间的相对次序和移动臂当前所处的位置，致使磁头有最大的移动距离，进程等待 I/O 请求的时间会过长，没有减少整个寻道时间。如果在磁头移到 37 号磁道时，能与 14 号磁道的请求一起服务，那么就能节省很多移动时间，从而缩短每个请求的处理时间，改善磁盘的吞吐量。

2. 最短寻道时间优先调度

最短寻道时间优先(shortest seek time first，SSTF)算法是指在将磁头移向下一个请求时，总是选择移动距离最小的磁道的请求。

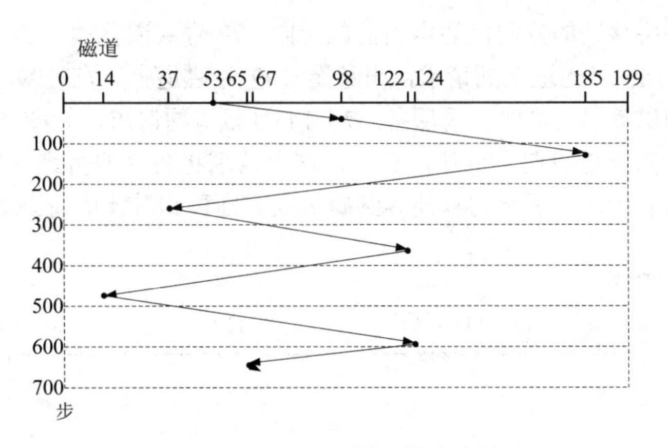

图 5-22　FCFS 调度算法示例

例如，在上述等待队列中，当采用 SSTF 算法时，最接近磁头所在位置(53)的请求是第 65 号磁道，一旦磁头移到 65 号磁道，下一个最接近的请求是 67 号磁道；之后，67 号磁道到 37 号磁道的距离是 30，到 98 号磁道的距离是 31，因此，下一个处理的请求应该是 37 号磁道。接下去服务请求的磁道顺序是 14，98，122，124，最后是 185。这个处理过程如图 5-23 所示。这种算法使得磁头移动距离的总和只有 238 个磁道，是 FCFS 的三分之一。

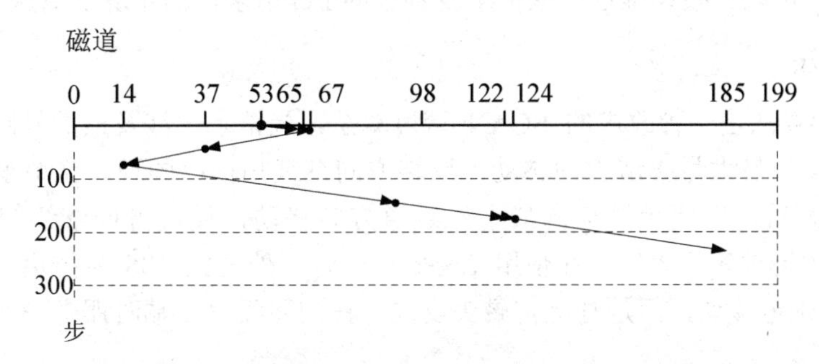

图 5-23　SSTF 调度算法示例

SSTF 算法考虑了各个请求之间的区别，总是先执行查找时间最短的那个请求，因而比“先来先服务”算法有较好的寻道性能，但是它仍然不是最优的。例如，将磁头由 53 号磁道先移到 37 号磁道(即使它不是最近的)，再移到 14 号磁道，然后移到 65，67，98，122，124 及 185 号磁道，这样可将总的移动距离减少到 210 个磁道，大大加快了服务请求的速度。

3. 扫描算法

当认识到请求队列的动态性后，产生了扫描(SCAN)算法。它是指读/写磁头开始由磁盘的一端向另一端移动时，随时处理所到达的任何磁道上的服务请求，直到移到磁盘的另一端为止。在磁盘的另一端，磁头的方向反转，继续完成各磁道上的服务请求。这样，磁头总是连续不断地从磁盘的一端移到另一端。

仍以上面的请求序列为例，在使用 SCAN 算法之前，不仅要知道磁头移动的最后位置，而且要知道磁头移动的方向。假定当前磁头向 199 号磁道移动，那么先服务 65，67，98，122，124 及 185 号磁道上的请求，再移至 199 号磁道上。在 199 号磁道上，磁头反向，在将磁头移向磁盘另一端时，再服务 37，14 号磁道的请求，如图 5-24 所示。如果正好有一个请求在磁头前进方向上到达，那么，这个请求将会立即得到处理。如果一个请求在磁头刚刚移动过后到达，那么它只能等到磁头反方向移到时才能得到处理。

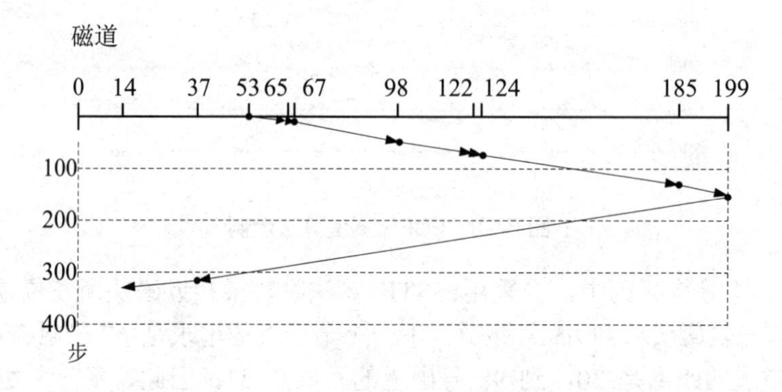

图 5-24　SCAN 调度算法示例

SSTF 算法虽有较好的寻道性能，但可能会造成进程“饥饿”状态，只要不断有新的 I/O 请求到达，就有可能无限期推迟某些很早就到达的 I/O 请求，而本算法克服了这一缺点。

4. 寻查算法

寻查(Look)算法是一种改进的 SCAN 调度算法，当请求中涉及最大号磁道的服务结束后，它停止继续向最大号磁道方向移动，反转方向继续扫描；同理，当请求中涉及最小号磁道的服务结束后，它停止继续向最小号磁道方向移动，反转方向继续扫描。例如，以 SCAN 算法中的请求序列为例，在使用 Look 算法时，处理完 185 号磁道上的请求后，磁头不向 199 号磁道移动，而是马上将磁头反向，移向磁盘另一端时服务 37，14 号磁道，如图 5-25 所示。

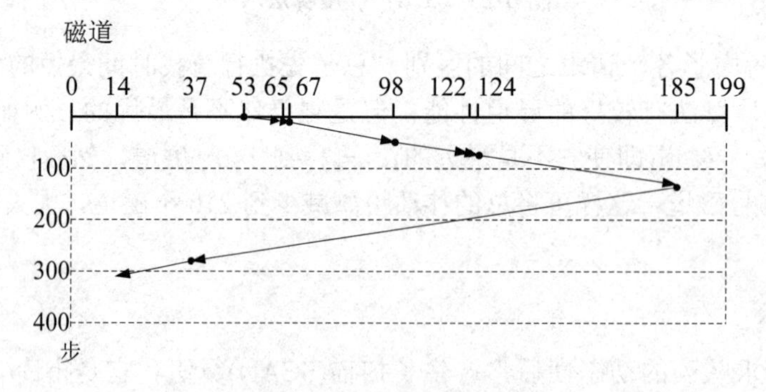

图 5-25　Look 调度算法示例

Look 算法又叫电梯(elevator)算法，因为这种算法响应请求的方式与电梯在各楼层间的往返非常类似。Look 算法既能获得较好的寻道性能，又能防止“饥饿”现象，故被广泛用于大、中、小型机器和网络中的磁盘调度。

5. 循环扫描算法

假定对磁道的请求是均匀分布的，考虑对磁道的请求密度。当磁头到达一端并反向时，落在磁头之后的请求相对较少，这是由于这些磁道刚刚被处理过；而磁盘另一端的请求密度相对较高，而且这些请求等待的时间较长。为了解决这种情况，引入了循环扫描(Circular-SCAN，C-SCAN)算法，以提供比较均衡的等待时间。C-SCAN 算法与 SCAN 算法类似，也是在磁头从磁盘的一端移到另一端时，随时处理到达的请求，但是，当它到达另一端时，磁头立即返回到开始处，即立即返程，不处理任何请求。C-SCAN 算法将磁盘上的磁道排列视为一个圆，最后一个磁道与第一个磁道紧密相接，以此达到对磁道上请求的均衡服务。上例的 C-SCAN 算法访问步骤见图 5-26。C-SCAN 算法规定磁头单向移动。

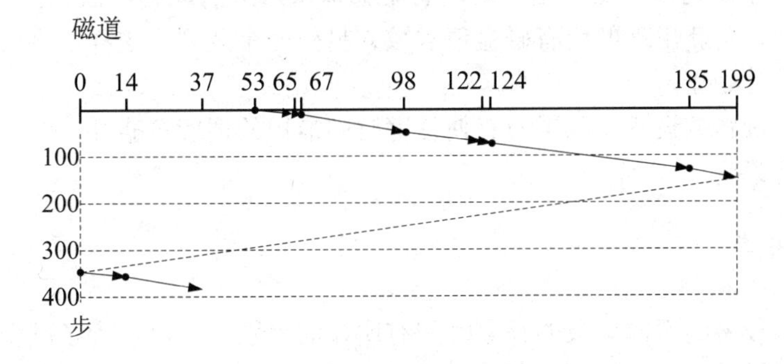

图 5-26　C-SCAN 调度算法示例

6. 循环寻查算法

循环寻查(C-Look)算法是一种改进的 C-SCAN 调度算法，磁头在向任何方向移动时，都只移动到最远的一个请求磁道上，一旦前进方向上没有请求到达，磁头就反向移动。C-Look 算法对上例的处理过程如图 5-27 所示。

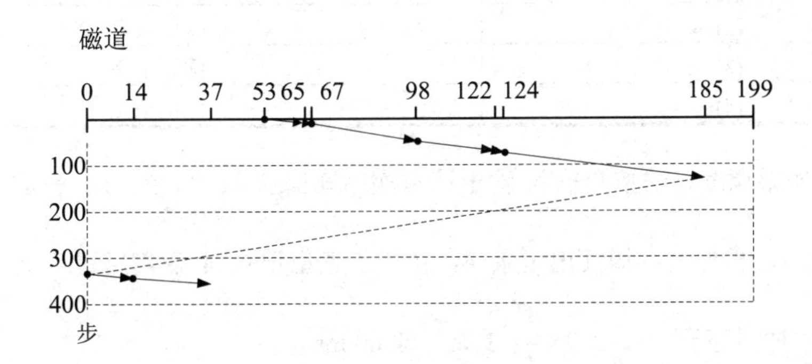

图 5-27　C-Look 调度算法示例

7. 分步扫描算法

在上述几种算法中，当某段磁道请求密集时，都可能出现磁臂停留在某处不动的情况。例如，有一个或几个进程对某一磁道有较高的访问频率，即这些请求将引起反复对某一磁道的 I/O 操作，从而垄断了整个磁盘设备。我们把这种现象称为“磁臂黏着”(armstickiness)。在高密度磁盘上容易出现此情况。分步扫描(N-Step-SCAN)算法是将磁盘请求队列分成若干长度为 N 的子队列(每组不超过 N 个请求)，磁盘调度将按 FCFS 算法依次处理这些子队列。而每处理一个子队列时又是按照 SCAN 算法，对一个队列处理完后，再处理其他队列。如果在处理的过程中又出现了新的磁盘请求，便将新请求放入其他队列，这种调度算法能保证每个磁盘请求的等待时间不至于太长，避免出现黏着现象。当 N 很大时，N-Step-SCAN 算法接近于 SCAN 算法的性能；当 N=1 时，N-Step-SCAN 算法蜕化为 FCFS 算法。

8. 双队列扫描算法

双队列扫描(FSCAN)算法实质上是 N-Step-SCAN 算法的简化，即 FSCAN 只将磁盘请求队列分成两个子队列。一个是由当前所有磁盘请求形成的队列，磁盘按 SCAN 算法处理。在处理期间，将新出现的所有磁盘请求放入另外一个队列。这样，将所有新请求都推迟到下一次扫描时处理。

磁盘这样的旋转型设备，除了应有使移臂时间最短的调度策略外，还应该考虑使旋转圈数最少的调度策略。

5.6.3 循环排序

旋转型存储设备的不同记录的存取时间有明显的差别，所以，为了减少延迟时间，对输入输出请求的响应进行排序具有重要的意义。考虑每一磁道保存 4 个记录的旋转型设备，假定旋转速度为 20 ms，收到如表 5-6 所示的四个输入/输出请求，则对这些输入/输出请求有多种排序方法。

表 5-6 磁盘请求次序

请求次序	记录号
(1)	读记录 4
(2)	读记录 3
(3)	读记录 2
(4)	读记录 1

方法 1：如果调度算法按照输入/输出请求次序读记录 4、3、2、1，假定平均要用 $\frac{1}{2}$ 周来定位到记录 4，再加上 $\frac{1}{4}$ 周读出记录 4，由于当读出记录 4 后需转过 $\frac{3}{4}$ 周才能去读记录 3，则总的处理时间等于 $\frac{1}{2}+\frac{1}{4}+3\times\frac{3}{4}$=3 周，即 60 ms。

方法 2：如果调度算法决定的读入次序为记录 1、2、3、4。那么，总的处理时间等于 $\frac{1}{2}+\frac{1}{4}+3\times\frac{1}{4}$=1.5 周，即 30 ms。

方法 3：如果我们知道当前读位置是记录 3，则调度算法采用的次序为读记录 4、1、2、3 会更好。总的处理时间等于 $\frac{1}{4}+3\times\frac{1}{4}$= 1 周，即 20 ms。

为了实现方法 3，驱动调度算法必须知道旋转型设备的当前位置，这种硬设备叫作旋转位置测定。如果没有这种硬件装置，那么因无法测定当前记录而可能会平均多花费半周左右的时间。

循环排序时，还必须考虑某些输入输出的互斥问题。对于相同记录号的所有输入/输出请求会产生竞争，如果硬件允许一次从多个磁道上读写，就可减少这种拥挤现象，但是这通常需要附加的控制器，设备中还要增加电子部件。

5.6.4　优化分布

信息在存储空间的排列方式也会影响存取等待时间。考虑 10 个逻辑记录 A，B，…，J 被存于旋转型设备上，每道存放 10 个记录，可安排如表 5-7 所示的顺序存储。

假定要经常顺序处理这些记录，而旋转速度为 20 ms，处理程序读出每个记录后花 4 ms 进行处理。则读出并处理记录 A 之后将转到记录 D 的开始。所以，为了读出 B，必须再转一周。于是，处理 10 个记录的总时间为：10 ms(移动到记录 A 的平均时间)+2 ms(读记录 A)+4 ms(处理记录 A)+9×[16 ms(访问下一条记录)+2 ms(读记录)+4 ms(处理记录)]=214 ms。

按照表 5-8 所示方式对信息的存储分布优化后，当读出记录 A 并处理结束后，恰巧转至记录 B 的位置，立即就可读出并处理。按照这一方案，处理 10 个记录的总时间为：10 ms(移动到记录 A 的平均时间)+10×[2 ms(读记录)+4 ms(处理记录)]=70 ms。所用时间是原方案的三分之一，如果有众多记录需要处理，节省的时间就更可观了。

表 5-7　未优化的记录排列

物理块	逻辑记录
1	A
2	B
3	C
4	D
5	E
6	F
7	G
8	H
9	I
10	J

表 5-8　优化后的记录排列

物理块	逻辑记录
1	A
2	H
3	E

续表

物理块	逻辑记录
4	B
5	I
6	F
7	C
8	J
9	G
10	D

5.6.5 磁盘的错误处理

磁盘在运转过程中，容易出现各种各样的错误。一些常见的错误如程序性错误、瞬时检查错误、永久性错误、寻道错误、控制器错误等，都由磁盘驱动程序进行处理。

1. 程序性错误

当驱动程序命令控制器去查找一个不存在的柱面，读一个不存在的扇区，使用不存在的磁头，以及与一个不存在的存储器地址交换数据时，都产生程序性错误。大多数控制器对发给它的参数进行检查，并告知是否合法。理论上，这些错误不应发生；如果控制器指示这类错误发生了，那么驱动程序通常终止当前的磁盘请求，给出错误的原因。

2. 瞬时检查错误

瞬时检查错误是由磁盘表面与磁头之间的灰尘引起的。解决办法通常是重复执行这个操作，就可消去错误。倘若错误继续存在，则将该块标记为坏块。一些“智能”磁盘控制器保留了几个备用磁道，这些磁道对用户程序不开放。当磁盘进行格式化时，控制器确定哪些块是坏的，自动由备份磁道替换它。将坏磁道映射到备用磁道的表格保留在控制器内部存储器和磁盘上，对驱动程序透明。

3. 寻道错误

寻道错误是由磁臂的机械故障引起的。

控制器内部记录磁臂位置，为了执行寻道，它泄放一系列脉冲给磁臂马达，每个柱面一个，这样可将磁臂移动到新的柱面上。当磁臂移到目标位置时，控制器读出实际的柱面号(驱动器格式化时写的)；如果位置不对，则出现寻道错误。

关于寻道错误，有些控制器可以自动修正，而有些控制器(包括 IMB PC 在内)只设置一个错误标志位，其他工作留给驱动程序。驱动程序对这个错误的处理办法是泄放一个 RECALIBRATE 命令，让磁臂尽可能向远的方向移动，并将控制器内部的当前柱面重置为0。如果不这样做，只好将驱动器拆下进行修理。

由上面分析可见，控制器实际是一台专用的小型计算机，它有软件、变量、缓冲区，偶尔也对故障进行处理。

习　题　五

1. 判断下列叙述的正确性。

(1) 对于存储型设备，I/O 操作的信息是以字节为单位传输的。

(2) 设备控制器是 CPU 与 I/O 设备之间的接口，它接收从 CPU 发来的命令，并控制 I/O 设备工作。

(3) 一个设备控制器只能控制一个 I/O 设备。

(4) 独占设备始终只允许一个用户进程使用。

(5) 共享设备在任何时刻允许多个进程使用。

(6) 虚拟设备是指实际上不存在的设备。

2. 从信息交换的单位看，可以将设备分成哪些类型？

3. 按资源分配方式可将外部设备分为几类？各有什么特点？

4. 什么是设备控制器？其主要功能有哪些？由几部分组成？

5. 什么是通道？通道有几种类型？

6. I/O 控制方式有哪几种？各有什么优缺点？

7. 简述在中断控制方式下，CPU 与 I/O 设备之间数据传输的步骤。

8. 简述 DMA 控制方式的技术特征。

9. DMA 控制方式和通道控制方式有什么不同？

10. I/O 软件的设计目标是什么？

11. 简述 I/O 软件系统的层次模型，各层都负责什么工作？

12. 驱动程序是什么？为什么要有驱动程序？

13. 下述工作各由哪一层 I/O 软件完成？

(1) 为了读盘，计算磁道、扇区和磁头；

(2) 维护最近使用的盘块所对应的缓冲区；

(3) 把命令写到设备寄存器中；

(4) 检查用户使用设备的权限；

(5) 把二进制整数转换成 ASCII 码打印。

14. 设备管理中引入缓冲技术的目的是什么？

15. 什么是逻辑设备？什么是物理设备？如何实现从逻辑设备到物理设备的转换？

16. 为什么要引入设备独立性？如何实现设备独立性？

17. 判断以下叙述的正确性。

(1) 设备独立性是指设备驱动程序独立于具体使用的物理设备。

(2) SPOOLing 是脱机 I/O 系统。

(3) 系统为所有设备配置一张设备控制表，用于记录设备的特性以及与 I/O 控制器相连的情况。

(4) 磁盘高速缓冲区是设在磁盘上的一块磁盘空间。

(5) 设备分配算法主要有先请求先服务和速度高者优先。

18. 什么叫寻道？访问磁盘时间由哪几部分组成？其中哪一个是磁盘调度的主要目标？

19. 判断以下叙述的正确性。

(1) 磁盘分配的基本单位是磁盘物理块。

(2) 指定柱面号和扇区号就可以定位磁盘的物理块位置。

(3) 磁盘存储器的一次存取时间包括搜查定位和旋转延迟时间。

(4) 移臂调度算法中先来先服务调度算法平均寻道时间较短。

(5) 移臂调度算法中最短寻道时间优先调度算法可能出现请求的饥饿现象。

(6) 优化磁盘物理块分布的主要目的是减少寻道时间。

(7) 磁盘旋转调度的原则是让先到达读写磁头位置下的扇区先进行传输。

(8) 可以采用提前读和延迟写的方法提高磁盘I/O速度。

20. 什么是RAID？分为几级？采用RAID技术有什么优点？

21. 某磁盘有200个柱面，编号从0到199，当前存取臂的位置在143号柱面上，且刚刚完成了125号柱面的服务请求，如果请求队列的先后顺序是：86，147，91，177，94，150，102，175，130。试问：为完成上述请求，分别采用下列调度算法时，存取臂移动的顺序，并计算出移臂总量。

(1) FCFS调度算法；

(2) SSTF调度算法；

(3) SCAN调度算法；

(4) Look调度算法；

(5) C-SCAN调度算法；

(6) C-Look调度算法。

22. 磁盘请求以10，22，20，2，40，6，38柱面的次序到达磁盘驱动器，假设磁臂的起始位置是20号磁道，且刚访问过15号磁道。寻道时移动每个磁道需要6 ms，请计算以下算法的寻道次序和寻道时间。

(1) FCFS调度算法；

(2) SSTF调度算法；

(3) SCAN调度算法；

(4) Look调度算法。

23. 假定磁盘的移动臂现处于8号柱面，有如下6个请求者等待访问磁盘，它们的访问位置如下表所示，试求出最省时间的响应顺序。

请求访问者	A	B	C	D	E	F
柱面号	9	7	15	9	20	7
磁头号	6	5	20	4	9	15
扇区号	3	6	6	4	5	2

24. 如果磁盘的每个磁道分成9个块，现有一文件包含A，B，…，I共9个记录，每个记录的大小与块的大小相等，设磁盘转速为27 ms/转，每读出一块后需要3 ms的处理时间。假设读写头初始时正好在A记录的起始位置，试问：

(1) 如果顺序存放这些记录并顺序读取，处理该文件需要多少时间？

(2) 为了缩短处理时间应进行优化分布，那么如何安排这些记录？计算优化后处理的总时间。

25. 假设某磁鼓分为 20 个区，每区存放一条记录，磁鼓旋转一周用时 20 ms，读取每条记录平均用时 1 ms，之后经 2 ms 处理，再继续处理下一条记录。在当前磁鼓位置未知的情况下。

(1) 顺序存放记录 1、记录 2、……、记录 20 时，试计算读出并处理 20 条记录的总时间。

(2) 给出优化 20 条记录的一种方案，使得总处理时间缩短，计算出这个方案所花费的总时间。

第6章

文件管理

在现代计算机系统中，用户的程序和数据，操作系统自身的程序和数据，甚至各种输入输出设备都是以文件的形式出现。尽管文件有多种存储介质可以使用，如硬盘、软盘、光盘、闪存、记忆棒等，但它们都以文件的形式出现在操作系统的管理者和用户面前。所以，文件管理是操作系统中一项重要的功能。文件系统就是操作系统中用来统一管理信息资源的软件，它管理文件的存储、检索、更新，提供安全可靠的共享和保护手段，并且方便用户使用。

本章首先介绍文件及文件系统的基本概念、文件的逻辑结构和物理结构；其次详细解释几种不同类型的文件目录以及文件系统的实现方式；最后给出对文件存储空间进行管理的方法。

6.1 文件概述

6.1.1 文件的概念

我们都很熟悉文件的概念，因为它在计算机系统中使用较多。一个软件可以由若干文件组成，一个数据文件可由上万条信息组成。如果我们从操作系统的角度来看，文件就像一个存放各类信息的“容器”，这个“容器”中存放什么东西，存放多少，是完全由用户根据需要来灵活决定的。而计算机系统中可以用来存放信息的“容器”还有很多，如集合、记录、目录，甚至计算机的存储设备，都可以看作“容器”，其中所存放的内容可以由用户根据需要来决定，显然这些“容器”与文件相差甚远，那么它们的区别到底是什么呢？

文件是具有名字且在逻辑上具有完整意义的信息项的有序序列，如图 6-1 所示。这里所说的“有序序列”是指从用户观点来看，在逻辑上具有顺序性。实际上，文件在辅存上物理存放时由于要考虑空间利用率的问题，不一定是连续的。文件概念和机制掩盖了辅存物理空间和物理接口的细节，掩盖了信息在物理辅存上实际存放时的物理位置及其不连续性。

图 6-1 文件结构

文件是一种抽象机制，它提供了一种在磁盘上保留信息并方便以后读取的方法。任何一种抽象机制的最重要的特性就是对管理对象的命名方式。文件的符号名称为文件名，是字母或数字组成的字母数字串，由用户在创建文件时确定，并在以后访问文件时使用，一直到它被显式地删除。

文件的具体命名规则在各个系统中有所不同。现代操作系统中的文件名都是由文件名和扩展名两部分构成，中间用“.”分开。通常系统允许使用 1～8 个字符组成的字符串作为合法的文件名，这个字符串可包含字母、数字和一些特殊的符号。有的文件系统可支持长达 255 个字符的文件名。此外，有的操作系统区分文件名中的大小写字母，如 UNIX 系统；而有的文件名没有大小写的区分，如 Windows 系统。扩展名常常用来表示文件的类型信息，一些常用的文件扩展名及其含义如表 6-1 所示。有些操作系统中扩展名只是一种约定，并不是必需的，如 UNIX 系统。

表 6-1　一些典型的文件扩展名及含义

扩展名	含　义
.bak	备份文件
.c	C 源程序文件
.gif	符合图形交换格式的图像文件
.hlp	帮助文件
.html	WWW 超文本标记语言文档
.jpg	符合 JPEG 编码标准的静态图片
.mp3	符合 MP3 音频编码格式的音乐文件
.mpg	符合 MPEG 编码标准的电影
.obj	目标文件(编译器输出格式，尚未连接)
.pdf	PDF 格式的文件
.ps	PostScript 文件
.tex	为 TEX 格式化程序准备的输入文件
.txt	一般文本文件
.zip	压缩文件

信息项是构成文件内容的基本单位，可以是各种类型：一个源程序、一批数据或者一个单字节。这些信息项可以是等长的，也可以是不等长的。操作系统中的文件系统使得用户可以从复杂、庞大的信息中抽身，不用关心这些信息存放在辅存中的什么物理位置，以什么样的方式组织这些信息，只需要知道文件名，指定操作方式，就可以实现文件的所有管理。依靠文件系统管理的文件安全可靠，因为系统中提供了各种安全、保密和保护措施，可以防止对文件有意或无意的破坏。系统提供的共享功能，使得文件可以以不同的文件名为多个用户所使用，既节省了存储空间，又提高了文件的利用率。

通常，文件系统为一个正在使用的文件提供两个指针，一个是读指针，另一个是写指针。前者用于记录文件当前的读取位置，它指向下一个将要读取的信息项；后者用于记录文件当前的写入位置。文件系统的主要功能有：文件的按名存取、对文件目录的管理、地址映射、提供合适的文件存取方法及文件的共享、保护和保密等。

6.1.2　文件系统模型

所有文件受操作系统的管理，有关文件的构造、命名、存取、使用、保护和实现方法都是操作系统要完成的内容。从总体上看，操作系统中处理文件的部分称为文件系统(file system)。图 6-2 是文件系统的模型，它分为三个层次：最低层是对象及其属性说明，这是由操作系统所提供的数据名称、数据集合单位所组成的层次；中间层是对对象进行操纵和管理的软件集合，它是处于应用程序与操作系统之间的应用软件与系统软件；最高层是文件系统提供给用户的接口。

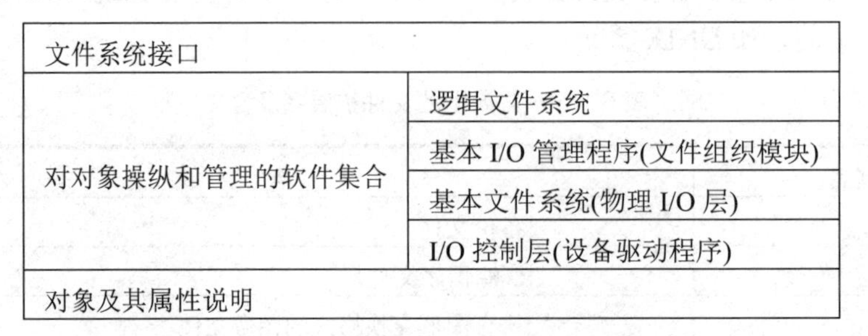

文件系统接口
对对象操纵和管理的软件集合
逻辑文件系统
基本 I/O 管理程序(文件组织模块)
基本文件系统(物理 I/O 层)
I/O 控制层(设备驱动程序)
对象及其属性说明

图 6-2　文件系统模型

一个完整的文件系统主要包含下列三部分：第一部分是文件(File)，主要的目的是用各种格式来存储各类数据，它是文件管理的直接对象；第二部分是目录结构(directory structure)，目录结构的存在可以让各种文件分门别类地存储在磁盘中，并将所有文件加以组织，这样方便用户使用并且提高文件的存取速度；有些文件系统还会有第三部分，也就是所谓的分区(partition)，一个分区是磁盘上的一个连续存储区域。分区的意义就在于将一个物理磁盘分成几个逻辑上的磁盘，用户可依不同的需要安排各个分区的使用。例如，一个磁盘分区后有两个分区 C 和 D，文件描述信息、目录信息都放在 C 区中，不会放在 D 区或磁盘的其他位置，这样两个分区的格式完全相互独立。

对对象的操纵和管理软件是文件系统的核心部分，要完成文件系统的绝大多数功能。I/O 控制层是文件系统的最低层，因此也是最接近硬件的部分。它的功能主要是在存取文件时接收系统的中断命令，并根据命令启动相应设备的驱动程序，它由磁盘驱动程序和磁带驱动程序构成。基本文件系统又称物理 I/O 层，主要完成内存与磁盘之间的数据交换。首先基本文件系统会向相应的驱动程序发出一条通用命令，读写若干盘块。在这个命令中，包含数据块将要写入的地址、一些缓冲区的参数等信息。基本 I/O 管理程序，又称为文件组织模块，要完成最基本的磁盘 I/O 操作，主要有选择文件所在的设备、选择 I/O 操作所需的缓冲区、将系统给出的逻辑块号转换为物理块号。这是因为文件的逻辑块号是按顺序从 0 到 n-1 编写，而文件存放的物理块号并不一定是连续的，所以要通过系统来完成从逻辑块号到物理块号的转换。此外，还要对磁盘中的空闲区域进行管理，以便为下一次的 I/O 操作做准备。逻辑文件系统是管理软件的最高层，它所处理的对象已由数据块变为文件或记录，完成文件和记录的保护，建立目录项或修改目录项，访问文件中的目录等。

文件系统接口是操作系统与用户之间的接口，有两种类型的常用接口：命令级接口和程序级接口。命令级接口是用户和文件系统之间的接口，使得用户可以利用键盘或屏幕完成对文件的操作。程序级接口则是用户程序与文件系统的接口，用户程序要通过它来实现对文件的操作。

6.1.3　文件分类

现代操作系统中，不但将数据信息组织成文件的形式，而且对设备的访问也是基于文件进行的，这样使得操作系统便于统一管理。很多操作系统支持多种文件类型，所以根据不同原则可以将文件划分为不同的类别。

(1) 按用途可分为系统文件、库文件和用户文件。系统文件是由系统软件构成的文件，用户只能调用而不能修改这些文件，甚至有些系统文件用户都不能使用；库文件是由标准子程序及常用的例程所构成的文件，可由用户使用但不能修改；用户文件是由用户源代码、可执行文件或数据所构成的文件，由系统代为管理。

(2) 按存储方式可分为 ASCII 码文件和二进制文件。ASCII 码文件由多行正文组成，每行用回车符结束，文件中各行的长度不一定相同，它的最大好处是可以用任何文本编辑器进行编辑；二进制文件通常具有一定的内部结构，必须使用特殊程序才能读出该文件。

(3) 按保存期可分为临时文件和永久文件。临时文件是操作系统在运行过程中产生的一些数据，它们并不是用户所需要的，没有保存价值；永久文件则是按格式保存，如果不显式地删除，将一直存在。

(4) 按访问方式可分为只读文件、只执行文件和可读/写文件。只读文件是只允许用户读出而不允许写入的文件；只执行文件允许用户调用文件运行，但不能读文件，也不能写文件；可读/写文件既允许用户读文件，也允许用户写文件。

(5) 按数据形式可分为源文件、目标文件和可执行文件。源文件是由源程序和数据构成的，通常由终端或输入设备输入；目标文件是指把源程序经过相应语言的编译程序编译，但尚未链接的目标代码所构成的文件；可执行文件是经编译后所产生的目标代码经过链接所形成的文件。

此外，还可以按照文件存储的设备类型分为磁盘文件、磁带文件和软盘文件；按信息流向分为输入文件、输出文件和输入/输出文件。

UNIX 操作系统支持以下几种类型的文件：普通文件、目录文件和设备文件。普通文件是一般用户所建立的文件，可以保存数据、程序、音乐、图像等任何信息，通常是保存在外部存储设备上；目录文件保存文件描述信息，是由管理和实现文件系统的文件目录组成的系统文件，它的操作与普通文件相同；设备文件对应各种存储设备，又分为块设备文件和字符设备文件，块设备文件用于磁盘、光盘或磁带等块设备的 I/O 操作，字符设备文件用于终端、打印机等字符设备的 I/O 操作。

6.1.4　文件属性

文件被保存在磁盘后，就独立于进程、用户，甚至创建它的系统，所以为了能对系统内的各个文件实施管理以及保护，系统除了要保存文件的信息内容外，还要存储一些与文件相关的数据，我们称之为文件属性(file attributes)。所有文件的属性信息都保存在目录结构中，而目录结构保存在辅存上，一个文件的属性可能需要占用 1KB 空间。不同的文件系统所存储的属性与格式是不尽相同的，通过不同文件建立的程序可以产生不同格式的文件，例如利用编译器所产生的执行文件及利用图形编辑器所产生的图形文件，在属性上就有很大的不同，但是通常都包括以下几种属性。

(1) 名称：文件是有名字的，以方便用户通过文件名来访问该文件。通常文件名是由一个字符串组成。

(2) 标识符：是指在文件系统内标识文件的唯一符号，通常是数字。这个信息对用户是不可访问的。

(3) 类型：类型设置可以提供系统在访问时用以识别不同数据类型的文件。

(4) 位置：此属性为一个指向磁盘实际存储位置的指针，让系统知道要到磁盘中的哪个位置去访问所需要的数据。

(5) 大小：当数据被存储在磁盘中时需要足够的存储空间，大小属性就记录着该文件在磁盘上所占有的存储空间大小(以字节、字或块为单位)，有时该属性也包括文件可允许大小的最大值。

(6) 保护：在多用户多任务操作系统中，为了文件系统的安全，一般都会在文件上加入保护机制及访问控制的设置，例如决定谁能读、写文件的信息。

(7) 拥有者：一般来说，文件都由建立它的用户所拥有，而文件的拥有者可以对文件的保护加以设置。在大部分文件系统中，文件的拥有者亦可由拥有者本身或是拥有更高权限的管理者重新指定。

(8) 日期信息：文件中会记录几个与文件相关的日期与时间信息，包含文件的建立时间、最后修改时间和最后访问时间等。这些信息主要用于文件的保护、安全和使用跟踪。

由上述介绍可知，文件的属性与格式决定了文件的类型与其应用方式。当然，文件系统的使用与管理并没有完全一致的规则，要根据应用程序或用户的需要来访问这些文件的数据。同时，文件的相关属性也是文件系统中的重要部分，这些属性值不但可以让用户访问文件时更加方便，也会使整个文件系统在管理上更加容易。

6.1.5 文件存取方法

存取方法是指读写文件存储器上的物理记录的方法。由于文件类型不同，用户的使用要求不同，因而需要操作系统提供多种存取方法来满足用户要求。常用的存取方法有以下几种。

1. 顺序存取

无论是什么结构的文件，存取操作都在上次的基础上进行。系统设置读写两个位置指针，指向要读出或写入的字节位置或者记录位置。读操作总是读出位置指针所指向的若干字节或下一条记录，写操作将若干字节或一条记录写到写指针所在的位置。根据读出或写入的字节个数或记录号，系统自动修改相应指针的值。

2. 直接存取

很多应用场合需要快速地以任意次序直接写某条记录。例如，在航空订票系统中，把特定航班的所有信息用航班号作为标识，存放在物理块中，当用户预订某航班机票时，需要直接将此航班的信息取出。直接存取方法适合于这类应用，它通常用于磁盘文件。

为了实现直接存取，一个文件可看作由顺序编号的等长物理块组成，块也是定位和存取的最小信息单位，用户可以请求先读块 22，然后写块 48，再读块 9，等等。直接存取文件对于读或写块的次序没有任何限制。用户向操作系统提供的是相对块号，是相对于文件开始位置的位移量，绝对块号则由系统计算得来。

3. 索引存取

这是基于索引文件的存取方法，由于文件中的记录不按位置，而是按照记录号或记录键来编址，因此，用户提供记录名或记录键后，先按名搜索，再查找所需要的记录。采用记录键时应按某种顺序存放，例如，按字母先后顺序来排序，对于这种文件，除了可采用按键存取外，也可采用顺序存取或直接存取方法，信息块的地址都可以通过查找记录键而换算出来。实际的系统中大多采用多级索引以加速记录的查找过程。

6.2 文件结构

文件结构指的是文件的逻辑结构和物理结构。文件的逻辑结构指文件的外部组织形式，是用户所看到的文件的组织形式；而文件的物理结构指文件的内部组织形式，是文件在物理存储设备上的存储形式，所以又称文件的存储结构。在实际文件系统的应用中，应当根据设计目标、用户要求、存储设备特征等选择适当的逻辑组织形式和物理组织形式，并且实现由逻辑组织形式向物理组织形式的转换。

6.2.1 文件与记录

记录是一组相关数据项的集合，用于描述一个对象某方面的属性。一个记录通常包含哪些数据项，取决于需要描述对象的哪个方面。由于一个对象所处的环境不同，我们所关心的方面也不同。例如，一个学生，作为班级中的一名学生时，我们关心的是他的名字、学号、年龄以及所在班级等信息。但如果要为他建立医疗档案，这时对他的描述对象就是他的档案号、姓名、性别、身高、体重等信息。

在这些记录中，为了能唯一地标识一个记录，必须在记录的各个数据项中，确定出一个项或几个项，这些项的集合称为关键字。也就是说，关键字是能唯一标识一个记录的数据项的集合。一般来说，只需一个数据项作为关键字。例如，前面学生的学号或档案号都可以作为记录的关键字。但有时无法在记录中找到一个数据项能够把所有记录都区分开，这时就要用几个数据项的集合作为关键字。

6.2.2 文件的逻辑结构

文件的逻辑组织形式有两种：流式和记录式。前者是非结构式的，后者是结构式的。对流式文件来说，操作系统对于文件的外部结构没有解释；而对于记录式文件来说，操作系统对文件的外部结构有解释。这两种结构只是形式不同，它们是等价的。

1. 流式文件

流式文件中构成文件的基本单位是字节，即流式文件是具有符号名并在逻辑上具有完整意义的字节序列，如图 6-3 所示。采用流式结构的文件主要是一些源程序、可执行程序、库函数等文件，它们的长度以字节为单位。

用户对流式文件的访问是以字节为基本单位的。每个文件的内部有一个读/写指针，通过系统调用命令可以将该读/写指针固定到文件的某一个位置，以后的读/写系统调用将从该指针所确定的位置开始。

2. 记录式文件

记录式文件，顾名思义就是由记录构成的文件，即记录式文件是具有符号名并在逻辑上具有完整意义的记录序列，如图 6-4 所示。

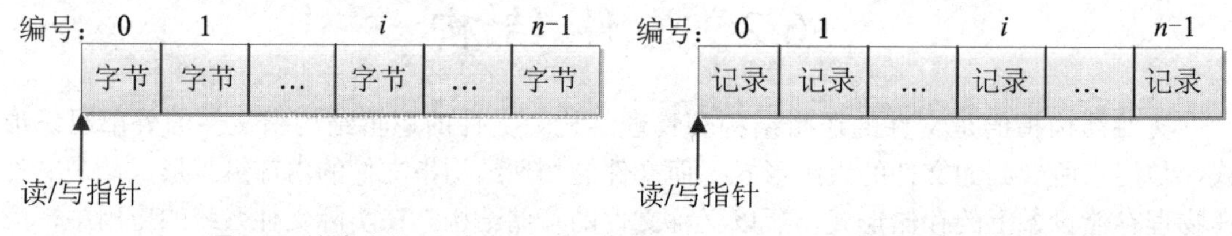

图 6-3 流式文件　　图 6-4 记录式文件

记录根据其长度可分为定长和变长两类。

(1) 定长记录：指文件中所有记录都是相同的。所有记录中的各数据项，都处于记录中的相同位置，具有相同的顺序及相同的长度，文件的长度用记录数目表示。定长记录处理方便，开销小，是目前较常用的一种记录格式，被广泛应用于数据处理中。

(2) 变长记录：指文件中各记录的长度不相同，包括记录中包含的数据项数目可能不同，或者是数据项本身的长度不定。例如，在一些档案中有奖惩情况、家庭成员情况等，事先无法确定长度。

用户对记录式文件的访问是以记录为基本单位的。每个文件的内部有一个读/写指针，通过系统调用可以将该读/写指针固定到文件的某一个位置，以后的读/写系统调用将从该指针所确定的记录位置开始。

3. 成组和分解

逻辑记录是按信息在逻辑上的独立含义划分的单位，块是存储介质上连续信息所组成的区域。因此，一条逻辑记录被存放到文件存储器的存储介质上时，可能占用一块或多块，或者一个物理块包含多条逻辑记录。若干逻辑记录合并成一组，写入一个块叫作记录成组，每块中的逻辑记录的个数称为块因子。成组操作先在系统输出缓冲区内进行，凑满一个块后才将缓冲区内的信息写到存储介质上。反之，当存储介质上的一个物理块读入系统缓冲区后，把逻辑记录从块中分离出来的操作叫作分解。例如，对于穿孔卡片，通常逻辑记录长 80 个字符，如果把存储介质上的数据块也划分成 80 B，一张卡片的 80 B 组成一条逻辑记录，占用一个物理块，此时逻辑记录和物理块是等长的，块因子等于 1。假定把卡片上的数据写到磁带上，若规定磁带上的物理块长为 800 B，每块内就可存放 10 张卡片数据，这时块因子就等于 10。如果卡片上的数据存放到磁盘上，若磁盘存储介质的物理块长为 1600 B，则每块内可容纳 20 张卡片的内容，这时块因子等于 20。

记录成组和分解处理不仅节省存储空间，还能减少 I/O 操作的次数，提高系统效率。记录成组和分解的处理过程如图 6-5 所示，应用程序的第一个读请求导致文件管理将包含逻辑记录的整个物理块读入系统输入缓冲区，再把第一条逻辑记录传送到用户工作区；随后的读请求可直接从系统输入缓冲区取得相继的逻辑记录，直到块中的逻辑记录全部处理完毕，紧接着的读请求便重复上述过程。应用程序写请求的操作过程与此相反，开始的若干条命令仅将所处理的逻辑记录依次从用户工作区传送到输出缓冲区装配，当某一个写请求所传送的逻辑记录恰好填满系统缓冲区时，文件管理才发出一次 I/O 请求，将填满的系统缓冲区内容写到存储介质的相应块中。采用成组和分解处理记录的缺点是：需要软件进行成组和分解的额外操作；需要能容纳最大块长的系统 I/O 缓冲区。

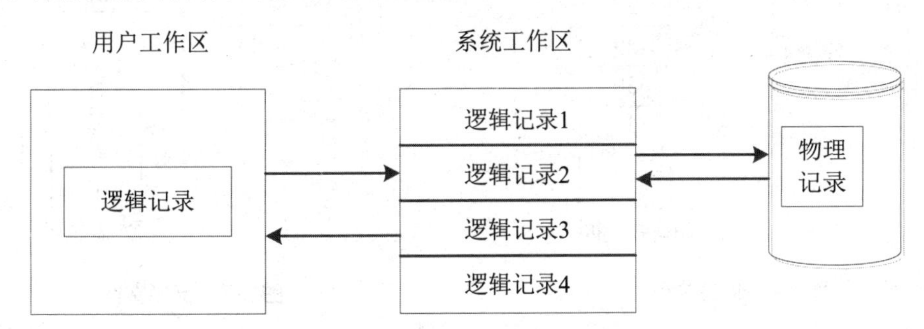

图 6-5　记录成组和分解的处理过程

6.2.3　文件的物理结构

通常，文件是划分为记录或字节的，而用于保存文件的物理设备是划分为块的，文件的物理结构就是要确定如何将记录或字节保存在存储型设备的物理块中。

应当指出，文件的物理组织形式对于文件系统的性能有着直接的影响，应当慎重地加以选择。一般在确定文件的物理结构时应当考虑以下几个因素。

(1) 记录格式：文件记录的格式分为定长和变长两种。

(2) 空间开销：指除保存文件内容之外所需的额外开销，包括辅助存储器的开销以及文件使用时所需的内存开销。

(3) 存取速度：包括顺序存取速度、按号随机存取速度以及按键随机存取速度。

(4) 长度变化：指文件长度的动态增加和动态减少，尤其是文件长度的动态增加。

下面介绍几种常用的文件物理组织结构。

1. 顺序文件

将文件中逻辑上连续的信息存放到存储介质的相邻物理块上形成顺序结构，叫作顺序文件，又称连续文件。采用这种结构，一个文件占用若干连续的物理块，其首块号及存储块总数记录于文件控制块 FCB 中，如图 6-6 所示。

顺序文件访问速度快，缺点是文件长度增加困难。例如，如果文件长度增加 2 块，由于第 32 块可能已被占用，因而需要重新申请 7 个连续的物理块，将原来 4 个物理块中的信息复制到新申请到的物理块中，然后修改 FCB 中的首块号及块数，并将原来占有的存储空间释放。

2．链接文件

链接结构的特点是使用指针来表示文件中各条记录之间的关系，又称串联结构。采用这种结构，一个文件占有若干不连续的存储块，各块之间以指针相连。其首块号及存储块总数记录于该文件的控制块 FCB 中，如图 6-7 所示。

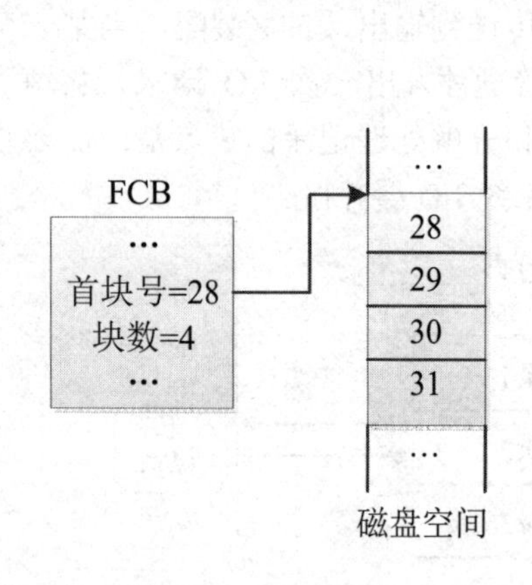

图 6-6　顺序文件

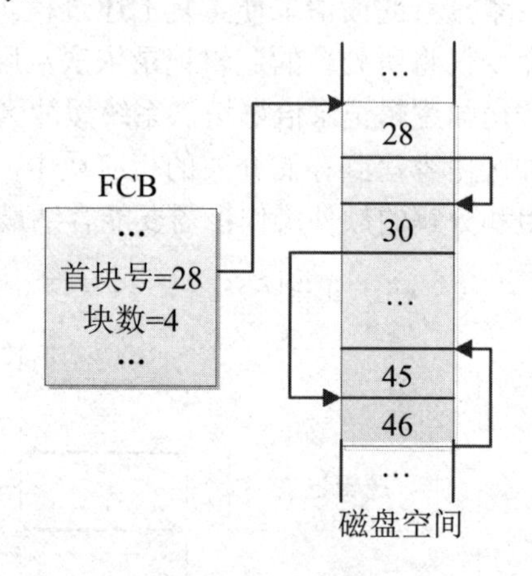

图 6-7　链接文件

这种结构的优点是长度动态变化非常容易，如上例，要想增加一块，只需申请一个新的空闲块，将 45 的指针指向它，同时将文件控制块 FCB 中的块数修改为 5。其缺点是随机访问的速度很慢，尤其是当文件较长时。因为在文件打开之后，它是利用文件指针从头开始往后移动，然后按顺序读取整个文件内容。通过文件指针的移动，可连续访问文件中的数据，但无法直接访问文件的某个特定位置。

3．索引文件

索引结构是实现非连续存储的另一种方法，适用于数据记录保存在磁盘上的文件。索引文件占有若干不连续的存储块，这些块的块号记录于一个索引表中，如图 6-8 所示。

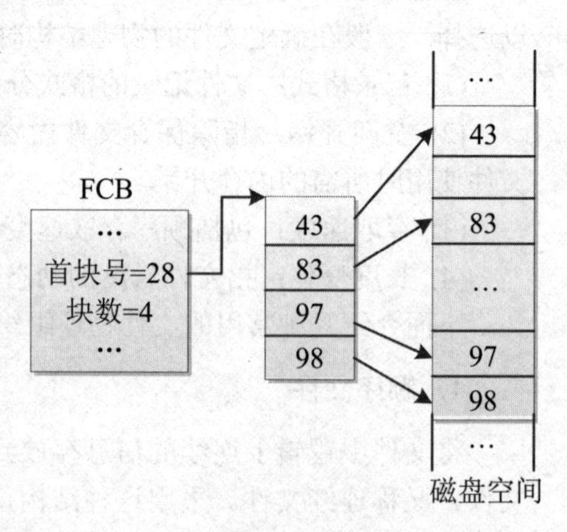

图 6-8　索引文件

文件中的内容很多，以至于整个文件很大时，为了提高读取数据的性能，可以利用针对文件事先做好的索引结构来进行读取，就如同一本书最前面的目录，只要先查到需要的主题，便可以从所编订好的页数中找到需要的数据。更进一步来说，对于更大型的数据文件而言，一般的索引结构也可能会很大而无法存在于内存中，此时可利用多层的索引结构达到快速读取的目的。例如，书本的编排通常都会先分章节再分小节，甚至小节中还会有更进一步的细分。虽然文件的索引数据会多消

耗一点磁盘空间，但是对于文件的访问速度却有很大的改进。通过索引文件的帮助，我们可以更快速地找到所需要的文件数据。这种索引式的文件读取方式对于很大的文件来说，可以加快查找特定数据的速度，很多数据库系统都使用类似的技巧进行数据的访问。还有许多其他索引方式，如索引顺序访问法(indexed sequential access method，ISAM)，此种方法会先将数据进行排序，再针对这些排序过的文件作索引。访问数据时则先利用索引找到需要的数据位置，访问这些排过序的文件如同顺序访问。此种方法兼具索引与顺序访问的好处，可以快速找到所需要读取的部分，并按顺序读取所需要的数据。

6.3 文件目录

随着计算机硬件价格的不断下降和内存容量的不断增加，计算机中能够存储的信息量越来越大，它们都以各种文件形式存储在计算机中。同时计算机系统本身也从最初的只有计算和存储简单功能，转换为集工作、学习和娱乐为一体，具有计算、存储、查询、绘图、视频播放、游戏等多种功能。而这些功能的实现，是由各种类型的可执行文件和相应的设置共同完成的。所以，在现代计算机系统中，对于一个操作系统来说，需要管理的文件数目是非常巨大的。为了能够有效地管理这些文件，必须将它们加以组织，使得用户在需要的时候能够方便、及时、准确地找到所需要的文件。对用户而言，使用文件最方便的方法就是“按名存取”，即用户只需提供文件名就可实现对文件的存取操作。这样，用户只需关心文件操作和文件的逻辑结构，而与文件有关的其他细节则由操作系统来实现，这些细节包括文件的逻辑结构到物理结构的映射、文件存储空间的选择以及用户信息的管理等。它们的实现主要依靠文件目录，也就是把文件分门别类地放到不同目录中。因此，如何建立一个目录以及如何在目录中存放和查找文件都是文件系统所提供的基本功能。

6.3.1 文件控制块与目录

文件系统为每个文件建立唯一的管理数据结构，称为文件控制块(file control block，FCB)。一个文件由两部分组成：FCB 和文件体(文件信息)。FCB 一般应包含以下文件属性信息。

(1) 文件标识和控制信息：文件名、用户名、文件主存取权限、文件口令、文件类型等。

(2) 文件逻辑结构信息：文件的逻辑结构，如记录类型、记录个数、记录长度、当前大小等。

(3) 文件物理结构信息：文件所在设备名、文件物理结构类型、记录存放在辅助存储器的盘块号或文件信息首块盘块号、文件索引所在的位置等。

(4) 文件使用信息：共享文件的进程数、文件修改情况、文件最大长度和当前大小等。

(5) 文件管理信息：文件建立日期、最近修改日期、最近访问日期、文件保留期限等。

在进行整个文件系统的目录分类之前，需要先对磁盘作分区(partition)及建立目录的操作。所谓分区是指一个新的磁盘驱动器在使用前将它划分为几个逻辑上独立的区域，每个分区用户都可以将它看作一个单独的存储设备。不同的分区可以根据需要由用户分别安装不同的文件系统，例如，一个磁盘可以同时存储 Windows 文件系统及 Linux 文件系统。当磁盘的分区建立完成之后，便可以在不同的分区中建立不同的目录。而在一般的个人计算机中，分区又有主分区(primary partition)和扩展分区(extended partition)两种。主分区用来保存操作系统及相关系统文件，这些信息在计算机启动时起到重要作用。扩展分区主要用来存储用户的文件，可以再将其细分为几个逻辑分区(logical partition)。

通常，在每个分区中都会有一个设备目录(device directory)或是卷表(volume table)，两者的功能都是用来记录分区中的所有目录及文件信息。以 UNIX 系列的文件系统为例，设备目录用来存储分区的相关信息，而在 Windows 中，这些信息会被记录在卷表中。图 6-9 所示便是一个磁盘中的文件系统，磁盘一被分为两个分区，分别有各自独立的文件系统 FAT32 与 Ext2；磁盘二则仅有一个 NTFS 分区。由于在一个目录下有多少个文件或子目录都是不确定的，虽然可能有最大限制，但是在不同时刻可能有很大差异，而这些不确定性和巨大差异将导致每个设备目录或卷表的长度很难确定，因此为了解决这个问题，现代计算机系统采用“目录文件”技术，将这些设备目录作为一个文件来处理。

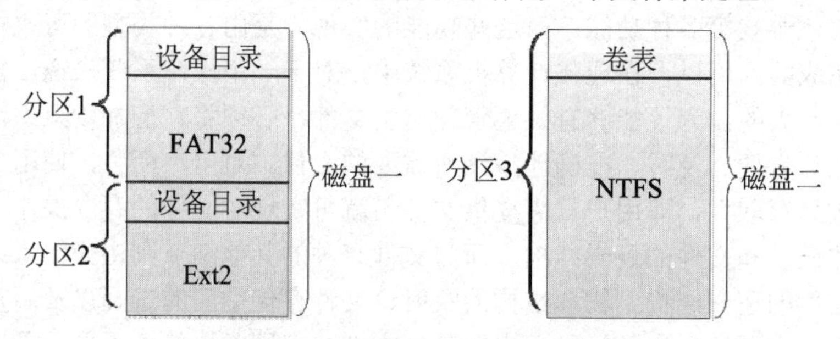

图 6-9　磁盘分区与文件系统

有了设备目录或卷表，用户就可以方便地查找到每一个目录下包含的文件或子目录的信息。但是反过来，如果要想查找到某个文件的信息，如这个文件的存储目录，利用设备目录或卷表，则要访问整个设备目录或卷表文件。为了能对文件进行快速的存取，需要使用文件控制块 FCB。操作系统会为每一个新建立的文件设立一个 FCB，多个文件的 FCB 组成了一个文件目录，通常称为文件目录表，而每一个 FCB 就是文件目录表中的一个文件目录项。与设备目录类似，这个文件目录也是以“目录文件”的形式保存的。在用户需要操作某个文件时，先查找目录文件，找到相应的文件目录，在文件目录中利用文件名找到对应的文件控制块 FCB，在 FCB 中找到文件的物理存储信息，系统就可以方便地存取该文件了。

6.3.2　层次目录结构

最简单的文件目录是一级目录结构，所有 FCB 排列在一张线性表中，整个计算机系统只有一个目录。图 6-10 所示的目录是在一个分区，也就是根目录中，存储几个不同名称的文件，这是最基本的一级目录结构。在这种目录结构下，整个系统中只有一张文件目录表，该系统下的所有文件信息均存储在此表中。在早期的计算机系统中，由于只有一个基本用户，所以这种目录结构使用比较普遍，例如，单用户微型机操作系统 CP/M 中就采用这种目录结构。

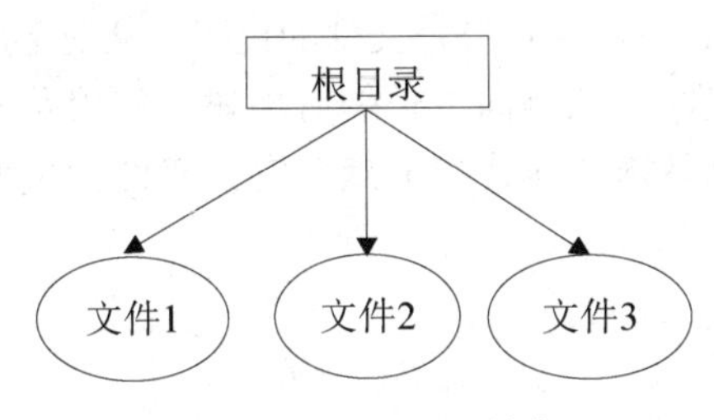

图 6-10　一级目录结构

用一级目录结构来存储文件，它的最大好处就是利用最简单的方法实现了“按名存取”。但是，这种方法也存在许多问题。首先，目录下存储的文件不允许同名。这在多用户系统中是很难避免的，当用户给不同文件起了相同的名字，将会造成后创建的文件覆盖先创建的文件。另外，不便实现文件的共享。因为这种结构下不允许不同用户使用不同的名字来访问相同的文件。

为了解决一级目录结构中的重名问题，系统可以在根目录下为每个用户建立一个私有的用户目录，每个用户将他们建立的文件存储在各自目录下，即使有相同的文件名也不会互相影响，这就是二级目录结构。首先在各个磁盘分区中建立不同的用户目录，也称为子目录(sub-directory)，这些用户的相关信息被保存在主文件目录表中。所有用户的文件目录结构相似，是由各自目录下文件的文件控制块 FCB 组成。图 6-11 就是一个基本的二级目录结构，在根目录下有三个用户目录，即 A、B、C，然后各个用户目录下存放着不同的文件。每当有新的用户作业进入系统，系统会在内存为其分配一个空闲存储空间，用来存放该用户的文件目录，并将文件目录的起始地址输入主文件目录表中。

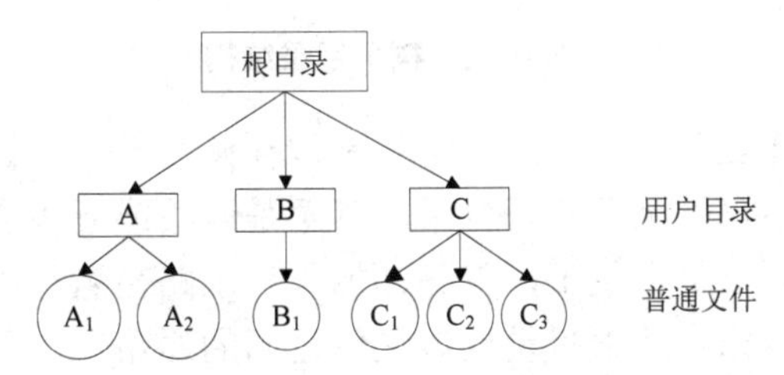

图 6-11　基本的二级目录结构

当用户登录此操作系统时，他可以访问的文件自然就是他的目录中的所有文件，所以系统在查找用户需要的文件时，就只需寻找他的目录下的文件。这种做法不但可以提高检索目录的速度，而且在无形中也增加了用户文件的访问保护，也就是说，每个用户只允许访问属于自己目录中的文件，所以无须额外加上保护机制。二级目录结构的缺点是在用户想要共享文件时无法访问。这是因为二级目录结构可以有效地将多个用户隔离开，一个用户无法访问另一个用户的文件。除了无法在不同的用户间共享文件之外，另外一个更严重的问题就是文件存储空间上的浪费。以一个操作系统来说，很多系统程序都是以文件的形式来存储，如公用程序(utility routines)、编译程序(compliers)、程序函数库(libraries)等。由于无法共享文件的限制，这些文件必须重复出现在不同用户的目录结构中，造成了磁盘空间的浪费。

实际上，现代操作系统的文件管理都支持多级层次目录结构，根目录是唯一的，每一级目录可以是下一级目录的说明，也可以是文件的说明，从而形成树形目录结构，如图 6-12 所示。一个树形目录结构就像一棵倒向生长的有根树，树根是文件目录的根目录；用户文件是树的树叶，其他子目录是树的非终端节点。它具有结构可伸缩、文件可重名、便于实现文件的共享和保护等优点。

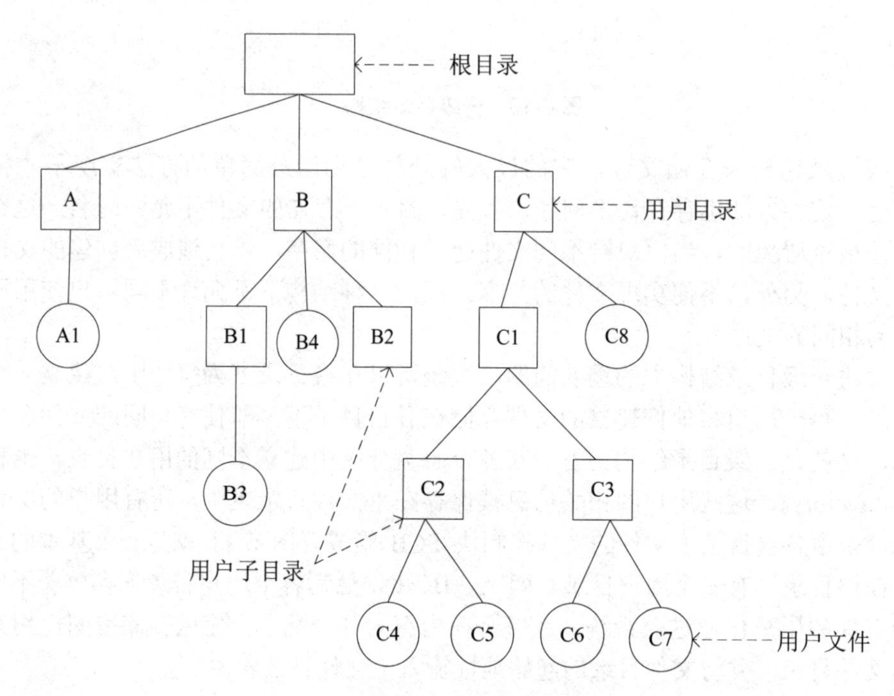

图 6-12　树形目录结构

当树形目录结构被建立起来后，所有文件都被存储在某一个目录下，这个目录有可能是用户目录，也可能是用户目录下的子目录，甚至是四级或五级子目录。所以当用户访问文件时，如果文件不在同一层目录下，就必须加入目录路径名，以便系统找到所需文件。路径名是指在树形目录结构中从根目录到该文件之间的通路上，所有目录文件名与访问文件名，依次用“\”连接起来(在 UNIX 中用“/”连接)。系统中的每一个文件都有唯一的路径名，这可以确保系统根据路径名准确地找到所要访问的文件。例如，在图 6-12 中要访问文件 C6，其路径名为 C\C1\C3\C6。

目前大多数的操作系统都是以树形目录结构的文件系统为基础。从各方面来看，此类文件系统的确有其使用上的好处与便利，但是在系统实现时需要注意的一点是文件与目录的区分，因为文件与子目录可以同时存在于同一个目录之下，所以在文件系统做查找操作时，就必须具备能够分辨文件与目录的能力。

6.3.3　目录查询技术

当用户要访问一个已存在的文件时，系统首先利用用户所提供的文件名对目录进行查询，找出该文件的文件控制块或对应的索引节点；然后，根据 FCB 或索引节点中所记录的文件物理地址(盘块号)换算出文件在磁盘上的物理地址；最后，通过磁盘驱动程序，将所需文件读入内存。目前对目录进行查询的方式有两种：线性检索法和 Hash 方法。

1. 线性检索法

线性检索法又称为顺序检索法。在单级目录中，可利用用户提供的文件名，用顺序查找法直接从文件目录中找到指定文件的目录项。在树形目录中，用户提供的文件名是由多个文件分量名组成的路径名，此时需对多级目录进行查找。假定用户给的文件路径名是/usr/ast/mbox，则查找/usr/ast/mbox 文件的过程如图 6-13 所示。

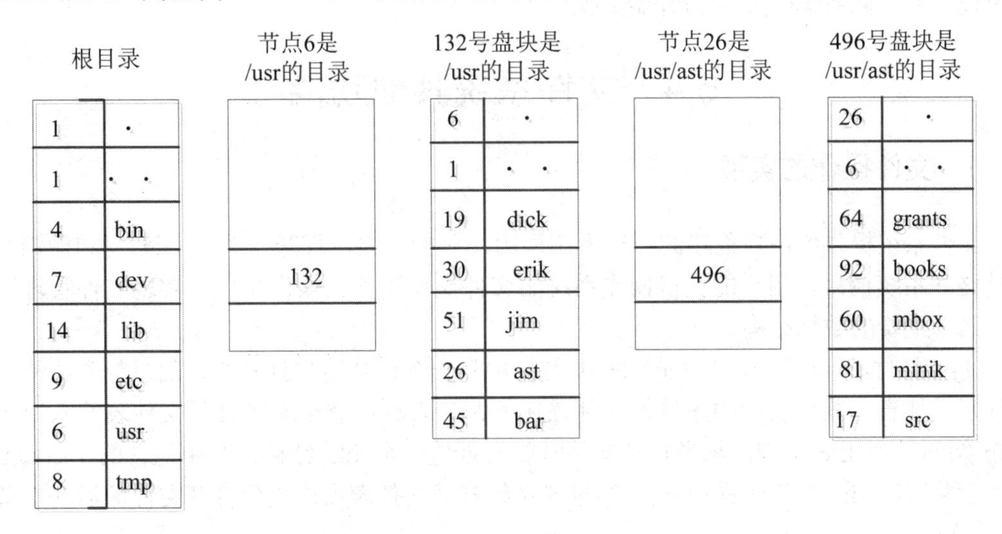

图 6-13　查找/usr/ast/mbox 的步骤

具体查找过程说明如下。

首先，系统应先读入第一个文件分量名 usr，用它与根目录文件(或当前目录文件)中各目录项的文件名顺序地进行比较，从中找出匹配者，并得到匹配项的索引节点号 6，再从 6 号索引节点中得知 usr 目录文件存放在 132 号盘块中，将该盘块内容读入内存。

接着，系统再将路径中的第二个文件分量名 ast 读入，用它与放在 132 号盘块中的第二级目录文件中各目录项的文件名顺序进行比较，又找到匹配项，从中得到 ast 的目录文件存放在 26 号索引节点中，再从 26 号索引节点中得知 usr/ast 目录文件是存放在 496 号盘块中，再读入 496 号盘块。

然后，系统又将该文件的第三个分量名 mbox 读入，用它与第三级目录文件/usr/ast 中各目录项的文件名顺序进行比较，最后得到/usr/ast/mbox 的索引节点号为 60，即在 60 号索引节点中存放了指定文件的物理地址。目录查询操作到此结束。如果在顺序查找过程中发现有一个文件分量名未能找到，则停止查找，返回“文件未找到”信息。

2. Hash 方法

如果我们建立了一张 Hash 索引文件目录，便可利用 Hash 方法进行查询，即系统将用户提供的文件名变换为文件目录的索引值，再利用该索引值到目录中去查找，这将显著地提高检索速度。在进行文件名的转换时，有可能把几个不同的文件名转换成相同的 Hash

值，出现“冲突”，这就需要进行相应的“冲突”处理。具体查找过程如下。

(1) 在利用 Hash 方法索引查找目录时，如果目录表中相应的目录项是空的，则表示系统中并无指定文件。

(2) 如果目录项中的文件名与指定文件名匹配，则表示该目录项正是所要寻找的文件所对应的目录项，就可以从中找到该文件所在的物理地址。

(3) 如果在目录表的相应目录项中的文件名与指定文件名并不匹配，则表示发生了“冲突”，此时需将其 Hash 值再加上一个常数(该常数应与目录的长度值互质)，形成新的索引值，并返回到第(1)步重新开始查找。

6.4 文件系统其他功能

6.4.1 文件操作的实现

文件系统提供给用户程序的一组系统调用，包括建立、打开、关闭、读/写和撤销等。通过这些系统调用，用户能获得操作系统的文件操作服务。操作系统在实现文件管理时提供了两个重要的数据结构。

(1) 用户打开文件表。进程的 PCB 结构中有一个记录用户打开文件信息的表，称为用户打开文件表，其中表项的序号是文件描述符，该表项内登记系统打开文件表的入口指针 fp(fp 指向一个 file 结构，每当打开文件时就要创建一个 file 结构，其中包含的 f_count 字段表示共享该 file 结构的进程数)，通过该系统打开文件表项连接到打开文件的活动 i 节点(索引节点)。

(2) 系统打开文件表。这是为解决多用户进程共享文件、父子进程共享文件而设置的。当打开一个文件时，通过该表项把用户打开文件表的表项与文件活动 i 节点连接起来以实现数据的访问和信息的共享。

1. 建立文件

文件系统完成此系统调用的主要工作如下。

(1) 根据设备类型在选中的相应设备上建立一个文件目录，并返回一个用户文件标识，用户在以后的读写操作中可以利用此文件标识。

(2) 将文件名、文件属性等数据填入文件目录。

(3) 调用辅存空间管理程序为文件分配第一个物理块。

(4) 需要时发出装卷信息。

(5) 在活动中登记该文件有关信息，进行文件定位和卷表处理。

在某些操作系统中，可以隐含地执行“建立”操作，即当系统发现有一批信息要写进一个尚未建立的文件中时，就自动先建立文件，然后再写入信息。

2. 打开文件

使用已经建立的文件之前，要通过“打开”文件操作建立文件和用户之间的关系。打开文件常常使用显式，即用户使用“打开”系统调用直接向系统提出；有的系统可使用隐式，即每当读写一个未打开的文件时，意味着由系统自动先打开文件。用户打开文件时需要给出文件名和设备号。

文件系统完成此系统调用的主要工作如下。

(1) 在内存活动文件表中申请一个空项，用于存放该文件的文件目录信息。

(2) 根据文件名查找目录文件，将找到的文件目录信息复制到活动文件表占用栏。

(3) 若打开的是共享文件，则要做相应处理，如将使用共享文件的用户加 1。

(4) 文件定位，卷表处理。

文件打开后，直至关闭之前，可被反复使用，不必打开多次，这样做能减少查找目录的时间，加快文件存取速度，从而提高文件系统的运行效率。

3. 关闭文件

当一个文件使用完毕后，使用者应关闭文件以便让其他用户使用。关闭文件的要求可以显式地直接向系统提出；也可以隐式地关闭一个文件，即每当使用一个新文件时，意味着由系统先自动关闭当前使用的文件。调用关闭系统调用的参数与打开操作相同。

文件系统完成此系统调用的主要工作如下。

(1) 将活动文件表中该文件的“当前用户”减 1；若此值为 0，则撤销此目录。

(2) 若活动文件表相应表目已被修改，则应先将表目内容写回文件存储器上相应表目中，以使文件目录保存最新状态。

(3) 卷定位工作。

4. 读/写文件

文件打开以后，就可以用读/写系统调用来访问文件，调用这两个操作应给出以下参数：文件名、内存缓冲地址、读写的字节个数，对有些类型的文件还要给出读/写起始逻辑记录号。

文件系统完成此系统调用的主要工作如下。

(1) 按文件名从活动文件表中找到该文件的目录。

(2) 按存取控制说明检查访问的合法性。

(3) 根据文件目录指出的该文件的逻辑和物理组织方式将逻辑记录号或字符个数转换成物理块号。

(4) 向设备管理发出 I/O 请求，完成数据传输操作。

5. 撤销文件

当一个文件不再需要时可向系统提出撤销文件。系统调用所需的参数为文件名和设备类(号)。撤销文件时，系统要做的主要工作如下。

(1) 若文件没有关闭则先做关闭工作；若为共享文件则应进行联访处理。

(2) 在目录文件中删除相应目录项。

(3) 释放该文件占有的辅存空间。

6.4.2　文件共享机制

文件共享是指多个进程在受控的前提下共用系统中的一个文件，这种控制是由操作系统和文件的使用者共同实现的。共享的主要目的是节省存储空间，因为有些文件尤其是系统文件，如编译程序、装入程序、公共数据的文件等，许多用户都要使用，如果为每个文件都保存一个副本，则会浪费许多辅存空间。因而一个文件在系统中只有一个副本，供多个进程使用。有些系统还需要进行进程间的相互通信，以帮助互相协作的进程相互交换控制信息。下面介绍两种常用的文件共享方法。

1. 链接法

这种方法的基本思想是：将一个目录中的某个表项直接指向另一个目录的表项，如图 6-14 所示。这种链接不是直接指向文件，而是在两个文件之间建立一种等价关系，借助这种等价关系，一个文件目录的登记项就能指向另一文件目录的登记项。对于文件系统来说，若一部分用户要求使用某些文件，而文件拥有者又允许使用，那么就建立这种等价关系。即文件拥有者允许其他用户在自己的用户文件目录中建立与文件拥有者的用户目录之间的联系。从图 6-14 可以看出，为了实现文件共享，除了建立主文件目录和用户文件目录外，还要建立用来实现等价关系的总目录。原来存放在用户文件目录中的文件地址以及存取控制和管理信息，现在改放在总目录中，用户文件目录只指出总目录的一个登记项。为了使用户文件的文件目录指向同一文件，可以采用下述方法：当乙用户要求共享甲用户的文件 B 时，乙用户的文件目录登记项 C 指向甲用户的登记项 B 即可。

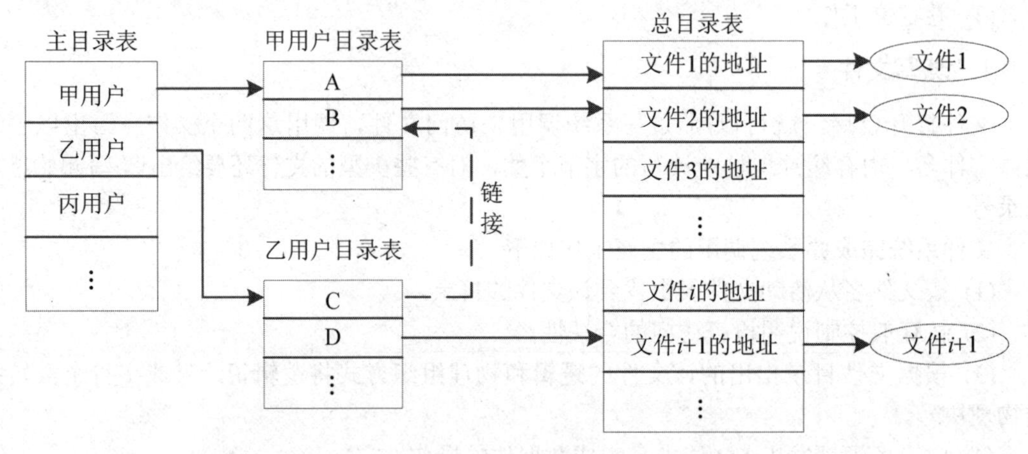

图 6-14　文件共享

值得注意的是，采用这种链接方法，在 FCB 中还需增加一项“链接”属性，指明其中的物理地址是指向总目录还是指向共享文件的目录表目。另外，当删除一个文件时，其 FCB 中还应有“共享用户计数”一项。

2. 采用共享的目录组织

实现文件共享的另一种有效办法是采用便于共享的目录组织。把文件目录(包括主目录)的表项分成两部分：一部分包括文件的结构信息、物理地址、存取控制和管理信息等文件说明，并用系统赋予的唯一标识符来标识；另一部分包括符号名和与之对应的内部标识号。第一部分构成基本文件目录 BFD，第二部分构成符号文件目录 SFD。这样组成的多级目录结构如图 6-15 所示。为了简单起见，图中的 BFD 未列出存取控制等信息。图 6-15 表示两个用户共享一个文件，其标识号 ID=7。用户 A 用符号名 BETA 来访问它，而用户 D 用符号名 ALPHA 来访问它。由此可见，如果某用户要共享另一用户的文件，只要在共享用户的符号文件目录增设一个表目，填上他所用符号及该共享文件的唯一标识符即可。

通常系统预先规定赋予基本文件目录 BFD、系统符号文件目录即主目录 MFD、空闲文件目录 FFD 以特定不变的唯一标识符 ID(在图中它们分别为 1、2、3)。

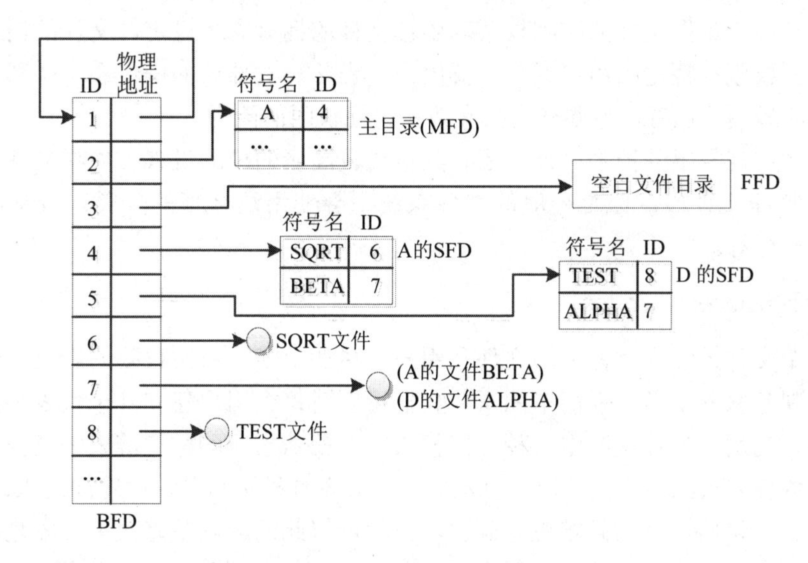

图 6-15　采用多级目录结构的共享方式

6.4.3　文件的安全与保护

目前常用的操作系统都属于多用户多任务操作系统，所以计算机上的所有用户都会共享相同的文件系统。因此，在文件系统中，我们必须对这些文件做必要的保护，以防止其他用户破坏别人的文件；而保护又可以简单地分成“预防磁盘设备上的数据损坏”与“文件访问权限的管制”两种。

一般来说，为了避免磁盘存储设备上出现非预期的损坏，最常见的方法就是定期地备份整个文件系统中的数据，包含将重要的文件数据备份至不同的存储位置，或将整个磁盘备份至不同的存储媒介上(如磁带或光盘)。万一文件系统因硬件问题(如电压不稳、磁头损坏、温度过高等)而无法正常地运行，便可以利用此备份还原该文件系统。另外一种则是文件访问的权限保护，也就是读取、写入及执行等使用权限的设置。

1. 访问权限(access type)

在一个多用户文件系统中，每个用户在访问不同的文件时，必须加上文件保护机制，以确保整个文件系统的安全。若以最直接的方式来考虑文件的保护机制，则只要将文件的访问权限指定给某一群特定的用户，且不要将任何访问权限指定给其他人即可。但是这种做法对于多用户多任务操作系统来讲又太过极端，所以文件系统需要的保护机制是有管制的访问，而不是简单地只有禁止与允许两种。文件的访问权限就是一种最基本的文件系统保护机制，系统必须根据文件的访问权限来操作文件。

若将一个文件的访问权限加以细分，然后针对不同的访问权限加以管制，这样，对同一个文件，不同的用户就会拥有较具伸缩性的访问权限。以下便是文件系统加以管制的几种文件访问权限：读取(read)、写入(write)、执行(execute)、追加(append)、删除(delete)、列表(list)。

当我们将一个文件可能会进行的访问权限分门别类之后，便可以针对各个不同的访问进行控制。一般来说，文件的控制权限都由该文件的拥有者来设定，文件的拥有者可以设置不同的控制权限给特定的用户或是一群用户。当然，大部分的操作系统中都会有一个拥有所有权限的最高管理者，他同样也具有改变访问权限的能力。

除了上述访问权限的控制以外，还有其他比较高级的控制设置，如将文件重新命名、复制文件、打印文件等，但是一般的文件系统不会使用这么细的分类，较常用的只有读取、写入与执行等。

2. 访问组(access groups)

由于一个文件系统中有许多的文件和用户，再加上多种访问权限的影响，整个文件控制机制要实现起来并不是一件简单的事。我们可以对每个用户建立几个代表不同访问权限的文件链表，当用户要行使其中一种访问权限时，就从对应的文件链表中查找是否有相对应的文件。这种方式虽然简便，但缺点是此文件链表维护不易且占用空间过大。

为了让整个访问控制的问题更好解决，我们可将此问题做些修改。首先是减少访问的方式，这样可将整个问题简单化，因为大部分的文件访问都可以相互参考。例如，复制文件的操作必须在拥有文件读取权限时才能执行，所以在大部分的文件系统中都只会针对其中的读取(read)、写入(write)及执行(execute)进行访问控制，其他访问权限则交给文件的所有者。

简化了访问权限之后，我们便可将文件针对不同的用户做不同的权限设置，譬如，有些操作系统就提供以用户为单位来设置权限的机制。尽管这样，这些要对每个用户进行设置的操作还是稍显复杂，因此如 UNIX 系列的操作系统便将所有的用户分成 3 类，对于每个文件只需针对这 3 类用户分别做权限设置。

(1) 拥有者(owner)：即建立文件的用户。一般来说，文件的建立者都会拥有对于此文件的所有访问权限。

(2) 组(group)：在操作系统中，可以将需要相似访问权限的用户归类成不同的组，每个组中可以有多个用户，而每个用户也可以同时隶属于不同的组。

(3) 其他(other)：除了上述两种特别被指定的用户之外，剩下的用户会被归类为其他。

通过上述的用户分类设计，对一个文件而言，每个用户都会属于其中的某类用户，而同一类的用户就会拥有相同的访问权限。然后，再配合以上所介绍的数种访问权限的设置，就形成一个简单的文件保护机制，每个文件对于属于各个组中的用户所拥有的访问权限皆有定义。

由于此种文件访问的保护机制简化了一些控制上的管理，所以相对于利用访问链表来控制文件的使用权限，就减少了一些可伸缩性。例如，如果某个文件希望可以让某个组 G 中除了用户 A 的所有用户拥有某些控制权限，这种方法便无法完成。一般来说，这种需求并不常见，所以一般都是主要考虑设计与使用上的方便。

6.5　文件存储空间管理

文件存储空间即辅存空间的有效分配和释放是文件系统所要解决的一个重要问题。最初，整个存储空间可连续分配给文件使用，但是随着用户文件的不断建立和撤销，存储空间中会出现“碎片”。系统应定时或根据命令要求来集中碎片，在收集过程中往往要对文件重新组织，让其存放到连续存储区中。本节就介绍辅存空间的分配及辅存空闲空间的管理方式。

6.5.1　辅存空间的分配方法

外部存储器的特点之一，就是可以为用户提供一个存放大量数据的存储空间，这些数据以文件的形式存放。为了方便操作，几乎所有的操作系统都把文件分割成固定大小的块来存储，这个块称为磁盘块。每个文件都会记录这个文件所使用的磁盘块，以便文件在访问数据时可以知道从磁盘的什么地方来找到它们。在为文件分配磁盘块时有三种方式：连续分配、链式分配和索引分配。

1. 连续分配

连续分配是为一个文件分配一组连续的磁盘块，这些磁盘块通常位于同一磁道，其地址按线性排列。例如，一个磁盘块的大小是 k，文件的第一个磁盘块的地址是 d，那么第二个磁盘块的地址是 $d+k$，第三个磁盘块的地址是 $d+2\times k$，……，第 i 个磁盘块的地址是 $d+(i-1)\times k$。当用户需要访问某个文件时，通过操作系统对文件的逻辑地址进行转换，得到文件的物理地址，这个地址是文件中第一个磁盘块的地址，磁盘的读/写头移动到该地址，就可以进行读写操作。一个磁盘块读写完成后，读/写头不需要进行重新定位，紧接着就可以对下一个磁盘块进行操作，直到访问到该磁道的最后一个磁盘块或文件全部访问完成。若辅存采用连续分配方式，即将逻辑文件中的记录按顺序存放到相邻的磁盘块中，该物理文件就称为顺序文件。系统在访问顺序文件时，读/写头只需经过一次或几次(如果文件较大，一个磁道存放不下，需要存放到多个磁道时)移动、定位操作，由于机械式地读写操作比电子数据传输速率慢很多，所以减少机械动作会使文件访问速度提高很多。

在连续分配的文件系统中，每个文件需要保存两个信息，一个是该文件第一个磁盘块的起始地址，另一个是该文件磁盘块总数。在文件系统中，这些信息存储在连续分配表内，如图 6-16 所示，通过分配表可以访问任意文件。例如，在访问文件 w1 时，从连续分配表中可知其起始磁盘块号是 2，所以系统从磁盘块号为 2 的磁盘块开始读取，并连续读取 3 个磁盘块。

文件在进行分配时，系统尽量将数据存放在连续的磁盘块中。但是与内存空间的分配情况类似，随着文件的建立和删除，磁盘空间也会经过不断地分配和回收，这将使磁盘空间被分割出很多小的磁盘块，这些小磁盘块将很难再被用来存储文件，它们被称为“外部碎片”。系统经过一段时间的运行后，将会出现较多的“外部碎片”，这时需要将这些“外部碎片”收集起来，否则碎片越来越多，会减少磁盘的存储容量。解决方法中最常用的是磁盘重组(disk defragmentation)，就是将所有储存在磁盘中的文件重新排列，更换它们的物理位置，使得各个文件紧密相连，原来的“外部碎片”拼接成一个大的连续磁盘空间。虽然这种方法能很好地解决“外部碎片”问题，但是这是一项非常耗费时间的工作，通常要花费几个小时。

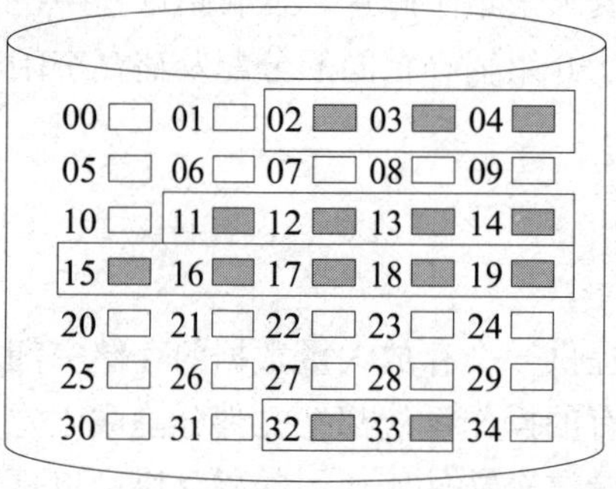

文件名称	起始盘号	长度
w1	2	3
w2	11	9
w3	32	2

图 6-16　磁盘空间的连续分配

连续分配方式有很多优点。首先，文件访问速度快，这是由于文件被存储在一个磁道上，当一个磁盘块访问结束时，读/写头不需要移动，可直接访问下一个磁盘块。其次，顺序访问文件容易，因为只需要知道文件第一个磁盘块的起始地址，然后就可以按顺序访问磁盘块。甚至还可以直接访问文件中某个磁盘块，这种方式称为直接存取。

连续分配的缺点是要求有大量连续的磁盘空间，这样会造成磁盘中出现许多“外部碎片”，降低磁盘空间的利用率，而对磁盘重组又要花费大量时间。在将文件装入磁盘前，必须事先知道文件的长度，才能在磁盘中选择合适的位置，但是有时并不可能知道确切的文件长度，这时就只能估计，采用预分配的方式，显然这样的效率也很低。

2．链式分配

链式分配时，存放每个文件的磁盘块不需要连续，它们离散地分布在磁盘空间中，通过链表链接起来。这样可以解决“外部碎片”的问题，而且也不需要事先知道文件的大小，对文件的添加、删除和修改操作都十分方便。

采用链式分配时，分配表中需要存储文件的起始磁盘块号和结束磁盘块号，如图 6-17 所示。在每个磁盘块中要增加一个指针，这个指针指向文件的下一个磁盘块，这样系统可以从分配表中的起始磁盘块开始访问，顺着链表直到最后一个磁盘块，整个文件访问才完成。例如，文件 File1 的起始磁盘块是 5，而 5 号磁盘块的指针指向 6 号磁盘块，6 号磁盘块的指针又指向 7 号磁盘块，以此类推，直到最后一个磁盘块 32 为止。由于每个磁盘块中要增加一个指针空间，如果这个指针占有 4 个字节，那么每个磁盘块的可用空间将减少 4 个字节。如果一个磁盘块的大小是 512 个字节，那么它的可用空间就剩下 508 个字节了。

链式分配虽然解决了连续分配中存在的问题，但是这种方法又带来了新的问题。首先，对链式分配的文件，系统只能按顺序访问。例如，要想访问文件的第 k 个磁盘块，那么只能从头开始，也就是从文件的第一个磁盘块开始读取，然后通过指针访问第二个磁盘块，再通过指针访问第三个磁盘块……，直到访问第 *k* 个磁盘块。所以链式分配的文件不具有直接存取的功能，操作起来比较复杂。从上面也可以看到，由于各个磁盘块分散在磁盘空间中，所以每次读写一个磁盘块结束后，读/写头可能要经过长距离的移动才能找到下一个磁盘块，因此这种方式读取文件的速度较慢。另外，链式分配方式中，一个文件的大量磁盘块是通过指针链连接起来的，如果这个文件中的某一个磁盘块的指针出现错误，则整个文件就无法再被访问。

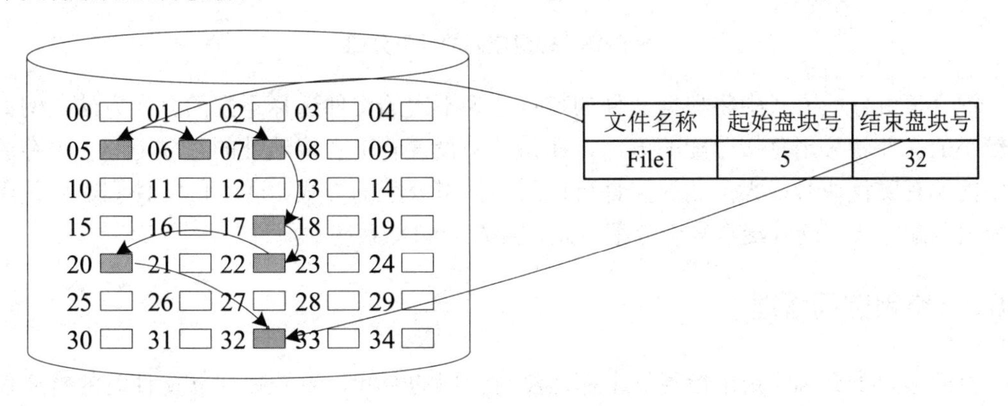

图 6-17　磁盘空间的链式分配

3. 索引分配

在链式分配中，每一个磁盘块都要保存一个指针，用来指向文件中的下一个磁盘块，这种方式不但可靠性降低，而且不支持直接存取方式，为操作带来了很大的不便。索引分配方式则能很好地解决这些问题。在索引分配方式中，一个文件中所有磁盘块的编号都被存放在一个固定的磁盘块中，这个磁盘块称为索引块(indexed block)。在系统的索引分配表中存放有对应文件的索引块指针，如图 6-18 所示。例如，要访问文件 Chen，首先通过索引分配表找到索引块位置是 19，也就是说标号为 19 的磁盘块中存放了文件 Chen 的磁盘块编号，分别是 03、05、12、23、30，-1 表示索引文件结束。显然，利用索引系统可以容易地找到文件中第 *i* 个磁盘块实现直接存取。系统可以有效地利用磁盘空间，从而避免“外部碎片”的问题。

在索引分配中，每个文件都需要一个索引块来单独存放文件中各个磁盘块的编号，它所占用的磁盘空间可能比链式分配中的指针所占用的空间还要大。由于磁盘块的大小通常是固定的，而文件大小却不确定，有的文件可能只需占用一两个磁盘块，那么索引块的容量就会有很大的浪费；而有的文件很大，可能所有指针无法全部存放在一个索引块中。为了缓解这个矛盾，对索引分配进行改进后出现两种方式：多级索引分配和混合索引分配。

多级索引分配是在文件较大，需要多个索引块的情况下，为这些索引块也建立索引，形成层次结构。在文件的索引分配表中存放的是第一层索引的地址，根据这个索引可以找到第二层索引，这层索引中存放的才是文件中的磁盘号的编号。通常，一个文件采用两级文件索引，就可以存储文件的全部内容了。

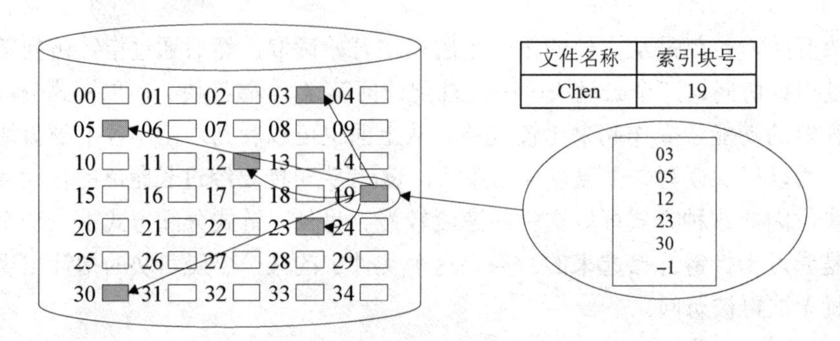

图 6-18　磁盘空间的索引分配

混合索引分配方式中将根据文件的特点，为不同的文件选择不同的分配方法。例如，比较小的文件就采用直接分配的方法，在系统中设置若干直接地址的存放空间，来存放文件中的所有磁盘块号；大一些的文件可以采用索引分配的方式；较大的文件则需要使用多级索引分配方式。这种混合索引分配方式已经在 UNIX 系统中使用。

6.5.2　空闲空间管理

空闲空间(free space)是指磁盘中那些没有使用的空间，系统在建立文件时的首要任务就是在空闲空间中为文件分配磁盘块，所以系统必须记录下空闲空间的使用情况，当需要在磁盘中建立文件时，就从这些空闲空间中找到合适的磁盘块分配给文件。下面介绍几种常用的空闲空间管理方法。

1. 位示图

磁盘中的每一个磁盘块都用一个二进制来表示它是否空闲，如果该磁盘块已经被分配，则用“1”来表示；如果该磁盘块空闲，则用“0”来表示。这样，由所有磁盘块的二进制标识所组成的集合就称为位示图或位向量。图 6-19 是一个磁盘的位示图，其中第 0、4、10、11、15、16…磁盘块空闲，下次建立新的文件时可从这些磁盘块中选择。

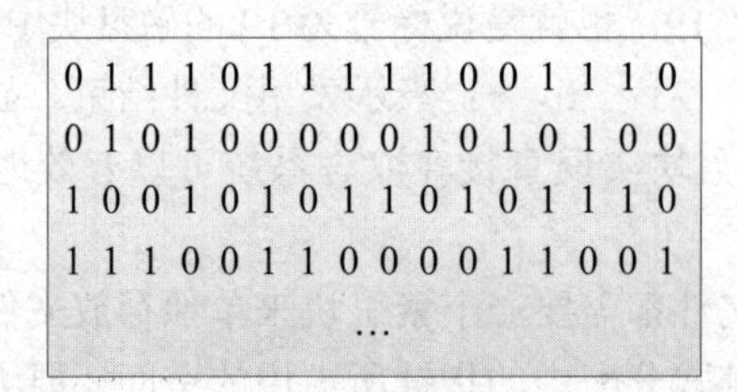

图 6-19　位示图

在计算机中可以用二维数组来表示位示图，与其他方法相比，位示图的记录方式比较简单，因为在大多数计算机系统中都提供了执行性能很高的位操作指令，利用这些指令可以方便地完成磁盘的分配和回收工作。现在 Windows、Mac OS 等系统均采用这种方式管理空闲空间，磁盘的分配和回收效率较高。

2．空闲区表

这种方法通常用于连续分配方式。因为系统进行辅存的文件分配时尽量分配连续空间，所以空闲的磁盘块大多都是连续的，系统建立一个空闲表，记录每个空闲块的起始块号和长度，如表 6-2 所示。表中的序号按起始磁盘块号由小到大的顺序排列，这样系统就可以很容易地找到空闲块。例如，从 3 号磁盘块开始，有连续 7 个空闲磁盘块；从 15 号磁盘块开始，有连续 6 个空闲磁盘块。

表 6-2　空闲区表

序号	起始块号	长度
1	3	7
2	15	6
3	25	8
4	38	12

利用空闲表管理空闲空间的方法，与内存管理中的可变分区管理方法类似。在分配磁盘块时可采用最先适应算法、最佳适应算法和最坏适应算法。回收时，将空闲空间插入空闲表中，并记录起始磁盘块号及长度。如果两个空闲空间是相邻的，则要对它们进行合并。因此，空闲表方式又会出现“外部碎片”问题而造成磁盘空间的浪费。这种方式的优点是可减少对磁盘输入输出的次数，能提高分配的效率。

3．空闲链表

空闲链表方式是将所有的空闲空间用指针链接起来，并设一个头指针指向空闲链表的第一个磁盘块。图 6-20 中是一个空闲链表，头指针指向第一个磁盘块 2，下一个是磁盘块 5，再下一个是磁盘块 6，以此类推，直到指向空指针 NULL 表示此空闲链表结束。

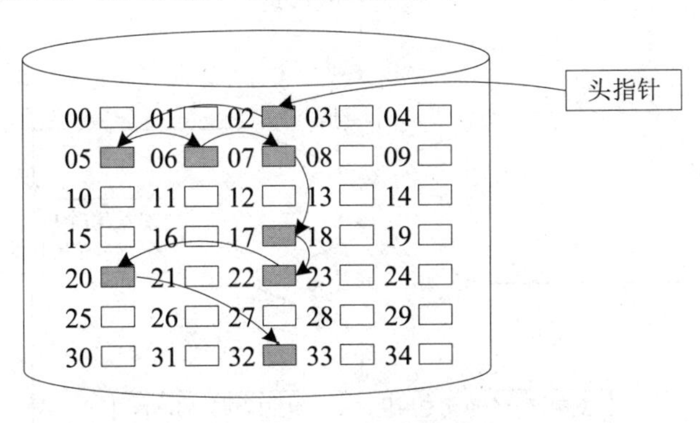

图 6-20　空闲链表

在系统建立一个新文件时，可通过这个头指针来查找合适数量的空闲块，将它们从链表中断开分配给文件。删除文件时，将需要释放的磁盘块插入空闲链表的合适位置。空闲链表方式在分配磁盘块时，要读取每个磁盘块的信息并取得该块的指针，所以要多次进行磁盘的 I/O 操作，效率很低。并且每个磁盘块要有一个指针，指向下一个空闲块，势必要浪费一定的磁盘空间。

4. 成组链接法

成组链接法是空闲块链的链接法的扩展。对于一个文件来说，通常要占用多个磁盘块，如果每次以磁盘块为单位进行分配，不但要多次读写磁盘，而且每个磁盘块都要有一个指针，浪费大量磁盘空间。所以有的操作系统将若干磁盘块作为一组，同时操作，这样就可以解决前面的问题。

UNIX 系统中就采用这种成组链接法实现磁盘存储空间的管理，如图 6-21 所示为 UNIX 系统成组链接法的示意图。它将空闲块分成若干组，每组包括 100 个空闲块，每组的第一个空闲块记录下一组空闲块的物理盘块号和空闲块总数，假如一个组的第一个空闲盘块号等于 0 则表示该组是最后一组，即无下一组空闲块。

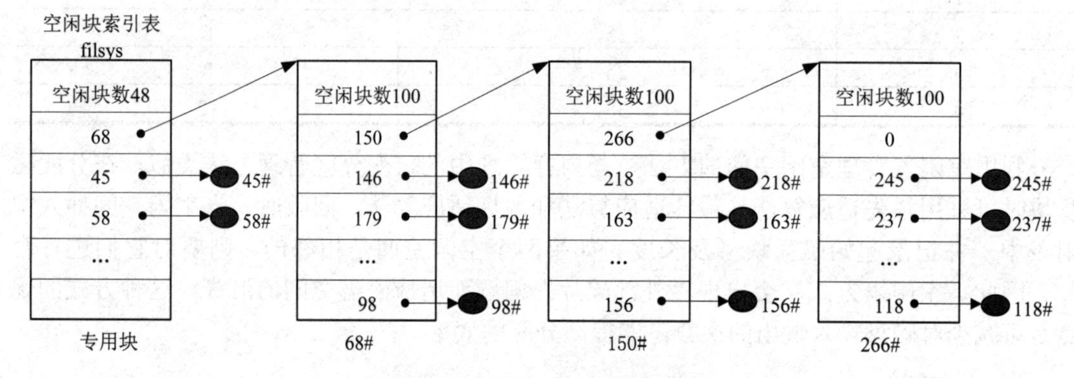

图 6-21　UNIX 成组链接法实例

当系统要为文件分配一个磁盘块时，就调用盘块分配程序来完成，成组链接法的分配算法流程如图 6-22 所示。

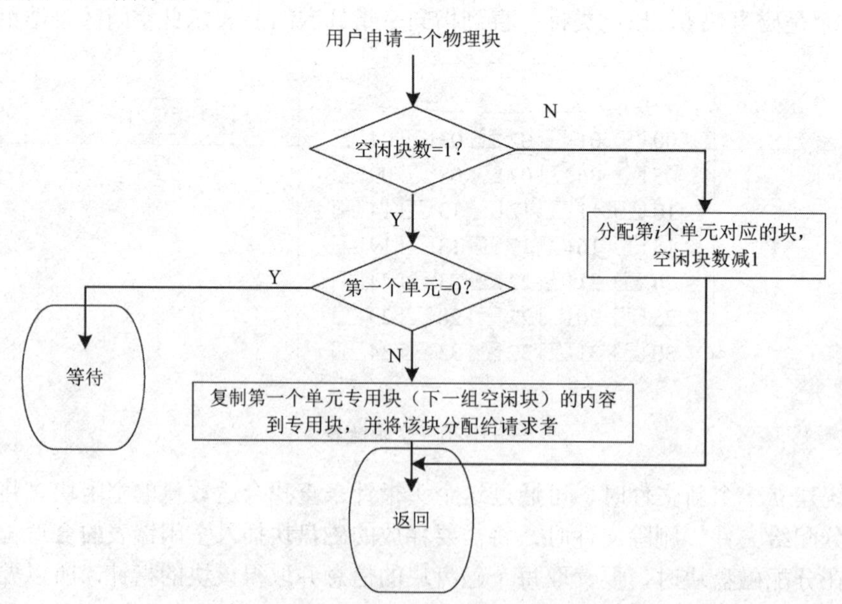

图 6-22　UNIX 系统成组链接法分配盘块流程

当系统回收空闲块时，将要回收的盘块号记入 filsys 表的顶部，并将空闲盘块数加 1。

释放程序流程如图 6-23 所示。

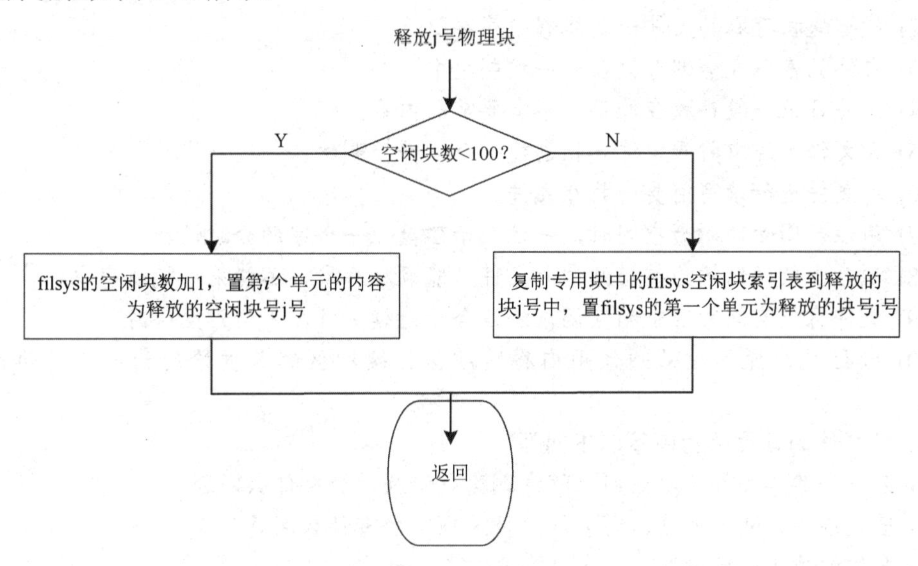

图 6-23　UNIX 系统成组链接法释放盘块流程

习　题　六

1. 说明文件、记录和数据项之间的关系。
2. 简述文件系统模型。
3. 什么是文件的逻辑结构？它有几种组织方式？
4. 根据文件的物理结构，可将文件分为几类？分别是什么？
5. 文件目录的作用是什么？文件目录项通常包含哪些内容？
6. 目前广泛采用的目录结构是什么？它有什么优点？
7. 在打开文件时要完成什么操作？
8. 什么是文件的共享？它的形式有哪些？
9. 对空闲空间的管理常使用的方法有哪些？
10. 判断以下叙述的正确性。

(1) 文件系统的主要目的是存储系统文档。
(2) 同一文件系统中不允许文件重同名，否则会引起混乱。
(3) 特殊文件是指其用途由用户特殊规定的文件。
(4) 有结构的文件一定是定长记录文件。
(5) 在文件的逻辑结构中，无结构的文件就是字符流式文件。
(6) 对磁带上的文件虽然可以用顺序和随机方式访问，但还是以顺序访问为主。
(7) 单级目录结构能够解决文件重名问题。
(8) 引入当前目录是为了减少启动磁盘的次数。
(9) 文件共享是指文件的源代码要向全体用户公开。
(10) 解决文件的命名冲突通常采用多级索引结构来实现。

(11) 在查找文件时，查找的起始点必须是根目录而不是其他目录。

(12) 能够随机存取的文件一定能够顺序存取。

(13) 文件的索引表全部存放在文件控制块中。

(14) 文件目录一般存放在外存，不需要常驻内存。

(15) 在文件系统中打开文件是指创建一个文件控制块。

(16) 对文件进行读写前要先打开文件。

(17) 用位示图管理磁盘空间时，一位表示磁盘上一个字的分配情况。

(18) 磁盘上物理结构为链接结构的文件只能顺序存取，不能采用随机存取。

(19) 文件存储空间管理中的空闲表法适合于连续文件，不会产生碎片。

(20) 进行成组操作时必须使用内存缓冲区，缓冲区的长度恰好为一个逻辑记录的长度。

11. 对文件的目录结构回答以下问题。

(1) 若一个共享文件可以被用户随意删除或修改，会有什么问题？

(2) 若允许用户随意地读、写和修改目录项，会有什么问题？

(3) 如何解决上述问题？

12. 什么是文件的安全控制？有哪些方法可以实现文件的安全控制？

13. 设某文件为链接文件，由 5 个逻辑记录组成，每个逻辑记录的大小与磁盘块的大小相等，均为 512 个字节，并依次存放在 50、121、75、80、63 号磁盘块上。若要存取文件第 1569 个逻辑字节处的信息，要访问哪一个磁盘块？

14. 假定某文件 FileA 以链接结构的形式存放在磁盘上，逻辑记录大小为 250 个字节，共有 6 个逻辑记录，磁盘块的大小为 512 个字节。请回答以下问题。

(1) 为了提高磁盘空间的利用率，如何存放文件 FileA？

(2) 画出文件 FileA 在磁盘上的存储结构(文件占用的磁盘块用户可自行设定)。

(3) 若文件 FileA 已打开，写出读文件 FileA 中第四个逻辑记录到主存 5000 开始区域的主要工作步骤。

15. 某用户文件共有 10 个逻辑记录，每个逻辑记录的长度为 480 个字节，现把该文件存放到磁带上，若磁带的记录密度为 800 字符/英寸，块与块之间的间隙为 0.6 英寸。回答下列问题。

(1) 不采用记录成组操作时磁带空间的利用率为多少？

(2) 采用记录成组操作且块因子为 5 时，磁带空间的利用率为多少？

(3) 当按照(2)的方式把文件存放到磁带上后，用户要求每次读一个逻辑记录存放到他的工作区，对该记录处理完后又要求把下一个逻辑记录读入他的工作区，直至 10 个逻辑记录处理结束。系统应如何为用户服务？

16. 假定一个磁盘组共有 100 个柱面，每个盘面上有 16 个磁道，每个磁道分成 4 个扇区，请回答以下问题。

(1) 整个磁盘空间共有多少个存储块？

(2) 如果用字长为 32 位的单元来构造位示图，共需要多少个字节？

(3) 位示图中第 18 个字的第 16 位对应的块号是多少？

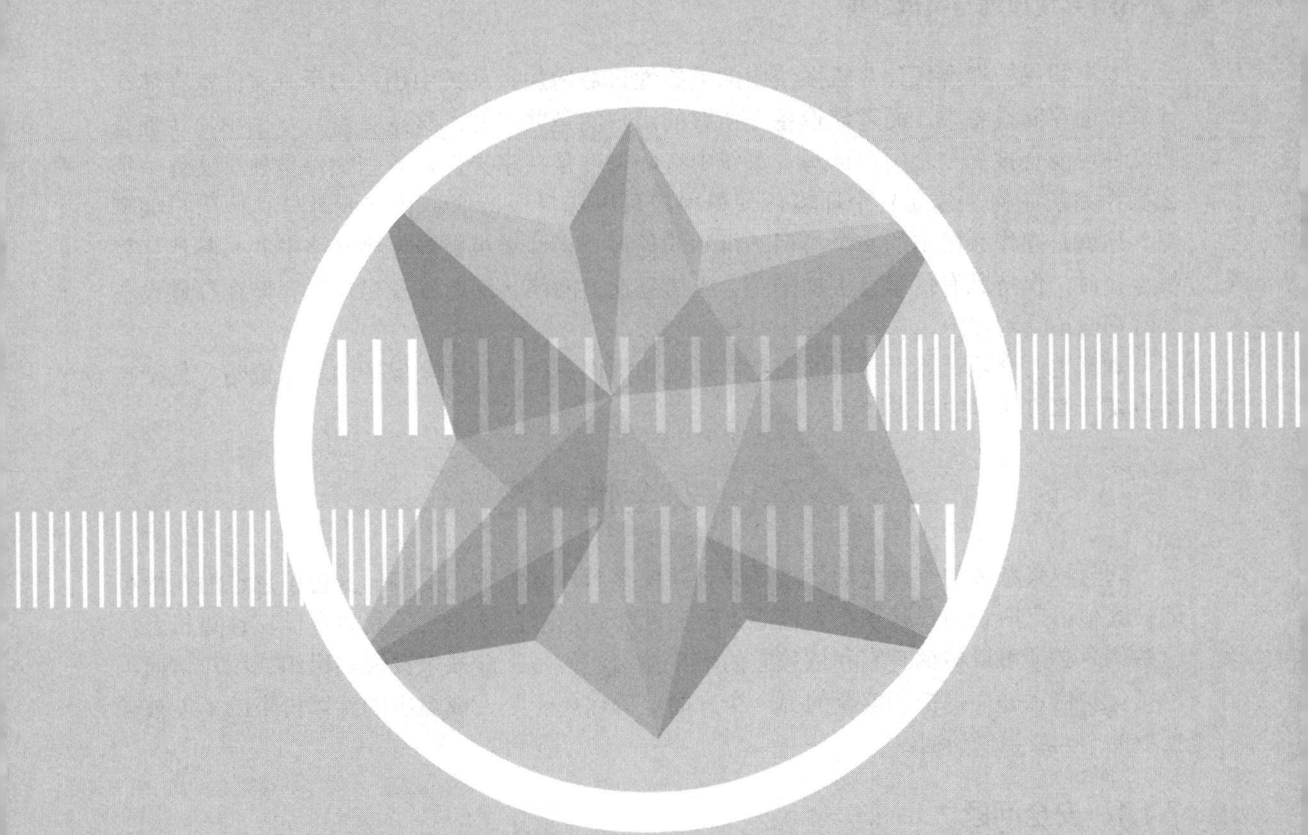

第 7 章

操作系统的安全性

安全和保护在现代计算机系统中的重要性日益增加，系统中用户的所有文件都存储在计算机的存储设备中，而存储设备在所有的用户间是共享的。这意味着，一个用户所拥有的文件可能会被另一个用户读写。系统中有些文件是共享文件，有些文件是独享文件。那么操作系统如何来建立一个环境，使得用户可以选择保持信息私有或者与其他用户共享呢？这就是操作系统中的安全与保护机制的任务。当计算机被连接到网络中并与其他计算机连接时，保持私有信息会更加困难。当信息通过网络传递时以及当信息存储在存储设备上时都应该受到保护。

本章主要介绍计算机系统的安全性问题和操作系统进行安全保护的基本策略、加密技术以及计算机病毒的基本知识。

7.1 安全性概述

随着越来越多的个人生活信息被编码并保存到计算机中，我们的身份信息也潜在地可能被其他用户所访问。除了个人信息外，商业和政府部门的核心信息也存储在计算机上，这些信息必须可以被拥有它和依赖它的用户使用，但是不能被未授权的组织或用户访问。除了保护信息外，保护和安全的另一个方面是确保属于个人或组织的计算机资源不能被未授权的个人或组织访问。

7.1.1 安全问题

计算机系统的安全性是一个含义广泛的概念，包含了系统的硬件安全、软件安全、数据安全和系统运行安全四个方面。一般来说，操作系统安全性就是指为了保证整个系统的正常运行而对数据的处理和管理采取的一些安全保护措施。

计算机系统的安全问题大致可分为**恶意性**和**意外性**两种类型。所谓恶意性安全问题，是指未经许可对敏感信息的读取、破坏或使系统服务失效。在网络化时代，这类问题占极大比例，可能会引起金融上的损失、犯罪以及对个人或国家安全的危害。所谓意外性安全问题，是指由于硬件错误、系统或软件错误以及自然灾害造成的安全问题。这种意外性安全问题可能直接造成损失，也可能为恶意破坏留下可乘之机。

计算机系统本身也存在着许多固有的脆弱性，表现在以下几个方面。

(1) 数据的可访问性。在一定条件下，用户可以访问系统中的所有数据，电子信息可以很容易被复制下来而不留任何痕迹，并可以随意将其复制或删改。某个人一旦获取了对计算机系统的访问权，系统内的数据全可为他所用。尽管操作系统可以设置一些关卡，但对于计算机系统专业人员来说，保守秘密相对很难。

(2) 存储数据密度高，存储介质脆弱。在一块磁盘上，可以存储大量数据信息，但是磁盘也容易受损坏与沾污，从而造成大量数据受损。

(3) 电磁波辐射泄漏与破坏。计算机在工作时或数据在网络上传输时都能够辐射出电磁波，任何人都可以借助并不复杂的设备，在一定范围内接收到它，从而造成信息泄露。同样，采用一定频率、一定强度的电磁波攻击计算机，被攻击的计算机系统会遭到破坏。

(4) 通信网络可能泄密，并易于受到攻击。随着 Internet 的普及，连接系统的通信线路就可能被攻击。一台远程终端上的用户也可以通过计算机网络连接到计算机系统上攻入或破坏系统。

在许多应用中，确保计算机系统的安全是一件值得努力的事。存有工资表或者其他金融数据的大型商业系统很容易引起盗贼的兴趣。不道德的竞争者可能会对存储着合作数据的系统产生兴趣。不管是因为意外还是因为受骗，数据丢失都会严重影响企业的运作。

7.1.2　安全威胁

社会对信息资源进行共享和有效处理的迫切需要是推动计算机技术发展的原动力。但是，在 20 世纪后期，特别是进入 21 世纪后，以计算机技术为核心的 IT 业遇到了严重的信息安全问题，不能在因特网背景下为经济、政治、金融、军事等领域提供有效的信息安全保障。人们认识信息安全问题通常是从系统所遭到的各种成功或者未成功的入侵攻击的威胁开始的，这些威胁大多数是通过挖掘操作系统和应用程序的弱点或者缺陷来实现的。

1. 计算机系统的安全威胁

现有的安全威胁对计算机系统和网络通信提出四项安全要求。

- 机密性(confidentiality)。要求计算机系统中的信息只能由被授权者进行规定范围内的访问，这种访问可读或可视，如打印、显示以及其他形式，也包括简单显示一个对象的存在。
- 完整性(integrity)。要求计算机系统中的信息只能被授权用户修改，修改操作包括写、改写、改变状态、删除和创建等。
- 可用性(availability)。防止非法独占资源，每当合法用户需要时，总能访问到合适的计算机系统资源，为其提供所需的服务。
- 真实性(authenticity)。要求计算机系统能证实用户的身份，防止非法用户侵入系统，以及确认数据来源的真实性。

计算机或网络系统在安全性上受到威胁的类型可以这样来刻画：根据计算机系统提供信息的功能，从源端，如从一台计算机中的某个文件或主存的某个区域内容，到目的端，即另一台计算机中的一个文件或用户存储区中存在数据的流动。图 7-1(a)显示了这种一般的数据流动，图中的其余部分显示了下面四种普通的威胁类型。

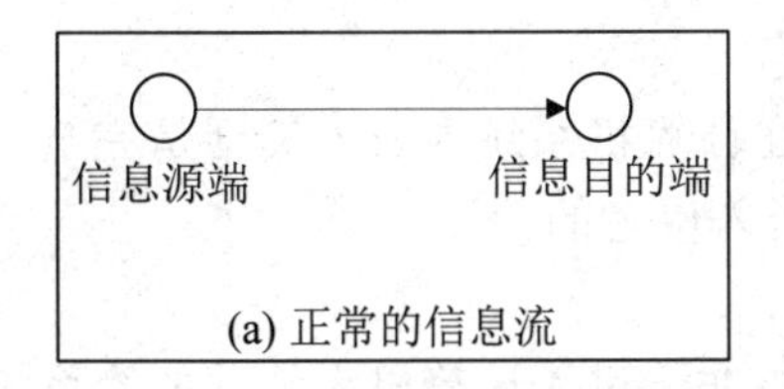

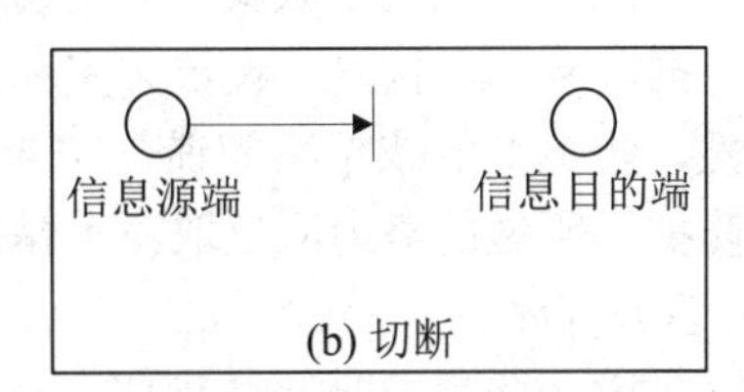

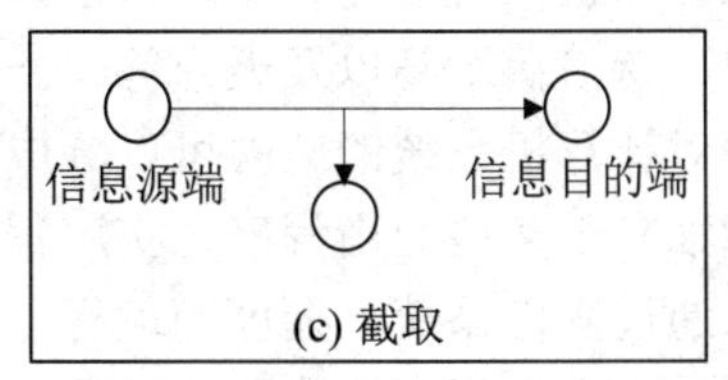

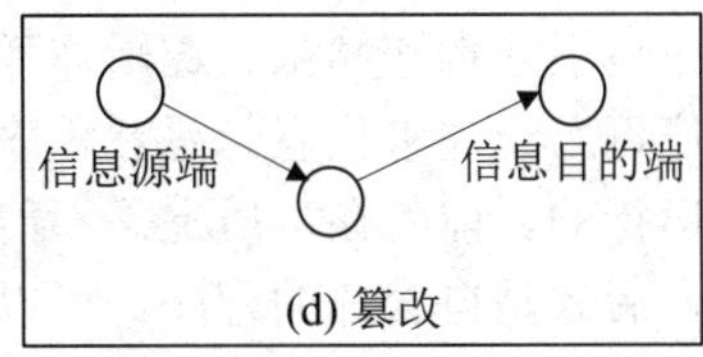

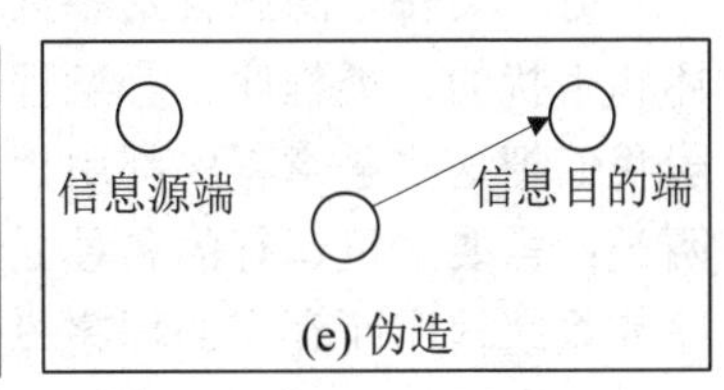

图 7-1　计算机系统的安全威胁

- 切断。系统的资源被破坏过变得不可用或不能用。这是对可用性的威胁，如破坏硬盘、切断通信线路或使文件管理失效。
- 截取。未经授权的用户、程序或计算机系统获得了对某资源的访问。这是对机密性的威胁，如在网络中窃取数据及非法复制文件和程序。
- 篡改。未经授权的用户不仅获得了对某资源的访问，而且进行篡改。这是对完整性的攻击，如修改数据文件中的值、修改网络中正在传送的消息内容等。
- 伪造。未经授权的用户将伪造的对象插入系统中。这是对合法性的威胁，如非法用户把伪造的消息加到网络中或向当前文件加入记录。

2. 操作系统的安全威胁

很多安全问题都是源于操作系统的安全脆弱性，所以我们必须研究操作系统的安全性问题。下面介绍针对操作系统安全的主要威胁。

(1) 入侵者。

从安全性的角度来说，我们把那些喜欢闯入与自己毫不相干区域的人叫入侵者。

入侵者表现为两种形式：被动入侵者和主动入侵者。被动入侵者仅仅想阅读他们无权阅读的文件；主动入侵者则怀有恶意，他们未经授权就改动数据。在设计操作系统抵御入侵者时，我们必须要考虑抵御哪一种入侵者。以下是一些常见的入侵者种类。

- 普通用户的随意浏览。许多人都有个人计算机并且将其连接到共享文件服务器上。人类的本性促使他们中的一些人想要阅读他人的电子邮件或文件，而这些电子邮件和文件往往没有设防。如大多数的 UNIX 系统在默认情况下新建的文件是可以被公众访问的。
- 内部人员的窥视。学生、系统程序员、操作员或其他技术人员经常把进入本地计算机系统作为个人挑战之一。他们通常拥有较高技能，并且愿意花费较多时间掌握技能。
- 尝试非法获取利益者。有些银行员工试图从他们工作的银行窃取金钱。他们使用的手段包括调走多年不使用的账户，改变应用软件截取用户的利息或者直接发信敲诈勒索(“付钱给我，否则我将破坏所有的银行记录”)。
- 商业或军事间谍。受到竞争对手或外国资助的间谍通常使用窃听手段，有时甚至通过搭建天线来收集目标计算机发出的电磁辐射，其目的在于窃取密码、机密数据、专利、技术、设计方案和商业计划等。

显然，防范商业或军事间谍与防止学生尝试在计算机系统内放入笑话是完全不同的。安全和防护上所做的努力应该取决于是针对哪一类入侵者的。

(2) 恶意程序。

另一类安全隐患就是恶意程序。恶意程序是指非法进入计算机系统并能给系统带来破坏和干扰的一类程序。恶意程序包括病毒和蠕虫、逻辑炸弹、特洛伊木马以及天窗等，一般我们把这些恶意程序都用“病毒”一词来代表。恶意程序对计算机系统的威胁可以分成两类：需要主机运行的和独立运行的。前者在本质上是不能独立于某些应用程序、实用程序或系统程序而存在的程序段，后者是自含式的程序，可以通过操作系统来调度和运行。也可以通过软件复制和不复制来区分这些软件的威胁，前者是当主机程序被唤醒执行特定功能时才被激活的程序段，后者是由一个程序段(病毒)或一个独立程序(蠕虫、僵尸)组成的，当它们执行时，将产生自身的一个或多个副本，今后将在同一系统上或某些其他系统上发作。恶意程序的类型如图 7-2 所示。

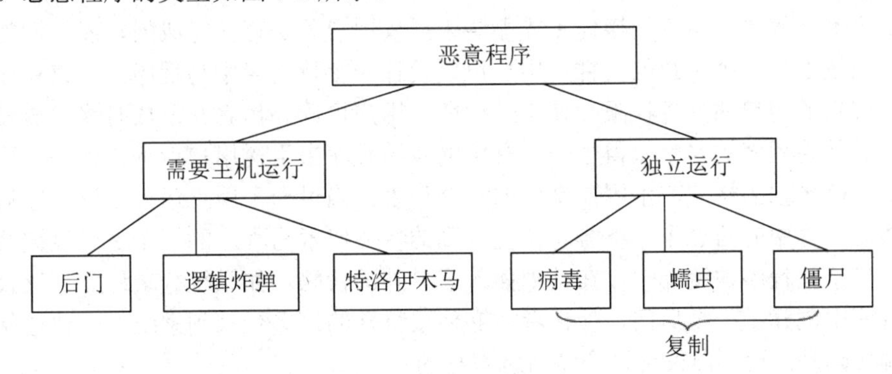

图 7-2　恶意程序的分类

① 后门。

后门(trap door)是进入一个程序的隐蔽入口点，知道后门的人无须通过正常的安全访问过程就可以获得访问。后门被程序员正当地用于调试和测试程序。通常情况是，当程序员在开发应用程序时，该应用程序具有一个认证的过程，或者具有一个很长的配置，需要用户输入很多不同的值才能运行程序。为了调试程序，开发者希望获得很多特殊的权限或避免所有必需的配置和认证。程序员可能也希望具有一种一旦在认证过程中出现了错误还能够激活程序的方法。后门是这样的代码，它能够识别某些特殊的输入序列，或者从某一用户的 ID 运行时引发，或通过不可靠的事件序列引发。

当被不道德的程序员用于未经授权的访问时后门就变成了威胁。后门是针对电影战争游戏“War Game”中所描绘的弱点的基本想法。另一个例子是在 Multics 的开发过程中由空军的 Tiger Team(模拟敌手)引导的穿透实验。使用的一种策略是向正在运行 Multics 的站点发送一条假的操作系统更新信息，该消息含有特洛伊木马，可以通过一个后门而激活。使得 Tiger Team 能够获得访问权。该威胁实现得十分巧妙，Multics 的开发者根本发现不了，即使他们被告知了它的存在之后，也仍不能发现。

实现操作系统对后门的控制是很困难的，安全方法必须集中到程序开发和软件更新行动上。

② 逻辑炸弹。

在出现病毒和蠕虫之前，程序威胁的最古老类型之一是逻辑炸弹。逻辑炸弹是嵌入某些合法程序中的代码，设置成满足某项条件时就“爆炸”。可用于引发逻辑炸弹的条件有很多，如某些文件的存在或不存在、一个星期中特定的一天或特定的日子、运行应用程序的某个特定用户等。一旦引发，炸弹将更改或删除数据甚至整个文件，导致机器异常终止或进行其他破坏。逻辑炸弹造成破坏的一个显著例子是一位叫 Tim Lloyd 的雇员，因设计了一个逻辑炸弹而被判有罪。这个逻辑炸弹给他的雇主造成了超过 1000 万美元的损失，最终还导致了 80 多个工人的失业。法院最后判定 Lloyd 入狱 41 个月，并付罚金 200 万美元。

③ 特洛伊木马。

特洛伊木马是一个有用的含有隐藏代码的程序或命令过程。当它被唤醒时，会执行一些意料之外或有害的功能。

特洛伊木马程序可用于间接地完成那些未授权用户无法直接完成的功能。例如，为了访问共享系统上另一个用户的文件，用户可以设计一个特洛伊木马程序，当该程序运行时将改变唤醒它的用户的文件权限，使文件对所有用户可读。作者在发放时将它放在一个公共目录中，并将程序的名字取得像一个有用的实用程序来引诱用户运行该程序，比如将程序在表面上以希望的格式产生用户文件的一个列表。当另一个用户运行了该程序后，作者就可以访问文件中的信息了。不容易被检测到的特洛伊木马程序的例子是已经被修改了的编译器，当某些程序被编译时，在其中插入了另外的代码，如系统登录程序。该代码在系统登录程序中创建了一个后门，使作者能够使用特殊的口令登录到系统上。通过阅读登录程序的源代码是永远不能发现这个特洛伊木马的。

使用特洛伊木马的另一个普遍的动机是破坏数据。程序看起来是在执行一个有用的功能(如计算器程序)，但它可能也在悄悄地删除用户的文件。例如，某执行程序可能受到特洛伊木马的伤害，毁坏其计算机内存中含有的所有信息。该特洛伊木马被放到了电子布告栏系统上提供的图形程序中。

④ 病毒。

病毒是能够通过修改其他程序而感染的程序。这种修改后的程序中包括病毒程序的一个副本，继而可以再感染其他程序。

生物学上的病毒是DNA或RNA遗传代码的微小片段，它能够控制一个活细胞的组织并致使它产生成千上万个原始病毒的相同复制品。与生物学中的病毒很相像，计算机病毒把指令代码作为产生自身副本的最佳复制方法。典型的病毒寄宿在一台主机中，并取得了对计算机磁盘操作系统的暂时控制。然后，每当受到感染的计算机与未被感染的软件打交道时，病毒的一个新的副本就传递到新的程序中。这样，感染可以通过不受到怀疑的用户从一台计算机传播到另一台计算机，因为该用户交换了磁盘或在网络上向另一个人发送了程序。在网络环境中，访问在其他计算机上的应用程序和系统服务的能力，为病毒的传播提供了一个很好的背景。

⑤ 蠕虫。

网络蠕虫程序使用网络连接在系统之间进行传播。一旦在一个系统内部活跃起来，网络蠕虫的行为可以像计算机病毒或细菌，或者植入特洛伊木马程序，或者执行任何分裂性以及破坏性的行动。

网络蠕虫需要使用网络工具来复制自身，包括如下方式。

a. 电子邮件途径：蠕虫向其他系统发送一份自身的副本。

b. 远程执行能力：蠕虫在另一系统上执行自身的副本。

c. 远程登录能力：蠕虫作为一个用户登录到远程系统上，然后使用命令将自身从一个系统复制到另一个系统。

蠕虫程序的新副本接着运行在远程系统上，除了在该系统上执行所有功能外，还继续以相同的方式传播。

网络蠕虫展示了与计算机病毒相同的特征：潜伏阶段、繁殖阶段、引发阶段和执行阶段。在繁殖阶段一般执行下列功能。

① 通过分析远程的主机系统地址表或类似的知识库来搜寻要感染的其他系统。

② 建立与远程系统的连接。

③ 将自身复制到远程系统并致使该副本运行。

网络蠕虫也想确定在将自身复制到系统之前该系统是否已经感染了。在多道程序设计系统中，它可能需要通过将自身命名为一个系统进程或使用其他不会被系统操作员注意到的名字的方法来掩饰它的存在。

与病毒相比，网络蠕虫很难对付。然而，无论是网络安全方法还是单机系统安全方法，只要设计和实现得恰当，就会使蠕虫的威胁达到最小。

⑥ 僵尸。

僵尸是一个程序，它能秘密地控制一台通过 Internet 连接的计算机，然后使用该计算机发起攻击，使得难以上溯到僵尸的创始者。僵尸多用于拒绝服务攻击，一般都是针对目标 Web 站点。僵尸被植入可信的第三方的数百台计算机，然后通过这些机器发送大量的登入请求，从而达到使目标 Web 站点拒绝服务的目的。

计算机病毒从其产生至今，世界上病毒的数量已经发展到近 5 万种，病毒的种类和编制技术也经历了几代的发展。在我国曾经广泛流行的计算机病毒有近千种，并且有些病毒给计算机信息系统造成了很大破坏，影响了信息化的发展和应用。

从某种意义上说，编写病毒的人也是入侵者，他们往往拥有较高的专业技能。一般的入侵者和病毒的区别在于前者指想要私自闯入系统并进行破坏的个人，后者指被人编写并释放传播企图引起危害的程序。

(3) 数据的意外受损。

除了恶意入侵造成的威胁外，有价值的信息也会意外受损。造成数据意外受损的原因如下。

- 自然灾害。如火灾、地震、水灾，以及计算机系统所处环境的温度、湿度、各种化学品的浓度等都会对计算机的安全性构成严重的威胁。
- 意外故障。如软件的功能失常、设备的性能失常、无意的人为出错等偶然事件对计算机系统的安全性也会造成威胁。
- 人为攻击。利用计算机系统存在的各种脆弱性，未经允许的用户对敏感信息进行读取、修改或利用外界电磁场对计算机系统进行恶意破坏等来达到个人目的。在当今互联网时代，这类威胁在计算机安全问题中占有相当的比例。

上述大多数情况可以通过适当的备份尤其是对原始数据的异地备份来避免。在防范数据不被狡猾的入侵者获取的同时，防止数据意外遗失应得到更广泛的重视。事实上，数据意外受损带来的损失往往比入侵者带来的损失可能更大。在美国“9・11 事件”中，一些在受损大楼中办公的公司由于事先在异地建立了数据备份中心，在灾难事件发生之后很快就利用数据备份中心的数据重建了公司业务，从而逃过了被迫关门的命运。

7.1.3　安全目标

不同的计算机系统其安全目标不同，一般来说，一个计算机系统的安全目标应包括如下几个方面。

1. 安全性

安全性是一个整体的概念，包含了系统的硬件安全(硬件、存储及通信媒体的安全)、软件安全(软件、程序不被篡改、失效或非法复制)、数据安全(数据、文档不被滥用、更改和非法使用)，也包含了系统的运行安全。前三类安全要求是静态的概念，运行安全则是动态的概念。计算机动态、静态的系统安全构成了完整的计算机系统安全概念。

安全又分为外部安全和内部安全。

(1) 外部安全。

- 物理安全。指计算机物理设备的安全，包括设备、设施和建筑物防护措施，防电磁辐射和防止灾害。
- 人事安全。指对参与计算机系统工作的人员进行审查，选择信任的人员等措施。
- 过程安全。指准许某人对机器的访问和物理的 I/O 处理，如打印输出，磁带与磁盘的管理、复制，可信软件的选择，连接用户终端以及其他日常系统的管理过程中所采取的安全措施。

(2) 内部安全。

内部安全指在计算机系统的软件、硬件中提供保护机制来达到安全要求。内部安全的保护机制尽管是有效的，但仍需与适当的外部安全控制相配合，应该相辅相成，交替使用。

人们花了很大力气用于营造计算机系统的外部安全与内部安全。但是，有一点不容忽视，那就是防止非法用户的入侵，特别要防范冒名顶替者假冒合法的授权用户非法访问计算机系统的各种资源。

2. 完整性

完整性是保护计算机内软件和数据不被非法删改或受意外事件破坏的一种技术手段。它可以分为软件完整性与数据完整性两方面的内容。

(1) 软件完整性。

在软件设计阶段具有不良品质的程序员可以对软件进行别有用心的改动，他可以在软件中留下一个陷阱或后门以备将来在一定条件下对系统进行攻击。因此，选择值得信任的软件设计者是一个非常重要的问题。同时也更需要采用软件测试工具来检查软件的完整性，并保证这些软件处于安全环境之外时不能被轻易地修改。

装有微程序的 ROM 部件也有可能被攻击并对它进行修改。CIH 病毒就是一个典型的攻击 ROM 部件的程序。

在一个系统中，为保证软件的完整性，就必须对该软件进行验证，但验证的过程不能包括在这个软件中。因此，一般要由一些受保护的硬件来完成。比如，针对 CIH 病毒，有的厂家在主板设计上做了改进，防止未被授权的程序修改 ROM 中的内容。

(2) 数据完整性。

所谓数据完整性是指在计算机系统中存储的或是在计算机系统间传输的数据不被非法删改或受意外事件的破坏。

数据完整性被破坏通常有以下几个原因。

- 系统的误操作。如系统软件故障、强电磁场干扰等。
- 应用程序的错误。由于偶然或意外的原因，应用程序破坏了数据完整性。
- 存储介质的破坏。存储介质的硬损伤，使得存储在介质中的数据完整性受到了破坏。
- 人为破坏。是一种主动性的攻击与破坏。

3. 保密性

保密性是计算机系统安全的一个重要方面，它是指操作系统利用各种技术手段对信息进行处理来防止非法入侵、防止信息的泄露。

此外，为保证系统安全而采取的安全措施本身也必不可少地需要加以保护，如口令表、访问控制表等。这类信息是非常敏感的，它们不应被非法读取或删改。

7.1.4　操作系统安全

操作系统是计算机系统中的核心系统软件，是计算机系统的管理者和控制者，因此操作系统的安全性是计算机系统安全性的关键。

1. 操作系统安全机制

随着计算机技术的发展，在操作系统中已形成了多种安全机制，它们保护系统的各种资源不被破坏、不被窃取，并提供相应的安全服务。操作系统的安全机制主要有以下几种。

(1) 身份认证机制。

身份认证是安全操作系统应具备的最基本的功能，是用户欲进入系统访问资源或网络中通信双方在进行数据传输之前实施审查和证实身份的操作。因而，身份认证机制成为大多数保护机制的基础。身份认证可分为两种：**内部**和**外部**身份认证。外部身份认证涉及验证某用户是否是其宣称的合法用户。最常见的外部身份验证是用户名和口令验证方式。内部身份认证机制确保某进程不能表现为除了它自身以外的进程。若没有内部验证，某用户可以创建看上去属于另一用户的进程。从而，即使是最高效的安全验证机制也会因为把这个用户的伪造进程看成是另一个合法用户的进程而被轻易地绕过。

(2) 授权机制。

授权机制确认用户或进程只有在系统许可某种使用时才能够使用计算机的资源。授权机制依赖于安全的认证机制而存在。当一个用户试图访问计算机时，外部访问授权机制首先验证用户的身份，然后再检查其是否拥有使用本计算机的权限。一旦某用户被授权使用某机器，此机器的操作系统将代表该用户分配一个执行进程。在登录验证完毕后，用户将可自由使用命令行解释器进程来使用任意的资源。图 7-3 显示了经典计算机系统的授权访问过程。

(3) 加密机制。

加密是将信息编码成像密文一样难解形式的技术，加密的关键在于高效地建立从根本上不可能被未授权用户解密的加密算法，以提高信息系统及数据的安全性和保密性，防止保密数据被窃取与泄密。数据加密技术可分为两类：一类是数据传输加密技术，目的是对网络传输中的数据流加密，又分成链路加密和端加密；另一类是数据存储加密技术，目的是防止系统中存储数据的泄密，又分成密文存储和存取控制。

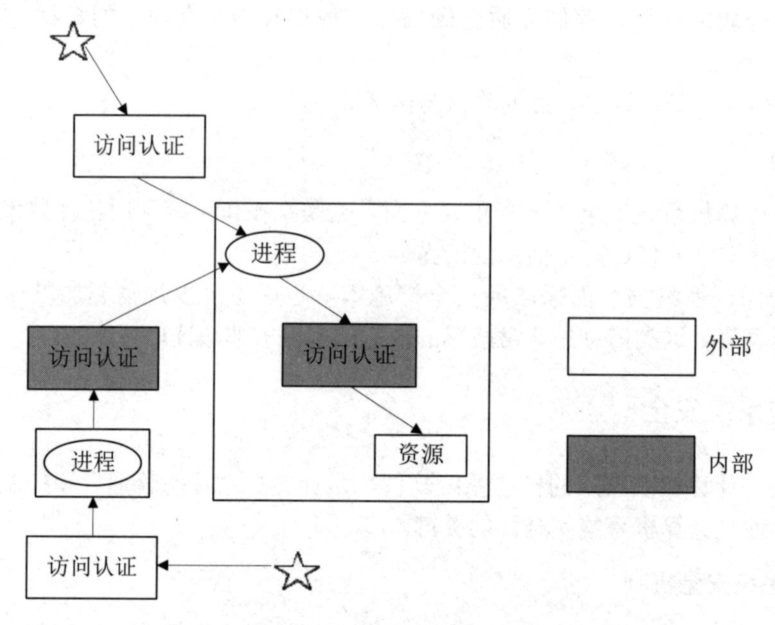

图 7-3　经典计算机系统的授权访问过程

(4) 审计机制。

审计(auditing)作为一种事后追踪手段来保证系统的安全性，是保证系统安全性而实施的一种技术措施，也是对付计算机犯罪者的利器。

审计就是对涉及系统安全性的操作做完整的记录，以备有违反系统安全规则的事件发生后能有效地追查事件发生的地点、时间、类型、过程、结果和涉及的用户。

必须实时记录的事件类型有：识别和确认机制(如注册和退出)、对资源的访问(如打开文件)、删除对象(如删除文件)、计算机管理员所做的操作(如修改口令)等。

审计过程是一个独立过程，应把它与操作系统的其他功能隔离开来，严格限制未经授权的用户不得访问。审计与报警功能相结合，安全效果会更好。

2. 操作系统安全设计原则

一个操作系统的安全性设计是一项相当困难的工作。人们在这个问题上奋斗了几十年也没有取得多少成就，不过还是有一些公认原则可以遵循。国际知名教授 Andrew S. Tanenbaum 在《现代操作系统》一书中列出了如下一些操作系统安全的设计原则。

- 应该公开系统设计方案。设计人员以为入侵者并不知晓系统工作原理的想法只会迷惑自己，因为入侵者迟早会弄明白。如果设计人员总怀着侥幸心理，那么系统就不安全了。
- 不提供默认访问控制。合法访问被拒绝与非法访问被允许相比，问题会发现得更快一些，所以一旦有了怀疑系统就应该说“不”。
- 时刻检查当前权限。系统不应该在进行完访问许可检查后仍然保持原有信息以便后续使用。一些系统在用户第一次打开文件时进行访问检查，但在用户下次访问时就不再检查了，即便所有者改变了文件的安全保护甚至删除了文件也是如此。

- 给每个进程尽可能小的权限。这一原则展现了一个细密度的防护方案。比如，如果编辑器仅仅享有访问被编辑文件的权限，那么被安放了特洛伊木马的编辑程序就无法进行破坏活动了。
- 安全保护机制应该简单、一致，并深入系统的底层。试图改善当前不安全系统的安全架构是徒劳的，因为安全性就像正确性一样，不是修修补补可以达到的。
- 所选的安全架构应该是心理上可以接受的。如果用户感到保护自己的文件很费力，他们就不会使用。虽然如此，一旦出现了错误，他们就会大声抱怨。仅仅回答“这是你自己的错误”是不能被他们接受的。

除了原则，几十年来极为宝贵的经验是：设计应该尽量简单。

如果系统遵循上述指导原则，由单一结构构成，优雅而简单，那么这个系统就很有可能是安全的。庞大的系统就是潜在的不安全因素，代码越多，安全漏洞和缺陷就越多。从系统安全性角度来说，最简单的设计就是最好的设计。

7.2　用户身份验证

在保证系统安全方面采用的一种有效防范措施就是对进入系统的用户进行验证，目前用户验证技术已趋于成熟，一些身份验证系统和与之配合的验证设备已经进入了非常实用的阶段。用户验证的基本原则就是利用各种方式和技术求证进入系统的用户身份是否合法，合法用户允许进入，非法用户拒绝进入，在入口处把住非法侵入者进入的渠道，以保证系统不被非正常操作干扰。

用户验证的实现方法通常基于三方面考虑：用户应该知道的信息、用户持有的物体信息以及用户固有的身份信息。同时，由于身份验证中采用的验证规则不同，市面上出现的身份验证方法和验证系统也有着非常大的区别，这一节我们来讨论几种典型的身份验证方法和技术。

7.2.1　用户口令验证

一个用户要登录某台计算机时，操作系统通常都要验证用户的身份。而利用口令来确认用户的身份是当前最常用的验证技术。

1. 口令攻击

攻击者攻击目标时常常把破译用户的口令作为攻击的开始。只要攻击者能猜测或者确定用户的口令，他就能获得机器或者网络的访问权，并能访问到合法用户能访问到的任何资源。如果这个用户有域管理员或 root 用户权限，这是极其危险的。这种方法的前提是必须先得到该主机上某个合法用户的账号，然后再进行合法用户口令的破译。获得普通用户账号的方法很多，例如：

- 利用目标主机的 Finger 功能：当用 Finger 命令查询时，主机系统会将保存的用户资料(如用户名、登录时间等)显示在终端或计算机上。

- 利用目标主机的 X.500 服务：有些主机没有关闭 X.500 的目录查询服务，也给攻击者提供了获得信息的一条简易途径。
- 从电子邮件地址中收集：有些用户的电子邮件地址常会透露其在目标主机上的账号；查看主机是否有习惯性的账号，有经验的用户都知道，很多系统会使用一些习惯性的账号，从而造成账号的泄露。

2. 口令文件

典型情况下，系统必须维护一个文件，该文件将每个已经授权的用户与一个口令关联起来。口令是计算机和用户双方都知道的某个“关键字”，是一个需要严加保护的对象，它作为一个确认符号串只能对用户和操作系统本身识别。如果这个文件未经保护地进行存储，则入侵者将很容易获取对它的访问并得到口令。口令文件的保护可采取下列两种方式之一。

- 单向加密：系统存储的仅仅是加密形式的用户口令。当用户提交一个口令时，系统对该口令加密并与存储的值相比较。实际上，系统通常执行一个单向的变换(不可逆)，使用该口令生成一个用于加密功能的密钥，并产生一个固定长度的输出。
- 访问控制：对口令文件的访问权限局限于非常少的几个账号。

3. 口令选择策略

为了容易记住口令，对于自己的设备，很多用户选择的口令太短或太容易猜出。从另一个极端来看，如果分派给用户的口令是由 8 个随机选择的可打印字符组成的，那么口令破解几乎是不可能的。但是对于多数用户来说，要记住这样的口令也几乎是不可能的。幸运的是，即使将全部口令限制在比较容易记忆的字符串上，整个集合的长度也仍然是太大了，不可能进行实际的解密工作。选择口令的目标是在排除那些容易猜测的口令的同时能让用户选择一个容易记忆的口令。口令选择策略常用的有以下四种：用户教育、计算机生成口令、反应性的口令检测和前摄性的口令检测。

用户教育策略应该告诉用户使用难以猜测的口令的重要性并给用户提供选择良好口令的指导原则。这种策略在很多场所是不会成功的，尤其是当具有大量用户或大量人员更新情况时。很多用户可能会忽略这一原则，而其他人可能无法判定什么是一个好的口令。例如，很多用户错误地认为将单词倒序排列或将最后一个字母大写就能使口令不易猜测。

计算机生成的口令也有问题，如果口令真是随机产生的，那么用户将难以记忆，即使口令是可发音形式的，因此要将口令写下来。一般来说，计算机生成口令的方法历来很少为用户所接受。FIPS PUB 181 定义了一个设计得最好的自动口令生成器，该标准不仅包括了方法描述，而且列出了算法的 C 源代码。算法能够形成可发音的音节，并把它们连接构成一个单词。使用随机数生成器可产生一个随机的字符串用以构成音节和单词。

反应性口令检测策略是指系统周期性地运行它自己的口令解密程序来发现容易猜测的口令。系统取消任何已被猜出的口令并告知用户。但是这种策略也有缺点，如果作业完成正确，则它将是资源密集的。因为一个有能力确定偷取口令文件的攻击者可以将所有 CPU 时间用于任务持续达数小时甚至数天，所以一个高效的反应性口令检查器必然具有明显的缺点。所有现在的口令在反应性口令检查器发现它们之前都保持着易受攻击的状态。

改善口令安全性最好的方法是前摄性的口令检查器。在这种方法中，允许用户选择自己的口令。在选择时系统检查口令是否允许，如果不满足条件就拒绝该选择。这样一种检查器的哲学基础是：如果系统提供了充分的指导，那么用户就能够从一个相对较大的口令空间中选择出容易记忆的口令，而且在字典攻击中不易被猜测出。

设计前摄性口令检查器的技巧是在用户可接受性和强度之间达成一种平衡。如果系统拒绝的口令太多，用户将会抱怨选择口令太难。如果系统使用一些简单的算法来定义什么是可接受的，那么又为口令窃贼提供了指导，反而提高了他们的猜测技术。前摄性口令检查可使用两种方法来实现。

第一种方法是一个用于规则执行的简单系统。例如，可能要求执行下列规则。

- 所有口令必须至少 8 个字符长；
- 在前 8 个字符中口令必须包括一个大写字母、小写字母、数字以及标点符号。

可以把这些规则与向用户提出建议结合起来，尽管这种方法仅比教育用户要好，但它可能不足以阻止口令解密者。这种方法也告诉解密者哪些口令不用去试了，但仍然可能进行口令解密工作。

第二种方法是简单地将所有可能的“坏”口令汇编成一个大型字典，当用户选择一个口令时系统进行检查，确保它不在那个不赞成的列表上。这种方法具有两个问题。

- 空间：为了达到效果，字典必须很大。
- 时间：搜索一个大型字典所需要的时间本身可能就很大，而且为了检查字典单词可能的排列情况，那些单词必须包含在字典中，而这会使字典变得巨大；同时每个搜索肯定也含有大量的处理。

7.2.2　持有物信息验证

除了对用户名和口令的验证外，还可以通过对人们所持有的实际物体信息进行验证，来达到对用户身份的识别。对用户持有物信息的验证，包括对用户可以获得的物体进行判别，这些物体通常是一些可以证明用户身份的证件。

1. 基于磁卡的验证技术

根据数据记录原理，可将当前使用的卡分为磁卡和 IC 卡两种。磁卡是基于磁性原理来记录数据的，目前世界各国使用的信用卡和银行现金卡等，都普遍采用磁卡。这是一块和名片大小相仿的塑料卡，在其上贴有含若干条磁道的磁条。一般在磁条上有三条磁道，每条磁道都可用来记录不同标准和不同数量的数据。磁道上可有两种记录密度，一种是每英寸含有 15 bit 信息的低密度磁道；另一种是每英寸含有 210 bit 信息的高密度磁道。如果在磁条上记录了用户名、用户密码、账号和金额，这就是金融卡或银行卡；如果在磁条上记录的是有关用户的信息，则该卡便可作为识别用户身份的物理标志。

在磁卡上所存储的信息，可利用磁卡读写器将之读出：只要将磁卡插入或划过磁卡读写器，便可将存储在磁卡中的数据读出，并传送到相应的计算机中。用户识别程序便利用读出的信息去查找一张用户信息表(该表中包含有若干表目，每个用户占有一个表目，表目中记录了有关该用户的信息)。若找到匹配的表目，便认为该用户是合法用户；否则便认为是非法用户。为了保证持卡者是该卡的主人，通常在磁卡验证技术的基础上，又增设了口令机制，每当进行用户身份认证时，都先要求用户输入口令。

可用磁卡作为电话预付费卡、公交卡等。如当人们打电话时，就会从磁卡里的电话费中扣除本次的通话费。但实际上并未发生资金的转移，因此这类卡是由一家公司发售，并只能用于一种读卡机(如电话机、自动售货机等)。

2. 基于 IC 卡的验证技术

IC 卡即集成电路卡的英文缩写。在外观上 IC 卡与磁卡并无明显差异，但在 IC 卡中可装入 CPU 和存储器芯片，使该卡具有一定的智能，故又称为智能卡或灵巧卡。IC 卡中的 CPU 用于对内部数据的访问和与外部数据进行交换，还可利用较复杂的加密算法，对数据进行处理，这使 IC 卡比磁卡具有更强的防伪性和保密性，因而 IC 卡会逐步取代磁卡。根据在 IC 卡中所装入芯片的不同可把 IC 卡分为以下三种类型。

(1) 存储器卡。在这种卡中只有一个 E^2PROM(可电擦、可编程只读存储器)芯片，而没有微处理器芯片。它的智能主要依赖于终端，就像 IC 电话卡的功能是依赖于电话机一样。由于此智能片不具有安全功能，故只能作为储位卡，用来存储少量金额的现金与信息。常见的这类智能片有电话卡、健康卡，其只读存储器的容量一般为 4 KB～20 KB。

(2) 微处理器卡。它除具有 E^2PROM 外，还增加了一个微处理器。只读存储器的容量一般是数千字节至数万字节；处理器的字长多为 8 位。在这种智能卡中已具有一定的加密设施，增强了 IC 卡的安全性，因此有着更为广泛的用途，被广泛用作信用卡，用户可在商场把信用卡插入一读卡机后，授权进行一定数额的转账，信用卡将一段加密后的信息发送到商场，商场再将该信息转发到银行，从用户在该银行中的账户中扣除所需付出的金额。

(3) 密码卡。在这种卡中又增加了加密运算协处理器和 RAM。之所以把这种卡称为密码片卡，是由于它能支持非对称加密体制 RSA；所支持的密钥长度可长达 1024 位，因而极大地增强了 IC 卡的安全性。它是一种专门用于确保安全的智能卡，在卡中存储了一个很长的用户专门密钥和数字证明书，完全可以作为用户的数字身份证明。当前在 Internet 上所开展的电子交易中，已有不少密码卡使用了基于 RSA 的密码体制。

将 IC 片用于身份识别时可使用不同的验证机制。假如我们使用的是一响应验证机制，首先由服务器向 IC 卡发出 512 位的随机数，IC 卡接着将存储在卡中的 512 位用户密码加上服务器发来的随机数，然后对所得之和进行平方运算，并把中间的 512 位数字作为口令发送给服务器，服务器将所收到的口令与自己计算的结果进行比较，便可得知用户身份的真伪。

将 IC 片用于身份识别的方法明显地优于磁卡。这一方面是因为，磁卡比较易于用一般设备将其中的数据读出、修改和进行破坏；而 IC 卡则是将数据保存在存储器中，使用一般设备很难读出，这使 IC 卡具有更好的安全性。另一方面，在 IC 卡中含有微处理器和存储器，可进行较复杂的加密处理，因此，IC 卡具有非常好的防伪性和保密性；此外，还因为 IC 卡所具有的存储容量比磁卡大得多，通常可大到 100 倍以上，所以可在 IC 卡内存储更多的信息，从而做到“一卡多用”。

7.2.3　人体生物标志识别

生物识别技术(biometric identification technology)是现代信息安全领域的一项新兴技术，它研究的主要内容是如何利用人体生物特征进行身份验证。人的身体上保存着多种每个人都不相同的生物信息，利用这些信息可以测量、识别并验证人的生理特征或行为方式。

1. 常用于身份识别的生理标志

被选用的生理标志应具有三个条件。

- 足够的可变性，系统可根据它来区别成千上万的不同用户。
- 被选用的生理标志应保持稳定，不会经常发生变化。
- 不易被伪装。

下面介绍几种常用的生理标志。

(1) 指纹。

指纹有着“物证之首”的美誉。目前绝对不可能找到两个完全相同的指纹，而且它的形状不会随时间而改变，因而利用指纹来进行身份认证是万无一失的。又由于它不会像其他一些物理标志那样出现用户忘记携带或丢失等问题，而且使用起来也特别方便，因此，指纹验证很早就用于契约签证和侦查破案，既准确又可靠。

人的手指的纹路可分为两大类，一类是环状，另一类是涡状，每一类又可进一步分为50～200 种不同的图样。以前是依靠专家进行指纹鉴别，随着计算机技术的发展，人们已成功地开发出指纹自动识别系统。利用指纹来进行身份识别是一种有广阔前景的识别技术，世界上已有越来越多的国家开展了对指纹识别技术的研究和应用。

(2) 视网膜组织。

视网膜组织通常又简称为眼纹。它与指纹一样，世界上也绝对不可能找到两个人有完全相同的视网膜组织，因而利用视网膜组织来进行身份验证同样是非常可靠的。用户的视网膜组织所含的信息量远比指纹复杂，其信息需要用 256 个字节来编码。利用视网膜组织进行身份验证的效果非常好，如果注册人数不超过 200 万，其出错率为 0，所需时间也仅为秒级，现已在军事部门和银行系统中采用，目前成本还比较高。

但是这种身份验证方式还存在着抗欺骗能力问题。在早期的系统中，用户的视网膜组织是由一米外的照相机对人眼进行拍摄来验证的，如果有人戴上墨镜，在墨镜上贴上别人的视网膜，便可以蒙混过关。但如果改用摄像机，就可以拍下视网膜的震动影像，就不易被假冒。

(3) 声音。

每个人在说话时都会发出不同的声音，人对语音非常敏感，即使在强干扰的环境下，也能很好地分辨出每个人的语音。事实上，人们主要依据听对方的声音来确定对方的身份。现在又广泛采用与计算机技术相结合的办法来实现身份验证，其基本方法是，对一个人说话的录音进行分析，将其全部特征存储起来，通常把所存储的语音特征称为语声纹。然后再利用这些声纹制作成语音口令系统。该系统的出错率在 1%～1‰，制作成本较低，一般为数百到数千美元。

(4) 手指长度。

由于每个人的五个手指的长度并不是完全相同的，因此可基于它来识别每一个用户。可通过把手插入一个手指长度测量设备，测出五个手指的长度，与数据库中所保存的相应样本进行核对。这种方式比较容易遭受欺骗，如可利用手指石膏模型或其他仿制品来进行欺骗。

2. 生物识别系统的组成

(1) 对生物识别系统的要求。

生物识别系统是一个相当复杂的系统，要设计出一个非常实用的生物识别系统并非易事，必须满足如下三方面的要求。

- 识别系统的性能必须满足需求。这包括应具有很强的抗欺骗和防伪造能力，而且还应能防范攻击者设置陷阱。
- 能被用户接受。完成一次识别的时间不应太长，应不超过 1～2 s；出错率应足够低，这随应用场合的不同而有差异。对于用在极为重要场合中的识别系统，将会要求绝对不能出错，可靠性和可维护性也要好。
- 系统成本适当。系统成本包含系统本身的成本、运营期间所需的费用和系统维护(包含消耗性材料等)的费用。

(2) 生物识别系统的结构。

生物识别系统通常包括注册和识别两部分。

- 注册部分。在该系统中，配置有一张注册表，每个注册用户在表中都有一个记录。记录中至少有两项，其中一项用于存放用户姓名，另一项用于存放用户的重要特征(用户的生物特征被数字化后形成用户样本，再从中提取出重要特征)。该记录通常存放在中心数据库中，供多个生物识别系统共享，但也可放在用户的身份智能卡中。
- 识别部分。它可分为两步，第一步是要求用户输入登录名，这样可使系统尽快找到该用户在系统中的记录；第二步是对用户输入的生物特征进行识别，即把用户的生物特征与用户记录中的样本信息特征进行比较，若相同，便允许用户登录，否则就拒绝用户登录。

3. 指纹识别系统

从 20 世纪 70 年代开始，美国及其他发达国家便开始研究利用计算机进行指纹自动识别，并取得了很大的进展，到 80 年代指纹自动识别系统已在许多国家使用。已构成的指纹识别系统包括指纹输入、指纹图像压缩、指纹自动比较等 8 个子系统。但他们的指纹识别系统是建立在中小型计算机系统的基础上的，每一个新用户注册大约需要 4 分钟，记录下一个人的两个手指图样的时间约为 2 分钟，每次识别的时间不超过 5 秒钟，出错率小于千分之一。由于系统比较庞大，价格也昂贵，每套设备的售价约为 10 000 美元，因此使该技术难以普及。直至 20 世纪 90 年代中期，随着超大规模集成电路的迅速发展，才使指纹识别系统小型化并进入了广泛应用的阶段。

指纹识别系统利用 DSF(数字信号处理器)芯片进行图像处理，并可将指纹的录入、指纹的匹配等处理全部集成在仅有不到半张名片大小的电路板上。指纹录入的数量可达数千甚至数万枚，而搜索 1000 枚指纹的时间还不到一秒钟。指纹识别系统在我国已经有不少单位进行应用，如将它用于计算机登录系统、身份识别系统和保管箱系统等。

7.3　访问控制技术

因为计算机系统中大量的信息都是以文件的形式出现，所以对信息施加的保护表现为对文件的访问在实际上受到的控制。访问控制是在身份识别的基础上，根据身份对提出的资源访问请求加以控制。在访问控制中，对访问必须进行控制的资源称为客体，而对客体进行访问的活动资源称为主体。主体即访问的发起者，通常为进程、程序或用户。客体包括各种资源，如文件、设备、信号量等。访问控制中第三个元素是保护规则，它定义了主体与客体可能的相互作用途径。

为了进行访问控制，可以把访问控制信息保存在一个访问控制矩阵中。访问控制矩阵中的每行表示一个主体，每列表示一个受保护的客体，矩阵中的元素则表示主体可以对客体的访问模式(见表 7-1)。访问控制矩阵以某种形式存放在系统中。

表 7-1　访问控制矩阵示例

主体	客　体				
	客体 1(文件 1)	客体 2(文件 2)	客体 3(打印机)	客体 *i*	客体 *n*
主体 1(用户 1)	读、写、执行	读、写	执行		读、写、执行
主体 2(用户 2)	读				
主体 3(用户 3)	读	读	执行		
主体 *j*	读、写、执行	读、写		读、写	
主体 *m*	读	写			读、写、执行

一般对客体的访问控制机制有两种：一种是自主访问控制，另一种是强制访问控制。

7.3.1　自主访问控制

所谓自主访问控制是指由客体的拥有者或具有指定特权的用户来制定系统的一些参数以确定哪些用户可以访问并且以什么样的方式来访问他们的客体。它是一种最为普遍的访问控制技术，在这种方式中用户具有自主的决定权。

从表 7-1 容易看出，访问控制矩阵是一个稀疏矩阵，大多数元素为空元素(即大多数主体对大多数客体无访问权限)。空元素将会造成存储空间的浪费，而且查找某个元素会消耗大量的时间。因此，实际上常常是基于矩阵的行或列来表达访问控制信息。

1. 基于行的自主访问控制

所谓基于行的自主访问控制就是指在每个主体上都附加一个该主体可访问的客体的详细情况说明表。常见的基于行的自主访问控制有权限字以及前缀表等方式。

(1) 权限字。

权限字是一张不可伪造的标志或凭证，它提供给主体对客体的特定权限。主体可以建立新的客体并指定在这些客体上允许的操作。操作系统以用户的名义拥有所有凭证，系统不是直接将凭证发给用户，而是仅当用户通过操作系统发出特定请求时才为用户建立权限字。例如，用户可以创建文件、数据段或子进程等新实体，可以指定这些新实体可接受的操作种类(读、写或执行等)，还可以定义以前未定义过的访问类型(如授权、传递等)。

具有转移或传播权限的主体可以将其权限字副本传递给其他主体。例如，具有转移或传播权限的主体 A 可以将它的权限字副本传递给主体 B，B 也可以将它的权限字副本继续传递给其他主体，如传递给主体 C。但如果 B 在将它的权限字副本传送给 C 的同时除去了其中的转移或传播权限，则 C 就不能继续传递权限字了。这可以防止权限字的进一步扩散。

权限字也是一种在程序运行期间直接跟踪主体对客体的访问权限的手段。进程运行在它的作用域中。进程的作用域是指访问的客体集，如程序、文件、数据、设备等。当进程在运行过程中调用子进程时，可以将它作用域中的某些客体作为参数传递给子进程，而子进程的作用域不一定与调用它的进程的作用域相同。也就是说，调度进程只将它客体的一部分访问传递给子进程，子进程可能具有自己能够访问的其他客体。由于每个权限字都标识了作用域中所有的单个客体，因此权限字的集合就定义了作用域。当某进程调度一个子进程并将特定客体或权限字传递给该子进程时，操作系统就形成了一个由当前进程的所有权限字组成的堆栈，并为子进程建立新的权限字。

权限字也可以集成在系统的一张综合表中(如存取控制表或存取控制矩阵)，每次进程请求使用某客体时，都由系统去检查该客体是否可以被访问，若可以被访问，则给该进程创建权限字。

权限字必须存放在内存中，并且是内存中普通用户不能访问的地方，如系统保留区、专用区或者被保护区域内。在程序运行期间，仅获取被当前进程访问的客体的权限字。这种限制提高了对访问客体权限字的查找速度。由于权限字可以被收回，因此当一个权限字被收回时，不仅该权限字被收回，而且由它传播得到的若干副本也必须被收回。这就要求操作系统保证能够跟踪应当删除的所有权限字，彻底予以回收，同时删除那些不再活跃的用户的权限字。

(2) 前缀表。

前缀表包含客体名和主体对它的访问权限。前缀表的原理是：当系统中的某个主体请求访问某个客体时，访问控制机制将检查主体的前缀是否具有它所请求的访问权。这种方式存在三个不足之处：一是主体前缀大小有限制；二是当生成一个新客体或改变和撤销某个客体的访问权时，会涉及许多主体前缀的更新，需要进行大量的工作；三是不便确定可访问某客体的所有主体。

2. 基于列的自主访问控制

所谓基于列的访问控制就是指在每个客体上都附加一份可访问它的主体的详细情况说明表。基于列的访问控制有两种方式：保护位和存取控制表。

(1) 保护位。

保护位对所有的主体、主体组以及客体的拥有者规定了一个访问模式集合。主体组是具有相似特点的主体的集合。一个主体可以同时属于多个主体组。但某个时刻，一个主体只能属于一个活动的主体组。生成客体的主体是客体的拥有者。超级用户可以修改客体拥有者对客体的所有权。除超级用户外，客体拥有者是唯一能改变客体保护位的主体。UNIX 系统采用了此方法。

在 UNIX 系统中，每个 UNIX 用户用一个用户身份(UID)进行验证。每个用户也可以从属于不同的用户组，由组的身份证(GID)注明。UNIX 用十个字符描述了访问相应文件和目录所需的权限。开头的“d”字符表示此项目是一个目录，“-”字符表示其是一个文件。后面的 9 个字符三个一组进行解释，第一组表示文件所有者对此文件的使用权限；第二组描述了该文件所属组成员对此文件所持有的权限；第三组描述了其他所有用户拥有的许可(也被叫作“通用”许可位)。如果某个三元组在第一个位置上有一个“r”字符，相应的用户对此文件或目录就有读取的许可，“-”表示该用户不具备读的许可；第二个位置的“w”代表写的许可；第三个位置的“x”代表运行的许可。

(2) 存取控制表。

存取控制表可以决定任何一个特定的主体是否可对某个客体进行访问。每个客体都对应一张存取控制表，表中列出所有的可访问该客体的主体和访问方式。例如，某个文件的存取控制表可以存放在该文件的文件说明中，通常包含的内容有：能够访问该文件的用户的身份，文件主或是用户组，以及文件主或用户组成员对此文件的访问权限。如果采用用户组或通配符的概念，则存取控制表不会很长。

目前，存取控制表方式是自主访问控制实现中比较好的一种方法。

3. 自主访问控制的访问许可

访问许可允许主体对客体的存取控制表进行修改，所以利用访问许可可以实现对自主访问控制机制的控制。这种控制有三种类型：等级型、拥有型和自由型。

等级型是将对客体存取控制表的修改能力划分等级，构成一个树形结构，其中系统管理员是树根，它具有修改所有客体存取控制表的权限，并且具有向其他主体分配对客体存取控制表进行修改的权利。上一级主体可以对下一级主体分配相应客体存取控制表的修改权和对修改权的分配权。最低一级的主体不具有访问许可，即它们不具有对客体存取控制表的修改权，而具有访问许可的主体可以授予自己对许可修改的客体任何访问模式的访问权。

拥有型是指客体的拥有者具有对客体的所有控制权，同时它也是对客体有修改权的唯一主体。客体拥有者具有对其客体的访问许可，并可以授予或撤销其他主体对客体的任何一种访问模式，但客体拥有者不具有将其对客体的控制权分配给其他主体的能力。

自由型是指客体生成者可以将它对其客体的控制权分配给其他主体，并且还可以使其他主体也具有这种分配能力。

7.3.2 强制访问控制

自主访问控制是保证系统资源不被非法访问的一种有效方法。但在自主访问控制中，合法用户可以修改该用户所拥有的客体的存取控制表，此时操作系统无法区分这是用户自己的合法操作还是非法操作或是恶意攻击。为了弥补这个不足，引入了一个更强有力的控制方法就是强制访问控制。

所谓强制访问控制，是指由系统来决定一个用户是否可以访问某个客体。这个安全属性是强制性的规定，任何主体包括客体的拥有者也不能对其进行修改。系统通过比较主体和客体的安全属性来确定一个用户是否具有对某个客体访问的权利。

强制访问控制一般有两种方法。

(1) 限制访问控制。

在使用这种方法的系统中，主体只有通过请求特权系统调用来修改客体存取控制表。而这个调用功能依据的是通过用户终端输入的信息，不是依靠别的程序的信息来修改存取控制表。

(2) 限制系统功能。

在使用这种方法的系统中，必要时系统自动实施对系统某些功能的限制。比如，共享是计算机系统的优点，但也带来问题，所以要限制共享文件。当然共享文件是不可能完全限制的。再如，专用系统可以禁止用户编程，这样可以防止一些非法攻击。如果该专用系统连接在网络中，黑客还是有可能攻入这种专用系统的。

访问控制方式有许多缺点。

- 很多系统对非预期的闯入是敏感的。一旦某个攻击者通过某种方式获取了访问权，他就可能希望得到大量的口令以便对不同的登录使用不同的账号来减少被检测到的危险。或者具有某账号的用户还可能希望得到另一个用户的账号去访问特权数据或对系统采取破坏活动。
- 保护中的意外事故可能使口令文件可读，这样就会危及所有账号的安全。
- 有些用户具有位于其他保护域中的其他机器上的账号，并且他们使用相同的口令。这样，如果口令在某台机器上被任何人读到，则另一台机器也可能会受到威胁。

因此，更有效的策略是强迫用户选择不易被猜出的口令。

7.4 数据加密技术

7.4.1 数据加密的基本概念

数据自身的安全涉及数据的传输安全和存储安全两个方面。数据传输安全主要通过加密手段对需要在不同主机上传递的数据进行加密处理，以防止通信线路上的窃听、泄露、篡改和破坏。数据存储安全一方面可以利用数据库等数据管理系统的多级保护机制，另一方面也可以对数据加密后再进行存储。

事实上，数据安全的底层基础技术就是加解密技术，它是保证数据不被非法泄露的手段，在计算机安全中有着广泛的应用。加密是一种编码数据的方法，使入侵者难以理解数据内容，在授权用户使用时，再解码数据，使其返回原始格式。加密也是用数学方法重新组织数据的过程，这样做使得任何非法接收者不可能轻易获得正确的信息。加密可以通过编码系统来实现，所谓编码就是用事先约定好的表或字典将消息或消息的一部分替换成无意义的词或词组。也可以通过密码来实现加密，所谓密码就是用一个加密算法将消息转换为不可理解的密文。

有三种可用的**加密方法**。

- ➢ 编码：最简单、最方便的方法。对于重要字段的值进行编码。例如，不存储银行分支的名称，而是存储代码来表示。
- ➢ 替代：逐个替代明文中的字母，以生成密文。
- ➢ 转置：使用特殊算法重新排列明文中的字符。

一般来说，替代和转置结合使用可取得理想效果。不过，未使用加密密钥的技术无法提供充分保护。技术的强度取决于密钥以及用于加密和解密的算法。如果单纯使用替代和转置，只要入侵者分析足够多的编码文本，就可能解密文本。

7.4.2　加密方法

根据加密密钥的使用和部署，可将加密技术分为两种类型：对称加密和非对称加密。下面简单介绍这两种类型的加密方法。

1. 对称加密

对称加密也称单密钥加密。在 20 世纪 70 年代后期非对称加密出现以前，只有这一种加密技术。至今它仍然是使用最为广泛的加密方法。

对称加密的方法如图 7-4 所示。

- ➢ 明文：即原始的信息或数据，用作加密算法的输入。
- ➢ 加密算法；对明文做各种替换和变换，如 DES 算法。
- ➢ 密钥：密钥也是加密算法的一个输入，算法实施数据替换和变换时会用到密钥，加密密钥和解密密钥是相同的，为发送方和接收方所共享。
- ➢ 密文：对明文加密后获得的数据，是加密算法的输出。对于一个固定的加密算法，密文取决于明文的内容和密钥，而对于一个给定的明文，选择不同的密钥将得到不同的密文。

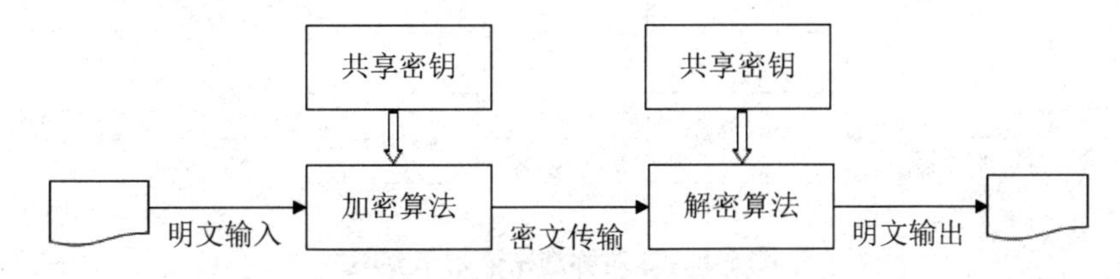

图 7-4　对称加密体系示意图

- ➢ 解密算法：它实质上是加密算法的逆运算。根据输入的密文和密钥，它可以恢复出原始的明文。

为了安全地使用对称加密方法，有以下两点要求。

- ➢ 需要一个强壮的加密算法。至少，要求即使有人知道了该算法，并且已经得到了一个或多个密文，也无法解密出密文或计算出密钥。

➢ 信息的发送者和接收者必须以安全的方式获得并保存共享密钥。一旦密钥被别人截获，后果可想而知。

数据加密标准(data encryption standard，DES)中定义了最常用的对称加密方法，1977年被美国国家标准局接纳。该标准中的算法本身被称为数据加密算法(DEA)。和任何对称的加密算法一样，DES 加密函数有两个输入(明文和密钥)。需注意的是，DES 要求明文必须是 64 位的，密钥则必须是 56 位的。比较长的明文被划分成以 64 位为单位的小块进行加密。实际上，该算法是通过对每个 64 位的输入进行 16 次的迭代来处理明文，在最后一次迭代后产生一个 64 位的密文。

穷举密钥搜索法是一种攻击对称加密体系的方法，它在一块密文上尝试所有可能的密钥，直到转换出一个可理解的明文。DES 算法采用 56 位的密钥，从理论上讲，以 10 万次/微秒解密的速度只需 10 个多小时就可以获得所要的密钥。随着处理器速度的提高、硬件成本的降低和并行计算的发展，1998 年 7 月(electronic frontier foundation，EFF)组织宣告他们用一台 2.5 万美元的专用 DES 解密机，花费了三天的时间，即成功破解了 DES 的加密体系。

因此，需要有更强大的加密算法。一种方法是使用 DES 做多次的加密和使用多个密钥。发展后的三元 DEA(TDEA)于 1999 年被合并成 DES 标准的一部分。TDEA 使用三个密钥并采用三次 DES 加密算法。通过三次加密使 TDEA 的有效密钥长度扩展为 168 位，对于这个长度的密钥，采用穷举搜索法进行攻击从效率上讲是不可能的。TDEA 算法存在两个缺点，一是用软件实现该算法相对较慢，二是 64 位的基本加密数据块太小。

2. 非对称加密

公钥加密是非对称加密方法最主要的存在形式，于 1976 年由 Diffie 和 HellMan 首次公开提出。公钥加密算法基于数据函数，而不是简单的位模式操作。更重要的是，公钥加密体系是不对称的，它采用两个独立的密钥，公钥加密方法如图 7-5 所示。

明文、加密算法、密文和解密算法的定义与对称加密一样，下面特别介绍密钥的定义。

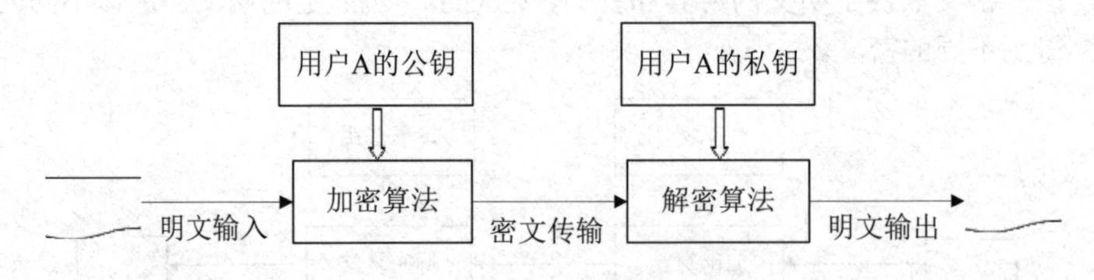

图 7-5 非对称加密体系示意图

公钥与私钥：在公钥加密体系中，需要一对密钥，一个被称为公钥，另一个被称为私钥。应注意的是，公钥是对其他用户公开的，而私钥只有用户自己知道。这两个密钥一个用于加密，另一个用于解密。根据应用背景的不同，加密算法既可能使用公钥，也可能使用私钥；解密算法也一样。

这里举一个例子，如果李四想给张三发送一个秘密的信息，并且他知道张三所公开出来的公钥，就使用这个公钥对信息进行加密，产生密文后发送给张三。当张三收到密文之后，利用自己的私钥对它进行解密得到明文信息。由于这一私钥只有张三自己知道，所以其他人是无法读到这个信息的。

另一个例子是，将公钥加密体系用于数字签名，以防抵赖。假设张三想给李四发送一个信息，并希望李四能够确认此消息是来自张三的。那么发送前用自己的私钥对消息进行加密，形成密文并传送，李四收到消息后，发现只有用张三的公钥进行解密才能得到正确的明文，便能确定此消息的确是来自张三的。

RSA 算法是 Rivest、Shamir 和 Adleman 于 1977 年开发的，并以这三名创始者的姓名首字母命名。作为第一个公钥方案，RSA 方法从那时起就占据着公钥加密体系的最高统治地位，并被广泛接受。RSA 加密涉及模数运算，其理论依据是单向函数有效地使用了两个素数的乘积，为了确定反向函数，入侵者必须找出乘积的两个因子，找出这两个素数是一项非常艰巨的计算任务，因此该算法的复杂度基于对大数字进行因式分解的规模。

大多数的当代公开密钥加密体系都使用了 RSA 方法的一些特性。完美隐私(pretty good privacy，PGP)是一种流行的公开密钥密码系统，是对每个人都可用的公开机制，由 Zimmerman 开发，被广泛应用于在网络上发布信息。在 PGP 中，公开密钥中包括所有者的电子邮件地址、密钥创建的时间以及密钥字符。私有密钥包括身份证号和创建时间，同时带有密钥字符和一个口令。一个密钥被保存在一个密钥证书中，证书中包括所有者的 ID、密钥对被创建的时间以及定义密钥的信息。公开密钥证书中包含有公开密钥的信息，私有密钥证书中包含有私有密钥的信息。一个用户可以在公开和私有密钥环中保持有几个这样的公开密钥和私有密钥的证书。

7.4.3　数字签名

谈到“数字签名”这个词，很容易使人们联想到日常生活中进行的手写签名行为，但事实上，它与用户的姓名和手写签名形式无任何关联，它是一种电子签名技术。所谓“数字签名”，就是通过某种密码运算生成一系列符号及代码，将这些代码作为电子密码进行签名，以此代替人们的书写签名或印章签名的作用。美国电子签名标准(DSS，FIPS186-2)对数字签名的解释是：利用一套规则和一个参数对数据计算获得一种结果，用此结果能够确认签名者的身份和数据的完整性。

针对不同的文档信息，发送者的数字签名可以不同。签名后的信息在没有私有密钥的情况下，任何人都无法进行复制，从这个意义上讲，“数字签名”是通过一个单向函数对要传送的报文进行处理而获得的，它是一个用来认证报文来源并核实报文是否发生变化的字母和数字串。

这里有必要对单向函数加密法进行简单解释。所谓单向函数，就是给出一个计算函数 $f(x)$的公式，通过函数能够很容易地求得 $y=f(x)$的值；但是给出 y 却很难或无法计算出 x 的值，这类函数由于在变量 x 和 y 之间存在一种单向性而被称为单向函数。单向函数的形成主要是依赖采用复杂的方法打乱数字排序而获得的。具体函数形成过程是数学研究者的工作，我们只是利用他们的研究成果对数据进行加密管理。

数字签名技术与简单的数字加密技术不同，它克服了加密处理中存在的不足，将加密和鉴别同时作用在数据中，完善了数据的加密处理过程。在数字签名中包含着对签名进行验证的操作，这种验证的准确度是一般手工签名和图章验证所无法比拟的，通过这种验证，数据来源的可信度得到了有效的保证。

在实现中，为了完成数字签名，需要建立一个公钥基础设施(public key infrastructure，PKI)，在 PKI 中提供数据单元的密码变换，并让接收者判断数据来源及对数据进行验证。采用这种方式，使数字签名技术可以利用一套规范化的程序和科学方法鉴定签名人的身份并对一项电子数据内容进行确认，同时还可以查验出文件的原文在传输过程中是否发生过变动，以确保传输电子文件的完整性、真实性和不可抵赖性。因此，它是目前电子商务、电子政务中应用最普遍的一种技术，而且随着技术的不断改善，这种技术日渐成熟，可操作性也越来越好。今天要实现对一个电子文件进行数字签名并将其在公共网络上传输，大致需要完成如下工作。

(1) 网上身份认证。因为 PKI 是可以提供认证服务的机构，要能够进行数字签名，首先要在该机构中完成身份识别与鉴别，该机构确认实体即为自己所声明的实体。这一认证的前提是：需要进行数字签名的甲、乙双方都应该具有第三方 CA(certificate authority，认证机构)所签发的证书。认证可以为分单向认证和双向认证两种方式。

(2) 进行数字签名。数字签名操作过程包括：生成被签名的电子文件(注：该文件在《电子签名法》中称为数据电文)，然后对电子文件用散列算法作数字摘要，再对数字摘要用签名私钥作非对称加密，即作数字签名；之后，将以上的签名和电子文件原文以及签名证书的公钥加在一起进行封装，形成签名结果发送给接收方，等待接收方对这些文件进行验证。

(3) 对签名进行验证。接收方收到数字签名的结果后要进行的主要工作就是签名验证，接收方首先用发送方公钥解密数字签名，导出数字摘要，并对电子文件原文件作同样散列算法，得到一个新的数字摘要，将两个摘要的散列值结果进行比较，若得到的签名是一致的，就通过了验证，否则此次传递数据无效。这样就做到了《电子签名法》中对签名不能改动、对签署的内容和形式也不能进行改动的要求。

通过上面的描述我们发现，在数字签名过程中 PKI 是一个基础平台，离开它数字签名过程无法进行。但是 PKI 是怎样的一个机构呢?它的可信度又如何呢?这里需要有一些说明。在数字签名运行中，PKI 的核心执行机构是电子认证服务提供者，它一般会建在我们常说的 CA 中，因为 PKI 签名的核心元素是由 CA 签发的数字证书，因此将 PKI 交给 CA 管理是比较合理的。CA 所提供的 PKI 服务就是认证、数据完整性、数据保密性和不可否认性。它所采用的主要技术就是利用证书公钥和与之对应的私钥进行加密、解密，产生对数字电文的签名并进行签名验证。因此，这种签名方法可以在很大的可信 PKI 域人群中进行认证，或者在多个可信的 PKI 域中进行交叉认证，这种技术特别适用于互联网和广域网上的安全认证和传输操作。

7.5 计算机病毒

早在 1983 年就已发现了计算机病毒，但并未引起人们的重视，后来病毒越来越多，编程手段越来越高明，危害性也越来越大，这才逐渐受到全世界的广泛重视。随着互联网的普及，病毒的传播也有了更为通畅的通道，促使病毒进一步泛滥成灾，以致造成许多计

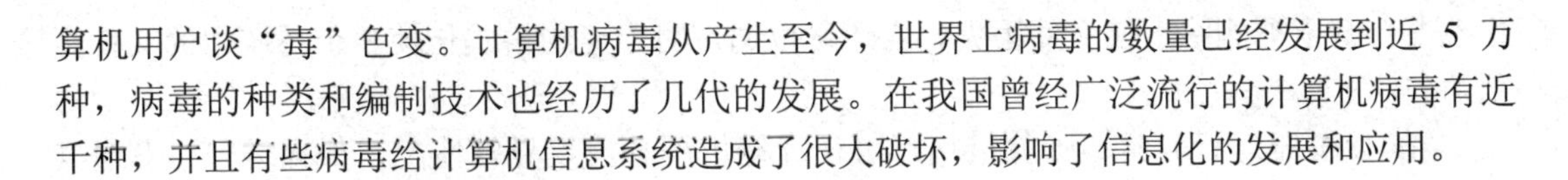

算机用户谈“毒”色变。计算机病毒从产生至今，世界上病毒的数量已经发展到近 5 万种，病毒的种类和编制技术也经历了几代的发展。在我国曾经广泛流行的计算机病毒有近千种，并且有些病毒给计算机信息系统造成了很大破坏，影响了信息化的发展和应用。

7.5.1　计算机病毒的基本概念

1. 计算机病毒的定义

计算机病毒是一段程序，它能不断地进行复制和感染其他程序，无须人为介入便能由被感染的程序和系统传播出去。一般的病毒并不长。对于使用 C 语言编写的病毒程序，通常不超过一页，经编译后小于 2 KB；用汇编语言编写的程序则更小，可以小到只有几十到几百个字节。

在《中华人民共和国计算机信息系统安全保护条例》中，计算机病毒被定义为：“编制或者在计算机程序中插入的破坏计算机功能或破坏数据，影响计算机系统使用并且能够自己复制的一组计算机指令或者程序代码。”

病毒程序可以做其他程序能做的任何事情。仅有的区别是它将自己依附到另一个程序上，当主机程序运行时，它也秘密地执行。一旦病毒执行，它可以执行任何功能，如清除文件和程序。典型的病毒在其生命周期中经历如下四个阶段。

- 潜伏阶段：这时病毒是空闲的，病毒终将被某些事件激活，例如某个日期、另一个程序或文件的出现、磁盘的容量超过了某个限制等。并非所有病毒都具有这个阶段。
- 繁殖阶段：病毒将自身的一份相同的副本放置在其他程序中或磁盘上的某片区域中。每个受感染的程序均包含了该病毒的一个克隆，这个克隆自身也将进入繁殖阶段。
- 引发阶段：病毒被激活，执行它想要执行的功能。与潜伏阶段一样，引发阶段可以由很多不同的系统事件导致，包括病毒的这个副本复制自身的次数。
- 执行阶段：病毒功能已经得到执行。可能是无害的，例如在屏幕上显示一条信息，也可能是有害的，如破坏程序和数据文件。

很多病毒完成其任务的方式是与特定的操作系统有关的，并且在某些情况下专门针对特定的硬件平台，因此，设计它们时就充分利用了特定系统的细节和弱点。

2. 计算机病毒的危害

计算机病毒的危害可表现在如下几个方面。

(1) 占用系统空间。既然病毒是一段程序，就必然会占用一定的磁盘空间和内存空间。虽然一个病毒程序可能并不大，但随着病毒的增加，空闲磁盘空间和内存空间将会迅速减小，以致使存储空间消耗殆尽。

(2) 占用处理机时间。病毒在执行时会占用处理机时间，随着病毒的增加，将会占用更多的处理机时间，这会引起系统运行的速度变得异常缓慢，进一步还可能完全独占处理机时间，而使计算机系统无法再面向用户提供服务。

(3) 对文件造成破坏。计算机病毒可以使文件的长度增加或者减少，使文件的内容发生改变，甚至被删除，使文件丢失。它还可以通过对磁盘的格式化使整个系统中的文件全部消失。

(4) 使机器运行异常。计算机病毒可使计算机屏幕出现异常情况，如提供一些莫名其妙的指示信息，屏幕发生异常滚动，显示异常图形等；还可使机器发生异常情况，使系统的运行明显放缓，以至于完全停机。

3. 计算机病毒产生的原因

计算机病毒产生的原因有很多种，下面列出几种常见的原因。

(1) 显示自己的能力。有不少编程高手，为表现自己的能力或挑战他人，看别人能否破解自己编制的病毒程序而编制病毒程序。这种人不仅错误地运用了自己的能力，更目无法纪。

(2) 恶意报复。个别员工对自己所在公司的领导不满，特意制造出病毒来攻击公司的信息系统，给公司造成损失，以达到报复、发泄私愤的目的。有极少数人对本地政府不满，也通过制造病毒来进行报复。

(3) 恶意攻击。个别宗教和政治狂热者对本国政府或者其他国家的政府强烈不满时，就通过制造病毒来进行攻击。

(4) 出错程序。当程序员在编制一个新程序时，若其中存在着一些错误或问题，但他并未及时排除，在程序运行时，有时也会产生一些类似于病毒的不良影响。

4. 计算机病毒的特征

计算机病毒与一般程序有着明显的区别，它具有如下特征。

(1) 寄生性。计算机病毒最大的特点就是寄生性，即病毒程序通常都不是一个独立的程序，而是寄生在某个文件中或者磁盘的系统区。寄生于文件中的病毒称为文件型病毒，而侵入磁盘系统区的病毒称为系统型病毒。还有一种综合型病毒，它既寄生于文件中，又侵占系统区。

(2) 传染性。计算机病毒在运行过程中将进行自我复制，并将复制品放置在其他文件中或磁盘上的某个系统区中。文件被感染后便含有了该病毒的一个克隆体，而这个克隆体也同样会再传染给其他文件，如此不断地传染，使病毒迅速蔓延开来。

(3) 隐蔽性。计算机病毒的设计者通过伪装、隐藏、变态等手段，将病毒隐藏起来，以逃避反病毒软件的检测，使病毒能在系统中长期生存。

(4) 破坏性。计算机病毒的破坏性可表现为四个方面，即占用系统空间、占用处理机时间、对系统中的文件造成破坏、使机器运行产生异常。

7.5.2 计算机病毒的类型

自从病毒出现以来，在病毒程序编写者和反病毒软件制作者之间就持续不断地进行着较量。随着适用于已有病毒类型的有效反病毒措施的开发，新类型的病毒也在不断开发。通常把最为重要的病毒分为以下几类。

1. 寄生病毒

寄生病毒是传统的并且仍是最普遍的病毒形式，它将自己依附到可执行文件并复制，

当受到感染的程序执行时，也寻找其他可执行文件继续感染，如 1575/1591 病毒、CIH 病毒、WM/Concept 病毒等。

2. 常驻内存的病毒

这类病毒寄宿在主存中，作为常驻系统程序的一部分。病毒会感染执行的所有程序。

3. 引导扇区病毒

引导扇区病毒感染主引导记录或引导记录，当系统从含有病毒的磁盘引导时进行传播，如小球病毒、大麻病毒、Anti-CMOS 病毒等。

4. 隐蔽病毒

隐蔽病毒是被设计得能够隐藏自己的病毒，能避免被反病毒软件检测到。隐蔽病毒的一个例子是使用压缩方法，使受到感染的程序与未受感染时的长度一样，也可能使用更加复杂的技术。例如，病毒可以将窃听逻辑放在磁盘 I/O 例程中，当使用这些例程试图读取不可信的磁盘部分时，病毒将显示出原来的未受感染的程序。其实，隐蔽性并不是适用于某一种病毒的术语，它是病毒所使用的躲避检测的一种技术。

5. 多态病毒

这类病毒每次感染都产生变异的病毒，它使通过病毒的特征来检测病毒成为幻想。多态病毒在复制过程中生成多个副本，它们在功能上是相同的，但在位模式上却各不相同。与隐蔽病毒相似，其目的是挫败扫描病毒的程序。在这种情况下，病毒的特征将随着每个副本而不同。为了实现这种变化，病毒可能随机地插入多余的指令或改变独立指令的顺序。更加有效的方法是使用加密技术。有一部分病毒，一般称为变种引擎(mutation engine)，能生成一个随机的密钥来加密病毒剩余的部分。该密钥与病毒一起存储，变种引擎自身也改变了。当受到感染的程序唤起执行时，病毒使用这个存储的随机密钥来解密病毒。当病毒复制时，选择另一个不同的随机密钥。

6. 宏病毒

宏病毒的繁殖会导致公司站点遭遇的病毒数量急剧上升，因为宏病毒充分利用了 Microsoft Word 软件和其他办公应用程序如 Microsoft Excel 软件的特点，即宏。本质上，宏是一个嵌在字处理文档中或其他类型的文件中的可执行程序。典型情况是用户使用宏来自动进行可重复性的任务，从而节省击键的次数。宏语言通常是某种形式的 BASIC 编程语言。用户可以在宏中定义一个击键序列并进行设置，这样，当输入某个功能键或特定的短组合键时，该宏就被激活了。如“七月杀手”病毒、“美丽杀”病毒等。自动执行的宏使生成宏病毒成为可能。这是一种自动调用的宏，无须用户显式输入。一般的执行事件有：打开文件、关闭文件以及启动应用程序。当一个宏执行时，它可以将自己复制到其他文档中，可以删除文件，还可以导致对用户系统的其他各种破坏。在 Microsoft Word 软件中，共有三种类型的自动执行宏。

- **自动执行**：如果一个名叫 AutoExec 的宏在“normal.dot”模板中或在 Word 启动目录内存储的全局模板中，则每当启动 Word 时它就执行。

- **自动宏**：当一个已定义的事件发生时，如打开或关闭一个文档，创建新文档或退出 Word，自动宏就执行。
- **命令宏**：如果一个宏在全局宏文件中，或一个宏依附到一个与已有的 Word 命令同名的文档时，则每当用户调用该命令(如 File Save)，这个宏就执行。

传播宏病毒的一般技术是：一个自动宏或命令宏连接到一个 Word 文档，这个 Word 文档通过电子邮件或磁盘传输进入系统。那么在该文档打开后的某一刻宏就执行了。它将自己复制到全局宏文件，当进行下一项 Word 操作时，已受到感染的全局宏被激活，当这个宏执行时，它可以复制自身并导致破坏。

Microsoft Word 软件提供了抵抗宏病毒的保护。例如，Microsoft 提供了一个可选的宏病毒保护工具，它能够检测可疑的 Word 文件并警告用户打开具有宏的文件的潜在危险。各种反病毒产品的厂家也已经开发了检测和诊治宏病毒的工具。与其他类型的病毒一样，在宏病毒领域的对抗也在持续着。

7. 电子邮件病毒

第一个快速传播的电子邮件病毒，如 Melissa，使用了嵌入附件中的 Microsoft Word 宏。如果接收者打开电子邮件附件，则这个 Word 宏将被激活，从而电子邮件病毒把它自身发送给该用户邮件列表中的每一个人，再进行局部破坏。

1999 年年末出现了一种强大的电子邮件病毒版本。这个新版本可以仅仅通过打开一个包含该病毒的电子邮件而被激活，而不是打开附件。该病毒使用的是电子邮件软件包支持的 Visual Basic 脚本语言。

可见，新一代的恶意软件可以通过电子邮件传播，也可以使用电子邮件软件特征在 Internet 中复制自己。病毒只要被激活就开始把自身传播到被感染的主机所知道的所有电子邮件地址中去。其结果是，以前病毒传播需要几个月甚至几年的时间，而现在只需要几个小时。这使得反病毒软件很难在产生大规模破坏之前就对该病毒做出反应。因此，对于这种不断增长的威胁，必须为 PC 中的 Internet 实用程序和应用软件建立更高程度的安全级别。

7.5.3 病毒的预防和检测

对于病毒威胁最理想的解决办法是预防：首先不要让病毒侵入系统中。尽管预防能够减少病毒成功攻击的次数，但这个目标一般来说不太可能达到。而另一种方法是做到如下几点。

- **检测**：一旦已经发生感染，就要确定它的发生并定位病毒。
- **识别**：当检测取得成功之后，要识别出感染程序的特定病毒。
- **删除**：一旦已经识别出特定的病毒，就要将病毒的所有形迹从受感染的程序中去除，并恢复其原来的状态。去除所有受感染的系统中的病毒，使感染情况不能进一步传播。

如果检测成功但识别或去除无法做到时，另一个做法是丢弃受感染的程序，再安装一个干净的备份。

病毒和检测技术是相伴发展的。早期的病毒相对来说都是比较简单的代码段，可以用相对比较简单的检测软件包识别并清除。当病毒领域开始进行“军备竞赛”后，病毒和检测软件都变得越来越复杂、越来越高级，这就需要不断出现更先进的处理病毒方法和产品。下面先着重介绍两种最重要的病毒处理方法，然后介绍特洛伊木马的防范技术。

1. 通用解密

通用解密(generic decryption，GD)技术使得即使对于最复杂的多态病毒，反病毒程序也能够很容易地检测，并且保持很高的扫描速度。当一个包含多态病毒的文件正在运行时，病毒必须对自己进行解密，从而激活自己。可执行文件运行时首先通过一个 GD 扫描器检测其是否已被病毒感染，GD 扫描器包含以下元素。

- CPU 仿真器：一个基于软件的虚拟计算机。可执行文件中的指令由这个仿真器解释，而不是在底层的处理器上执行。仿真器包括所有寄存器和其他处理器硬件的软件实现，因此，当程序在仿真器中解释时，不会对底层的处理器产生影响。
- 病毒署名扫描器：可以扫描目标代码、查找已知病毒署名的模块。
- 模拟控制模块：控制目标代码的执行。

在每次模拟开始时，仿真器开始解释目标代码中的指令，一次解释一条指令。因此，如果代码中包含一个用于解密并暴露病毒的解密例程，则该代码被解释。实际上，病毒程序在暴露病毒的同时，也在为反病毒程序工作。控制模块周期性地中断解释，并扫描目标代码以查找病毒署名。

在解释过程中，目标代码对实际的个人计算机环境不会产生任何破坏，因为它是在一个完全受控制的环境中进行解释的。

设计一个 GD 扫描器最困难之处是确定多长时间运行一次解释。一般来说，当一个程序开始运行后，病毒很快就会被激活，但并不总是这样。扫描器模拟运行一个特定程序的时间越长，就越有可能捕获到任何隐藏的病毒。但是，反病毒程序只能占用有限的时间和资源，否则用户就会抱怨不已。

2. 数字免疫系统

数字免疫系统是 IBM 公司研制的一种综合病毒保护方法。研制该方法的动机是基于 Internet 的病毒传播的威胁越来越大。以前，病毒威胁的主要特点是新病毒和新的病毒变种以相对比较慢的速度传播。反病毒软件通常每月更新一次就足以控制病毒的蔓延。直到 20 世纪 90 年代后期，Internet 在病毒的传播中还起着比较小的作用。但是，在进入 21 世纪后，Internet 技术的两个主要发展趋势，将对病毒传播的速度产生更大的影响。

- 集成邮件系统：诸如 Lotus Notes 和 Microsoft Outlook 之类的系统软件使得可以很容易地把任何东西发送给任何人，并且可以很容易地处理接收到的对象。
- 移动式程序系统：Java 和 ActiveX 都允许程序自己从一个系统移动到另一个系统。

为适应这些基于 Internet 的能力所带来的威胁，IBM 开发了一个数字免疫系统原型。该系统扩展和使用了程序仿真的能力，提供了一个通用的仿真和病毒检测系统。该系统的目标是提供快速的响应时间，使得几乎在产生病毒的同时就可以消灭它。当新病毒进入一个组织中时，免疫系统自动捕获到该病毒并进行分析，将它加入病毒库，以增加系统保护和防护的能力，接着消除病毒，并把这个病毒的信息传送给正在运行 IBM 反病毒软件的系统，因而可以使得该病毒在其他地方运行之前就被检测到。

图 7-6 给出了数字免疫系统中典型的操作步骤。

(1) 每个 PC 中的监视程序根据系统行为、程序中的可疑变化和已知的病毒列表等各种启发式信息来推断是否存在病毒。监视程序把怀疑已经感染了病毒的程序的副本发送到组织中的管理机器中。

(2) 管理机器对样本进行加密，并发送到一台中央病毒分析机器中。

(3) 该机器为分析创建一个环境，使得被感染的程序可以在这个环境中安全地运行。相关技术包括模拟或者创建一个保护环境，使得能够在这个环境中执行和监视这个可疑的程序，然后由病毒分析机器产生一个命令来识别并除去病毒。

(4) 解决方案被送回管理机器。

(5) 管理机器把这个解决方案发送给被感染的客户。

(6) 该解决方案还可以继续发送给组织中的其他客户。

(7) 全世界的用户经常能收到反病毒升级程序，从而防止新病毒的感染。

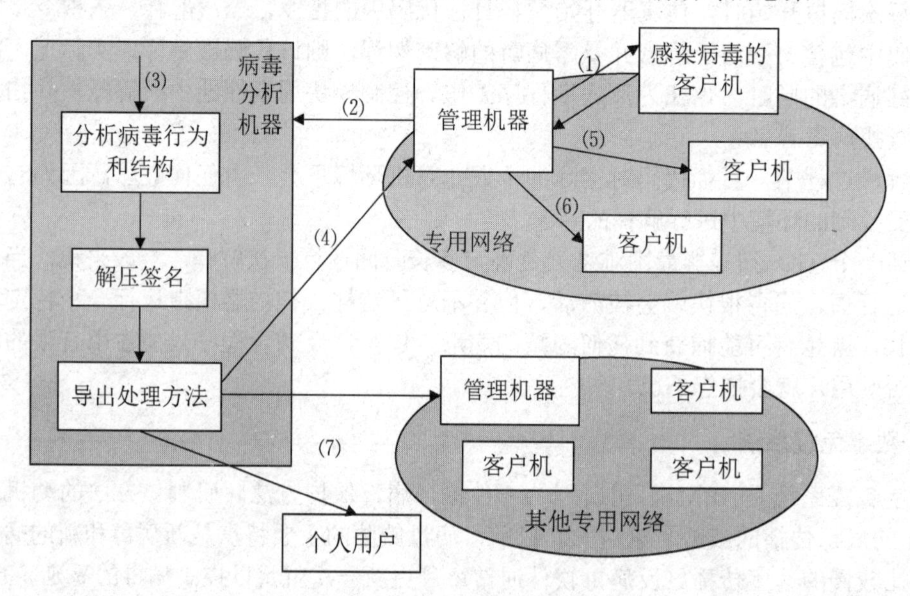

图 7-6 数字免疫系统示意图

数字免疫系统的成功取决于病毒分析器检测新病毒和病毒的新变种的能力。通过不断地分析和监视来发现新病毒，它可以不断地更新数字免疫软件，使得其可以处理新的威胁。

3. 特洛伊木马的防范

防范特洛伊木马攻击的一种方法是使用一个安全的、可信赖的操作系统。图 7-7 给出了一个例子。在这种情况下，一个特洛伊木马程序被用于传播大多数文件管理和操作系统所使用的标准安全机制——访问控制表。在这个例子中，名为 Bob 的用户通过一个程序与一个包含有重要机密字符串“CPE170KS”的数据文件进行交互。用户 Bob 创建该文件，并且只给代表他自己执行的程序提供读/写权限，也就是说，只有 Bob 自己拥有的进程才可以访问该文件。

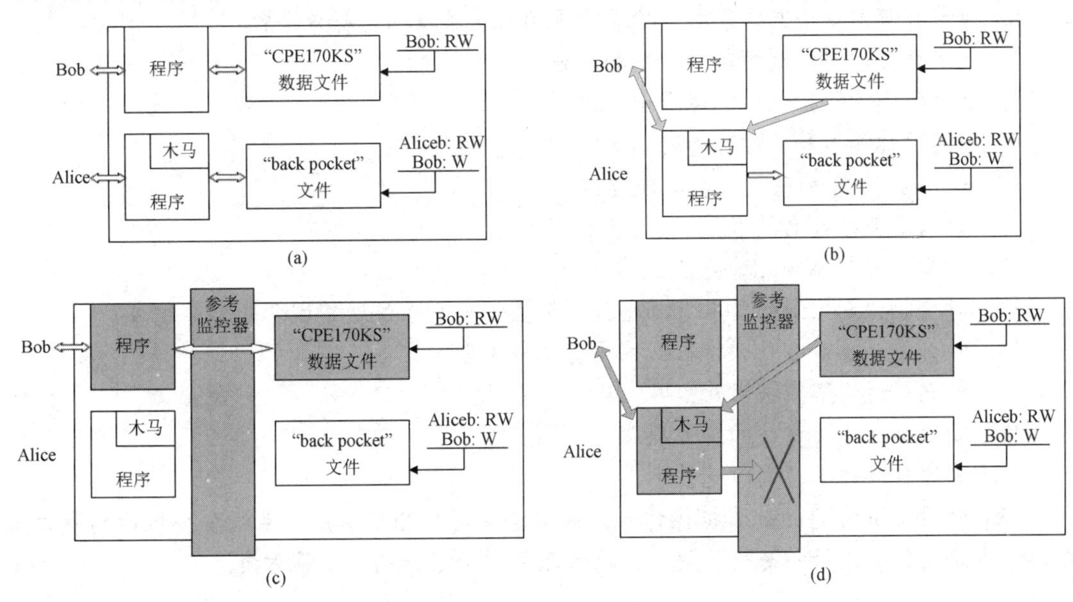

图 7-7　特洛伊木马和安全操作系统

当名为 Alice 的有敌意的用户被获准合法进入该系统并安装了一个特洛伊木马程序和一个作为攻击“back pocket”的私有文件时，特洛伊木马就开始攻击。Alice 给她自己关于这个程序的读/写权限并且授予 Bob 只写权限，如图 7-7(a)所示。然后 Alice 可能通过宣传这是一个有用的实用程序诱使 Bob 调用这个特洛伊木马程序。当该程序检测到是由 Bob 执行时，它从 Bob 的文件中读取这个机密字符串，并复制到 Alice 的“back-pocket”文件中，如图 7-7(b)所示。所有的读写操作都满足访问控制表中实施的约束，Alice 只需在稍后访问“back-pocket”文件就知道这个字符串的值了。

现在考虑使用了安全操作系统的情况，如图 7-7(c)所示。在注册时利用诸如口令/ID 所确定的访问计算机终端和用户的原则，给各个主体指定安全级。在这个例子中，有两类安全级，机密(灰色)和公共(白色)，机密的安全级高于公共。Bob 拥有的进程和数据文件被指定的安全级为机密，Alice 的文件和进程被限制为公共。如果 Bob 调用了特洛伊木马程序，如图 7-7(d)所示，则该程序获得 Bob 的安全级。因为，它能够在简单安全性质下观察到机密字符串。但是，当该程序试图在一个公共文件(“back-pocket”文件)中保存这个字符串时，违反了操作系统安全策略，访问监视器禁止这种企图。因此，即使访问控制表允许，写入“back-pocket”文件的企图仍然被拒绝：安全策略优先于访问控制表机制。

习　题　七

1. 计算机和网络系统的四项安全要求是什么？
2. 计算机或网络系统在安全性上受到的攻击类型有哪些？试述其主要内容。
3. 列举操作系统可能提供的安全机制及其主要内容。

4. 攻击者常用来获得普通用户口令的方法有哪些？
5. 口令文件如何保护？试叙述其实现原理。
6. 通常有哪些口令选择策略？你喜欢采用什么策略来选择口令？
7. 试述自主访问控制的实现机制和原理。
8. 试述强制访问控制的实现原理。
9. 何谓对称加密和非对称加密算法？
10. 试说明DES加密、解密处理过程。
11. 什么是数字签名技术？
12. 智能卡可分为哪几种类型？
13. 对生物识别系统的要求有哪些？一个生物识别系统通常由哪几部分组成？
14. 什么是病毒？有什么特征？主要有几种类型？
15. 什么是通用解密技术？
16. 简述数字免疫系统的工作原理。
17. 简述特洛伊木马的防范技术。
18. 针对你最常用的计算机操作系统的安全状况，指出该操作系统安全性能的最大薄弱环节在哪里？并设计一套全面提升该操作系统安全性能的可实施方案。

第 8 章

Windows 2003 操作系统

从 1983 年微软公司宣布 Windows 的诞生到现在的 Windows 10，Windows 系统已经走过了三十多年的历史。作为一种广泛使用的主流操作系统，Windows 一直拥有非常广大的使用者，在世界市场上占有极大的份额。

本章从 Windows 系统的发展历程开始，主要介绍 Windows Server 2003 的进程管理、线程管理、存储管理、设备管理和文件系统，初步揭开 Windows Server 2003 操作系统工作的基本原理。

8.1 Windows 系统的发展历程

8.1.1 Windows 的开发过程

Windows 的起源可以追溯到美国 Xerox 公司进行的工作。该公司著名的研究机构 Palo Alto Research Center (PARC)于 1981 年宣布推出世界上第一个商用的 GUI(图形用户界面)系统——Star 8010 工作站。当时，Apple Computer 公司的创始人之一 Steve Jobs 在参观了 Xerox 公司的 PARC 后，认识到图形用户界面的重要性以及广阔的市场前景，开始进行自己的 GUI 系统研究开发工作，并于 1983 年研制成功第一个 GUI 系统——Apple Lisa。随后不久，Apple 又推出第二个 GUI 系统——Apple Macintosh，这是世界上第一个成功的商用 GUI 系统。

图形界面的优势人人可见，这是未来趋势，早在 1981 年，微软公司内部就制订了发展“界面管理者”的计划。到 1983 年 5 月，微软公司决定把这一计划命名为 Microsoft Windows。1983 年 11 月 10 日，比尔·盖茨宣布推出 Windows，但是在 1985 年 11 月微软公司才正式发布 Windows 1.0 版。Windows 的这个产品在微软公司的历史上创造了几个记录：延迟交货次数最多，投入开发人员最多，开发时间最长，更换主管人员最多。几年之后 Windows 也创造了销售成绩最佳的历史记录。

1987 年 12 月，Windows 2.0 正式供货。1990 年 5 月 22 日，微软推出 Windows 3.0。该版本的 Windows 许多功能都比以前大有提高。从此，在许多独立软件开发商和硬件厂商的支持下，微软的 Windows 在市场中逐渐开始取代 DOS 成为操作系统平台的主流软件。

8.1.2 Windows 的版本

表 8-1 中列出了 Windows 一些版本的发展时间表。

表 8-1 Windows 一些版本的发展时间表

Windows 9x 内核系列的发展	Windows NT 内核系列的发展
1983 年 11 月：Windows 宣布诞生 1985 年 11 月：Windows 1.0 1987 年 12 月：Windows 2.0 1990 年 5 月：Windows 3.0 1992 年 4 月：Windows 3.1	

续表

Windows 9x 内核系列的发展	Windows NT 内核系列的发展
	1993 年 8 月：Windows NT 3.1
1994 年 2 月：Windows 3.11	1994 年 9 月：Windows NT 3.5
1995 年 8 月：Windows 95	1995 年 6 月：Windows NT 3.51
	1996 年 8 月：Windows NT 4.0
	1997 年 9 月：Windows NT 5.0 Beta 1
1998 年 6 月：Windows 98	1998 年 8 月：Windows NT 5.0 Beta 2
1999 年 5 月：Windows 98 SE	1999 年 4 月：Windows 2000 Beta 3
1999 年 11 月：Windows Millennium Edition Beta 2	
2000 年 9 月：Windows Me	2000 年 2 月：Windows 2000
	2000 年 7 月：Windows 2000 SP1，Windows Whristler Developer Preview
	2000 年 10 月：Windows Whristler Beta1
2001 年 1 月：Windows 9x 内核正式宣告停止	2001 年 3 月：Windows XP Beta 2
	2009 年 10 月：Windows 7
	2012 年 10 月：Windows 8
	2013 年 10 月：Windows 8.1
	2015 年 7 月：Windows 10

8.1.3　Windows 98 的技术特点

1998 年 6 月，微软公司发布 Windows 98。Windows 98 仍兼容 16 位的应用程序，它是 Windows 系列产品中最后一个“照顾”16 位应用程序的操作系统。与 Windows 95 相比，Windows 98 具有以下新的特点。

(1) Internet Aware。

- Web-Aware 用户界面。使用 Web-Aware 用户界面，因特网成为用户界面的一部分。
- 高级的因特网浏览功能。Windows 98 提供了容易、迅速地浏览网络的方法。支持主要的因特网标准，包括 HTML、Java、ActiveX、JavaScript、Visual Basic Scripting，以及主要的安全标准，提供动态 HTML、just-in-time Java 编译器等。
- 个性化的因特网信息发布。Windows 98 为在线通信提供了丰富的工具，包括 Outlook Express、Microsoft Net Meeting 等。
- 拨号网络的改进。在连入因特网或公司时，会产生显著的性能改善。

(2) FAT 32。

FAT 32 是 FAT 文件系统的一个改进版本，它允许把超过 2GB 的硬盘格式化为一个驱动器，这使大磁盘上的空间得到更有效的利用，用户平均多得 28%的硬盘空间。

(3) 电源管理的改进。

Windows 98 提供内置的对先进配置电源接口(advanced configuration and power

interface，ACPI)的支持。

(4) Win 32 驱动程序模型(Win 32 driver model，WDM)。

Win 32 驱动程序模型是一个对 Windows 95 和 Windows NT 全新的、统一的驱动程序模型。WDM 使得新设备对于两种操作系统有单一的驱动程序。这允许 Windows 98 在附加对新的 WDM 驱动程序支持的同时，也保持了完整的对传统设备驱动程序的支持。

(5) 多种加强功能。

比较重要的加强功能如下。

- Microsoft 系统信息工具 4.1。这个工具由一系列 ActiveX 控件组成，每一个控件负责收集并在 Microsoft System Information Utility 的恰当位置中显示一个特定种类的系统信息。
- 注册表检查专家(registry checker)。注册表检查专家是一个发现、解决注册表问题并定期备份注册表的程序。
- 自动忽略驱动程序代理(automatic skip driver agent，ASDA)。自动忽略驱动程序代理自动标记识别出的、已知的、会造成 Windows 98 停止响应的、潜在的危险的故障，以便在随后的开机中忽略它们。
- 系统配置工具(system configuration utility)。图形化系统配置工具允许用户通过使用复选框来解决问题，允许用户创建和恢复备份配置文件。
- 分布式的部件对象模型(distributed component object model，DCOM)。部件对象模型允许软件开发者创建部件应用程序。
- Active Movie。Active Movie 是一种针对 Windows 的新的媒体传输体系。在提供高品质的视频播放的同时，还展示了一组用于建立多媒体应用程序与工具的接口。Active Movie 支持流行媒体类型的播放，包括 MPEG 音频、WAV 音频、MPEG 视频、AVI 视频和 Apple Quiet Time 视频。
- 对新一代硬件的支持(support for new generation of hardware)。Windows 98 的一个主要目的就是可以给一批在计算机硬件方面的创新提供完全支持，包括 Universal Serial BUS (通用串行总线 USB)、IEEE 1394、图形加速端口(accelerated graphics port，AGP)、高级配置和电源接口(advanced configuration and power interface，ACPI)和高密度数字视频光盘(digital video disc，DVD)。
- 实现计算机和辅助设备的强大功能。Windows 98 操作系统提供了对外围设备的内置支持，不但支持普通外围设备，而且还支持新一代的外围设备，如操纵杆、游戏面板、数字相机、扫描仪、声卡、电视调谐卡等。

8.1.4 Windows NT 的技术特点

1. Windows NT 的设计

Windows NT 开发小组于 1989 年成立，任务十分明确：开发设计一种个人计算机操作系统，满足现在和将来 PC 平台上计算机操作系统的需要。其设计目标如下。

- 健壮性。操作系统必须主动地保护自身免受内部异常和外部有意或无意破坏的影响，并且必须对软件和硬件的错误做出可预测的响应。系统的结构和编码实现必须直截了当，接口和行为描述必须规范。

- 可扩展性和可维护性。Windows NT 的开发必须面向未来。Windows NT 的升级应该能够满足初始设备制造厂家(OEM)和微软公司的未来需求。NT 系统必须具有可维护性，即对于 NT 支持的应用程序接口(API)集，NT 必须能适应其改变和增加，而不是要求 API 使用标志或其他设备来剧烈改变它们的功能。
- 可移植性。系统只需做很小的再编码就可以工作于不同的计算机平台。
- 高性能。为获得高性能进而得到系统的灵活性，在系统的设计中必须采用一些好的算法和数据结构。
- 兼容 POSIX 并满足美国政府的 C2 安全标准。POSIX 标准要求操作系统供应商采用 UNIX 风格的接口，这样应用程序就易从一个系统搬移到另一个系统。美国政府的安全规定要求操作系统具有一定的安全保护措施，如账号检查、系统接入检测、各用户资源分配和资源保护等。系统设计中包含这些特性后，Windows NT 就可应用于政府部门。

2. Windows NT 系统功能

整个 Windows NT 系统的设计包括一个功能强大的执行模块，它运行于特权(或核心)处理机模式下。系统设计还提供系统服务、内部处理和一套称为受保护的子系统的非特权服务器。这些子系统运行于执行模块外的非特权(或用户)模式下。值得注意的是：执行模块提供进入系统的唯一入口，任何其他损坏安全或破坏系统的入口都是不存在的。

一个受保护的子系统可以作为一个常规(本地)进程运行于用户模式下。与应用程序相比，子系统也可以有一些扩展的权力，但是它不能被看成执行模块的一部分。因此，子系统不能越过系统安全结构或使用其他方式对系统造成破坏。子系统使用高性能的局部调用程序(local procedure call，LPC)与它们的客户机进行通信，或互相之间进行通信。

Windows NT 执行模块包括一套用于系统服务的组成部分：对象管理器(object manager)、系统安全监控器(security reference monitor)和进程管理器(process manager)等。这些模块的主要功能是从发出请求的子系统或应用程序中选定一个已经存在的线程(thread)。首先判断要处理的线程是否有效，然后执行这个线程并把线程的控制权交回发出请求的程序。

(1) 可维护性和可扩展性。

为满足 Windows NT 可维护性和可扩展性的要求，采取了以下措施。

- 将系统设计得十分简洁，并提供可扩展编程文档。在整个系统中都使用了通用的编程标准，程序编码就像文档一样直截了当，使得后续的程序开发人员能够完成系统设计中的任何一块小的工作。
- 由于使用子系统来实现系统的主要部分，因此，Windows NT 能隔离并控制所依赖的系统环境。例如，POSIX 标准的变化只会影响一个系统组成部分，即 POSIX 子系统，进程结构的设计、内存管理和同步原语等都不会受到影响。
- Windows NT 设计适应了需求的改变和增长。子系统可以在不对基本系统产生影响的情况下增加系统的功能。可以在不修改 Windows NT 执行模块的情况下，加入新的子系统。最重要的是所有子系统经过编码实现后，都能利用 Windows NT

的安全特性。

- 在 Windows NT 4.0 里，许多 Win 32 的用户图形界面(GUI)子系统，如窗口管理器(window manager)、图形设备界面(GDI)和相关的图形驱动程序等，都从运行于csree.exe 子系统进程里的一段代码移到核心模式设备驱动程序(Win32k.sys)。控制台、系统关闭和硬件错误处理等部分仍然保留在用户模式下。这种改变大大提高了系统性能，同时降低了内存需要，对应用开发人员没有丝毫影响。

(2) 内置健壮性。

Windows NT 通过如下几点达到健壮性的设计目标。

- 系统的核心模式部分输出定义精确的 API，通常没有模式参数或其他不可思议的标志。因此，API 测试容易且归档方便。
- 各系统主要组成部分(如 Win 32、OS/2 和 POSIX)都被分割成独立的子系统，使每个子系统要实现的只是其 API 集合需要的某些特性。
- 在设计中广泛使用基于帧的异常控制器(异常控制器与一段特定子程序或某个子程序的一部分相联系)，这使得 Windows NT 和其他子系统能以一种可靠有效的方式捕捉编程错误、滤除坏的或无法寻址的参量。
- 由于操作系统划分成核心模式服务系统和子系统，因此通过参量有效性的判断能更加有效地防止运行不良的应用程序破坏操作系统。

(3) Windows NT 参量的有效性。

为了使 Windows NT 达到健壮性的目标，必须保证：不可能通过传递一个无效的参量值、一个调用者不能修改的指向内存的指针或者在执行线程的同时剧烈改变或删除参量占用的内存的方法来造成系统崩溃或对系统产生损害。

8.1.5 Windows 服务器的功能及特点

自 2003 年起，Microsoft 将其服务器产品统一在 Windows Server System 品牌下，这是一个全面、集成而且具有互操作能力的服务器基础结构，提供了一个公用体系结构。

- IT 基础设施——用于部署和操作。
- 应用程序基础设施——用于设计和开发。
- 信息工作者基础设施——用于通信和协同。

Windows Server System 的基础是 Microsoft Windows Server 2003 操作系统，它为以上各方面提供了核心基础设施和公用的服务。该服务器平台提供了：

- 底层的安全模型、目录服务以及操作和管理服务，以支持 IT 基础设施。
- 作为应用程序基础设施之基础的核心应用程序定义和编程模型。
- 支持信息工作者基础设施的核心数据和协同服务。

1. IT 基础设施

Windows Server 2003 服务器平台的设计目的是在数据中心和整个 IT 环境中提供简洁性、自动化和灵活性。通过将重点放在服务器的整合、服务器的利用率和核心管理任务的自动化方面，新的 Windows Server 2003 平台经证明可提高效率 30%。

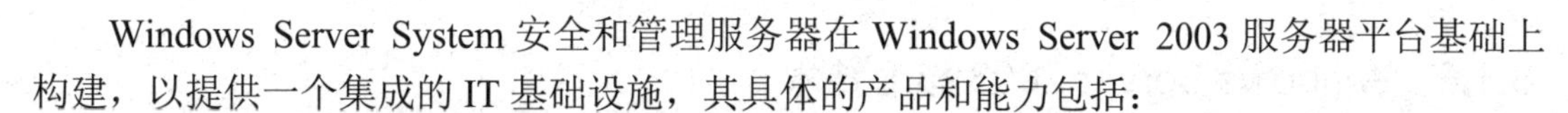

Windows Server System 安全和管理服务器在 Windows Server 2003 服务器平台基础上构建，以提供一个集成的 IT 基础设施，其具体的产品和能力包括：

- Microsoft Internet Security Acceleration (ISA) Server 是一个可扩展的多层企业防火墙和 Web 缓存机制，它有助于提供安全、快速和易于管理的因特网连接。
- Microsoft System Management Server 为基于 Microsoft Windows 的桌面机和服务器提供低成本、可伸缩的更改和配置管理，并可以帮助管理员在整个企业范围内为所有的 Microsoft 产品分发安全更新。
- Microsoft Operation Manager 通过提供全面的事件管理、预防性的监视、警报和报告功能以及趋势分析，提供了企业级的操作管理。
- Microsoft Application Center 是 Microsoft 的部署和管理工具，用于构建在 Microsoft Windows 上的高可用性 Web 应用程序，使管理几组服务器与管理一台计算机一样简单。

2. 应用程序基础设施

Windows Server System 侧重于集成和互操作性。Windows Server 2003 服务器平台提供了下列核心内容。

- 通过.Net 框架实现的集成编程模型使用 XML Web 服务使软件集成达到了新的水平。
- 通过“因特网信息服务”实现的集成 Web 服务器可以保证 Web 的安全性、可靠性和速度。
- 集成的目录服务可实现高性能、可伸缩性和灵活性。

Windows Server System 提供了一个统一的编程平台，让用户能够用一个一致的编程模型进行开发。Windows Server System 数据库管理和电子商务服务器扩展了此应用程序平台，从而为企业应用程序集成、业务过程自动化、通过防火墙的消息服务以及客户和合作伙伴的电子商业入口提供了集成而且可互操作的应用程序基础设施。

3. 信息工作者基础设施

Windows Server System 提供了一个集成而且可互操作的基础设施，让信息工作者能实现最高的工作效率。Windows Server System 将重点放在公用体系结构实现集成方面，因而其提供的信息基础设施有助于解放以前被隔离的信息，增加协同的速度和效率，使信息工作者能够快速做出更有根据的决策。

Windows Server 2003 服务器平台提供核心的数据和协同服务，这些服务能够更容易地提供功能更丰富的协同解决方案，并有助于通过让用户完成更多的任务来降低支持开销。信息工作者的工作效率取决于数据，而 Windows Server 2003 中集成的数据服务提供了一个可伸缩的存储体系结构，此结构可保护最终的用户数据，确保数据的可用性和完整性，减少无意间造成的数据丢失，同时又使用户有能力自行恢复他们的数据。集成的介质服务提供了流畅的介质处理能力，以支持丰富的用户体验，同时使 IT 人员能够更容易地管理网络带宽。另外，使用集成的小组服务，信息工作者能够方便地创建用于信息共享和文档协同的 Web 站点，从而实现更加简单有效的小组协同。

8.1.6 Windows Server 2003 核心技术

Windows Server 2003 包含了基于 Windows Server 2000 构建的核心技术，并尽力实现了具有可靠、可用、高效和联网功能的，经济划算的优质服务器操作系统。

1. 可靠

Windows Server 2003 具有可靠性、可用性、可伸缩性和安全性，这使其成为高度可靠的平台。

(1) 可靠性：Windows Server 2003 对系统可靠性的增强主要体现在如下方面。

- 把应用平台配备在可扩展操作系统的功能之上，该应用平台包括了传统应用服务器的功能。
- 对涉及安全信息处理的体系结构进行一体化集成，从而增强了事务信息的安全和访问控制。

(2) 可用性：Windows Server 2003 系列增强了集群支持，从而提高了其可用性、可伸缩性和易管理性。Windows Server 2003 系列支持多达 8 个节点的服务器集群。如果集群中某个节点由于故障或者维护而不能使用，另一节点会立即提供服务，这一过程即为故障转移。Windows Server 2003 还支持网络负载平衡(NLB)，它在集群中各个节点之间平衡传入的网际协议(IP)通信。

(3) 可伸缩性：Windows Server 2003 系列通过由对称多处理技术(SMP)支持的向上扩展和由集群支持的向外扩展来提供可伸缩性。测试表明，与 Windows Server 2000 相比，Windows Server 2003 在文件系统方面提供了更高的性能(提高了 140%)，其他功能的性能也显著提高。Windows Server 2003 从单处理机解决方案一直扩展到 32 路系统，它同时支持 32 位和 64 位处理机。

(4) 安全性：Windows Server 2003 将内联网(Intranet)、外联网(Extranet)和因特网(Internet) 站点结合起来，因而系统安全问题比以往任何时候都更为严峻。Windows Server 2003 在安全性方面提供了许多重要的新功能和改进。

- 公共语言运行库：本软件引擎是 Windows Server 2003 的关键部分，它提供了可靠性来保证计算环境的安全，降低了错误数量并减少了由常见的编程错误引起的安全漏洞。因此，攻击者能够利用的弱点就少了。公共语言运行库还验证应用程序是否可以无错误运行，并检查其安全性权限以确保代码只执行允许的操作。
- Internet Information Services 6.0：为了增强 Web 服务器的安全性，Internet Information Services (IIS) 6.0 在交付时的配置将获得最大的安全性。IIS 6.0 和 Windows Server 2003 提供了最可靠、最高效、连接最畅通以及集成度最高的 Web 服务器解决方案，该方案具有容错性、请求队列、应用程序状态监控、自动应用程序循环、高速缓存以及其他更多功能，这些新功能使得用户得以在 Web 上安全地执行业务。

2. 高效

Windows Server 2003 在许多方面都具有使机构和员工提高工作效率的能力，包括：

- 提供了智能的文件和打印服务，其性能和功能都得到了提高。
- 提供了目录服务 Active Directory，它存储了有关网络上对象的信息，并且通过提供目录信息的逻辑分层组织，使得管理员和用户的查找非常容易。
- 管理服务方面通过自动化来减少日常维护是降低操作成本的关键，Windows Server 2003 新增了几套重要的自动管理工具来帮助用户实现自动部署。
- Windows Server 2003 在存储管理方面引入了新的增强功能，使得用户管理和维护磁盘和卷、备份和恢复数据以及连接存储区域网络(SAN)更为简易可靠。
- 终端服务可以将基于 Windows 的应用程序或 Windows 桌面本身传送到几乎任何类型的计算设备上，甚至一些不能运行 Windows 的设备上。

3. 联网

Windows Server 2003 包含许多确保服务器和用户保持连接状态的新功能。

- Web 服务：IIS 是 Windows Server 2003 配置 Web 的重要组件。
- 联网和通信：联网改进和新增功能扩展了网络结构的多功能性、可管理性和可靠性。
- Enterprise UDDI 服务：基于标准的解决方案使公司能够运行自己内部的 UDDI 服务，并提供给内联网和外联网使用。
- Windows 媒体服务：包括数字流媒体服务、新版的 Windows 媒体播放器、Windows 媒体编辑器、音频/视频解码器以及 Windows 媒体软件开发工具包。

4. XML Web 服务和.NET

Microsoft .NET 已与 Windows Server 2003 系列紧密集成。分散、组块化的应用程序通过因特网互相连接并与其他大型应用程序相连。.NET 提供了通过 XML Web 服务迅速、可靠地构建、托管、部署和使用安全联网解决方案的能力。

XML Web 服务提供了基于行业标准构建的可再次使用的组件，这些组件可以调用其他应用程序的功能，由操作系统、平台或设备实现调用，调用方法独立于应用程序。开发人员可以利用 XML Web 服务在企业内部集成应用程序，还可跨网络连接合作伙伴和客户。

8.2　Windows 2003 处理机管理

8.2.1　进程和线程

1. 进程管理

Windows Server 2003 中的进程是资源的容器，容纳所分配到的各种资源如主存、已打开文件等；线程是可以被内核调度的执行实体，它可以被中断，使 CPU 转向另一线程执行。

进程和线程均通过对象来实现，进程包含一个或多个线程。Windows Server 2003 中的每个 Win 32 进程都由三个部分组成：虚拟地址空间描述符(virtual address descriptor，

VAD)，描述进程地址空间各部分的属性，用于虚存管理；线程块列表，包含进程中所有线程的相关信息，供调度器控制 CPU 的分配和回收；对象句柄列表，当进程创建或打开对象时，将得到一个代表此对象的句柄，用于对象的访问，此列表维护进程正在访问的所有对象。Win 32 进程结构如图 8-1 所示。

当用户首次注册时，Windows 将为用户创建一个包括用户安全 ID 的访问令牌，每个用户所创建的进程或代表用户运行的进程均持有此访问令牌的副本，内核用它来验证用户是否可以访问受保护的对象，或在受保护的对象上执行限定的功能。

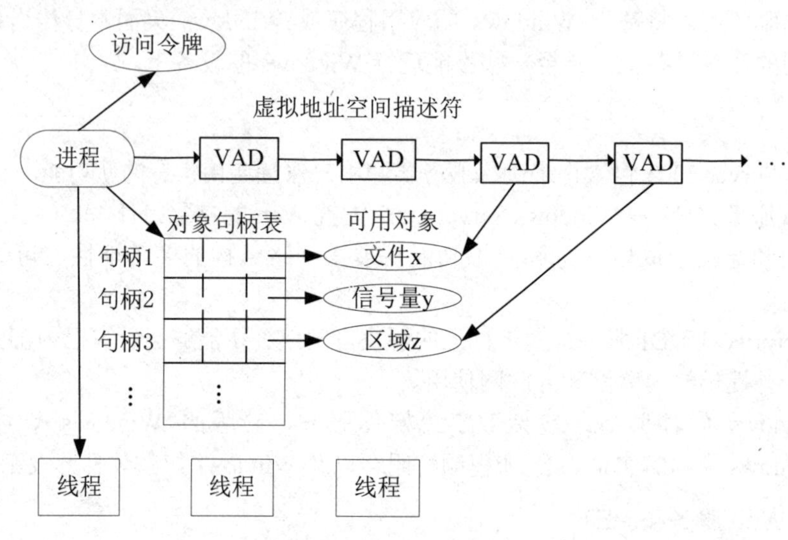

图 8-1　进程及其资源

为了支持 Win 32、OS/2、POSIX 等多种子系统，Windows 子系统的进程之间不存在任何关系，各环境的子系统分别建立、维护和表达自己的进程关系。Win 32 子系统是 Windows 的主子系统，实现基本的进程管理功能；POSIX 和 OS/2 利用 Win 32 子系统的功能来实现自身的功能。因此，在 Windows 中，与一个环境子系统中的应用进程相关的进程控制块信息会分布在本运行环境子系统、Win 32 子系统和系统内核中。

Windows 是一个基于对象(object-based)的操作系统，对象类就是资源类。定义两大类对象如下。

(1) 执行体对象。

由执行体组件所实现的对象，用来实现各种外部功能。用户态程序可以访问的执行体对象有进程、线程、区域、文件、事件、队列、文件映射、文件端口、互斥量、信号量、计时器、对象目录、符号连接和访问令牌等。

(2) 内核对象。

由内核所实现的原始对象，内核对象包括内核过程对象、异步过程调用对象、延迟过程调用对象、中断对象、电源通知对象、电源状态对象、调度程序对象等。内核对象对用户态代码是不可见的，仅在执行体内部创建和使用，许多执行体对象包含一个或多个内核对象，而内核对象提供仅能由内核来完成的基本功能。

2. 进程对象

执行体的进程管理器所实现的功能有：创建和撤销进程及线程；监视资源的分配状况；提供同步原语；控制进程和线程的状态变化，等等。进程是作为对象来管理的，具有对象的通用结构。每个进程对象由属性和所封装的若干可执行服务来定义，当接收到消息时，进程就执行一个服务，只能通过向提供服务的进程对象传递消息来调用服务。进程对象的属性包括进程标识、访问令牌、进程基本优先级和默认的亲和处理器集合等。进程是对应于存储器、打开文件表等资源的应用程序实体；线程是执行工作时的调度单位，并且可以被中断，这样处理器可被其他线程所占用。

在创建进程时，进程描述表分两部分实现，如图 8-2 所示。内核中的部分称为 KPROCESS，涉及对象管理、中断处理和线程调度；执行体中的部分称为 EPROCESS，它处理进程的其他方面，如管理地址空间的域、协调线程执行的域、跟踪进程分配资源的域及保护和共享任务资源的域。执行体进程块 EPROCESS 描述进程的基本属性。

(1) 内核进程块 KPROCESS：是公共的调度程序对象头，包含线程调度的基本优先级、默认时间片、进程状态和自旋锁、进程所在的处理器簇、进程总的核心态运行时间和用户态运行时间。

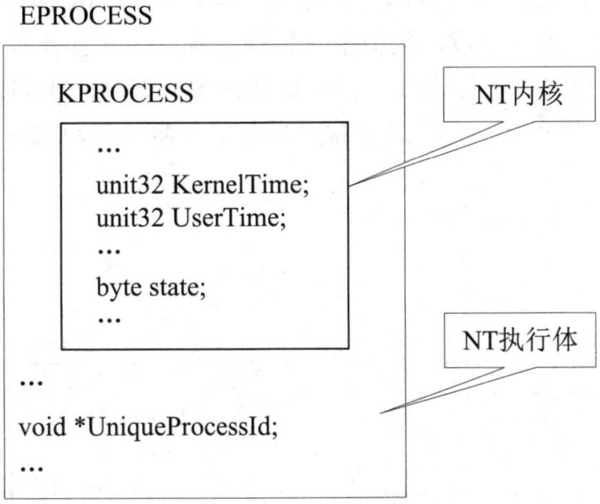

EPROCESS
KPROCESS
NT内核
…
unit32 KernelTime;
unit32 UserTime;
…
byte state;
…
NT执行体
…
void *UniqueProcessId;
…

图 8-2　进程描述表的结构

(2) 进程标识符：进程的唯一标识符、父进程标识符、进程所在的窗口位置。

(3) 配额限制：限制非页交换区、页交换区和页面文件的使用，限制进程所能使用的 CPU 时间。

(4) 主存管理信息：一系列虚拟地址空间描述符数据结构，描述进程虚拟地址空间的状态。

(5) 工作集信息：是指向工作集列表的指针，包括当前的、峰值的、最小的和最大的工作集尺寸，上次裁剪时间，页错误计数，主存优先级，对换标志，页错误历史记录，等等。

(6) 虚拟主存信息：包括当前值和峰值，页文件的使用，用于进程页面目录的硬件页表入口地址，等等。

(7) 异常/调试端口：当进程的一个线程发生异常时，这是进程管理程序发送消息的内部通信通道。

(8) 访问令牌：负责协调所有必需的安全信息，安全子系统通过访问令牌来确定用户的访问权限。

(9) 对象句柄表：进程对象句柄表地址，当进程创建或打开对象时，就会得到代表此对象的句柄，通过句柄可以引用对象。

(10) 进程环境块(process environment block，PEB)：存放于进程的用户态地址空间中，它包含映像信息：操作系统版本号、映像版本号、模块列表和映像进程亲和性掩码等。还包括线程所用堆栈的数量和大小、进程堆栈指针以及下一个进程块的链接指针。

3. 线程对象

Windows 使用两类与进程相关的对象：一个是前面的进程对象；另一个是线程对象。Windows 线程是可中断的，因此，CPU 可以在线程之间切换。

Windows 线程是内核级线程，是 CPU 调度的独立单位。每个线程都由一个线程描述表来表示，在进程描述表 EPROCESS 的 KPROCESS 中包含 struct LIST-ENTRY threadListHead 域，它指向一组线程描述表，称为 ETHREAD 结构。ETHREAD 把 KTHREAD 结构作为它的一个域，类似于进程描述表，由执行体管理 ETHREAD 结构的内容，包括创建时间、相关进程标识和入口地址等；由内核管理 KTHREAD 结构的内容，包括用户态时间、核心态时间、栈信息和调度信息等。Windows 2003 线程描述表的结构如图 8-3 所示。

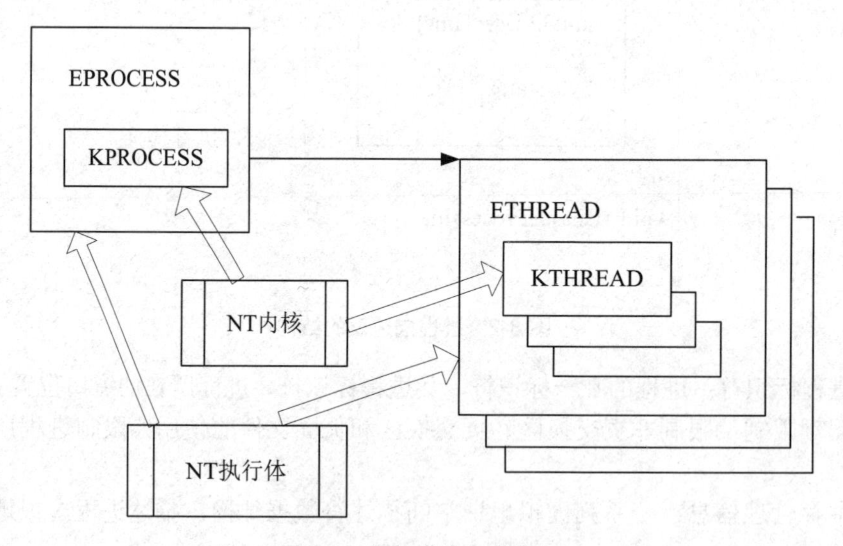

图 8-3　线程描述表的结构

执行体线程块 ETHREAD 描述线程的基本属性。

(1) 内核线程块 KTHREAD：是公共的调度程序对象头，包含核心栈的指针及其大小、指向系统调用服务表 USER 和 GDI 的指针、与调度有关的信息(基本的和动态的优先级、时间片、亲和性掩码、首选处理器、当前状态、挂起计数和线程的用户态和核心态时间总和、等待信息等)、与本线程有关的 APC 列表、线程环境块指针(存储用于映像加载程序和 Win 32 的动态链接库描述信息，如线程 ID 和线程启动程序的地址)。

(2) 进程标识和指向线程所属进程 EPROCESS 的指针。

(3) 访问令牌和线程类别(客户线程或服务器线程)。

(4) LPC 消息信息：线程正在等待的消息 ID 和消息地址。

(5) I/O 请求信息：指向挂起的 I/O 请求包列表的指针。

Win 32 子系统所提供的线程控制类系统调用主要有 CreateThread、OpenThread、Exit Thread、TerminateThread、SuspendThread、ResumeThread 和 SetThreadPriority。

由于不同进程中的线程可能并发执行，因此 Windows 支持进程间的并发性。此外，同一个进程中的多个线程可以分配给不同的处理机而同时执行。一个含有多线程的进程在实现并发时，不需要使用对进程的开销。同一个进程中的线程可以通过它们的公共地址空间交换信息，并访问进程中的共享资源。不同进程中的线程可以通过在两个进程间建立的共享内存交换信息。

一个面向对象的具有多线程的进程是实现服务器应用程序的一种有效方法。例如，服务器进程可以为许多客户服务，每个客户请求导致在服务器中创建一个新的线程。

4. 进程和线程的状态

在 Windows 操作系统中，进程被简单地划分为可运行态和不可运行态。线程是处理器调度的基本单位，状态转换模型如图 8-4 所示，它可处于 7 种状态之一。

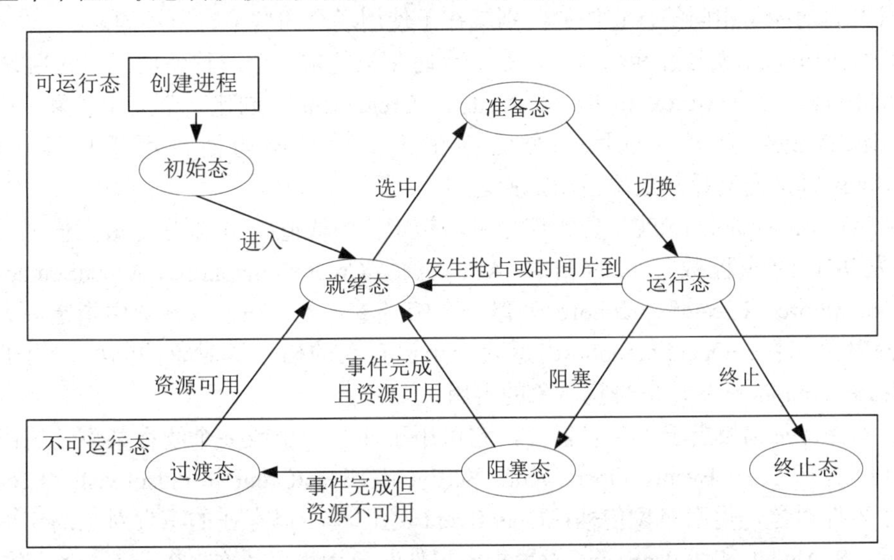

图 8-4　线程的 7 种状态

(1) 就绪态(ready)：线程可以被调度执行。微内核分配器跟踪所有就绪线程，并按优先级进行调度。

(2) 准备态(standby)：备用线程已经被选择下一次在一个特定的处理机上运行。该线程在这个状态等待，直到那个处理机可用。如果备用线程的优先级足够高，正在那个处理机上运行的线程可能被这个备用线程抢占。否则，该备用线程要等到正在运行的线程被阻塞或其时间片结束。

(3) 运行态(running)：一旦微内核处理线程或进程切换，备用线程将进入运行状态并开始执行，执行过程一直持续到被抢占、时间片用完、被阻塞或终止。在前两种情况下，它就变为就绪态。

(4) 阻塞态(waiting)：当线程被某一事件(如 I/O)阻塞、为了同步而自愿等待被阻塞、一个环境子系统指引它把自己阻塞时，该线程进入阻塞状态。当等待的条件满足时，如果它的所有资源都可用，则线程转到就绪态。

(5) 过渡态(transition)：一个线程被阻塞后，如果准备好运行但资源不可用时，进入该状态。例如，一个线程的栈被换出内存。当该资源可用时，线程进入就绪态。

(6) 终止态(terminated)：一个线程可以被自己或者被另一个线程终止，或者当它的父进程终止时被终止。一旦完成了清理工作，该线程从系统中移出，供以后重新初始化。

(7) 初始态(initial)：线程在创建过程处于初始态，创建完成后，此线程被放入就绪队列。

8.2.2 进程同步

Windows 2003 中提供了互斥对象、信号量对象和事件对象三种同步对象和相应的系统调用，用于进程和线程同步。这些同步对象都有一个用户指定的对象名称，在不同进程中用同样的对象名称来创建或打开对象，从而获得该对象在本进程的句柄。从本质上讲，这组同步对象的功能是相同的，它们的区别就在于使用场合和效率有所不同。

互斥对象(mutex)就是互斥信号量，在一个时刻只能被一个线程使用。它的相关 API 包括 CreateMutex、OpenMutex 和 ReleaseMutex。CreateMutex 创建一个互斥对象，返回句柄对象；OpenMutex 打开并返回一个已存在的互斥对象句柄，用于后续访问；而 ReleaseMutex 释放对互斥对象的占用，使之可用。

信号量对象(semaphore)就是资源信号量，初始值的取值在 0 到指定最大值之间，用于限制并发访问的线程数。它的相关 API 包括 CreateSemaphore、OpenSemaphore 和 ReleaseSemaphore。CreateSemaphore 创建一个信号量对象，在输入参数中指定最大值和初值，返回对象句柄；OpenSemaphore 返回一个已存在的信号量对象的句柄，用于后续访问；ReleaseSemaphore 释放信号量对象的占用。

事件对象(event)相当于“触发器”，它可用于通知一个或多个线程某事件的出现。它的相关 API 包括 CreateEvent、OpenEvent、SetEvent、ResetEvent 和 PulseEvent。CreateEvent 创建一个事件对象，返回对象句柄；OpenEvent 返回一个已存在的事件对象的句柄，用于后续访问；SetEvent 和 PulseEvent 设置指定事件对象为可用状态；ResetEvent 设置指定事件对象为不可用状态。

Windows Server 2003 为这三个同步对象提供了两个统一的等待操作：WaitForSingleObject 和 WaitForMultipleObjects。WaitForSingleObject 是在指定的时间内等待指定对象为可用状态；WaitForMultipleObjects 是在指定的时间内等待多个对象为可用状态。这两个 API 的接口为：

```
DWORD WaitForSingleObject (HANDLE hHandle, //等待对象句柄
```

```
    DWORD dwMilliseconds                            //以毫秒为单位的最长等待时间
     );
DWORD WaitForMultipleObjects (DWORD nCount,        //对象句柄数组中的句柄数
    CONST HANDLE*1pHandles,
//指向对象句柄数组的指针，数组中可包括多种对象句柄
     BOOL bWaitAll,
//等待标志；TRUE 表示所有对象同时可用，FALSE 表示至少一个对象可用
DWORD dwMilliseconds  //等待超时时限
);
```

8.2.3　进程通信

本节介绍几种在 Windows Server 2003 中常用的通信机制。

1. 基于文件映射的共享存储区通信

Windows Server 2003 采用文件映射(file mapping)机制来实现共享存储区通信，用户进程可以将整个文件映射为进程虚拟地址空间的一部分来加以访问。

下面是与共享存储区的使用相关的系统调用。CreateFileMapping 为指定文件创建一个文件映射对象，返回对象指针；OpenFileMapping 打开一个命名的文件映射对象，返回对象指针；MapViewOfFile 把文件映射到本进程的地址空间，返回映射地址空间的首地址；FlushViewOfFile 可把映射地址空间的内容写到物理文件中；UnmapViewOfFile 解除文件映射与本进程地址空间之间的映射关系；CloseHandle 可关闭文件映射对象。当文件到进程地址空间的映射完成后，就可利用首地址进行读写。在信号量等机制的辅助下，通过一个进程向共享存储区写入数据而另一个进程从共享存储区读出数据，就可在两个进程间实现大量数据的交流。

2. 管道通信

管道(pipe)是一条在进程之间以字节流方式传送的通信通道。它是利用操作系统核心的缓冲区(通常有几十 KB)来实现的一种单向通信机制。常用于命令行所指定的输入输出重定向和管道命令。在使用通道前要先建立相应的管道，然后才可使用。

Windows Server 2003 提供无名管道和命名管道两种管道机制。无名管道类似于 UNIX 系统的管道，但提供的安全机制比 UNIX 管道完善。利用 CreatPipe 可创建无名管道，并得到两个读写句柄；利用 ReadFile 和 WriteFile 可进行无名管道的读写。下面是 CreatePipe 的调用格式。

```
BooL  CreatePipe (PHANDLE hReadPipe,           //读句柄;
PHANDLE  hWrite Pipe,   //写句柄;
LPSECURITY_ATTRIBUTES 1pPipeAttributes,      //安全属性指针;
DWORD nSize                 //管道缓冲区字节数;
);
```

Windows Server 2003 的命名管道是服务器进程与客户进程间的一条通信通道，用以实现不同机器上进程之间的通信。它采用客户机/服务器模式连接本机或网络中的两个进程。在建立命名管道时，存在一定的限制，服务器方(创建方)只能在本机上创建命名管道，只

能以\\.\Pipe\PipeName 的形式命名，不能在其他计算机上创建命名管道；但客户机(连接到命名管道实例的另一方)可以连接到其他机器上的命名管道，可采用\\serverName\pipe\pipename 的形式命名。服务器进程为每个管道实例建立单独的进程或线程。下面是与命名管道相关的主要系统调用。CreateNamedPipe 在服务器端创建并返回一个命名管道句柄；ConnectNamedPipe 在服务器端等待客户进程的请求；CallNamedPipe 从管道客户进程建立与服务器的管道连接；ReadFile、WriteFile(用于阻塞方式)、ReadFileEx、WriteFileEx(用于非阻塞方式)用于命名管道的读写。

3．邮件槽通信

Windows Server 2003 中提供的邮件槽(mailslot)是一种不定长、不可靠的单向消息通信机制。消息发送方不需要接收方准备好，随时可以发送。邮件槽也采用客户-服务器模式，只能从客户进程发往服务器进程。服务器进程负责创建邮件槽，可以从邮件槽中读取消息；而客户进程可以利用邮件槽的名字向邮件槽发送消息。在建立邮件槽时，也存在一定的限制，即服务器进程(接收方)只能在本机建立邮件槽，命名方式只能是\\.\mailslot\[path]name；但客户进程(发送方)可打开其他机器上的邮件槽，命名方式为\\range\mailslot\[path]name，这里 range 可以是本机名、其他机器名或域名。下面是与邮件槽相关的主要系统调用。CreateMailslot 用于服务器方创建邮件槽，返回其句柄；GetMailslotInfo 用于服务器查询邮件槽的信息，如消息长度、消息数目、读操作等待时限等；SetMailslotInfo 用于服务器设置读操作等待时限；ReadFile 用于服务器读邮件槽；CreateFile 用于客户方打开邮件槽；WriteFile 用于客户方发送消息。由于邮件槽不提供可靠的传输机制，因此在邮件槽关闭过程中可能出现信息丢失的情况。在邮件槽的所有服务器句柄关闭后，邮件槽关闭，如果这时还有未读出的信息，信息将会被丢弃，所有客户句柄也将被关闭。

4．套接字

套接字(socket)是一种网络通信机制，它通过网络在不同计算机上的进程间进行双向通信。套接字所采用的数据格式为可靠的字节流或不可靠的报文，通信模式既可以为客户-服务器模式，也可以为对等模式。为了实现不同操作系统上的进程通信，须约定网络通信时不同层次的通信过程和信息格式。TCP/IP 就是广泛采用的网络通信协议。

UNIX 系统使用的 BSD 套接字主要是基于 TCP/IP 的，操作系统中有一组标准的系统调用来完成通信连接的维护和数据收发。如 send 和 sendto 用于数据发送，而 recv 和 recvfrom 用于数据接收。

Windows Server 2003 的套接字规范称为“Winsock”，它除了支持标准的 BSD 套接字外，还实现了一个真正与协议独立的应用编程接口，可支持多种网络通信协议。例如，在 Winsock 2.2 中分别把 send、sendto、recv 和 recvfrom 扩展成 WSASend、WSASendto、WSARecv 和 WSARecvfrom。

8.2.4 处理机调度算法

Windows Server 2003 支持内核级线程，采用基于优先级的、可抢占的调度算法来调度线程，即按线程的优先级进行调度，高优先级的线程先被调度。Windows 进程和线程具有灵活的优先级系统，在每一级上都包括了时间片轮转调度方法，在某些级上，优先级可以基于它们当前的线程活动而动态变化。

1. 进程优先级

在调用 CreateProcess 时，根据被创建进程的类型向它指派优先级，通常用默认值 PRIORITY_CLASS 表示，进程被分为 4 种类型：空闲进程(优先级为 4)、普通进程(优先级为 7 或 9)、高优先级进程(优先级为 13)、实时进程(优先级为 24)。这也是进程的相应线程开始运行时的优先级。

当进程在前台运行时，其优先级为 9，而进程在后台运行时，其优先级为 7。从一个进程切换到另一个进程时，新激活进程转换成前台进程，原运行进程则变为后台进程。如果新激活进程具有普通优先级，将其优先级由 7 升为 9，而新的后台进程的优先级由 9 降为 7，使前台进程的响应时间更短。仅在需要时使用高优先级，任务管理器 TASKMAN .exe 以高优先级 13 运行，此系统进程的线程平时被挂起，一旦用户单击“开始”菜单，它就立即被系统唤醒，并抢占处理器。会话管理器、服务控制器和本地认证服务器的优先级比默认值 8 要高，以保证这些进程的线程有较高的初始默认值。

实时进程的优先级通常为 24，用于核心态系统进程，完成存储管理、高速缓存管理、本地和网络文件系统及设备驱动程序的功能。

2. 线程优先级

Windows 的调度是基于内核级线程的抢占式调度，包括多个优先级层次。在某些层次中，线程的优先级是固定的，而在另一些层次中，线程的优先级将根据执行情况作动态调整，采用动态优先级多级反馈队列调度策略，每个优先级都对应于一个就绪队列，每个线程队列中的线程按照时间片方式轮转调度。

Windows 的内部使用 32 个线程优先级，范围为 0～31，它们被分成以下 3 个部分。

(1) 线程实时优先级(优先数为 16～31)。

线程实时优先级用于通信任务和实时任务。一个线程被赋予实时优先数之后，在执行过程中此优先数不可变，一旦一个就绪线程的实时优先级比运行线程高，它将抢占处理器运行。

(2) 线程可变优先级(优先数为 1～15)。

线程可变优先级用于用户提交的交互式任务。具有这一层次优先数的线程可根据执行过程中的具体情况动态地调整优先数，但优先数不能突破 15。

(3) 系统线程优先级(0)。

系统线程优先级仅用于对系统中的空闲物理页面进行清 0 的零页线程。

大体来说，由于 Windows 使用了基于优先级的、可抢占的调度策略，因而具有实时优先级的线程优先于可变优先级线程。在单处理机系统中，由调度程序选择运行的线程会一直运行，直到被更高优先级的线程所抢占，或直到它终止，或其时间片已到，或调用了阻塞系统调用(如 I/O)。如果较低优先级线程运行时有更高优先级的实时线程变为就绪，那么较低优先级线程就会被抢占。

这两类优先级的处理方式有一定的不同，如图 8-5 所示。在实时优先级类中，所有线程具有固定的优先级，即它们的优先级永远不会改变，给定优先级的所有活动线程在一个时间片轮转队列中。在可变优先级类中，一个线程的优先级在开始时是最初指定的值，但在它的生命周期中可能会发生变化(上升或者下降)。因此，在每个优先级上都有一个先进先出(FIFO)的队列，一个进程可能在可变优先级类中从一个队列迁移到另一个队列。但是，优先级为 15 的线程不能升级到 16 级，也就是说，不能升到实时类的任何级中。

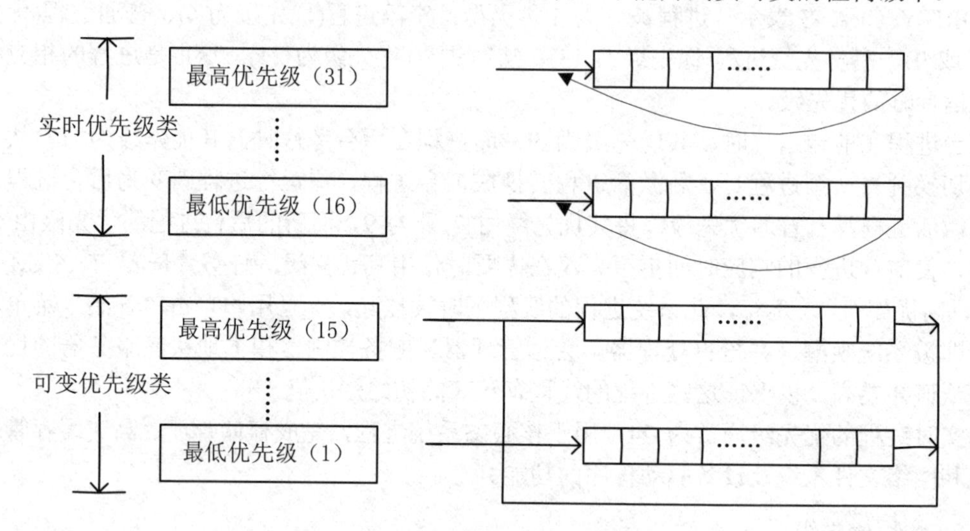

图 8-5　Windows 线程调度的优先级

对于可变优先级类中的线程，它最初的优先级是由两个值决定的：进程的基本优先级和线程的基本优先级。进程的基本优先级取值在 1 到 15 之间。线程的基本优先级可以等于它所对应的进程的基本优先级，或者在比进程的基本优先级高 2 级或低 2 级的范围之内。

一旦一个可变优先级类中的线程被激活，则它的实际优先级称为该线程的动态优先级，可以在给定的范围内波动。动态优先级永远不会低于该线程的基本优先级的下限，也永远不会超过 15。例如，在图 8-6 中，一个进程对象的基本优先级属性值为 4，与这个进程对象相关联的每个线程对象的最初优先级一定在 2～6 之间。每个线程的动态优先级可以在 2～15 的范围内波动。如果一个线程由于使用完它的时间片而被中断，则 Windows 系统会降低它的优先级；如果一个线程因为等待一个 I/O 事件而被中断，则 Windows 系统会提高它的优先级。因此，受处理机资源限制的线程趋向于比较低的优先级，受 I/O 限制的线程趋向于比较高的优先级。对于受 I/O 限制的线程在提高优先级时，等待键盘或显示的线程(交互式线程)提高的幅度比其他 I/O 类型要大，因此，在可变优先级类中，交互式线程往往具有最高的优先级。

3. 线程调度策略

严格地基于线程的优先级采用抢占式策略来确定哪个线程将占用处理器并进入运行态，Windows Server 2003 在单处理器系统和多处理器系统中的线程调度是不同的。在此介绍单处理器系统中的线程调度。

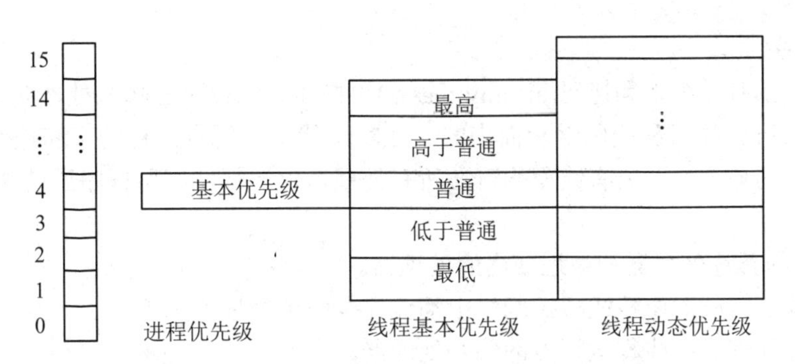

图 8-6　进程的基本优先级和线程的基本优先级的关系

(1) 主动切换。

线程因进入等待态而主动放弃处理器，许多 Win 32 等待函数的调用都使得线程等待某个对象，包括事件、互斥信号量、资源信号量、I/O 操作、进程、窗口消息等。当线程主动放弃所占用的处理器时，将调度就绪队列中的第一个线程运行，主动放弃处理器的线程会被降低优先级，但这并不是必需的，可以仅被放入等待对象的等待队列中。

(2) 抢占。

当一个高优先级线程进入就绪态时，正处于运行态的低优先级线程将被抢占，这可能在以下情况中发生：高优先级线程所等待的对象出现信号，即线程等待事件完成；或线程的优先级被提高。系统都要确定是否让当前线程继续运行，或被高优先级线程所抢占。需要注意的是，在用户态运行的线程可抢占在内核态运行的线程，在判断线程是否被抢占时，并不考虑线程是处于用户态还是内核态，调度程序只是依据线程的优先级进行判断。当线程被抢占时，它被放至相应优先级就绪队列的队首，而非队尾。

(3) 时间配额耗尽。

当处于运行态的线程用完其时间配额时，Windows 必须确定是否需要降低此线程的优先级，再确定是否需要调度另一个线程进入运行态。如果刚用完时间配额的线程的优先级被降低了，系统将寻找更适合的线程进入运行态，即优先级高于刚用完时间配额的线程的新设置值的就绪线程。如果刚用完时间配额的线程的优先级未被降低，且存在优先级相同的其他就绪线程，系统将选择相同优先级的就绪队列中的下一个线程进入运行态，刚用完时间配额的线程被排列至就绪队列的队尾，即分配一个新的时间配额并把线程状态从运行态改为就绪态。

(4) 结束。

当线程完成运行时，其状态从运行态转换到终止态，线程完成运行的原因可能是通过调用 ExitThread 而从主函数中返回，或被其他线程通过调用 TerminalThread 来终止。如果处于终止态的线程对象上没有未关闭的句柄，则此线程将被从进程的线程列表中删除，相关的数据结构将被释放。

4. 对称多处理机系统上的线程调度

如果完全基于线程优先级进行线程调度，在多处理器系统中将出现什么情况？当 Windows 调度优先级最高的可执行线程时，会有若干因素影响到处理器的选择。在此介绍几个概念。

(1) 亲和关系。

每个线程都有一个亲和掩码(affinity mask)，描述此线程可在哪些处理器上运行，这个亲和掩码是从进程的亲和掩码继承而来的。在默认状态，所有进程的亲和掩码是系统上所有可用处理器的集合，即所有线程均可在所有处理器上运行。应用程序通过 Win 32 API 修改亲和掩码。

(2) 线程的首选处理器和最近使用的处理器。

每个线程在对应的内核线程控制块中都保存有两个处理器标识。

- 首选处理器：线程运行时的偏好处理器。
- 最近使用的处理器：线程最近刚用过的处理器。

线程的首选处理器是基于进程控制块的索引值在线程创建时随机选择的，索引值在每个线程创建时递增，这样进程的每个新线程所得到的首选处理器会在系统中的可用处理器范围内循环。线程创建之后，应用程序可通过 Win 32 API 来修改线程的首选处理器。

(3) 就绪线程的运行处理器选择。

当线程进入运行态时，Windows 首先试图调度此线程到一个空闲处理器上运行。如果有多个处理器空闲，线程调度器的调度顺序如下。

- 线程的首选处理器。
- 如果线程指定亲和处理器集合，并且此集合中有处理器空闲，则将可选处理器集合缩小至此亲和处理器集合与空闲处理器集合的交集。
- 如果此线程最近使用的处理器在此空闲集合中，则选择这个处理器。
- 最后选择当前执行处理器(即正在执行调度器代码的处理器)。
- 如果这些处理器都不空闲，系统将依据处理器标识从高到低扫描系统中的空闲处理器的状态，选择所找到的第一个空闲处理器。

如果线程进入就绪态时所有处理器都处于繁忙状态，系统将检查是否可抢占一个处于运行态或备用态的线程，若可以，将首先选择线程的首选处理器，其次是线程最近使用的处理器，如果这两个处理器都不在线程的亲和掩码中，Windows 将依据活动处理器掩码选择此线程可运行的编号最大的处理器作为线程运行的处理器。

如果被选中的处理器已有一个线程处于准备态(即在此处理器上运行的下一个线程)，并且此线程的优先级低于正在检查的线程，则正在检查的线程将取代原处于准备态的线程，成为此处理器的下一个运行线程。如果已有线程在被选中的处理器上运行，系统将检查当前运行线程的优先级是否低于正在检查的线程。如果正在检查的线程的优先级高，则标记当前运行线程为被抢占，系统会发出一个处理器中断，以抢占正在运行的线程，让新线程在此处理器上运行。如果在被选中的处理器上不存在线程可被抢占，则将新线程放入相应优先级的就绪队列中等待调度。

8.3 Windows 2003 虚拟存储管理

8.3.1 存储管理的特点

Windows 2003 有一个相当复杂的虚拟存储器系统。有相当数量的 Win 32 函数来使用

Windows 的虚拟存储系统，有的在执行时需要使用六个专门的核心线程才能管理虚拟存储器系统。它的主要特点如下。

(1) Windows 2003 系统为每个用户进程提供各自的虚拟存储空间。在 32 位地址空间中，系统允许用户进程占有 2 GB 私有地址空间，操作系统占有剩下的 2 GB 空间。Windows 2003 系统提供引导选项，允许用户拥有 3GB 虚拟地址空间，而仅留给系统 1 GB 空间，以改善大型应用程序的运行性能。

进程虚拟地址空间布局如图 8-7 所示。在用户空间中，0～0xFFFF 的约 64 KB 存放差错帮助信息，拒绝进程访问；0x10000～0x7FFFFFFF 是进程的独立地址空间；0x7FFDE000～0x7FFDFFFF 存放第一个线程的环境块；0x7FFDF000～0x7FFDFFFF 存放进程环境块；0x7FFE0000～0x7FFE0FFF 存放共享用户数据页，包括系统时间、时钟计数和版本号等信息，以便用户直接从用户态读取相关数据；0x7FFE1000～0x7FFFFFFF-1 是拒绝访问区，防止进程跨过用户/系统边界。在系统空间中，80000000～A0000000 存放系统代码，包括 Ntoskrnl.exe、HAL、引导程序、初始的未分页缓冲池等；A0000000～A4000000-1 存放系统映射视图(如 Win32.sys、GDI 驱动程序)、用户会话空间；A4000000～C0000000-1 存放进程页表和页目录；C1000000～E1000000-1 是系统高速缓冲区；E1000000～EB000000-1 是分页缓冲区；EB000000～FFBE0000-1 是系统页表项、非分页缓冲池(系统主存堆)，系统 PTE 缓冲池用来映射系统页，如 I/O 空间、核心栈和 VAD；FFBE0000～FFC00000-1 存放故障转储信息；FFC00000～FFFFFFFF 是 HAL 所保留的系统主存。

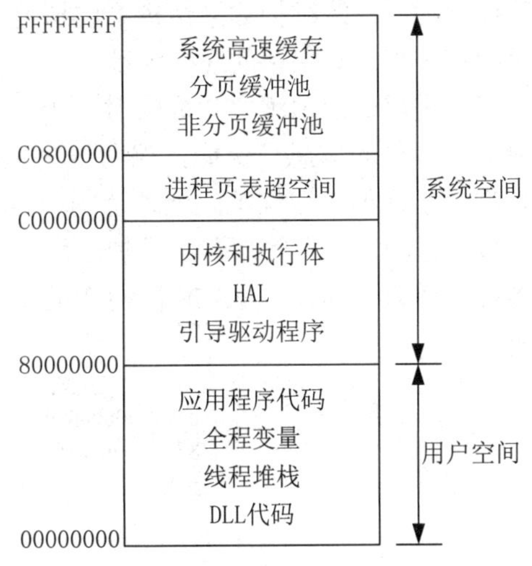

图 8-7　虚拟地址空间布局

(2) 支持大而稀疏的内存使用、内存映射文件、内存共享和写时复制。

(3) 通过丰富强大的用户界面，提供对环境子系统的支持(允许子系统以适当权限管理客户进程虚存)，以及对所有用户进程的支持(允许用户进程分配、管理专用内存)。环境子系统向它们的客户进程提供的内存进程视图，与一个本机 Windows 进程的虚拟空间并不总是对应的。Win32 应用程序使用的地址空间与本机地址空间是一致的，但是 16 位的 OS/2 子系统和虚拟 DOS 机子系统，展示给其客户的是另外的内存视图。

在内部实现上，内存管理主要由 Windows 执行体中的虚存管理程序(又称虚存管理器，virtual memory manager，VM manager)负责，并由环境子系统负责与具体 API 有关的一些用户态特性的实现。Windows 内存管理具有硬件相关代码分离和可移植等先进特性。

8.3.2　存储管理的内存分配

Windows 2003 管理应用程序的内存空间，使用两个数据结构——虚拟地址描述符和区域对象，使用三种应用程序主存管理方法——虚拟内存管理(管理大型对象数据或动态结构数组)、内存堆分配(管理大量的小型内存申请)、内存映射文件(管理大型对象数据流和在多个进程间共享数据，而数据流通常来自文件)。

1．虚拟地址描述符

内存管理采用请求分页调度算法，直到线程访问地址并引起缺页中断时，才为进程构筑页表项，并调入相应的页面，进程虚拟地址空间可达 4 GB，这意味着进程的虚拟地址不是连续的，系统维护数据结构“虚拟地址描述符”(virtual address descriptor，VAD)来描述已经在进程中被保留的虚拟地址。

当进程保留地址空间或映射一个内存区域时，内存管理器创建一个 VAD 来保存分配请求所提供的信息。例如，保留地址范围(起始地址和结束地址)、此范围是共享的还是私有的、子进程能否继承此地址范围的内容以及此地址范围内应用于页面的保护限制等。对于每个进程，主存管理器都维护一组 VAD，用来描述进程虚拟地址空间的状态。为了加快虚拟地址查找速度，VAD 被构造成记录虚拟地址分布范围的一棵平衡二叉树，如图 8-8 所示。

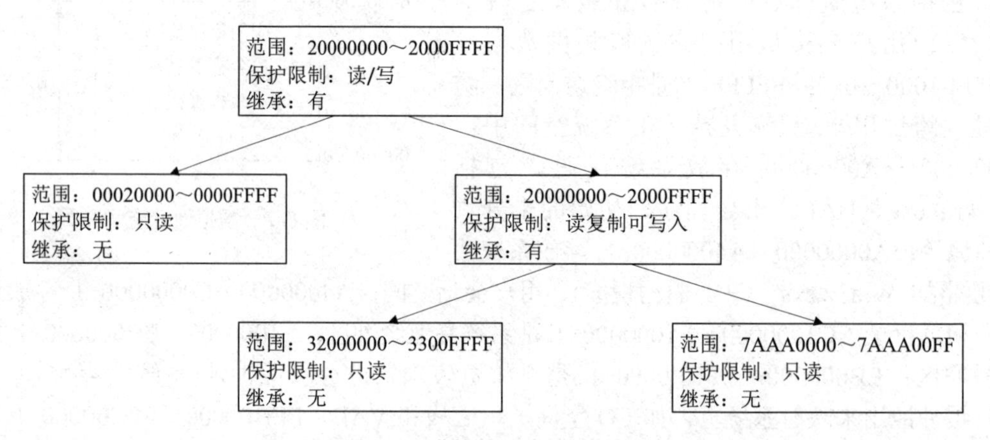

图 8-8　虚拟地址描述二叉树

当线程首次访问一个地址，内存管理器必须为包含此地址的页面创建一个页表项。为此，它找到一个包含被访问地址的 VAD，并利用所得信息填充页表项。如果这个地址落在 VAD 覆盖的地址范围以外，或所在的地址范围仅被保留而未提交，内存管理器就会知道这个进程在试图使用内存之前并没有分配的内存。因此，将产生一次访问违规。

2．区域对象

Windows 2003 虚存管理程序通过它的本机服务(native service，又称系统服务)给用户态进程提供丰富的功能。这些本机服务主要在进程对象服务和区域对象(section object)服务中提供。区域对象(section object)在 Win 32 子系统中被称为“文件映射对象”，表示可以被两个或多个进程共享的内存块。区域对象可以被映射至页文件或另一个磁盘文件。其主要作用如下。

(1) 系统利用区域对象将可执行映射和动态链接库装入内存。

(2) 高速缓存管理器利用区域对象访问高速缓存文件中的数据。

(3) 使用区域对象将一个文件映射到进程虚拟地址空间，然后，可以像访问内存中一个大数组一样去访问这个文件，而不是对文件进行读写。

如图 8-9 所示是区域对象的结构。一个进程中的一个线程可以创建一个区域对象，并为它起一个名字，以便其他进程中的线程能打开这个区域的句柄。区域对象句柄被打开后，一个线程就能把这个区域对象映射到自己或另一个进程的虚拟地址空间中。

由于区域对象的虚拟地址空间很大，这对一些使用图像和多媒体的应用情况非常有利。一般区域对象可能基于普通文件(内存映射文件)，也可能基于盘交换区。区域对象像其他对象一样，是由对象管理程序分配和撤销的。对象管理程序创建一个对象头并将其初始化，对象管理程序用对象头来管理对象。由 VM 管理程序定义区域对象的体并实施区域对象服务。用户态相差调用这些服务，来检索和更改存储区域对象体中的一些属性，如表 8-2 所示。

对象类型	区域
对象属性	最大尺寸 页面保护限制 页文件/映射文件 基本区域/非基本区域
对象服务	创建区域 打开区域 扩展区域 映射/取消映射视窗 查询区域

图 8-9　区域对象

表 8-2　区域对象属性

属　性	目　的
最大尺寸(字节数)	区域对象那个可增长至的最大字节数，如果映射一个文件，就是该文件的大小
页面保护限制	分配给此区域的所有页框的保护属性
页文件/映射文件	指该区域是否为空(基于页文件)或用于加载一个文件(基于映射文件)
基本区域/非基本区域	基本区域要求所有共享它的进程在同一虚拟地址出现，非基本区域则对不同的进程能在不同的虚拟地址出现

3. 应用程序内存管理方法

(1) 虚拟内存分配。

进程私有地址空间的页面可能是空闲的(未被使用过)、被保留的(已预留虚存，尚未分配物理内存)或被提交的(已分配物理内存或交换区)。应用程序使用内存分 3 个阶段进行：保留内存(reserved memory)、提交内存(committed memory)和释放内存(release memory)。

➢ 保留内存：用户使用 Win 32 的 VirtualAlloc()函数可申请保留一段连续的虚拟地址空间，且用虚拟地址描述符(VAD)加以记录，使本进程的其他线程不能使用这段虚拟地址，其目的是让用户表明将要使用多大的内存区，以便系统节省主存空间和磁盘空间。试图访问已保留的内存会造成页面无效错误，因为页面尚未映射到一个可满足这次访问的物理页框上。保留内存操作不占用和消耗物理页框和进程页文件配额，在申请保留内存时，应用进程可指定起始虚拟地址(lpAddress)，或系统随便保留一段地址空间，分配单位通常为 64 KB；此时，还需提供保留地址空间的大小(cbSize)，保留或提交(fdwAllocationType)，保护限制信息(fdwProtect)，指定页面不可访问、只读或可读写。

- 提交内存：是在已保留的虚拟地址区域中请求分配物理内存，同时系统在它的分页文件中为这类页留出适当的位置，当它们被移出主存时，就可写入磁盘分页文件。所提交的页面在访问时会被映射为物理内存中的有效页框。提交内存仍然使用 Win 32 函数 VirtualAlloc，与保留内存的区别在于参数设置不同。区分保留空间和提交空间是很有用的，能够减少为特定进程留出的磁盘空间总量，同时允许进程在需要时迅速获得物理内存空间。
- 释放内存：当进程不再需要被提交的内存或保留的地址空间时，使用释放函数 Win 32 VirtualFree()来回收盘交换区间或从进程的虚拟地址空间中释放虚拟地址。所需要的参数有：释放起始地址(lpAddress)、释放长度(cbSize)、是否仅释放物理存储(fdwFreeType)。VirtualFree()函数对于减少和控制盘交换区和进程虚拟地址空间的占用很有用。

(2) 内存堆分配。

堆(heap)是保留地址空间中一个或多个页所组成的区域，由堆管理器按照更小块划分和分配内存。堆管理器用于分配和回收可变内存空间，不必像虚页分配一样按页对齐。Win32 API 可调用 Ntdll 中的函数，执行组件和设备驱动程序可调用 Ntoskrnl 中的函数进行堆管理。

进程在启动时带有默认的进程堆，通常有 1MB 大小，如果需要会自动扩大。Win 32 应用程序将使用此进程堆，线程调用 GetProcessHeap()函数得到一个指向堆的句柄，然后，再调用 HeapAlloc 和 HeapFree 函数从堆中分配和回收内存块。另外，也可使用 HeapCreate()函数创建另外的私有堆，使用完之后通过 HeapDestroy 释放堆空间，也只有另外创建的私有堆才能在进程的生命周期中释放。

(3) 内存映射文件。

内存映射文件主要用于以下三种场合。

- 把可执行文件.exe 和动态链接库.dll 文件装入内存，节省应用程序启动所需要的时间。
- 存取磁盘数据文件，减少文件 I/O 操作，且不必对文件进行缓存。
- 实现多个进程共享数据和代码。

此外，高速缓存管理程序使用内存映射文件来读写高速缓存的页。

Win 32 子系统向其他客户进程提供文件映射对象(file mapping object)服务。实际上，此服务就是将 Win 32 子系统的区域对象服务通过 Win 32 API 向其客户进程提供。因此，区域对象是实现内存映射文件功能的关键所在，用来映射虚拟地址，无论区域对象是在主内存、页文件或是其他文件中，当应用程序访问它时，就像它在内存中一样。

区域对象能映射比进程地址空间大得多的文件，进程访问非常大的区域对象时，只能在自己的虚拟地址空间保留一个区域来映射区域对象的某一部分，被进程映射的那部分称为此区域的一个“视窗”。视窗机制通过映射区域对象的不同部分，允许进程访问超过其地址空间的区域。内存映射文件通过下面的函数和步骤来实现。

步骤 1：打开文件。使用 CreateFile()函数来建立和打开文件，此函数指定要建立或打开的文件名、访问方式等，执行此函数将返回一个文件句柄。

步骤 2：建立文件映射。使用 CreateFileMapping()函数创建文件映射对象，其实质是为文件创建一个区域对象，参数包括文件句柄、安全属性指针、指定保护属性和映射文件(区域)的大小等，执行此函数将返回一个句柄给文件映射对象。

步骤 3：读写文件视窗。通过 MapViewOfFile()函数所返回的指针来对视窗进行读写操作，此函数的参数包括文件映射对象句柄、访问方式、视窗起始地址在映射文件中的位移、视窗映射的虚拟地址空间字节数。

步骤 4：打开文件映射对象。使用 OpenFileMapping()函数打开已存在的文件映射对象，以便共享信息或进行通信，参数包括访问权限、子进程能否继承句柄和对象名。

步骤 5：解除映射。访问结束，使用 UnmapViewOfFile()函数解除映射，释放其地址空间中的视窗，参数指定释放区域的基地址。

8.3.3　内存管理实现

1. 进程页表与地址映射

Windows 2003 系统在 Intel x86 平台上采用二级页表来实现进程的逻辑地址到物理地址的转换。32 位逻辑地址被解释为 3 个分量：页目录索引(10 位)、页表页索引(10 位)和位移索引(12 位)，页面大小为 4 KB。

进程都拥有单独的页目录，这是内核管理器所创建的特殊页，用于映射进程所有页表页的位置，它被保存在核心进程块(KPROCESS)中。页目录通常是进程私有的，但需要时也可在进程之间共享。页表是根据需要而创建的，大多数进程页目录仅指向页表的一小部分，所以进程页表中的虚地址往往不连续。

控制寄存器 CR3 指向页目录的存放地址，进程切换时，系统负责把运行进程的页目录的物理地址放入此寄存器中。页目录是由页目录项(page directory entry，PDE)所组成的，每个 PDE 有 4B 长，描述进程所有页表的状态和位置。每个进程需要一张页目录表(有 1024 个 PDE)指出 1024 张页表页，每张页表页描述 1024 个页面，合计描述 4 GB 的虚拟地址空间。其中，用户进程最多占用 512 张页表页，系统进程占用另外 512 张页表页，并被所有用户进程共享。硬件页表项(page table entry，PTE)包含有效/无效位、读写/只读位、用户页/系统页位、禁用高速缓存位、访问位、修改位等。为了加快页表的访问速度，系统也设置快表 TLB，关于逻辑地址到物理地址的转换已在第 4 章介绍过，此处不再重复。

2. 页框数据库

在 Windows 2003 系统中，所有内存页框组成页框数据库(page frame database)，每个页框占一项，每一项称为一个页框号(page frame number，PFN)结构，用来跟踪物理内存的使用情况。页框数据库用一个数组表示，索引号从 0 起直至最大页框号。每一项记录页框状态是：空闲的、被占用的及被谁占用。PFN 在任一时刻可能处于下面 8 种状态之一。

(1) 有效(valid)：又称活动的，此页框在进程工作集中，有一个有效页表项指向此页。

(2) 过渡(transition)：此页框不在进程工作集中，但页的内容未被破坏，或正在进行

I/O 操作。

(3) 后备(stand by)：此页框曾被进程使用，内容未被修改过，但已从进程工作集中删除。页表项仍然指向这个页框，但被标记为“无效”并处于“过渡”状态。

(4) 修改(modified)：此页和“后备”状态时相同，但页面被修改且尚未写入磁盘。页表项仍然指向此页框，但被标记为“无效”或处于“过渡”状态。所以此页框被重新使用之前应先写回磁盘。

(5) 修改不写入(modified no write)：此页和“修改”状态相同，但已被标记不写回磁盘，在文件系统驱动程序发出请求时，高速缓存管理器标记页面为“修改不写入”状态。

(6) 空闲(free)：此页框是空闲的，且不属于任何进程，但未被初始化 0。

(7) 零初始化(zeroed)：此页框是空闲的，并且已被初始化为全零，随时可用。

(8) 坏(bad)：此页框已发生奇偶校验错或其他物理故障，不能被使用。

对于零初始化、空闲、后备、修改、坏、修改不写入共 6 种状态的页框都分别组成链表链接在一起，以便内存管理器能够很快定位特定状态的一个页框。“有效”页框和“过渡”页框不在链表中，“有效”页框由进程的页表来管理。

页框数据库项是定长的，根据页框的使用情况，页框数据结构 PFN 可能处于四种状态之一：有效(在工作集中)、后备或修改、清 0 或空闲、正在 I/O 页面，如图 8-10 所示。

工作集索引		
页表项地址		
共享计数		
标志	类型	访问计数
初始页表项的内容		
页表项的页框号		

工作集中的PFN

前向链接		
页表项地址		
后向链接		
标志	类型	访问计数
初始页表项的内容		
页表项的页框号		

后备或修改链表中的PFN

前向链接		
页表项地址		
后向链接		
标志	类型	访问计数
原型页表项的内容		
页表项的页框号		

清0或空闲链表中的PFN

事件地址		
页表项地址		
共享计数		
标志	类型	访问计数
原型页表项的内容		
页表项的页框号		

正在I/O页面的PFN

图 8-10　页框数据库项 PFN 状态

对图中的相关项简单说明如下。

(1) 页表项地址：指向此页框的页表项的虚拟地址。

(2) 页面访问计数：当页框被首次加入工作集或当页面由于 I/O 操作在主存中被锁定时，页面访问计数就会增加；从内存解锁时，页面访问计数将减少。当页面访问计数为 0 时，此页不再属于工作集。可根据页面访问计数来更新 PFN，以便将此页框加入空闲、备用或修改链表中。

(3) 类型：PFN 可能取的 8 种类型。

(4) 标志：区别此页是否被修改过、是否为原型页表项(共享页)、是否包含奇偶校验错、此页正在被调入、此页正在执行写操作、非分页缓冲池开始/终止和页框调入错误。

(5) 页框号：包含指向这个页表项 PTE 的页框号。

(6) 原型页表项的内容：表示页框号项包含指向原始页框的页表项的内容。此页是共享页。

(7) 共享计数：指向此页的页表项的个数。对于页表页，这个域是页表中有效页表的个数，只要共享计数值大于 0，此页就不能从内存中移出。

(8) 工作集索引：是一个进程工作集链表的索引。

(9) I/O 页面的 PFN：事件地址指向当 I/O 操作完成时将被激活的事件对象。

3. 缺页中断的处理

对无效页面的一次访问称为“缺页错误”。内核中断处理程序将这类错误分派给内存管理故障处理程序(MmAccessFault)来解决。下面首先介绍由访问错误处理程序调用 MiDispatchFault(PointerPte，VirtualAddress，Process)来处理的无效页表项，然后对一个无效页表项的特例——原型页表项进行解释，它主要用于实现页面共享。

(1) 无效页表项。

当被访问的页无效时，将产生“无效页错误”。此例程运行在引起错误的线程描述表上，系统根据情况分别进行处理。

- 访问一个未知页，其页表项为 0，或者页表不存在，说明线程首次访问一个地址。此时，系统必须为包含这个地址的页创建页表项，系统从此进程的虚拟地址描述符树中查找包含这一地址的 VAD，并利用它填充页表项。如果这个地址没有落在此 VAD 所覆盖的地址域中，或所在的地址域仅为保留而未被提交，内存管理程序将产生访问违约错误。
- 所访问的页没有驻留在内存中，而是在磁盘的某个页文件或映像文件中，系统分配一个页框，将所需的页从磁盘读出并放入工作集中。
- 所访问的页在后备链表或修改链表中，将此页移至进程或系统工作集。
- 访问一个请求零页，为进程工作集添加一个由零初始化的页。
- 对一个“只读”页执行写操作，访问违约。
- 从用户态访问一个只能在核心态访问的页，访问违约。
- 对一个写保护页执行写操作，写违约。
- 对一个写时复制的页执行写操作，为进程进行页复制。
- 在多处理器系统中，对有效但尚未执行写操作的页执行写操作，将页表项的修改位置“1”。

(2) 原型页表项。

当两个进程共享一个物理页面—页框时，主存管理器在进程页表中插入一个称作“原型页表项”(prototype page table entry，prototype PTE)的数据结构来间接映射所共享的页面，它是进程间共享内存的内部实现机制。由于区域对象所指定的区是被多个进程所共享的内存，当区域对象第一次被创建时，对应于它的一个原型页表项同时被创建，于是多个进程可通过原型页表项来共享页框。

进程首次访问一个映射到区域对象视窗的页框时，内存管理器利用原型页表项中的信息填写进程的页表。当共享页框有效时，进程页表项和原型页表项都指向此物理页框。而当共享页框无效时，进程页表中的页表项由一个特殊的指针来填充，此指针指向描述此页框的原型页表项。此后，当页面被访问时，内存管理器就可以利用这个页表项中的指针来定位原型页表项，而原型页表项确切地描述被访问的页框的情况。

为了跟踪有多少进程正在访问共享页框，“页框号数据库项”内增加一个访问计数器。这样，当其访问计数值为 0 时，就将这个页框标记为无效，并且移至过渡链表或将修改页写回磁盘。使一个共享页框无效时，进程页表中的页表项由一个特殊的页表项来填充，这个特殊的页表项指向描述此页框的原型页表项，如图 8-11 所示。这样，当页面以后被访问时，内存管理器可以利用这个页表项中的编码信息来定位原型页表项，而原型页表项描述被访问的页面。

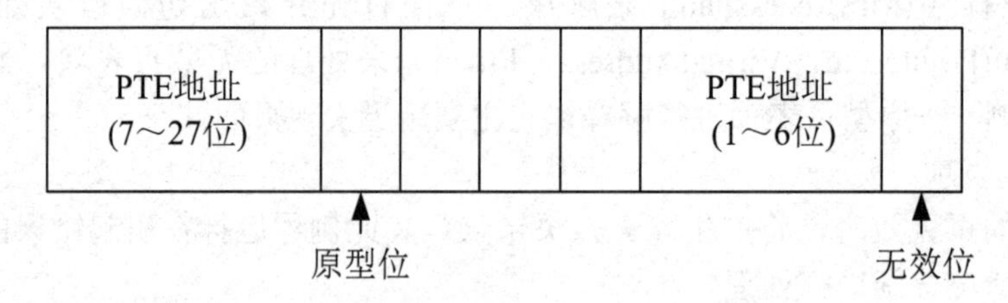

图 8-11　指向原型页表项的无效页表项结构

引入原型页表项是为了尽可能地减少对各进程的页表项的影响。当一个共享页被换至磁盘时，只需修改原型页表项，各进程的页表项仍然保持不变。当共享页被换入内存时，系统将进程的页表项和原型页表项都指向对应的页框。例如，一段共享代码或一个数据页框在某时被调至磁盘，当将此页重新从磁盘调入时，只需更新原型页表项，使之指向此页新的物理位置，而共享此页的各进程的页表项始终保持不变；此后，当进程访问此页时，实际的页表项才会得到更新。原型页表项位于可交换的系统空间内，它与页表一样可在必要时换出主存。

如图 8-12 所示是映射视窗中的进程所涉及的各个数据结构之间的关系。在图 8-12 中，一个进程有两个虚页，第一页是有效的，并且进程页表项和原型页表项均指向它；第二页在页文件中，由原型页表项保存其确切位置，这个进程及映射到此页的其他进程的页表项均指向这个原型页表项。

4．页面置换算法和工作集管理

Windows Server 2003 根据局部性原理，通过在物理内存中保持一个虚拟地址的子集来提高效率。工作集分为两种：进程工作集和系统工作集。在分析每种工作集的细节之前，首先需要了解决定将哪些页面调入物理内存以及将它们保留多长时间的总体策略，也就是页面置换算法。

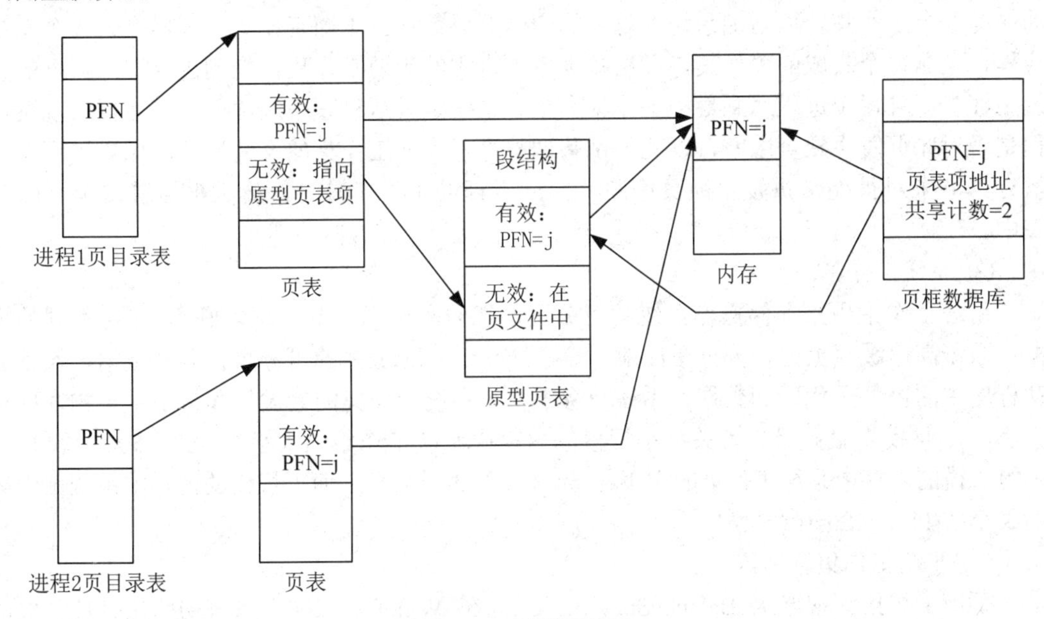

图 8-12 原型页表项

(1) 页面置换算法。

Windows Server 2003 的内存管理采用的是请求调页方法和页簇化调页技术，当线程发生缺页中断时，内存管理器将引发中断的页面及其后续的少量页面一起装入内存储器。根据局部性原理，这种页簇化策略能减少线程引发缺页中断的次数，减少调页 I/O 操作的数量。默认页面读取簇的数量取决于物理内存的大小，当内存大于 19 MB 时，通常代码页簇为 8 页、数据页簇为 4 页、其他页簇为 8 页；而当内存小于 19 MB 时，代码页簇为 3 页、数据页簇为 2 页、其他页簇为 5 页。

当线程发生缺页中断时，主存管理器还必须确定将所调入的虚页放在物理内存的何处，称为“置换策略”。如果缺页中断发生时物理内存已满，“置换策略”被用于确定哪个虚页必须从内存储器移出。在多处理器系统中，Windows Server 2003 系统采用局部先进先出置换算法，而在单处理器系统中，其实现更接近于最近最久未使用置换算法(LRU)。Windows Server 2003 系统为每个进程分配一定数量的页框，称为“进程工作集”(或者为可分页的系统代码和数据分配一定数量的页框，称为“系统工作集”)。当进程工作集达到它的界限，或者由于有其他进程对物理内存的请求而需要对工作集进行修剪时，内存管理器只好从工作集中移出页面，直到它确认有足够的空闲页为止。

(2) 工作集原理。

① 进程工作集。

Windows 2003 系统初始化时基于物理内存的大小计算工作集，当物理内存大于 32 MB(Server 版大于 64 MB)时，进程的默认最小工作集为 50 页，最大工作集为 345 页。当缺页中断产生时，将检测进程的工作集限制和系统中的空闲内存。如果系统有足够的空闲页框，则允许进程把工作集规模增至最大值，甚至可以超过最大值，否则只能替换工作集中的页。

当物理内存中所剩的空闲页框数量较少时，内存管理器使用“平衡工作集管理器”自动修剪各个工作集，以增加系统中可用的空闲页框数量。平衡工作集管理器作为一个系统线程，检测每个集成的工作集，设法减少各个进程的当前工作集，直到内存空闲页框的数量足够多，且每个进程达到最小工作集为止。系统定时从进程中淘汰一个有效页，观察进程是否对此页发生缺页中断，以此测试和调整进程当前工作集的合适尺寸。如果进程继续执行，并未对被淘汰页发生缺页中断，则此进程的工作集减 1，此页框被链接至空闲链表中。

② 系统工作集。

系统工作集用来存储操作系统的可分页的代码和数据，其中可以驻留 5 种不同的页框：系统高速缓存页框、分页缓冲池、核心 Ntoskrnl.exe 中的可分页代码和数据、设备驱动程序中的可分页代码和数据、系统映像视窗。系统工作集的最大集和最小集与物理内存大小、专业版或服务器版有关，小规模的内存中系统工作集的大小在 388～500 个页框，中等规模的内存中系统工作集的大小在 688～1 150 个页框，而大规模的内存中系统工作集的大小在 1188～2050 个页框。

(3) 平衡工作集管理器。

平衡工作集管理器(KeBalanceSetManager)是在 Windows 2003 系统初始化时被创建的一个系统线程，主要对进程和系统工作集进行扩展和缩减。在其生命周期中等待两个不同的事件对象：在每秒激发一次的定时器到时后所产生的一个事件；由内存管理器确定工作集需要调整时所发出的另一个内部工作集管理器事件。

当系统缺页率很高或者空闲链表中的页框太少时，内存管理器就会唤醒平衡工作集管理器，它将调入工作集管理器开始修剪工作集。如果内存空间充足，当进程的工作集未达到最大值时，通过把所缺页调入内存的方式，使进程达到允许的最大工作集。

当平衡工作集管理器由于自身的 1 秒定时器到期而被唤醒时，会执行以下 4 个操作。

- 它每被唤醒 4 次就产生一个事件，此事件唤醒另一个负责交换的系统线程，称为交换程序(KeSwapProcessOrStack 例程)。
- 为了改善访问时间，它检查备用链表，设法增加其页框数。
- 它寻找并且提高处于 CPU“饥饿状态”的线程的优先级。
- 它调节执行工作集修剪的时间和速度。

如果需要运行的线程核心栈被换出内存，或者此线程的进程已经被换出内存，交换程序也可由内核的调度代码唤醒。之后，交换程序寻找在一段时间内(小主存系统 3s，中主存或大主存系统 7 s)一直处于等待态的线程。如果找到这样的一个线程，则将标记并回收线程的核心栈所占有的物理页框。所遵循的原则是：如果一个线程已经等待相当长的时间，那么它将等待更长的时间。当进程最后一个线程的核心栈也从内存中移出时，这个进程将标记为完全换出。这也正是已经等待很长时间的进程(如 Winlogon)可以有零工作集的原因。

综上所述，Windows 2003 的虚拟存储管理系统总是为每个进程提供尽可能高的性能，而无须用户或系统管理员的干预。尽管这样，系统还提供 Win 32 函数 SetProcess WorkingSet()，让用户或系统管理员可以改变进程工作集的尺寸，不过工作集的最大规模不能超过系统初始化时所计算并保存的最大值。

8.4 Windows 2003 设备管理

8.4.1 I/O 系统结构和组件

Windows I/O 系统是执行体的一个组件。它提供设备的独立性：一方面向用户提供一个统一的高层接口，方便用户的 I/O 操作；另一方面保护操作系统的其他组件不受各种设备操作细节的影响。

Windows Server 2003 I/O 系统的设计目标如下。

(1) 对单处理机或多处理机体系结构，都能提供快速的 I/O 处理。

(2) 使用标准的 Windows Server 2003 安全机制保护共享资源。

(3) 满足 Microsoft Win 32、OS/2 和 POSIX 子系统指定的 I/O 服务的需要。

(4) 提供服务，使得设备驱动程序的开发尽可能简单，并允许用高级语言编写驱动程序。

(5) 允许用户在系统中动态地添加和删除设备驱动程序，通过添加驱动程序透明地修改其他驱动程序或设备的行为。

(6) 支持 FAT 文件系统、CD-ROM 文件系统(CDFS)、UDF(universal disk format)文件系统和 Windows Server 2003 文件系统(NTFS)等多种可安装的文件系统。

(7) 允许整个系统或者单个硬件设备进入和离开低功耗状态，这样可以节约能源。

I/O 系统在用户态 I/O 库函数和物理 I/O 硬件之间存在着若干层的系统组件，包括文件系统驱动程序、高速缓存管理器、一个或多个过滤驱动程序、低层设备和网络驱动程序，如图 8-13 所示。

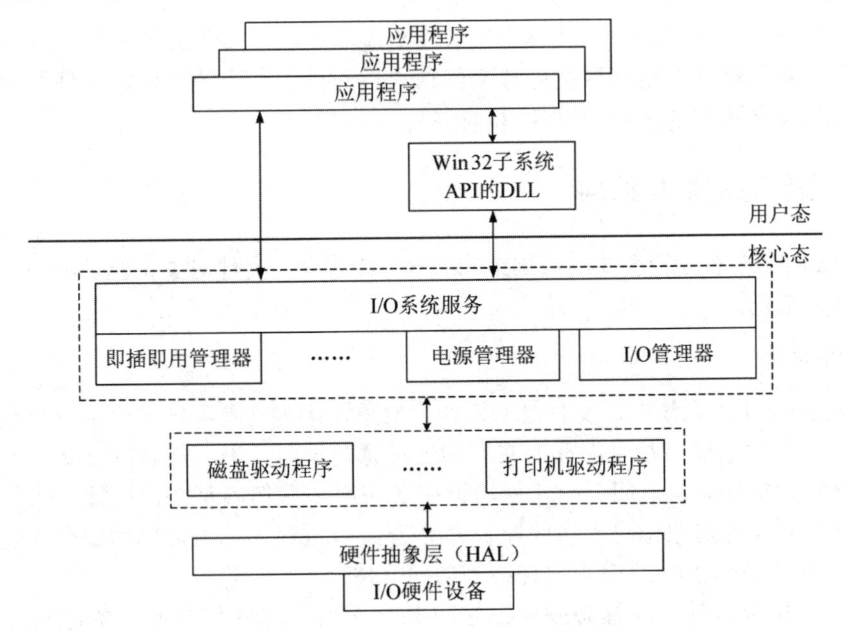

图 8-13 Windows 2003 I/O 系统组件

其中各组件的功能如下。

(1) Win 32 子系统 I/O 服务是以 API 的形式提供的，它通过子系统动态链接库(DLL)调用核心态的执行体系统服务，完成应用程序的 I/O 请求。

(2) I/O 系统服务是核心态执行的系统调用。通过 I/O 管理器驱动 I/O 请求，完成下层的 I/O 处理。

(3) I/O 管理器负责协调各设备驱动程序之间的工作。

(4) 核心态设备驱动程序把 I/O 请求转化为对硬件设备的特定的控制命令，完成指定的 I/O 请求，且将处理结果通知 I/O 管理器。

(5) 即插即用(PnP，plug and play)管理器通过与 I/O 管理器和总线驱动程序的协同工作，检测硬件资源的分配情况，并且随时检测添加和删除硬件设备情况。

(6) 电源管理器(power manager)通过与 I/O 管理器协同工作，检测整个系统和单个硬件设备的当前工作情况，完成不同情况下电源状态的转换。

(7) 硬件抽象层(HAL)的 I/O 访问例程把设备驱动程序与各种各样的硬件平台隔离开来，并且在 Windows 支持的硬件体系结构中是源代码可移植的。

Windows 2003 I/O 管理的特点。

(1) I/O 包驱动。I/O 系统是“包”驱动的(packet driven)，大多数 I/O 请求用“I/O 请求包”(I/O request packet，IRP)表示，它从 I/O 系统的一个组件移动到另一个组件。IRP 是各个阶段控制如何处理 I/O 操作的数据结构。I/O 管理器把用户态 I/O 请求转换为“I/O 请求包”(IRP)，将其传递给正确的驱动程序，驱动程序接收 IRP 后，执行 IRP 所指定的操作，且在完成操作之后把 IRP 送回 I/O 管理器，或为下一步处理而通过 I/O 管理器将其送到另一个驱动程序。

(2) 通过虚拟文件实现 I/O 操作。Windows 中所有的 I/O 操作都通过虚拟文件系统实现，使用隐藏 I/O 操作来实现细节，为应用程序提供统一的使用设备的接口。用户态应用程序(Win 32、POSIX 或 OS/2)调用本机的文件对象服务进行文件读/写和完成文件的其他操作。I/O 管理器能够动态地把这些虚拟文件请求指向控制真正的文件、文件目录、物理设备、管道和网络等操作的适当的设备驱动程序。

8.4.2 设备管理的数据结构

Windows 2003 有 4 种主要的数据结构代表 I/O 请求：文件对象、驱动程序对象、设备对象和 I/O 请求包。

1. 文件对象

在 Windows I/O 系统中，文件之所以作为对象，因为它是可被多个用户态线程共享的系统资源。文件对象提供基于内存的共享物理资源的表示。当调用者打开文件或设备时，I/O 管理器将为文件对象返回一个句柄，调用者使用文件句柄对文件进行操作。像其他执行体对象一样，文件对象由包含访问控制表(access control list，ACL)的安全描述符保护，安全子系统决定文件的 ACL 是否允许线程访问文件。

当使用共享资源时，线程必须保证它对共享文件、文件目录或设备访问的同步。例如，如果一个线程正在写入一个文件，当它打开文件句柄以防止其他线程在同一时间对此文件执行写入操作时，应该制定独占式的写访问，还可使用 Win32 LockFile()函数，在写的同时锁定文件的某些部分。

2. 驱动程序对象和设备对象

当线程为文件对象打开一个句柄时，I/O 管理器根据文件对象名称，决定它应该调用哪个(或哪些)驱动程序来处理请求。可通过驱动程序对象和设备对象来满足这些要求，而且 I/O 管理器必须在线程下一次使用同一个文件句柄时能够定位这个信息。

驱动程序对象代表系统中的一个独立的驱动程序。I/O 管理器从这些驱动程序对象中获得和记录每个驱动程序的调度例程的入口地址。设备对象在系统中代表一个物理的、逻辑的或虚拟的设备并且描述它的特征。例如，包括它所需要的缓冲区的对齐方式和用来保存即将到来的 I/O 请求包的设备队列的位置。当驱动程序被加载到系统中时，I/O 管理器将创建一个驱动程序对象，然后，调用驱动程序的初始化例程，把驱动程序的入口地址填入该驱动程序对象中。初始化例程还为每个设备创建设备对象，使得设备对象脱离驱动程序对象。

如图 8-14 所示是驱动程序对象和设备对象之间的关系。一个驱动程序对象通常有多个与它相关的设备对象，设备对象列表代表驱动程序可控制的物理设备、逻辑设备和虚拟设备。例如，磁盘的每个分区都有一个独立的包含具体分区信息的设备对象。然而，相同的磁盘驱动程序被用于访问所有的逻辑分区。当一个驱动程序从系统中卸载时，I/O 管理器会使用设备对象队列来确定哪个设备由于驱动程序的卸载而受到影响。设备对象反过来指向自己的驱动程序，这样 I/O 管理器就知道在接收一个 I/O 请求时应调用哪个驱动程序，它使用设备对象找到代表服务于此设备驱动程序的程序对象，然后，利用初始请求包所提供的功能码来索引驱动程序对象，以便找到对应的驱动程序。

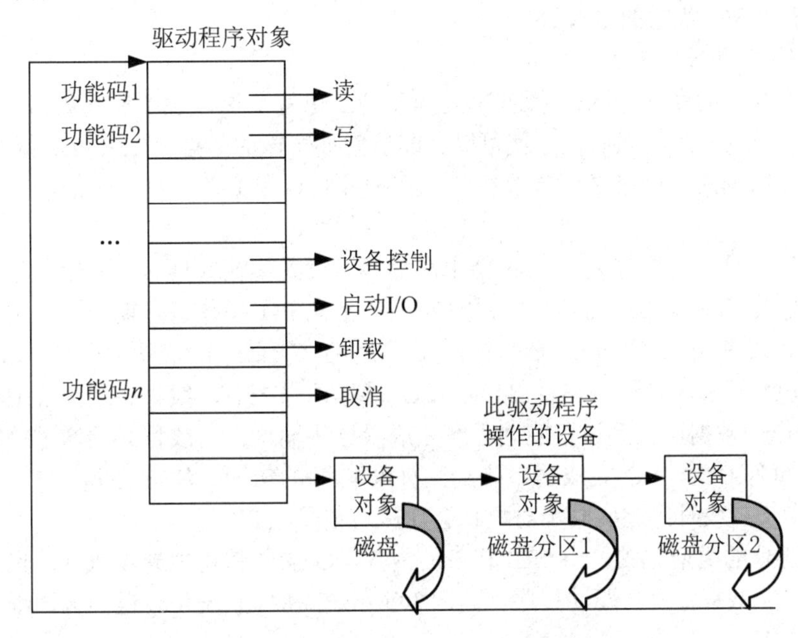

图 8-14 驱动程序对象和设备对象

3. I/O 请求包 IRP

I/O 请求包 IRP(I/O request packet)是 I/O 系统用来存储处理 I/O 请求所需信息的数据结构。当线程调用 I/O 服务时，I/O 管理器就构造一个 IRP，表示在 I/O 进展中整个系统要进行的操作。

IRP 由两部分组成：固定部分(标题)和一个或多个堆栈单元。固定部分包括请求的类型和所请求的数据个数，是同步请求还是异步请求，用于缓冲 I/O 的指向缓冲区的指针，以及随着请求的进展而变化的状态信息等。IRP 的堆栈单元包括一个功能码、完成特定功能所需参数及一个指向调用者文件对象的指针。

在处于活动状态时，每个已构造好的 IRP 都存储在与请求 I/O 的线程相关的 IRP 队列中，如果线程终止或者被终止时还拥有未完成的 I/O 请求，就允许 I/O 系统找到并释放未完成的 IRP。

8.4.3 Windows 2003 I/O 的处理

在了解了 Windows 2003 I/O 系统的结构以及支持该结构的数据结构之后，现在来看看 I/O 请求是如何在系统中传递的。一个 I/O 请求会经历若干处理阶段，而且根据请求是指向由单层驱动程序操作的设备还是一个经过多层驱动程序才能到达的设备，它所经历的阶段也有所不同。因为处理的不同进一步依赖于调用者是指定了同步 I/O 还是异步 I/O，所以先了解一下这两种 I/O 类型的处理以及其他几种不同类型的 I/O。

1. I/O 的类型

应用程序在发出 I/O 请求时可以设置不同的选项，例如设置同步 I/O 或者异步 I/O，设置应用程序获取 I/O 数据的方式等。

(1) 同步 I/O 和异步 I/O。

应用程序发出的大部分 I/O 操作都是同步的。也就是说，设备执行数据传输并在 I/O 完成时返回一个状态码，然后程序就可以立即访问被传输的数据。ReadFile 和 WriteFile 函数使用最简单的形式调用时是同步执行的，在把控制返回给调用程序之前，它们完成一个 I/O 操作。

异步 I/O 允许应用程序发布 I/O 请求，然后当设备传输数据时，应用程序继续执行。这类 I/O 能够提高应用程序的吞吐率，因为它允许在 I/O 操作进行期间，应用程序继续完成其他工作。要使用异步 I/O，必须在 Win 32 的 CreateFile 函数中指定 FILE_FLAG_OVERLAPPED 标志。当然，在发出异步 I/O 操作请求之后，线程必须小心地不访问任何来自 I/O 操作的数据，直到设备驱动程序完成数据传输为止。线程必须通过等待一些同步对象(无论是事件对象、I/O 完成端口或文件对象本身)的句柄，使它的执行与 I/O 请求的完成同步。当 I/O 完成时，这些同步对象将会变成有信号状态。

与 I/O 请求的类型无关，由 IRP 代表的内部 I/O 操作都将被异步执行。也就是说，一旦启动一个 I/O 请求，设备驱动程序就返回 I/O 系统。I/O 系统是否返回调用程序取决于文件是否为异步 I/O 打开的。

可以使用 Win 32 的 HasOverlappedIoCompleted 函数测试挂起的异步 I/O 的状态。如果

正在使用 I/O 完成端口，则可用 GetQueueedCompletionStatus 函数。

(2) 快速 I/O。

快速 I/O 是一个特殊的机制，它允许 I/O 系统不产生 IRP 而直接到文件系统驱动程序或高速缓存管理器去执行 I/O 请求。

(3) 映射文件 I/O 和文件高速缓存。

映射文件 I/O 是 I/O 系统的一个重要特性，是 I/O 系统和内存管理器共同产生的。“映射文件 I/O”是指把磁盘中的文件视为进程的虚拟内存的一部分。程序可以把文件作为一个大的数组来访问，而无须执行缓冲数据或执行磁盘 I/O 的工作。程序访问内存，同时内存管理器利用它的页面调度机制从磁盘文件中加载正确的页面。如果应用程序向它的虚拟地址空间写入数据，内存管理器就把更改作为正常页面调度的一部分写回到文件中。

通过使用 Win 32 的 CreateFileMapping 和 MapViewOfFile 函数，映射文件 I/O 对于用户态是可用的。在操作系统中，映射文件 I/O 用于重要的操作中，例如文件高速缓存和映像活动(加载并运行可执行程序)。其他重要的使用映射文件 I/O 的程序还有高速缓存管理器。文件系统使用高速缓存管理虚拟内存中的映像文件数据，从而为 I/O 绑定程序提供了更快的响应时间。当调用者使用文件时，内存管理器将把被访问的页面调入内存。尽管大部分高速缓存系统在内存中分配固定数量的字节给高速缓存文件，但 Windows Server 2003 高速缓存的增大或缩小取决于可以获得多少内存。这种大小的变化是可能的，因为高速缓存管理器依赖于内存管理器来自动地扩充(或缩小)高速缓存的数量，它使用正常工作集机制来实现这一功能。通过利用内存管理器的页面调度系统，高速缓存避免重复内存管理器已经执行了的工作。

(4) 分散/集中 I/O。

Windows Server 2003 同样支持一种特殊类型的高性能 I/O，它被称作“分散/集中”(scatter/gather)，可通过 Win 32 的 ReadFileScatter 和 WriteFileGather 函数来实现。这些函数允许应用程序执行一个读取或写入操作，从虚拟内存中的多个缓冲区读取数据并写到磁盘上文件的一个连续区域里。要使用分散/集中 I/O，文件必须以非高速缓存 I/O 方式打开，所使用的用户缓冲区必须是页对齐的，并且 I/O 必须被异步执行(即打开文件时设置 FILE_ FLAG_ OVERLAPPED 标志)。

2. 对单层驱动程序的 I/O 请求

Windows 2003 处理对单层驱动程序的同步 I/O 步骤如图 8-15 所示，包括以下 7 步。

(1) I/O 请求经过子系统 DLL。

(2) 子系统 DLL 调用 I/O 管理器的 NtWriteFile 服务。

(3) I/O 管理器分配一个描述该请求的 IRP，并通过调用 IoCallDriver 函数向设备驱动程序发送请求。

(4) 驱动程序将 IRP 中的数据传输到设备并启动 I/O 操作。

(5) 通过中断 CPU，驱动程序发信号进行 I/O 完成操作。

(6) 在设备完成操作并且中断 CPU 时，设备驱动程序服务于中断。

(7) 驱动程序调用 IoCompleteRequest 函数表明它已经处理完 IRP 请求，接着 I/O 管理器完成 I/O 请求。

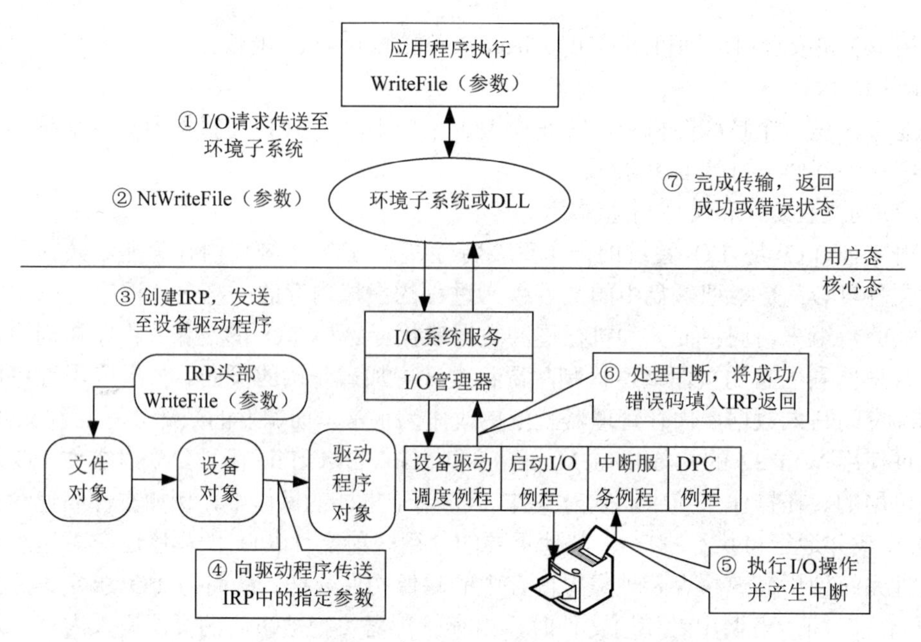

图 8-15　单层驱动程序处理同步 I/O 请求的过程

3. 对多层驱动程序的 I/O 请求

对多层驱动程序 I/O 请求的处理是在对单层 I/O 处理的基础上变化而来，图 8-16 说明了一个异步 I/O 请求是如何通过多层驱动程序的，这里使用一个由文件系统控制的磁盘作为例子。

首先，I/O 管理器收到 I/O 请求并且创建 IRP 来代表它，但是，这一次 I/O 管理器将 IRP 发送给文件系统驱动程序。根据调用程序发出的请求类型，文件系统驱动程序可以把同一个 IRP 发送给磁盘驱动程序，或者也可以生成另外的 IRP 并将其发送给磁盘驱动程序。

如果文件系统驱动程序收到的 I/O 请求是对磁盘的一次直接请求，那么它很可能会重用 IRP。例如，如果应用程序发出的请求是读取软盘上某个文件的前 512 个字节，那么 FAT 文件系统驱动程序只是简单地调用磁盘驱动程序，要求它在文件的起始位置开始，从软盘上读取一个扇区。

为了在对分层驱动程序的请求中容纳多个驱动程序对 IRP 的重用，IRP 必须包含一系列 I/O 堆栈单元。每一个将被调用的驱动程序都有一个这样的 I/O 堆栈单元，其中包含了每个驱动程序为了执行它自己的那部分请求所需要的信息，例如 I/O 功能代码、参数和驱动程序的环境信息。如图 8-16 所示，当 IRP 从一个驱动程序传送到另一个驱动程序时就会填写附加的 I/O 堆栈单元。

在磁盘驱动程序完成数据传输之后，磁盘中断并且 I/O 完成，如图 8-17 所示。

作为 IRP 重用的替代方式，文件系统驱动程序也可以建立一组关联的 IRP，这些 IRP 在单次 I/O 请求中并行工作。例如，如果要将从文件中读取的数据分散在磁盘上，那么文件系统驱动程序就可以创建几个 IRP，每个 IRP 从不同的扇区读取所请求数据的一部分。文件系统驱动程序将这些关联的 IRP 发送给磁盘驱动程序，磁盘驱动程序将它们排入设备队列中，每次处理一个 IRP。文件系统驱动程序跟踪返回的数据，当所有关联的 IRP 都完成后，I/O 管理器完成最初的 IRP 并返回调用程序。

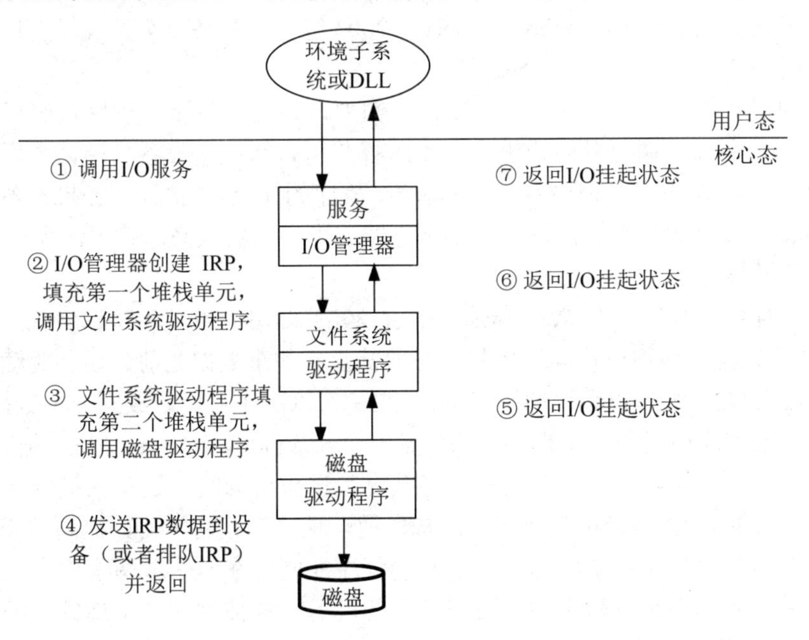

图 8-16　分层驱动程序中的异步 I/O 请求

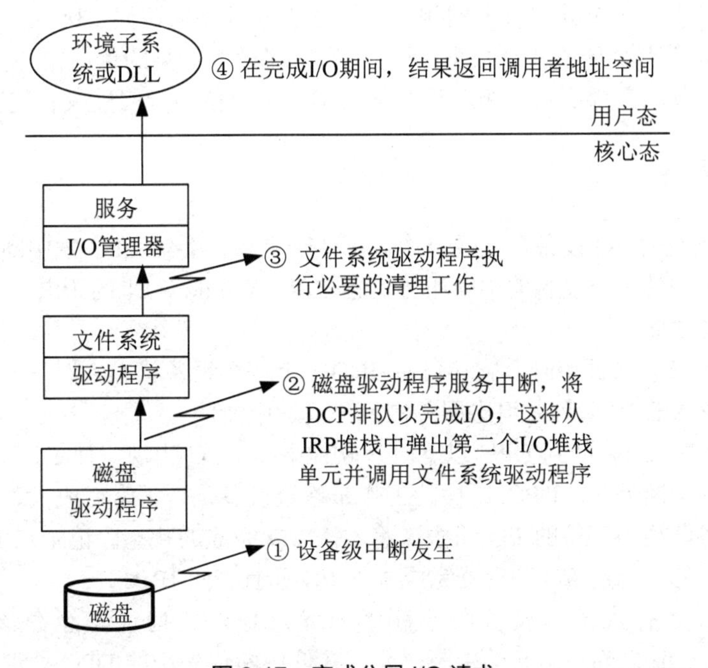

图 8-17　完成分层 I/O 请求

4. 同步

驱动程序必须同步执行它们对全局驱动程序数据的访问，主要原因有两个。

- 驱动程序的执行可能被高优先级的线程抢先，或时间片(或时间段)到时被中断，或被其他中断所中断。
- 在多处理机系统中，Windows Server 2003 能够同时在多个处理机上运行驱动程序代码。

若不能同步执行，就会产生相应的错误。例如，因为设备驱动程序代码运行在低优先级的 IRQL 上，所以当调用者初始化一个 I/O 操作时，可能被设备中断请求所中断，从而导致在它的设备驱动程序正在运行时让设备驱动程序的 ISR 去执行。如果设备驱动程序正在修改其 ISR 也要修改的数据，例如设备寄存器、堆存储器或静态数据，那么在 ISR 执行时，数据可能被破坏。

要避免这种情况发生，为 Windows Server 2003 编写的设备驱动程序就必须对它和它的 ISR 对共享数据的访问进行同步控制。在尝试更新共享数据之前，设备驱动程序必须锁定所有其他线程(在多处理机系统的情况下为 CPU)，以防止它们修改同一个数据结构。

当设备驱动程序访问其 ISR 也要访问的数据时，Windows Server 2003 的内核提供了设备驱动程序必须调用的特殊的同步例程。当共享数据被访问时，这些内核同步例程将禁止 ISR 的执行。在单 CPU 系统中更新一个结构之前，这些例程将 IRQL 提高到一个指定的级别。然而，在多处理机系统中，因为一个驱动程序能同时在两个或两个以上的处理机上执行，所以这种技术就不足以阻止其他访问。因此，另一种被称为“自旋锁”的机制用来锁定来自指定 CPU 的独占访问的结构。

到目前为止，应该意识到尽管 ISR 需要特别的关注，但一个设备驱动程序使用的任何数据将面临运行于另一个处理机上的相同的设备驱动程序的访问。因此，用设备驱动程序代码来同步它对所有全局或共享数据(或任何到物理设备本身的访问)的使用是很危险的。如果数据被 ISR 使用，那么设备驱动程序就必须使用内核同步例程或者使用一个内核锁。

8.4.4 中断处理

Windows 系统的 I/O 设备在完成一次数据传输之后，会给 CPU 发中断，处理机响应中断后，最终将控制转交给设备的中断服务例程 ISR。Windows 上的 ISR 典型地用以下两个步骤来处理设备中断。

(1) 当 ISR 被首次调用时，它在设备 IRQL 上获得设备状态，然后产生一个软件中断 DPC，且将其排入 DPC 队列，退出服务例程，清除中断。

(2) 当中断请求级降低到 DPC 以下时，软件中断 DPC 出现，使 DPC 例程被调用，最终完成对设备的中断处理。DPC 所做的工作是检查设备是否正常完成，若是，它可以启动下一个正在设备队列中等待的 I/O 请求，将本次 I/O 完成的状态码记录在 IRP 中。DPC 完成这些工作后，通过调用 I/O 管理器完成本次 I/O 并且清除 IRP。

使用 DPC 执行大部分设备服务程序的优点是，任何优先级在该设备 IRQL 和 Dispatch/DPC IRQL 之间被阻塞的中断，允许在低中断优先级的 DPC 处理发生之前发生。因而，中间优先级的中断可以更快地得到响应和服务。

8.5　Windows 2003 文件系统

8.5.1　文件系统概述

Windows 支持传统的文件系统，包括 FAT-12、FAT-16 和 FAT-32，还支持光盘文件系统 CDFS、通用磁盘格式 UDF、高性能文件系统 HPFS 等文件系统。从 Windows NT 开始提供一种新的文件系统 NTFS(new technology file system，新技术文件系统)，它除了克服 FAT 系统容量的不足外，出发点是设计服务器端适用的文件系统，保持向下兼容性，有较好的容错性和安全性。NTFS 具有一系列新的特性：可恢复性、高安全性、文件加密/解密、大磁盘和大文件、基于 Unicode 的文件名等。此外，还可动态地添加卷磁盘空间、动态坏簇重映射、文件数据和目录压缩技术、分布式链接跟踪和 POSIX 标准支持。

8.5.2　文件系统模型和 FSD 体系结构

1．Windows 的文件系统模型

在 Windows 中，I/O 管理器负责处理所有设备的 I/O 操作，文件系统的组成和结构模型如图 8-18 所示。

(1) 设备驱动程序：位于 I/O 管理器的最低层，直接控制设备的 I/O 操作。

(2) 中间驱动程序：与低层设备驱动程序一起提供增强功能，如发现 I/O 失败时，设备驱动程序只会简单地返回出错信息；而中间驱动程序却可以在收到出错信息后，向设备驱动程序发送重新执行的请求。

(3) 文件系统驱动程序(file system driver，FSD)：扩展低层驱动程序的功能，以实现特定的文件系统(如 NTFS)。

(4) 过滤驱动程序：可位于设备驱动程序与中间驱动程序之间，也可位于中间驱动程序与文件系统驱动程序之间，还可位于文件系统驱动程序与 I/O 管理器 API 之间。例如，一个网络重定向过滤驱动程序可截取对远程文件的操作，并重定向到远程文件服务器上。

在这些组件中，与文件管理最为密切相关的是 FSD，分为本地 FSD 和远程 FSD。前者允许用户访问本地计算机上的文件，后者则允许用户通过网络访问远程计算机上的文件。

2．本地 FSD

本地 FSD 包括 Ntfs.sys、Fastfat.sys、Udfs.sys 和 Raw FSD 等，如图 8-19 所示。本地 FSD 负责向 I/O 管理器注册自己，当开始访问某个卷时，I/O 管理器将调用 FSD 进行卷识别。

Windows 支持的文件系统，每个卷的第一个扇区都是作为启动扇区预留的，其保存了足够多的信息以供确定卷上文件系统的类型和定位元数据的位置。在完成卷识别后，本地 FSD 还要创建一个设备对象以表示所装载的文件系统。I/O 管理器也通过卷参数块(volume parameter block，VPB)在由出错管理器所创建的卷设备对象和由 FSD 所创建的设备对象之间建立连接，该 VPB 连接将 I/O 管理器中有关卷的 I/O 请求转交给 FSD 设备对象。

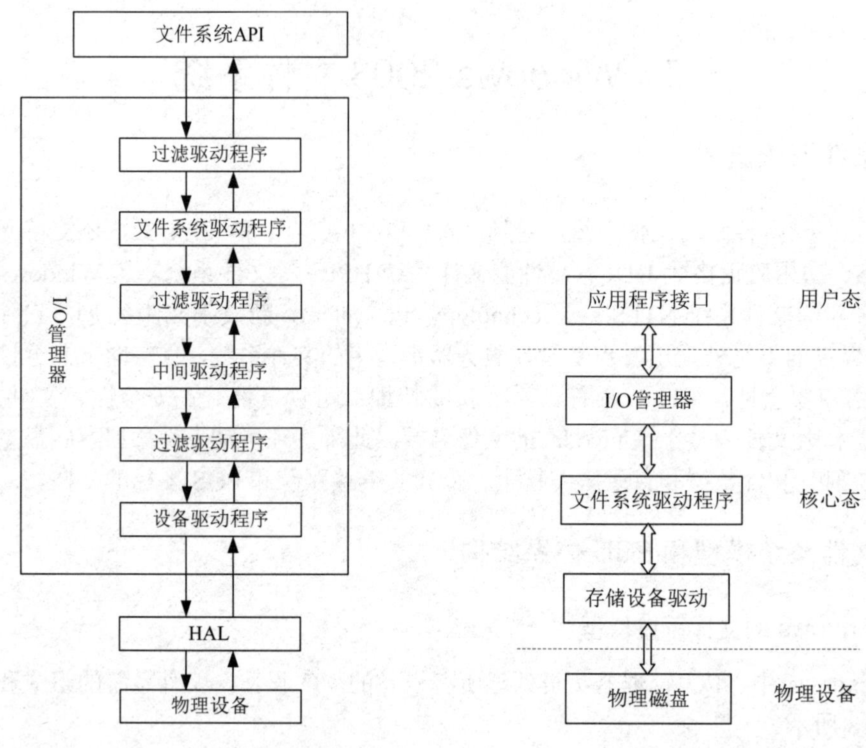

图 8-18　Windows 文件系统模型

图 8-19　本地 FSD

本地 FSD 常用高速缓存管理器来缓存文件系统的数据以提高性能，它与内存管理器一起实现内存文件映射。本地 FSD 还支持文件系统卸载操作，以便提供对卷的直接访问。

3. 远程 FSD

远程 FSD 由两部分组成：客户端 FSD 和服务器端 FSD。其中客户端 FSD 允许应用程序访问远程的文件和目录，它首先接收来自应用程序的 I/O 请求，接着转换为网络文件系统协议命令，并转交给本地 FSD 去执行。如图 8-20 是远程 FSD 示意。

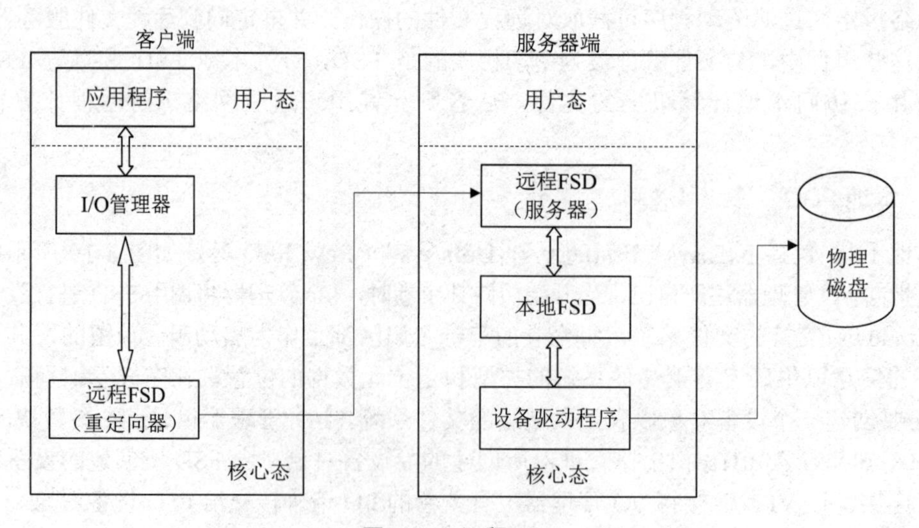

图 8-20　远程 FSD

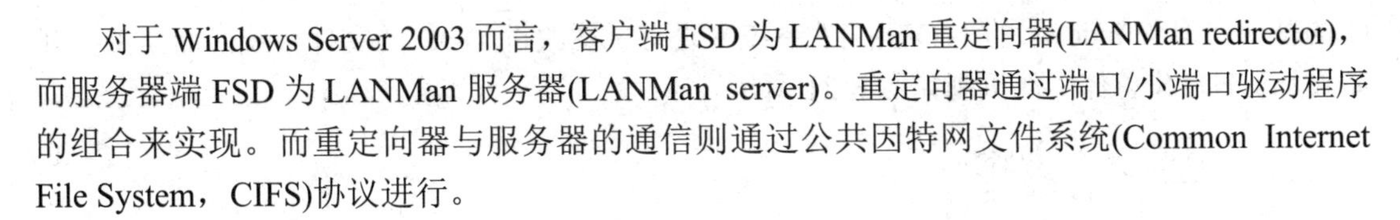

对于 Windows Server 2003 而言，客户端 FSD 为 LANMan 重定向器(LANMan redirector)，而服务器端 FSD 为 LANMan 服务器(LANMan server)。重定向器通过端口/小端口驱动程序的组合来实现。而重定向器与服务器的通信则通过公共因特网文件系统(Common Internet File System，CIFS)协议进行。

4. FSD 的功能

Windows 2003 文件系统的有关操作都是通过 FSD 来完成的，FSD 主要实现以下功能。

(1) 处理文件系统操作命令。

用程序通过 Win 32 I/O 函数，如 CreateFile、ReadFile 和 WriteFile 等访问文件。当用户使用 fopen(文件名，操作方式)打开一个文件时，这个请求传送给 Win 32 客户端 Kernel32. dll，它进行参数合法性的检查之后，以函数 CreateFile( )取代，继续执行并转换成系统调用 NtCreateFile( )，开始在对象管理器中检查文件名字符串，对象管理器搜索对象名空间，把控制权提交 I/O 管理器的 FSD，FSD 询问安全子系统，以确定此文件存取控制表是否允许用户的访问方式。若允许，将经核准的存取权和文件句柄一起返回用户，之后，用户使用文件句柄对文件进行存取。

用户通过 fread( )或 fwrite( )读写文件时，同样在进行合法性检查后，用函数 ReadFile( )或 WriteFile( )通过动态链接库转换成对 NtReadFile( )或 NtWriteFile( )的系统调用。NtReadFile( ) 将已打开文件的句柄转换成文件对象指针，检查访问权限，创建 I/O 请求包 IRP，处理读请求，且把 IRP 转交给合适的 FSD。之后检查文件是否放在高速缓存中，如果不在，则申请一个高速缓存映射结构，将指定文件块读入其中。最后，NtReadFile( )从高速缓存中读取数据，送至用户指定区域，完成本次 I/O 操作。

(2) 高速缓存延迟写。

高速缓存管理器的延迟写线程定期地异步调用内存管理器，把高速缓存中已被修改过的页面移交给 FSD，以便将数据写入磁盘。

(3) 高速缓存提前读。

高速缓存管理器的提前读线程通过分析已执行的读操作，来决定提前读多少，再通过缺页中断将数据读至高速缓存。

(4) 内存脏页写。

内存脏页写线程定期清理高速缓冲区，将不再使用的页面写入页文件或映射文件，使得内存管理器有空闲页框可用。此线程通过异步写命令来创建 I/O 请求包 IRP，由于 IRP 被标识为不能通过高速缓存，因此，被 FSD 直接送交磁盘驱动程序。

(5) 内存缺页处理。

应用程序访问不在内存中的页面时，触发缺页中断，且向文件系统发送 I/O 请求包 IRP，完成缺页处理。

8.5.3　NTFS 文件系统的实现

1. NTFS 文件系统结构

NTFS 文件系统是一个高度复杂的文件系统，虽然 DOS 操作系统是 Windows 操作系统的基础，但 Windows 的 NTFS 文件系统并没有试图改进 DOS 的文件系统，而是从头开始设计。NTFS 总体实现机制如图 8-21 所示。

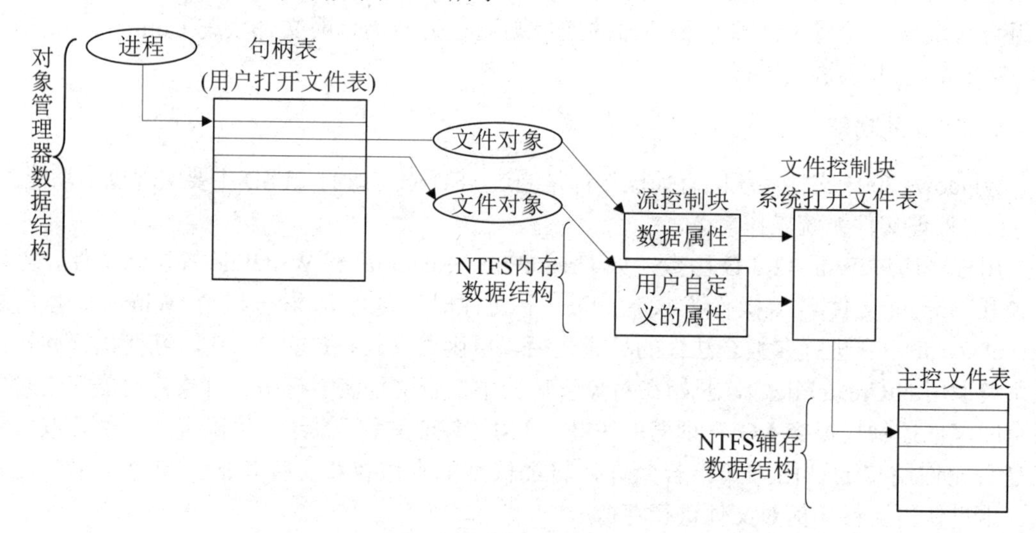

图 8-21 NTFS 实现机制

NTFS 文件系统和 FAT 文件系统一样，所使用的基本单位是卷，并以磁盘的逻辑分区为基础。而卷可以是磁盘中的任意一个分区。NTFS 并不会处理个别的扇区(sector)，而是以簇(cluster)作为磁盘分配的基本单位。

NTFS 中簇的长度可以随着盘容量增大而有所增长。用户可以在格式化盘(建立 NTFS 文件子系统)时，根据盘容量和应用需求，配置相应的簇长。NTFS 用 64 bit(8 B，这意味着最多可有 2^{64} 个簇)来存储一个簇号(但实际通常只占 3 B～5 B)，最小的簇是 512 B，最大的簇可达 64 KB。对于 512 MB 以下的盘，默认簇长是扇区的大小；对于 1 GB 的盘，默认簇长是 1 KB；对于 2 GB 的盘，默认簇长是 2 KB；对于更大的盘，默认簇长是 4 KB；当然，这些都是默认的值，是在用户格式化盘但没有指定簇长时使用的。用户可以根据自己的需要，在格式化盘时指定簇长，这种可伸缩的簇长设计，可以减少磁盘的内部碎片。

每个 NTFS 卷包含文件、目录、位图以及其他数据结构。每个卷被组织成簇的线性序列，每个卷中簇的大小是固定的，从 512 B 到 64 KB，取决于卷的大小。大多数 NTFS 磁盘中簇的大小为 4 KB，这是在有效传输和减少内部碎片之间的一个折中的选择。

每个卷的主要数据结构是主文件表(MFT)，它是 1 KB 固定长度的线性序列，每一个 MFT 记录描述一个文件或记录。它包含了文件的属性，例如它的名字和时间戳，以及它的磁盘地址。NTFS 使用逻辑簇号(Logical Cluster Number，LCN)和虚拟簇号(Virtual Cluster Number，VCN)来定位簇。LCN 是对整个卷中的所有簇从头到尾进行编号，以方便引用文件中的数据。簇的大小乘以 LCN，就是卷上的物理字节偏移量，从而得到物理盘块地址。VCN 可以映射成 LCN，所以不要求物理上连续。如果一个文件很大，有时候需要使用两个或多个 MFT 记录来包含所有簇的列表。此时第一个 MFT 记录称为基文件记录(base record)，它指向另一个 MFT 记录。

MFT 本身是一个文件，所以可以存放在卷中任何地方，因此，可以避免第一个磁道的扇区损坏。而且，这个文件可以按照需要增长，最大可达到 2^{48} 个记录。MFT 的结构如

图 8-22 所示。每个 MFT 记录包含一个(属性头，值)对的序列。每一个属性从属性头开始，属性头指明了自身是什么属性以及值有多长，因为有些属性值是变长的，如文件名以及数据。如果属性值短到能够插入 MFT 记录，可以把它放在 MFT 记录中。如果属性值太长了，可将它放在磁盘的任何地方，在 MFT 记录中存放一个指向属性值的指针即可。

MFT($Mft)/*记录卷中所有文件的所有属性
MFT 副本($MftMirr)/*MFT 表前 9 行的副本
日志文件($Logfile)/*记录影响卷结构的操作，用于系统恢复
卷文件($Volume)/*卷名，卷的 NTFS 版本等信息
属性定义表($AttrDef)/*定义卷支持的属性类型，如可恢复性
根目录($/)/*存放根目录内容
位图文件($Bitmap)/*盘空间位图，每位一簇
引导文件($Boot)/*Win200/XP 引导程序
坏簇文件($BadClus)/*记录磁盘坏道
安全文件($Secure)/*存储卷的安全性描述数据库
大写文件($UpCase)/*包含大小写字符转换表
扩展元数据目录($Ext.metadata Directory)
保留，将来使用
保留，将来使用
保留，将来使用
保留，将来使用
第一个用户文件

图 8-22　MFT 中 NTFS 元数据文件记录

前 16 个 MFT 记录是为 NTFS 元数据文件保留的，每个记录描述一个具有属性和数据块的普通文件，正如其他文件一样。每一个这样的文件都要有一个以$符开始的名字，指示它是一个元数据文件。第一个记录是 MFT 文件本身，它指出了 MFT 文件的簇定位在何处，这样系统就可以找到 MFT 文件。第二个记录指向位于磁盘中间的称作“MFT 镜像”的文件，这一信息非常宝贵，因为当 MFT 首块中的一部分损坏时，拥有一个备份是十分重要的。第三个记录是日志文件，当文件系统的结构发生改变时，如添加新目录或删除已有的目录，动作会在被执行前记入日志，这样当操作失败时恢复的机会比较大。文件属性的改变也载入日志。事实上，唯一不记入日志的是对用户数据的修改。第四个记录包含有关卷的信息，如卷的大小、卷标以及版本等。

$AttrDef 是定义文件属性的地方，有关这个文件的信息存放在第五个记录中。然后是根目录，它自身也是一个文件，可以扩展到任意长度。它的文件包含一个存放于 NTFS 目录结构根部的文件和目录索引。当第一次请求 NTFS 打开一个文件时，它开始在根目录的文件记录中搜索这个文件。打开文件后，NTFS 存储文件的 MFT 文件引用，以便当它在以后读写该文件时可以直接访问此文件的 MFT 记录。通过位图可记录卷的空闲空间，位图本身也是一个文件，它的属性和磁盘地址在 MFT 的第七个记录中记录。下一个 MFT 记录指向引导装入程序文件。第九个记录用来连接所有坏块，确保它们不会出现在文件中。第十个记录包含安全信息。下一个记录用于大小写映射。最后一个记录是一个包含杂项文件的目录，如磁盘配额、对象标识符、再解析点等。后面四个记录为将来使用而保留。

在 Windows 中，MFT 文件的第一个簇存放在引导区中，其地址在系统安装时就已经设置好了。当 NTFS 首次访问某个卷时，它必须装配该卷，这时 NTFS 会查看引导文件，找到 MFT 的物理磁盘地址。找到后，就从文件记录的数据属性中获得虚拟簇号 VCN 到逻辑簇号 LCN 的映射信息，将其解压缩存储到内存中。这个映射信息告诉 NTFS 组成 MFT 的记录存放在磁盘的什么地方。然后，NTFS 再解压缩几个元数据文件的 MFT 记录，并打开这些记录。接着，NTFS 执行它的文件系统恢复操作。最后，NTFS 打开剩余的元数据文件，用户就可以访问该卷了。

2. NTFS 的文件系统实现机制

NTFS 文件是不连续存储的，文件内地址映射采用“直接内容+直接指针+多重索引”模式。其中，直接指针和多重索引与 UNIX/Linux 类似。NTFS 的最大文件长度是 2^{64} B。NTFS 支持稀疏文件的有效分配，这意味着文件内逻辑地址可以不连续(VCN 不连续)。

与其他操作系统的文件系统不同，NTFS 将文件内容也作为文件的一个属性的集合来处理，称为“未命名”的数据属性。文件内容与文件名、文件长度等一样，都是文件的属性之一。文件属性中有些是数据属性，有些是非数据属性，如文件名和访问时间等。每个属性由单个的流(stream)组成，即简单的字符队列。这样，一个文件可以有多个数据流，其中有一个未命名属性，其余是用户自定义的文件数据属性。一个文件不再是一个一维线性连续空间，而是由多个数据流组成的二维线性连续空间。严格来说，NTFS 并不对文件进行操作，而只是对数据流的读写。

例如，可以将两篇文章放在同一个文件中，假如这两篇文章分别占 3KB 和 5KB，其中一篇文章作为未命名属性的值，另一篇文章作为一个自定义属性的值。这样，这两篇文章分别位于两个线性空间中，这两个线性空间的长度各为 3KB 和 5KB。而如果在其他操作系统的文件系统中，这两篇在同一文件中的文章就处于同一个线性空间中，该空间的长度为 8KB，第二篇文章位于该空间的第[3KB+1,8 KB]的位置上。

当一个文件很小的时候，其所有属性值可存在 MFT 的文件记录中。前面所说的“直接内容+直接指针+多重索引”模式中，“直接内容”是指对小文件，将文件内容直接存放在该文件的 MFT 文件记录中，如图 8-23 所示。当属性值能直接存放到 MFT 中时，该属性就称为常驻属性(resident attribute)。有些属性总是常驻的，这样 NTFS 才可以确定其他非常驻属性。每个属性都是以一个标准属性头开始的，在属性头中包含该属性的信息和 NTFS 通常用来管理属性的信息。该头总是常驻的，并记录着属性值是否常驻。此外，属性头中还包含着属性值的偏移量和属性值的长度。如果属性值能直接存放在 MFT 中，那么 NTFS 对它的存取时间就将大大缩短。NTFS 只需访问磁盘一次，就可以立即获得数据。

标准信息	文件名	文件数据

图 8-23　小文件的 MFT 记录结构

如果是大文件，它的所有属性就不能都常驻在 MFT 中。这时要使用“直接指针”，它是指将文件内容存放在一个或若干扩展域中，一个扩展域是一个连续的辅存空间，大小为 2KB 到 4KB，这些指针放在该文件的 MFT 文件记录中。图 8-24 显示了一个有两个扩展域的 MFT 记录。通常 NTFS 是通过 VCN-LCN 之间的映射关系来记录扩展情况。LCN 用来为整个卷中的簇按顺序从 0 到 n 编号，而 VCN 则用来对特定文件所用的簇按逻辑顺序从 0 到 m 进行编号。

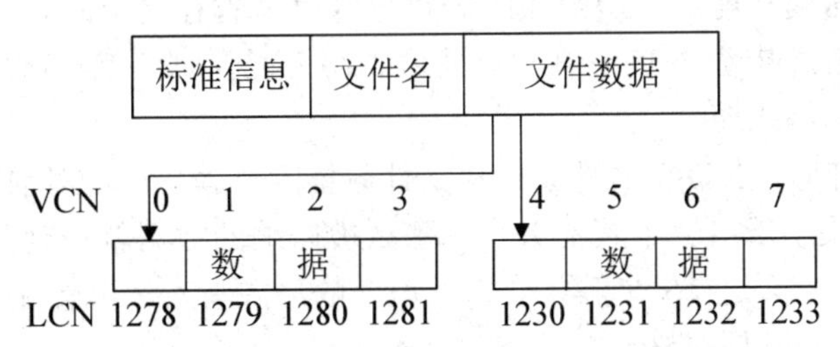

图 8-24 较大文件的 MFT 记录结构

所谓“多重索引”是指当文件超过一定长度，以致该文件的 MFT 文件记录中放不下其所有的指针时，则在 MFT 中开辟一个或几个空的 MFT 记录作为该文件的第二个或更多 MFT 文件记录，将这些指针放入这些新增 MFT 文件记录中，而将这些 MFT 文件记录的记录号放入该文件的基文件记录中作为“属性列表”的属性值。通常具有超过 200 个扩展域的文件需要属性列表。

3. NTFS 的可恢复性

在许多简单的文件系统中，若计算机系统在非预期的时候关机，如突然停电，就可能会造成数据的流失，甚至可能会严重损坏文件系统中的数据结构，让整个文件系统无法再使用。在 NTFS 文件系统中所采用的策略是将整个文件系统中的所有磁盘写入操作，在磁盘运行前，都先记录在日志文件(logging)中。在系统崩溃后的恢复阶段，NTFS 根据记录在日志文件中的操作信息，对那些部分完成的事务进行重做或撤销，从而保证磁盘上文件的一致性，这种技术称为预写日志文件记录。

日志文件服务(log file service，LFS)是一组 NTFS 驱动程序内的核心态程序，NTFS 通过 LFS 例程来访问日志文件。LFS 分两个区域：重启动区域(restart area)和无限记录区域(infinite logging area)，前者保存的信息用于失败后的恢复，后者用于记录日志。NTFS 不直接存取日志文件，而是通过 LFS 进行，LFS 提供了打开、写入、向前、向后、更新等操作。

日志记录类型 LFS 允许用户在日志文件中写入任何类型的记录，更新记录和检查点记录是 NTFS 支持的两种主要类型的记录，它们在系统恢复过程中起着主要作用。更新记录所记录的文件系统的更新信息，是 NTFS 写入日志文件中最普通的记录。每当发生下列事件时：创建文件、删除文件、扩展文件、截断文件、设置文件信息、重命名文件、更改文件安全属性，NTFS 就会写入更新记录。检查点记录由 NTFS 周期性写到日志文件中，同时还在重启动区域存储记录的 LSN(logical sequence No.)，系统一旦失败后，NTFS 将通过存在检查点记录中的信息来定位日志文件中的恢复点。

这种以日志文件为基础的恢复机制并不能保证原本存储在高速缓存中的数据不会丢失，但却可以确保恢复之后文件系统的一致性。这些针对文件系统数据进行修改的操作，都会被记录在磁盘中的第三个记录文件中，而这些记录必须是原子事务(atomic transaction)，也就是记录磁盘的读写操作，并保证每次事务都是不被相关事务插入进行的。

4. NTFS 文件压缩

NTFS 提供了压缩功能，让用户压缩磁盘分区以节省存储空间。一个文件可以在压缩模式下被创建，这就意味着 NTFS 在自动将数据写入磁盘时，就尝试压缩它们，并且在它们被再次读取时自动解压缩。

在执行压缩操作时，NTFS 文件系统将文件数据区分簇，然后对前 16 个簇运行压缩算法。如果得到的结果小于 16 个簇的大小，那么被压缩的数据就写到磁盘。如果压缩数据仍然占有 16 个簇，那么这 16 个簇将会以非压缩的形式写入。再看 16～31 簇能否压缩到 15 个或更少的簇中，并以此类推。

在读文件时，NTFS 需要知道哪些块是压缩的，哪些不是。系统通过磁盘地址来了解这些信息。磁盘地址为 0 指明它是 16 个压缩簇的最后一个。磁盘中簇号为 0 的簇不能用来存储数据，这是为了避免混淆。既然它包含了引导扇区，就不可能用它来存储数据。

8.6 Windows 2003 安全机制

Windows 2003 提供了一组可配置的安全性服务和灵活的访问控制能力，能够满足分布式系统的安全性需求，主要的服务有：安全登录、访问控制、安全审计、内存保护、活动目录、Kerberos 5 身份验证协议、基于 Secure Sockets Layer 3.0 的安全通道、EFS 加密文件系统。

8.6.1 安全性系统组件

实现 Windows 2003 系统安全性的一些组件和数据库如下。

- 安全引用监视器(SRM)。是执行体(NTOSKRNL.EXE)的一个组件，该组件负责执行对对象的安全访问的检查、处理权限(用户权限)和产生任何结果的安全审核消息。
- 本地安全权限(LSA)服务器。是一个运行映像 LSASS.EXE 的用户态进程，它负责本地系统安全性规则(例如允许用户登录到机器的规则、密码规则、授予用户和组的权限列表以及系统安全性审核设置)、用户身份验证以及向“事件日志”发送安全性审核消息。
- LSA 策略数据库。是一个包含了系统安全性规则设置的数据库。该数据库被保存在注册表中的 HKEY_LOCAL_MACHINE\security 目录下。它包含了这样一些信息：哪些域被信任用于认证登录企图；哪些用户可以访问系统以及怎样访问(交互、网络和服务登录方式)；谁被赋予了哪些权限；以及执行的安全性审核种类。
- 安全账号管理服务器。是一组负责管理数据库的子例程，这个数据库包含定义在本地机器上或用于域(如果系统是域控制器)的用户名和组。SAM 在 LSASS 进程的描述表中运行。

- SAM 数据库。是一个包含定义用户和组以及它们的密码和属性的数据库。该数据库被保存在 HKEY_LOCAL_MACHINE\SAM 目录下的注册表中。
- 默认身份认证包。是一个被称为 MSV1_0.DLL 的动态链接库(DDL)，在进行 Windows 身份验证的 LSASS 进程的描述表中运行。这个 DDL 负责检查给定的用户名和密码是否和 SAM 数据库中指定的相匹配，如果匹配，则返回该用户的信息。
- 登录进程。是一个运行 WINLOGIN.EXE 的用户态进程，它负责搜寻用户名和密码，将它们发送给 LSA 用以验证，并在用户会话中创建初始化进程。
- 网络登录服务。是一个响应网络登录请求的 SERVICES.EXE 进程内部的用户态服务。身份验证同本地登录一样，通过把它们发送到 LSASS 进程来验证。

8.6.2　访问控制

1. 保护对象

保护对象是谨慎访问控制和审核的基本要素。Windows 2003 上可以被保护的对象包括文件、设备、邮件槽、管道、进程、线程、事件、互斥体、信号量、定时器、访问令牌、窗口、桌面、网络共享、服务、注册表和打印机。

被导出到用户态的系统资源和以后需要的安全性有效权限是作为对象来实现的，因此，Windows 2003 对象管理器就成为执行安全访问检查的关键。要控制访问对象者，安全系统就必须首先明确每个用户的标识，因为在访问任何系统资源之前都要进行身份验证登录。当一个线程打开某对象的句柄时，对象管理器和安全系统就会使用调用者的安全标识来决定是否将申请的句柄授予调用者。

本节以下的内容将从两个角度来检查对象保护：控制哪些用户可以访问哪些对象和标识用户的安全信息。

2. 访问控制方案

访问令牌包括有关安全 ID(SID)、用户所属组的列表及启用/禁止的特权列表，基于安全目的，它是系统所知道的某个用户的唯一标识符。当这个最初的用户进程派生出任何一个额外进程时，新的进程对象继承了同一个访问令牌。访问令牌有以下两种用途。

- 负责协调所有必需的安全信息，从而加速访问确定。当一个用户进程试图进行访问时，安全子系统使用与该进程相关联的访问令牌来确定用户的访问特权。
- 允许每个进程以受限的方式修改自己的安全特性，而不影响代表用户运行的其他进程。

访问令牌指明一个用户所拥有的特权，标记通常被初始化成每种特权都处于禁止状态，随后如果某个用户进程需要执行一个特权操作，则该进程可以允许适合的特权并试图访问。之所以不希望在全系统保留一个用户所有的安全信息，是因为这样做会导致只要允许一个进程的一项特权就等于允许了所有进程的这项特权。

与每个对象相关联，并且使得进程间的访问成为可能的是安全描述符。安全描述符的主要组件是访问控制表，访问控制表为该对象确定了各个用户和用户组的访问权限。当一个进程试图访问该对象时，以该进程的 SID 与该对象的访问控制表是否相匹配，来确定本次访问是否被允许。当一个应用程序打开一个可访问对象的引用时，Windows 2003 验证该对象的安全描述符是否同意该应用程序的用户访问。如果检测成功，Windows 2003 将缓存这个允许的访问权限。

Windows 2003 安全机制的一个重要特征是代理的概念，它可以在客户/服务器环境中简化安全机制的使用。如果客户和服务器通过 RPC 连接进行对话，服务器就可以临时代理该客户的身份，使得它可以按该客户的权限发送一个访问请求。在访问结束之后，服务器恢复自己的身份。

3. 访问令牌

访问令牌是一个包含进/线程安全标识的数据结构，图 8-25(a)给出了访问令牌的通用结构，包括以下参数。

- 安全 ID：唯一确定网络上所有机器中的某个用户，通常对应于用户的登录名。
- 组 SID：关于该用户属于哪些组的列表。一组用户 ID 号基于访问控制的目的被标识为一个组。每个组都有一个唯一的组 SID。对对象的访问可以基于组 SID、个人 SID 或它们的组合来定义。
- 特权：该用户可以调用的一组相对安全性敏感的系统服务。一个例子是创建标记，另一个是设置备份特权，具有这个特权的用户允许使用备份工具备份它们通常不能读的文件，大多数用户没有这个特权。
- 默认所有者：如果该进程创建了另一个对象，这个域就确定了谁是新对象的所有者。通常，新进程的所有者和派生它的进程的所有者相同。但是，用户可以指定由该进程派生的任何进程默认的所有者是该用户所属的组 SID。
- 默认 ACL：这是适用于保护用户创建的所有对象的初始表。用户可以为他拥有的或所在的组所拥有的任何对象修改 ACL。

图 8-25 Windows 2003 的安全结构

4. 安全描述符

安全描述符控制哪些用户可对访问对象做什么操作，其一般结构如图 8-25(b)所示，它

包括以下参数。

➢ 标记。定义一个安全描述符的类型和内容。该标记指明是否存在 SACL 和 DACL，它们是否通过默认机制被放置在该对象中以及描述符中的指针使用的是绝对地址还是相对地址。在网络上传送的对象，如在 RPC 中传送信息，也需要相关的描述符。
➢ 所有者。该对象的所有者可以在这个安全描述符上执行任何动作。所有者可以是一个单一的 SID，也可以是一个组 SID。所有者具有改变 DACL 内容的特权。
➢ 系统访问控制表(SACL)。确定该对象上的哪种操作可以产生审核信息。应用程序必须在它的访问令牌中具有相应的特权，可以读或写任何对象的 SACL。这是为了防止未授权的应用程序读 SACL(从而知道为了避免产生审核信息而不该做什么)或者写 SACL(产生大量的审核而导致没有注意到违法操作)。
➢ 自由访问控制表(DACL)。确定哪些用户和用户组是哪些操作的访问对象，由一组访问控制项(ACE)组成。

创建一个对象时，创建进程可以把该进程的所有者指定成它自己的 SID 或者它的访问令牌中的某一组的 SID，但创建进程不能指定一个不在当前访问令牌中的 SID 作为该进程的所有者。随后，任何被授权可以改变一个对象的所有者的进程都可以这样做，但是也有同样的限制。使用这种限制的原因是防止用户在试图进行某些未授权的动作后隐蔽自己的踪迹。

访问控制表是 Windows 2003 访问控制机制的核心，其结构如图 8-25(c)所示。每个表由 ACL 头和许多访问控制项 ACE 组成，每项定义一个个人 SID 或组 SID，访问掩码定义了该 SID 被授予的权限。当进程试图访问一个对象时，Windows 2003 中该对象的管理程序从访问令牌中读取 SID 和组 SID，然后扫描该对象的 DACL。如果发现有一项匹配，即找到一个 ACE，它的 SID 与访问令牌中的某 SID 匹配，那么该进程具有该 ACE 的访问掩码所确定的访问权限。

5. 访问掩码

图 8-26 给出了访问掩码的内容，具体的访问位共有 16 位，确定适用于某特定类型的对象的访问权限。例如，文件对象的第 0 位是 File Read Data 访问，事件对象的第 0 位是 Event Query Status 访问。

掩码中最重要的 16 位包含适用于所有类型的对象的位，其中 5 位被称为标准访问类型。

➢ Synchronize。允许与该对象相关联的某些事件同步执行，特别地，该对象还可以用在等待函数中。
➢ Write Owner。允许程序修改该对象的所有者。这一点非常有用，因为对象的所有者经常会改变对该对象的保护(所有者不会被拒绝写 DACL 访问)。
➢ Write DAC。允许应用程序修改 DACL，因而可以修改在该对象上的保护。
➢ Read Control。允许应用程序查询所有者和该对象安全描述符的 DACL 域。
➢ Delete。允许应用程序删除这个对象。

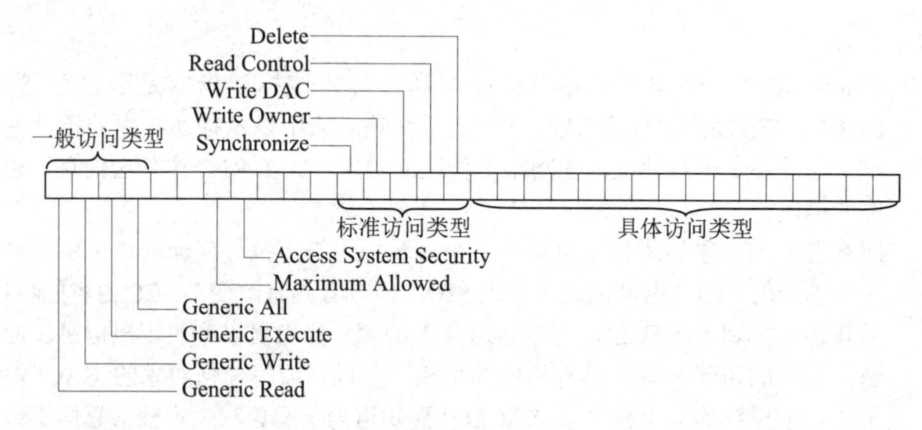

图 8-26　访问掩码

访问掩码的高端部分包含 4 个一般访问类型。这些位为在许多不同的对象类型中设置具体的访问类型提供了一种方便的途径。例如，假如一个应用程序希望创建几种类型的对象，并且确保用户可以对这些对象进行读访问(对于不同的对象类型，读访问有不同的意义)。为保护没有一般访问位的每种类型的每个对象，应用程序必须为每类对象构建一个不同的 ACE，并且在创建每个对象时，小心地传递正确的 ACE。而创建一个表示一般概念允许读的 ACE 并将其应用于创建的每个对象，比前面这种方法要方便得多，这就是设置一般访问位的目的，一般访问位包括：

- Generic All：允许所有访问。
- Generic Execute：如果是可执行的，则允许执行。
- Generic Write：允许只写访问。
- Generic Read：允许只读访问。

一般位还反映了标准访问类型。例如，对于一个文件对象，Generic Read 位可以映射到标准位 Read Control 和 Synchronize，并且可以映射到具体对象位 File Read Data、File Read Attribute 和 File Read EA。因此，把一个 ACE 放置在一个给某些 SID 授予 Generic Read 权限的文件对象上，就等同于给这些 SID 授予了上面 5 种访问权限，并且好像它们是在访问掩码中单独定义的一样。

访问掩码中剩下的两位也有具体的含义。Access System Security 位允许为该对象修改审核和警告控制。但是，不仅一个 SID 的 ACE 中的这一位必须设置，而且该 SID 的进程的访问令牌也必须允许相应的特权。Maximum Allowed 位并不是一个真正的访问位，而是用于修改为这个 SID 扫描 DACL 的 Windows 2000/XP 算法。通常 Windows 2000/XP 扫描 DACL，直到它到达一个 ACE，并且该 ACE 特别允许(置位)或拒绝(未置位)请求进程的访问请求，或者直到它到达了 DACL 的末尾，如果到达了 DACL 的末尾则访问被拒绝。Maximum Allowed 位允许对象的所有者定义授予某个给定的用户一组最大访问权限。假设一个应用程序不知道它将要在某个对象上请求执行的所有操作，则对于请求的访问有三种选择。

- 试图为所有可能的访问打开该对象。这种方法的缺点是，即使应用程序具有本次会话所要求的所有的访问权限，访问也可能被拒绝。

- 只有当请求某一具体的方法时才打开一个对象，并且对于每种不同类型的请求为该对象打开一个新的句柄。这通常是一种比较可取的方法，因为这种方法不会有不必要的拒绝，也不会允许比必要的访问更多的访问操作。
- 试图为允许这个 SID 的访问打开该对象。其优点是用户不会被人为拒绝访问，但是应用程序会出现多于它所需要的访问，因此这种情况可能掩盖应用程序中的错误。

6. ACL 的分配

要确定分配给新对象的 ACL，系统使用三种互斥规则之一，具体的步骤如下。

步骤 1：如果调用者在创建对象时，明确地提供一个安全描述符，则系统将把此描述符应用到对象上。

步骤 2：如果调用者未提供安全描述符，而对象拥有名称，则系统将在存储新对象名称的目录中查看安全描述符。一些对象目录的 ACE 可以被指定为可继承的，表示其可应用于在对象目录中所创建的新对象上。如果存在可继承的 ACE，系统就将其编入 ACL，并与新对象连接。

步骤 3：如果上述情况均未出现，系统会从调用者访问令牌中检索默认 ACL，并将其应用于新对象。系统的一些子系统，如服务、LSA 和 SAM 对象等，均有其创建对象时所分配的硬性编码 DACL。

7. 访问控制算法

有两种类似的访问控制算法，第一种算法确定允许访问对象的最大权限，第二种算法确定是否允许一个针对对象的有效访问。这两种方法是类似的，下面介绍其中一种。

依据调用者的访问令牌来确定是否授予所申请的访问权限，其步骤如下。

(1) 如果对象没有 DACL，对象就得不到保护，系统将授予所希望的访问权限。

(2) 如果调用者具有所有权特权，系统将在检查 DACL 之前授予其写入访问权限。

(3) 如果调用者是对象的所有者，则被授予读取控制和写入 DACL 的访问权限。

(4) 检查 DACL 中的每个 ACE，如果 ACE 中的 SID 与调用者访问令牌中的“启用” SID 相匹配，则处理 ACE。如果是一个访问拒绝 ACE，所申请的任何访问权限都在拒绝访问的范围内，则对对象的访问被拒绝。

(5) 如果 DACL 检查完毕，而一些被请求的访问权限未被授予，则访问被拒绝。

算法的访问有效性依赖于访问拒绝的 ACE 被置于访问允许的 ACE 之前。在 Windows 2003 中，由于引入对象所指定的 ACE 会自动继承，所以，ACE 的顺序变得更加复杂，非继承 ACE 要置于继承的 ACE 之前。

8.6.3　安全审计

在 Windows 2003 系统中，对象管理器可将访问检查的结果生成审计事件，获得特权后，用户使用 Win32 函数也可直接生成审计事件。本地安全规则所调用的审计规则是 LSA 所维护的安全规则的一部分，LSA 负责接收审计记录(小记录通过发送消息的方式或大记录借助于共享主存传递)，对它们进行编辑并把记录发送至“事件记录器”，事件记录器把

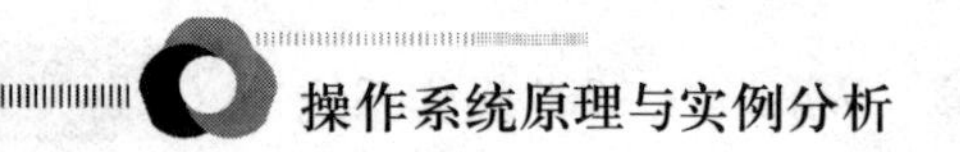

审计记录写入“安全日志”，LSA 也能够产生直接发送至“事件记录器”的审计记录。

Windows 2003 系统产生三类日志：系统日志、应用程序日志和安全日志。审计事件分为 7 类：系统类、登录类、对象存取类、特权应用类、账号管理类、安全策略类和详细审计类。对于每类事件可以选择成功、失败或两者同时审计。对于对象存取类的审计，还可以在资源管理器中进一步指定文件和目录的具体审计标准，如读、写、修改、删除、执行等操作，这些操作均分为成功或失败两种审计；对于注册表项及打印机设备的审计与此类似。审计数据以二进制结构文件存于磁盘，每条记录包括：事件发生时间、事件源、事件号及事件所属类别、机器名、用户名和事件的详细叙述。

通过使用事件查看器浏览和依据条件过滤显示，任何人都可以查看系统日志和应用程序日志；安全日志对应于审计数据，只能由审计管理员查看和管理，前提是必须存放于 NTFS 文件系统中，使得访问控制 SACL 生效。

8.6.4 加密文件系统

加密文件系统(encrypted file system，EFS)把 NTFS 文件中的数据进行加密，并存储在磁盘上。EFS 的加密技术是基于公共密钥的，它用随机产生的文件密钥(file encryption key，FEK)通过加强型数据加密标准 DES 算法对文件进行加密。EFS 的加密技术的特点是集成服务，易于管理，不易遭受攻击。

EFS 通过基于 RSA 的公共密钥加密算法利用 FEK 进行加密，并将其和文件存储在一起，形成文件的 EFS 属性字段——数据解密字段(data decryption field，DDF)。在解密时，用户使用私钥解密存储于文件 DDF 中的 FEK，再用所得到的 FEK 对文件进程解密，最后得到文件原文。只有文件拥有者和管理员掌握解密用的私钥，任何人都可以得到加密的公钥，但由于没有私钥，无法破解加密文件。EFS 的体系结构如图 8-27 所示。

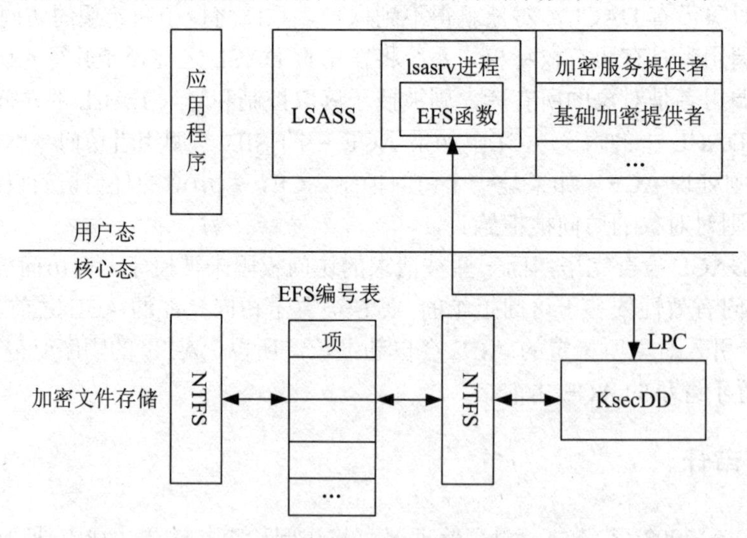

图 8-27 EFS 体系结构

EFS 的实现类似于在核心态运行的设备驱动程序，与 NTFS 密切相关。当用户态应用

程序要访问加密文件时，它向 NTFS 发出访问请求，NTFS 收到请求之后执行 EFS 驱动程序，EFS 通过 KsecDD 设备驱动程序转发 LPC(local procedure call，本地过程调用)给 LSASS(local security authority subsystem service，本地安全授权子系统服务)。LSASS 不仅处理登录事务，还管理 EFS 密钥，其组成部分 lsasrv 进程则侦听这一请求，并执行所包含的 EFS 函数，在处于用户态的加密服务 API(CryptoAPI)的帮助下，进行文件的加密和解密。

Windows 通过命令 Cipher.exe 或目录安全选项来加密文件，当 lsasrv 进程收到加密文件 LPC 信息后，采用特殊技术压缩用户文件，在文件所在卷的系统卷信息目录下创建相关的日志文件记录，调用“微软基础加密提供者”为文件产生一个基于 RSA 的 FEK，再构建 EFS 信息并把它作为文件属性同加密文件存储在一起。最后的步骤是加密和保存数据文件，工作流程如图 8-28 所示。

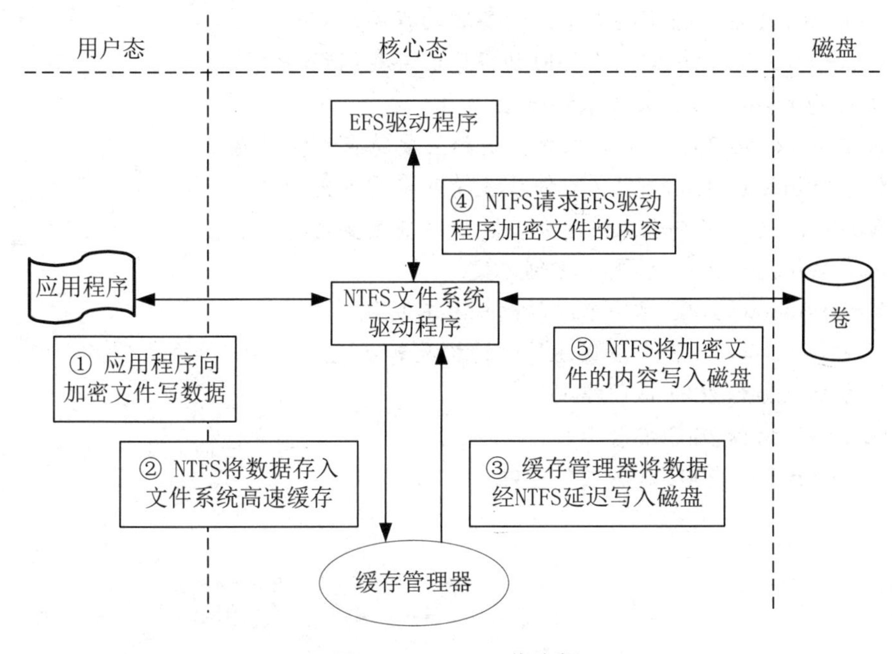

图 8-28　EFS 工作流程

解密过程比较简单，lsasrv 进程取得 EFS 的 FEK 之后，通过 LPC 返回 EFS 驱动程序。然后，EFS 利用 FEK 通过 DES 算法进行文件的解密运算，并通过 NTFS 把结果返回给用户。

习　题　八

1. 试述 Windows 2003 中的进程和线程的概念。
2. 试述 Windows 2003 中的进程对象和线程对象。
3. 试述 Windows 2003 线程状态及其相互转换的原因。
4. 试述 Windows 2003 的内核对象和执行体对象。
5. 试述 Windows 2003 的处理器调度算法。

6. 试述 Windows 2003 中常用的通信机制。
7. 试说明 Windows 2003 中的线程优先级控制机制。
8. 试说明 Windows 2003 的线程调度算法是哪些处理机调度算法的综合。
9. 试说明 Windows 2003 在多处理机系统中的线程调度过程。
10. Windows 2003 中管理应用程序的内存空间使用哪几个数据结构？哪几个应用程序内存管理方法？
11. Windows 2003 存储管理中的物理页大致分为几种状态？这些状态之间如何转换？
12. Windows 2003 的高速缓存管理系统有哪些优点？
13. 什么是平衡工作集管理器？
14. 试述 Windows 2003 I/O 系统的结构和模型。
15. Windows 2003 支持哪些类型的设备驱动程序？
16. Windows 2003 的核心态设备驱动程序由哪些例程组成？
17. 试述 Windows 2003 文件系统模型。
18. 试述 Windows 2003 NTFS 文件系统的主要特点和实现要点。
19. 试述 Windows 2003 NTFS 文件系统的可恢复性支持。
20. Windows 2003 的安全组件有哪些？试述其主要功能。
21. 试述 Windows 2003 的安全控制方案。
22. 试述 Windows 2003 访问令牌的结构及其功能。
23. 试述 Windows 2003 安全描述符的结构及其功能。
24. 试述 Windows 2003 访问掩码。
25. 试述 Windows 2003 安全审计。
26. 试述 Windows 2003 加密文件系统。

参 考 文 献

[1] [美]Abraham Siberschatz, Peter Baer Galvin, Greg Gagne. 操作系统概念[M]. 7 版. 郑扣根，译. 北京：高等教育出版社，2018.

[2] [荷]Andrew S. Tanenbaum. 现代操作系统[M]. 4 版. 陈向群，马洪兵，译. 北京：机械工业出版社，2017.

[3] [英]George Coulouris，Jean Dollimore,Tim. 分布式系统：概念与设计(原书第 5 版)[M]. 北京：机械工业出版社，2013.

[4] [美]William Stallings. 操作系统——精髓与设计原理[M]. 7 版. 陈向群，陈渝，译. 北京：电子工业出版社，2012.

[5] 费翔林，骆斌编. 操作系统教程[M]. 5 版. 北京：高等教育出版社，2014.

[6] 孟庆昌，牛欣源，张志华，等. 操作系统[M]. 3 版. 北京：电子工业出版社，2017.

[7] 罗宇，邹鹏，邓胜兰. 操作系统[M]. 4 版. 北京：电子工业出版社，2015.

[8] 范辉，谢青松. 操作系统原理与实训教程[M]. 3 版. 北京：高等教育出版社，2015.

[9] 汤小丹，梁红兵，哲凤屏，等. 计算机操作系统[M]. 4 版. 西安：西安电子科技大学出版社，2014.

[10] 陆松年. 操作系统教程[M]. 4 版. 北京：电子工业出版社，2014.

[11] 张丽芬，刘美华. 操作系统原理教程[M]. 3 版. 北京：电子工业出版社，2013.

[12] 曹先彬，陈香兰. 操作系统原理及设计[M]. 北京：机械工业出版社，2009.

[13] 李芳，刘晓春，李东海. 操作系统原理及 Linux 内核分析[M]. 2 版. 北京：清华大学出版社，2018.

[14] 孟庆昌，牛欣源. Linux 教程[M]. 4 版. 北京：电子工业大学出版社，2016.

[15] 李春葆，曾平，金晶，等. 新编操作系统习题与解析[M]. 北京：清华大学出版社，2013.

[16] 梁红兵，汤小丹. 《计算机操作系统(第四版)》学习指导与题解[M]. 西安：西安电子科技大学出版社，2015.

[17] 张尧学. 计算机操作系统教程[M]. 4 版. 北京：清华大学出版社，2013.

[18] 孙媛，胥桂仙. 操作系统原理及应用[M]. 2 版. 北京：中央民族大学出版社，2016.

[19] 于世东，张丽娜，董丽薇，等. 操作系统原理[M]. 北京：清华大学出版社，2017.

[20] 韩其睿. 操作系统原理[M]. 北京：清华大学出版社，2013.